火炮与自动武器原理

杜中华　赵建新　杨玉良　编著

U0195238

西北工業大學出版社
西　安

【内容简介】 本书系统地介绍火炮与自动武器的基本概念、基本原理和基本方法，主要内容包括炮身原理、反后坐装置原理、自动机原理和虚拟样机技术。此外，本书还介绍相关的数值算例、仿真实例、创新案例，使理论与实际结合得更加紧密。

本书可作为高等学校火炮与自动武器专业本科生的专业教材，也可供从事火炮与自动武器专业工作的技术人员参考。

图书在版编目(CIP)数据

火炮与自动武器原理/杜中华，赵建新，杨玉良编著. -- 西安 ：西北工业大学出版社，2024.9. -- ISBN 978-7-5612-9372-0

Ⅰ. TJ

中国国家版本馆 CIP 数据核字第 2024H10K31 号

HUOPAO YU ZIDONG WUQI YUANLI

火 炮 与 自 动 武 器 原 理

杜中华　赵建新　杨玉良　编著

责任编辑：朱晓娟　董珊珊　　**策划编辑**：张　炜
责任校对：高茸茸　　**装帧设计**：高永斌　董晓伟
出版发行：西北工业大学出版社
通信地址：西安市友谊西路 127 号　　邮编：710072
电　　话：(029)88493844，88491757
网　　址：www.nwpup.com
印 刷 者：西安五星印刷有限公司
开　　本：787 mm×1 092 mm　　1/16
印　　张：17.75
字　　数：432 千字
版　　次：2024 年 9 月第 1 版　　2024 年 9 月第 1 次印刷
书　　号：ISBN 978-7-5612-9372-0
定　　价：88.00 元

如有印装问题请与出版社联系调换

《火炮与自动武器原理》

编 写 组

杜中华 赵建新 杨玉良

吴大林 李 鹏 谢博城

前　言

火炮与自动武器是以发射药为能源，用身管发射弹丸等战斗部的武器，广泛装备于各军兵种，是世界各国军队装备数量最多、使用最频繁的武器装备。火炮与自动武器具有火力密度高、威力大、持续战斗时间长、全天候作战、全寿命周期费用低的特点，是世界各国军队使用的主战装备之一。近年来，随着信息技术与传统火炮与自动武器的结合，火炮与自动武器的性能得以极大提高，新型装备不断出现。

国内相关教材着重于火炮与自动武器的设计，与部队装备实际工作需求还有较大差距，不适合直接用于军队院校的本科生教学。本书立足于国内外各种现役火炮与自动武器装备，解释基本原理，阐述基本方法，关注发展前沿，注重理论和技术结合，注重装备实际问题研究，注重学生能力培养，以满足兵器工程专业、装备维修专业学生的任职岗位和发展需求。

为了加强学生运用理论解决实际问题的能力，本书设置有数值算例，将理论和实践紧密结合起来。为了贴合实战、贴近装备，关注创新思维和课程思政，本书设置了多个拓展阅读，有助于激发学生兴趣，促使学生思考，提升学生阅读积极性。

本书共分为5章，第一章为绪论，第二章为炮身原理，第三章为反后坐装置原理，第四章为自动机原理，第五章为虚拟样机技术。

本书由杜中华、赵建新、杨玉良编著，其中杜中华编写第一章和第三章，赵建新编写第四章和第五章，杨玉良编写第二章，吴大林、李鹏、谢博城也参与了部分编写工作。本书由杜中华统稿。

在编写本书的过程中，参考了相关文献资料，在此对其作者表示衷心的感谢。

由于水平有限，书中难免有不妥之处，恳请读者批评指正。

编著者

2023年12月

目　　录

第一章　绪论 …… 1

第一节　火炮与自动武器的定义和用途 …… 1

第二节　火炮与自动武器的技术发展 …… 2

第三节　火炮与自动武器的类型 …… 4

第四节　火炮与自动武器的战术技术要求 …… 6

第五节　火炮与自动武器的全寿命周期 …… 9

复习题 …… 11

第二章　炮身原理 …… 12

第一节　炮身结构分析 …… 12

第二节　炮身受力分析 …… 21

第三节　单筒身管强度 …… 29

第四节　自紧身管原理 …… 45

第五节　身管寿命问题 …… 54

第六节　炮身部分算例 …… 64

复习题 …… 66

第三章　反后坐装置原理 …… 67

第一节　反后坐装置结构分析 …… 67

第二节　后坐时火炮受力分析 …… 78

第三节　复进时火炮受力分析 …… 91

第四节　炮口装置原理 …… 98

第五节　复进机原理 …… 113

第六节　驻退机原理…… 120
第七节　驻退复进机原理…… 138
第八节　反面问题和试验分析…… 146
第九节　反后坐装置部分算例…… 150
复习题…… 155
第四章　自动机原理…… 157
第一节　自动机结构分析…… 157
第二节　构件在弹簧作用下的运动…… 165
第三节　自动机运动微分方程…… 172
第四节　自动机构件间的传速比和传动效率…… 185
第五节　自动机构件间撞击及作用力…… 210
第六节　自动机运动微分方程建立示例…… 232
第七节　自动机典型机构…… 235
第八节　特种发射原理…… 245
第九节　自动机部分算例…… 249
复习题…… 253
第五章　虚拟样机技术…… 255
第一节　软件简介…… 255
第二节　身管强度分析…… 263
第三节　发射动力学分析…… 266
复习题…… 273
参考文献…… 274

第一章 绪 论

火炮与自动武器广泛装备于各军兵种，是世界各国军队装备数量最多、使用最频繁的武器装备之一。本章主要讲述火炮与自动武器的基础知识，先介绍其定义和用途，接着介绍火炮与自动武器的技术发展，明确“枪炮诞生于中国，技术发展于欧洲”，再接着介绍火炮与自动武器的类型，对枪炮类型进行归纳，而后介绍火炮与自动武器的战术技术要求，其可用于衡量枪炮性能的优劣，最后介绍火炮与自动武器的全寿命周期，重点介绍我军新的试验鉴定方案。

第一节 火炮与自动武器的定义和用途

一、火炮与自动武器的定义

火炮与自动武器是以发射药为能源发射弹丸的身管武器系统。通常，身管口径不超过20 mm的武器称为枪械，身管口径为20 mm及以上的武器称为火炮。也可以用“枪炮”一词统称火炮与自动武器。由于火炮结构远比枪械复杂，因此本书以火炮为主，兼顾枪械的特征。

经过数百年的演变，火炮与自动武器的概念已从当初的简单发射平台发展成为以火力系统为主体，包括目标探测系统、火力控制系统、运载系统以及其他辅助系统的技术密集的综合武器系统，总称“火炮与自动武器系统”。

科技的发展和战争的需求拓宽了火炮与自动武器的内涵，也为它的定义注入了新的意义。现代火炮与自动武器不仅发射普通的无控弹药，还发射制导弹药和灵巧弹药，正在研究中的电、磁等新能源发射武器，也属于它的范畴。

二、火炮与自动武器的用途

火炮与自动武器广泛装备于各军兵种，其装备品种多、数量大、涉及面广。有军队的地方，就有火炮与自动武器。

火炮是炮兵、防空兵的基本装备，是战场上常规武器的火力骨干，用于对付地面、空中和水上的多种运动和静止目标。在战斗中以火力歼灭或杀伤敌有生力量，压制或毁伤其武器装备，破坏其防御设施，以及进行其他特殊射击项目(如形成烟幕、散发宣传品等)，并与其他武器配合，完成海上、陆上、空中的战斗任务。它具有火力密集、反应迅速、抗干扰能力强、全天候作战，可以发射制导弹药和灵巧弹药以实施精确打击等特点。

枪械是步兵突击火力的重要组成部分，用于在近距离上杀伤敌方有生力量，压制火力点，攻击陆地轻型装甲目标、低空目标、小型船只，是进攻和防御中作战的有效武器，也是军队主要的自卫武器。它具有机动灵活、不受地形气象条件的约束、适应性强、勤务保障简便等特点。

△拓展阅读

火箭炮属于火炮吗？

严格来说，火箭炮和通常的枪炮属于两种不同的抛射弹丸的装置，通常的枪炮是让发射药在一端封闭的身管内燃烧生成气体，气体膨胀将弹丸高速推出，而火箭炮是靠火箭发动机燃烧推进剂向后喷出气体，产生反作用力推动战斗部前进的。但是，通常人们把火箭炮归为地面压制火炮。火箭炮通常采用多管，具有极高的火力密度，短时间内可向敌方阵地倾泻多发弹药，奇袭效果好。

第二节　火炮与自动武器的技术发展

一、枪炮的诞生

下面从枪炮的发射药、身管和弹丸这三个基本特征来看枪炮的诞生过程。

早在春秋时期，中国就开始使用一种抛射武器——抛石机（又称礮）。抛石机利用杠杆原理，靠人力把石块抛出去，用于攻守城堡和进行野战，如图 1－1 所示。公元 10 世纪（唐朝末年），中国发明了黑火药，抛石机开始抛掷火药包和火药弹，此时的礮才发展成为炮。礮和炮具备了弹丸这个特征。

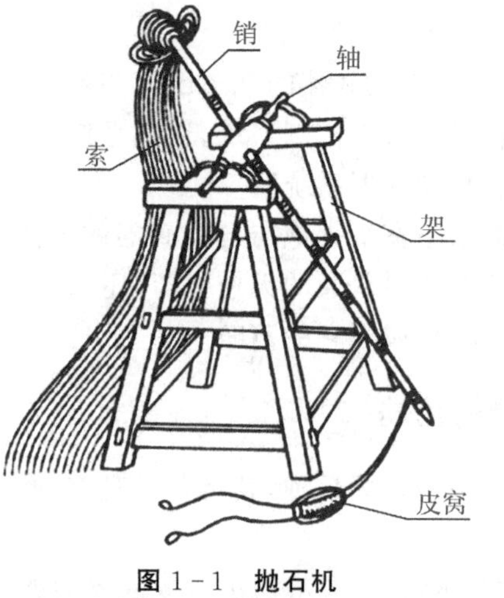

图 1－1　抛石机

公元 1132 年（南宋初年），陈规发明了一种竹制管形火器——火枪，在竹筒内装火药，交战时喷火烧敌。火枪具备了身管这个特征。公元 1259 年（南宋末年），安徽寿春府出现了突火枪，其以巨竹为筒，内装子窠（弹丸），用火药发射。突火枪已经大体具备了枪炮的三个基本特征，只是竹筒强度太低，可视作枪炮的雏形。

金属铸造技术的发展促使了金属管形火器的诞生。目前世界上已发现最古老的金属管形火器是我国于公元1298年(元朝初年)铸造的铜火铳。铜火铳完全具备了枪炮的三个基本特征，是现代枪炮的鼻祖。铜火铳为碗口铳，质量为6.21 kg，长为34.7 cm，它是枪炮起源于中国的明证。

二、火炮的技术发展

遗憾的是，枪炮虽然诞生在中国，但是并没有在中国获得技术上大的发展。14世纪，中国的火药和火器传到西方国家，随着后来这些国家工业革命的发展，这些国家的枪炮技术远远超过了中国。

1845年，意大利陆军少校卡瓦利发明了世界上第一门后装线膛炮，炮管内有两条螺旋膛线，膛线使发射后的弹丸旋转，提高了火炮射击精度，增大了火炮射击距离。膛线的出现是火炮技术上的一次飞跃。

为消除火炮发射时产生的巨大后坐力，1897年，以德维尔将军为首的法国炮兵研制小组制成了世界上第一门带有反后坐装置的火炮。反后坐装置将炮身与炮架连接起来，火炮发射时炮身相对于炮架后坐，全炮不后移，提高了发射速度，同时由于反后坐装置消耗了大部分后坐动能，炮架受力大大减小，因此也大幅度减轻了全炮的质量，这是火炮技术上的又一次飞跃。现代火炮除了迫击炮和无后坐力炮外，几乎都采用了反后坐装置。

总的来说，19世纪中叶，膛线和反后坐装置的出现使得传统火炮迅速跨入了现代火炮的阶段。两次世界大战中，先后出现了迫击炮、高射炮、坦克炮、航空机关炮、反坦克炮、无后坐力炮等专用火炮，现代火炮的门类几乎全部出现。

第二次世界大战后，火炮的自动化程度、信息化水平、机动能力不断提升，综合作战效能持续提高。

三、枪械的技术发展

枪械这方面的技术发展首先体现在点火方式的改进上，大致经历了火绳枪(15世纪)、燧石枪(16世纪)和击发枪(19世纪)几个阶段，如图1-2所示。1807年，在以雷汞为击发药的点火方式发明以后，出现了便于装填和击发的定装式枪弹，促进了近代步枪的诞生。

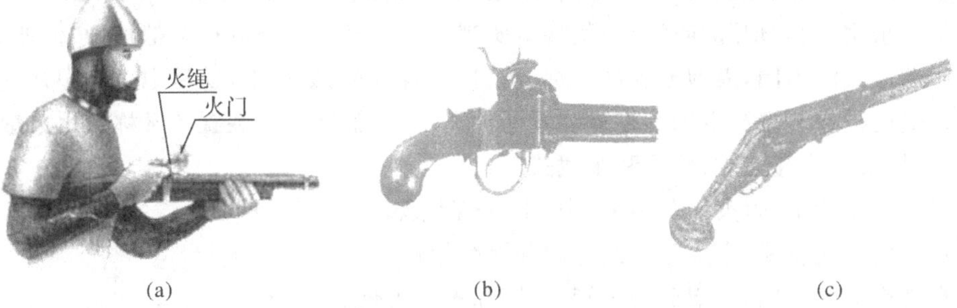

图1-2 点火方式

(a)火绳枪；(b)燧石枪；(c)击发枪

随后枪械又经历了自动化的发展历程。第一个真正设计成功的自动武器是马克沁发明的机枪，其利用火药燃气能量实现连续射击动作，马克沁被称为“自动武器之父”。19 世纪末出现了自动手枪，20 世纪初开始出现半自动步枪。第一次世界大战和第二次世界大战中，自动步枪、冲锋枪、高射机枪、航空机枪等也得到空前的发展。

第二次世界大战后，自动步枪和机枪成为枪械主力，且经历了小口径、枪族化、单兵武器系统等发展浪潮，一些特种枪械（如狙击枪、水下枪、霰弹枪、匕首枪、拐弯枪等）也得到了发展。

△拓展阅读

火炮诞生于中国，但为什么在欧洲获得技术突破？

其实不单是火炮，中国的科技水平在明代以前都领先于世界其他各国，在明代以后落后了，这个问题是哲学上著名的“李约瑟问题”。明代以后，中国还是封建制度，读书人通过“四书五经”入仕，工匠地位低下，而西欧经历了大航海时代、文艺复兴、资产阶级革命、第一次工业革命和第二次工业革命，中国在原地踏步，而西方国家却在突飞猛进，这就难怪中国被西方国家超越了。

第三节　火炮与自动武器的类型

一、火炮的类型

火炮的分类方法有多种。按用途的不同，火炮分为地面压制火炮（地炮）、高射炮（高炮）、反坦克炮、坦克炮、航炮、舰炮、岸炮等。其中，地面压制火炮包括加农炮、榴弹炮、加农榴弹炮（加榴炮）、迫击炮、迫榴炮和火箭炮等。

按弹道特性的不同，火炮分为加农炮[见图 1-3(a)]、榴弹炮[见图 1-3(b)]、加榴炮、迫击炮[见图 1-3(c)]和迫榴炮。加农炮初速大、弹道低伸、射角小，适合对活动目标、垂直目标和远距离目标进行射击；榴弹炮初速小、弹道较弯曲、射角较大，适合对远程隐蔽目标及面目标进行射击；迫击炮初速更小、弹道更弯曲、射角更大，适合对近程隐蔽目标及面目标进行射击。加榴炮弹道性能介于加农炮和榴弹炮之间，迫榴炮弹道性能具有迫击炮和榴弹炮的特点。西方国家很少采用“加农炮”的叫法，而是将新研制的大口径地面压制火炮都称为“榴弹炮”。

按运动方式的不同，火炮分为固定炮、牵引炮、自行炮、驮载炮、铁道炮。其中：牵引炮又分为不带辅助推进装置和带辅助推进装置两种类型，带辅助推进装置的又称自运火炮、自走火炮；自行炮又分为履带式、轮式和车载式。

按口径大小的不同，火炮分为大、中、小口径火炮。

按身管内有无膛线，火炮分为线膛炮和滑膛炮。

按身管个数的不同，火炮分为单管、双管和多管火炮。

按装填方式的不同，火炮分为后装炮和前装炮。

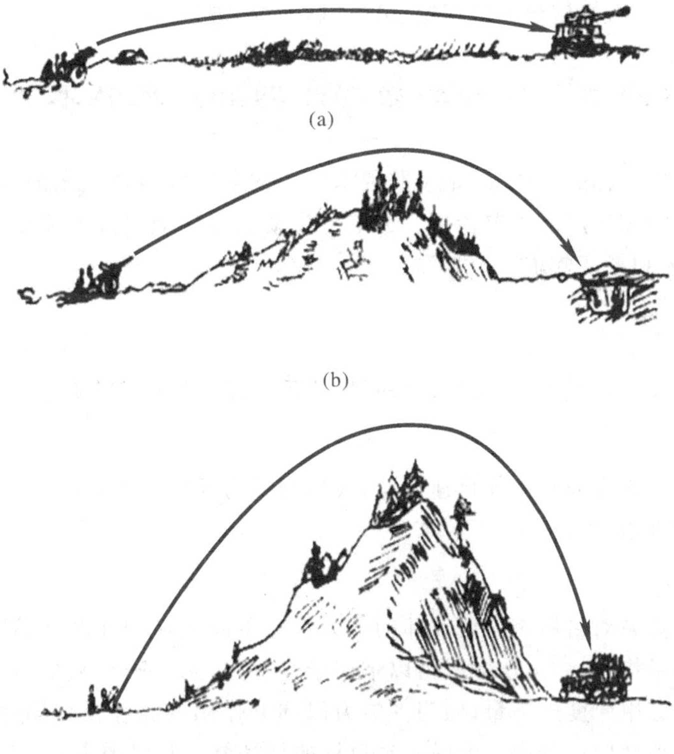

(a)

(b)

(c)

图 1-3 火炮弹道特性示意图

(a)加农炮;(b)榴弹炮;(c)迫击炮

按发射方式的不同,火炮分为自动炮和半自动炮。自动炮能自动完成连发射击,半自动炮能自动完成部分射击动作。小口径高炮、航炮和小口径舰炮都是自动炮。

按瞄准方式的不同,火炮分为直瞄火炮和间瞄火炮。用瞄准装置直接瞄准目标射击的火炮称为直瞄火炮;用瞄准装置间接瞄准目标射击的火炮称为间瞄火炮。

按火炮特征的不同,火炮分为速射自动炮(高炮、航炮、舰炮)、远程压制火炮(加农炮、加榴炮、岸炮)、高膛压直射火炮(坦克炮、反坦克炮)、曲射炮(榴弹炮、迫榴炮)、特种火炮(无后坐力炮、火箭炮、迫击炮)和新概念火炮(电热炮、电磁炮等)等。电热炮指利用电能加热工质产生等离子体来推进弹丸的火炮;电磁炮指利用载流导体在磁场中受到的电磁力推进弹丸的火炮。

二、枪械的类型

枪械也有多种分类方式。

按用途不同,枪械分为手枪、步枪、冲锋枪、机枪、特种枪等。机枪包括轻机枪、重机枪、通用机枪和大口径机枪等。特种枪包括匕首枪、水下枪、拐弯枪、霰弹枪等。

按自动方式不同,枪械分为半自动枪、全自动枪。

按口径大小不同,枪械分为大、中、小、微型枪。

按枪管内有无膛线,枪械分为滑膛枪和线膛枪。

按使用对象不同，枪械分为军用枪、猎枪、运动枪、防暴枪等。

第四节　火炮与自动武器的战术技术要求

战术技术要求又称战技指标，是按照战术使用的需要和生产技术的可能对武器提出的要求，是设计、鉴定和生产的主要依据。火炮与自动武器的战术技术要求，一般可归纳为战斗要求、勤务要求和经济要求三个方面。

一、战斗要求

战斗要求主要包括威力、机动性、寿命、快速反应能力和战场生存能力。

(一)威力

火炮威力指火炮在战斗中能迅速压制、破坏和毁伤目标的能力，由弹丸威力、远射性、射击精度和速射性等组成。

1. 弹丸威力

弹丸威力指弹丸对目标杀伤或破坏的能力。对不同用途的弹丸有不同的威力要求，也有不同的威力衡量指标，如杀伤弹威力以杀伤半径、有效杀伤破片数量等来衡量，穿甲弹威力以一定距离的穿甲厚度来衡量，照明弹威力以弹丸作用的亮度及作用时间来衡量。枪械弹丸威力又称终点效应。普通枪弹弹头对目标的侵彻能力常以弹头在一定距离上穿透钢板后再侵入松木板的深度来衡量，弹头对目标的杀伤作用常以侵入肥皂(或明胶)后形成的空腔效应来衡量，弹头对生动目标的威慑作用常以弹头在弹着点的动能来衡量。目前许多弹种采用钨环或钢珠预制破片技术来提高弹丸威力。

2. 远射性

远射性指火炮能够毁坏、杀伤远距离目标的能力。对不同的火炮通常用不同的指标来描述远射性：对主要承担压制任务的加农炮、榴弹炮和加榴炮，通常用最大射程来描述远射性；对坦克炮和反坦克炮，通常用直射距离和有效射程来描述远射性；对高炮，通常用最大射高和有效射高来描述远射性。

直射距离指射弹的最大弹道高等于给定目标高(一般取 2 m)时的射击距离。直射距离是坦克炮和反坦克炮战斗威力的重要指标。一般坦克的高度不超过 2.5 m，只要敌坦克在直射距离内都能被击中，如图 1－4 所示。当弹丸一定时，初速越大，直射距离越大，穿甲能力越强。有效射程指在给定的目标条件和射击条件下，射弹能够达到预定效力的最大射程。

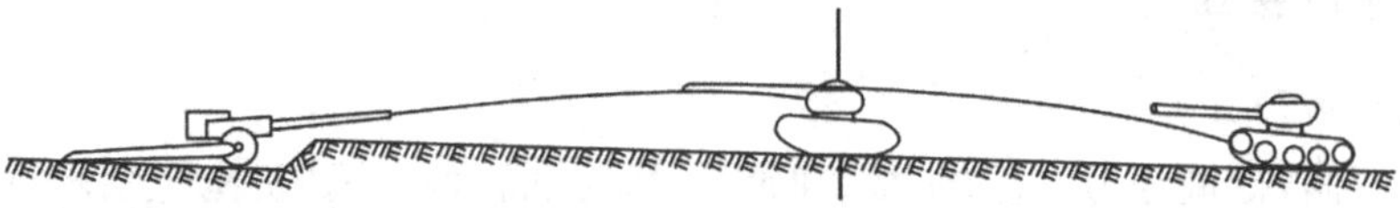

图 1－4　直射距离示意图

最大射高即射高的最大值。有效射高指在给定的目标条件和射击条件下，射弹能够达到预定效力的最大射高。根据一般经验，小口径高炮有效射高与最大射高之比为 0.35～0.60，大口径高炮有效射高与最大射高之比为 0.60～0.85。

枪械远射性常用直射距离和有效射程来衡量。枪械一般以确定的命中率来计算有效射程。

榴弹炮炮弹通过加装火箭发动机或冲压发动机可以大大提高射程，坦克通过加装反坦克导弹或巡飞弹来提高远距离打击能力，火箭炮通过多加推进剂很容易达到较远的射程。目前小口径高炮主要负责近程防空，与射程更大的防空导弹一起构成多层防空体系。

3. 射击精度

射击精度是射击密集度和射击准确度的总称。射击密集度指火炮在相同的射击条件下，弹丸弹着点相对于平均弹着点的密集程度。射击准确度指平均弹着点对目标的偏离程度。射击密集度主要与火炮自身的结构性能有关，射击准确度主要与射手操作火炮及火炮相关仪表状况有关。

近年来，制导弹药技术发展很快，大大提高了火炮的射击精度。过去，无控火箭弹应用广泛，目前，制导技术的应用使得火箭弹打得又远又准，多管火箭炮成为明星武器。枪械中狙击步枪具有较高的射击精度。

4. 速射性

速射性指火炮快速发射炮弹的能力，通常用射速来表示。射速指火炮在单位时间内发射炮弹的数量。射速一般分为实际射速、理论射速、突击射速和规定射速。实际射速指火炮在战斗使用条件下(考虑重新装填和修正瞄准的时间)实际达到的射速。理论射速指火炮按一个工作循环所需时间计算的射速(不考虑重新装填和修正瞄准的时间)。突击射速又称爆发射速，指在紧急情况下，短时间内所能达到的最大射速。突击射速通常在战斗开始采用，要求火炮在 15～25 s 内发射尽可能多的弹丸。根据实战统计，被炮兵火力杀伤的人员有85%是在射击开始的 15 s 内被击中的。规定射速指在规定时间内，在不损坏火炮、不影响射击准确度和保证安全的条件下的射速。由于火炮若以最大射速持续射击，持续一段时间就会引起炮身过热，反后坐装置中液体和气体也会过热，以至损坏火炮，所以有了规定射速。美国 M198 式 155 mm 榴弹炮上配有炮身温度超值显示器，以限制射弹速度。

枪械实际射速除了与理论射速有关外，还与点射长度、容弹具形式、容弹量、更换容弹具快慢、瞄准速度、转移火力速度等有关。

舰船上的大口径火炮的射速通常是地面上大口径火炮的数倍，因为其具有全自动装填系统和身管散热装置。舰船上的近防系统是拦截敌人火力的最后一道防线，通常具有极高的射速，我国的 11 管 30 mm 火炮射速可超过 10 000 发/min。

(二)机动性

火炮机动性是火力机动性、火炮运动性和行军战斗转换时间的总称。火力机动性指迅速而准确地转移火力的能力。火力机动性取决于射界、瞄准速度和装药号数等。火炮运动性指火炮在各种运输条件和各种道路上运动的性能，包括火炮能否在铁道、水上和空中进行运输，能否通过起伏地形和狭窄地区以及迅速改变发射阵地等。行军战斗转换时间用来描述火炮由行军状态转换为战斗状态的迅速性。

枪械机动性指枪械使用中变换火力、转移阵地和行军运输的灵活程度，主要包括火力机动性、携行机动性和装载机动性。火力机动性指迅速开火、转移火力、变换射击方式的能力。

携行机动性指便于携行的能力。枪械携行方式包括提携、握持、肩背、扛载、搬动等。为提高携行机动性，要求武器体积小、质量轻、外形平整，质量大的武器能快速分解后搬运。装载机动性指枪械适合装载运输的能力。其要求武器外形适于马驮、车拉、船载和空运等。

近年来，火炮的机动性得到高度重视，轮式火炮、车载火炮、超轻型火炮得到大力发展；信息化程度的进步，尤其是火控系统的发展，使得火炮的行军战斗转换时间大大缩短，一键放列、一键调炮成为可能；侦察校射雷达、无人机等侦察手段的发展也使得火炮“打了就跑”成为一种常态化战术。

(三)寿命

火炮寿命一般包括身管寿命和运动部分寿命。身管寿命指火炮按规范条件射击，身管丧失规定的弹道性能或疲劳破坏前所能发射的当量全装药弹丸数目，以发数表示；运动部分寿命用运行的千米数表示。对牵引式地面压制火炮来说，由于身管是火炮最主要的构件，因此通常以身管寿命作为火炮寿命。

小口径速射火炮通常设置备用身管，在过热时更换。身管寿命和作战强度、维护保养密切相关，作战中及时清洁炮膛有助于提升身管寿命。

(四)快速反应能力

火炮快速反应能力反映火炮系统从开始探测目标到对目标实施射击的迅速性，以反应时间来表示。现代战场上存在大量快速目标和进攻性武器，且侦察手段和火控系统不断完善，这样就使得反应慢的一方处于被动挨打的局面，反应快的一方能避开对方袭击。现代高炮系统的反应时间小于 10 s，火力控制系统的反应时间小于 6 s，地面火炮火力控制系统的反应时间应在 1 min 以内。

(五)战场生存能力

火炮战场生存能力指在现代战场条件下，火炮能保持其主要战斗性能和在受到损伤后能尽快以最低的物质技术条件恢复其战斗性能的能力。显然，提高火炮威力、机动性和快速反应能力，加强火炮的防护能力，做好火炮的伪装和隐蔽，提高火炮的可维修性等都有助于提高火炮的战场生存能力。

俄乌战争中，无人机和远程精确打击火力使得火炮战场生存条件十分堪忧，“发现即摧毁”的现状将引发各国对火炮战场生存能力和作战运用进行深入研究。

二、勤务要求

从勤务方面看，对火炮的主要要求是可靠性和维修性。可靠性指火炮在规定条件下和规定时间内完成规定功能的能力。维修性指火炮在寿命周期内经过维护和修理可以保持和恢复其功能的能力。可靠性反映“武器是否经常发生故障”，维修性反映“武器坏了是否容易修复”。近年来又进一步提出了“六性”的概念，即可靠性、维修性、测试性、安全性、保障性和适应性。作为装备维修保障人员，要经常和可靠性、维修性指标打交道。

三、经济要求

经济要求指在满足战斗与使用要求前提下，武器系统的造价和维护费用要低。战斗中枪炮及弹药的消耗量是很大的，如果性能优越但造价和维护费用昂贵，那么很难予以采用。

拓展阅读

可靠性极好的武器——AK47突击步枪

AK47突击步枪的可靠性极好，已经是全球共识。该枪不怕沙暴，从泥水中拿出来也可以开火，甚至连续超负荷射击时，护木都着火了，还能打响。世界上许多国家都仿制了AK47突击步枪，其总产量超过1亿支，是目录世界上产量最高的枪械。

第五节 火炮与自动武器的全寿命周期

火炮与自动武器全寿命周期包括研制、生产和使用三大阶段。研制阶段包括论证阶段、方案阶段、工程研制阶段、设计定型阶段、生产定型阶段，生产阶段主要指生产出合格产品的阶段，使用阶段涵盖存储、使用、维修和报废阶段。

一、研制阶段

论证阶段的主要工作是战术技术指标的可行性论证（由使用部门实施）。论证结果是战术技术指标。战术技术指标经批准后，将作为型号研制立项的依据。

方案阶段的主要工作是论证武器功能组成、原理方案、方案设计、结构与布局等。方案论证，除理论计算和初步设计外，对关键技术或部件乃至整机，需要设计制造原理样机进行试验验证。方案阶段，主要由工业部门负责。方案论证结果为研制任务书。研制任务书经批准后，是设计、试制、试验、定型工作的依据。

工程研制阶段的主要工作是设计、试制、试验、鉴定等。设计包括确定火炮与自动武器各部分具体结构尺寸和技术条件，绘制零件图和装配图，进行理论分析与计算等。之后，依据设计要求制造出样机（样品）。试验工作通常是在靶场条件下对样机（样品）的试验，一般按照有关试验规定进行正常和恶劣自然环境试验，包括强度试验、灵活性试验、精度试验、特种条件（如人工高低温、扬尘、淋雨）试验、寿命试验等，对出现的各种异常现象，应多次重复试验，查明真实原因。通过工厂鉴定试验，把遗留的问题逐一解决，并落实到设计定型样机（正样机）的图纸资料上，并按定型要求制造出若干设计定型样机。

设计定型阶段的主要工作是通过试验和部队热区、寒区试用，全面考核新设计的火炮与自动武器性能，确认所设计的新样机是否达到研制任务书的要求。设计定型阶段包括设计定型试验及设计定型（鉴定）。需要指出的是，设计定型的武器不一定生产，有的只是作为技术储备。

生产定型阶段的主要工作是试生产产品的试验鉴定和部队试用，考核产品的生产工艺和生产条件。生产定型阶段包括生产定型试验、试用及生产定型（鉴定）。

二、生产阶段

生产阶段指按照生产流程生产出合格的产品。火炮与自动武器的生产工厂常驻军代表，职责主要是对产品的关键工序以及最终产品的质量进行监督。

三、使用阶段

火炮与自动武器在列装部队前可能要先存储起来，军火库平时也要存储一些火炮与自动武器作为战时备份。火炮与自动武器存储需要专门的环境，由专业的人员管理。

武器列装部队后就与战士结合，迅速形成战斗力。武器在使用过程中出了故障要对其进行维修。部队中有各级维修机构，如基层级维修机构、中继级维修机构和基地级维修机构。维修按照内容的不同分为小修、中修、大修等类别。当武器没有维修价值时就予以报废。

四、新的试验鉴定方案

随着科技的进步，火炮与自动武器的研制进度加快，有的单位自筹资金进行研制，除了供军队选购外，还可以通过外贸途径销售到国外。出于装备实战化、体系化的考虑，近年来我国对新型装备的试验鉴定方案进行了修订，新的试验鉴定方案包括性能试验、作战试验和在役考核。

性能试验，指在规定的环境和条件下，检验装备是否达到装备研制立项的战术技术指标，验证装备边界性能，通常分为性能验证试验和性能鉴定试验。性能验证试验类似于工厂鉴定试验，性能鉴定试验类似于设计定型试验。性能试验完成后，装备才能通过状态鉴定。

作战试验，指在近似实战环境和对抗条件下，对装备及其体系作战效能和作战适用性进行考核与评估，检验装备完成规定作战任务的满足度及其适用条件，掌握装备战术技术指标，探索装备作战运用方式。试验装备来自小批试生产，由装备试验单位和承担作战试验任务的部队共同实施。作战试验完成后，装备才能列装定型。

在役考核，指通过跟踪掌握部队装备实际使用和保障等情况，进一步验证装备作战效能和作战适用性，考核装备适编性、适配性，提出装备改进意见和建议。在役考核装备来自批量生产，由有关装备部门在列装定型装备服役期间组织实施。

新的试验鉴定方案跨越了研制、生产、使用整个全寿命周期，体现了面向实战、全程覆盖的特点，确保了新型装备好用、实用和耐用。

△拓展阅读

军工品质体现了严谨性

电影《高山下的花环》中，“小北京”用无后坐力炮攻击敌人工事，接连两发“臭蛋”(哑火弹)导致牺牲，那是因为当时对炮弹生产监管不力造成的。军工产品从研制到生产都体现了严谨性，研制过程中要经过严苛的试验，生产中有军代表把关，从事装备维修工作也要十分严谨，确保装备质量，否则会贻误战机，造成伤亡。

目前世界各国如何获取武器装备？

随着武器装备技术含量越来越高，一些装备只有少数国家才能研制，因此目前获取武器装备的途径主要有以下几种：第一是自己研制、自己生产；第二是购买别国研制图纸，自己生产；第三是直接从国外购买装备。国外对我国的技术封锁，逼迫我国军工部门自力更生，经过多年的努力，目前我国已经形成了完备的军工体系，武器装备基本上实现了自研自产，同时还向中东、非洲、东南亚等地区出口各种类型武器装备。

复　习　题

1. 枪炮的鼻祖是什么？火炮发展过程中的两次技术革命是什么？
2. 地面压制火炮包括哪些类型？自行火炮包括哪些类型？
3. 枪炮战技指标主要包括哪些方面的要求？
4. 枪炮的战斗要求主要包括哪些指标？枪炮的勤务要求主要包括哪些指标？
5. 枪炮威力主要包括哪些指标？
6. 枪炮全寿命周期包括哪些阶段？
7. 新的试验鉴定方案包括哪些方面？
8. 在飞机、坦克、导弹等高新技术武器迅速发展的今天，如何看待火炮的作用？

第二章　炮身原理

炮身是火炮的基础部件，其承受火药气体压强，将弹丸高速抛射出去。本章着重讲述炮身的强度理论。首先是炮身结构分析，介绍炮身的组成、分类及内膛结构；接着是炮身受力分析，介绍发射时炮身承受的各种力，尤其是炮膛合力和径向内压；再接着是单筒身管和自紧身管强度理论，包括应力分布、计算公式、外形确定等；然后是身管寿命问题，包括内膛破坏现象、寿命判定标准和影响寿命因素；最后是炮身部分数值算例。

第一节　炮身结构分析

一、炮身的组成和分类

炮身是火炮的一个基础部件。它的主要作用是在发射时，承受火药气体压力，引导弹丸运动并赋予弹丸一定的初速和转速。炮身在枪械上对应枪管，为论述方便，不再特别指出。

（一）炮身的组成

炮身主要的组成零件是身管、炮尾和炮闩，有时炮口装置（如炮口制退器等）也作为其组成零件，如图 2－1 所示。

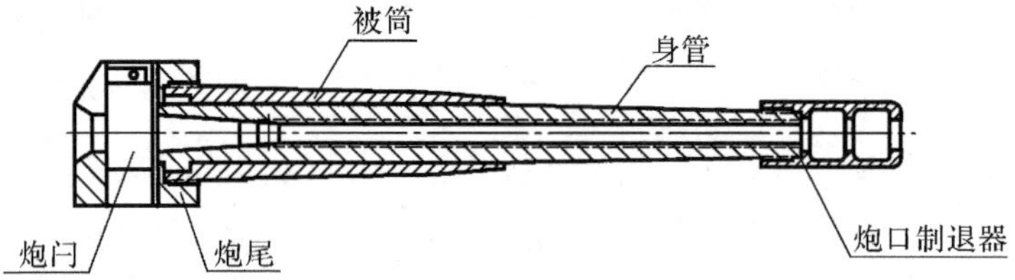

图 2－1　炮身的组成

身管是炮身的主要零件，发射时承受高压火药气体的作用。炮闩和炮尾则共同承受火药气体向后的作用力，并使炮身后坐。炮身上还有进行后坐和复进导向用的相应结构，如定向环、导箍和光滑圆柱面等。炮口装置通常用螺纹固定于身管口部，并采用制转零件防止其旋转松动。

根据炮种的不同，炮身上还可能有其他一些装置，如自行火炮炮身上有抽气装置，坦克炮炮身上有热护套，舰炮炮身上有冷却装置。

在枪械上，炮口装置对应膛口装置，炮闩对应枪机。

(二)炮身的分类

按炮膛结构的不同,炮身可分为线膛炮身和滑膛炮身。线膛炮身内有膛线,能使弹丸产生高速旋转运动,以保证弹丸飞行时的稳定性。滑膛炮身内没有膛线,主要用于迫击炮、无后坐力炮和滑膛反坦克炮,如图 2-2 所示。

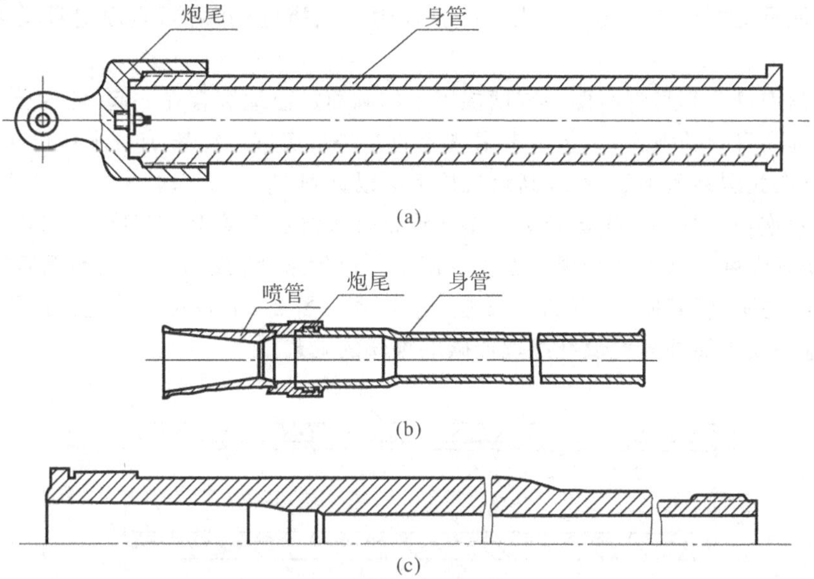

图 2-2　滑膛炮炮身

(a)迫击炮炮身;(b)无后坐力炮炮身;(c)滑膛反坦克炮炮身

按身管结构及应力状态的不同,炮身可分为单筒炮身、紧固炮身和衬管炮身三类。

1. 单筒炮身

单筒炮身的身管只有一层管壁,且发射前管壁内不存在预应力。其结构简单、加工方便,因而广泛用在目前的大部分制式火炮和枪械上。这种炮身发射时,身管内层产生的应力很大,而外层的应力很小,也就是说,身管外层材料没有得到充分利用。

在小口径自动高炮和一些枪械中,由于身管长、射速高,刚度及散热问题较突出,常采用外表面均匀分布若干纵向沟槽的单筒星形断面炮身,如图 2-3 所示。这种炮身刚度大、质量小且易于散热,如我国某型 35 mm 高炮和某型 25 mm 高炮均采用这种炮身。

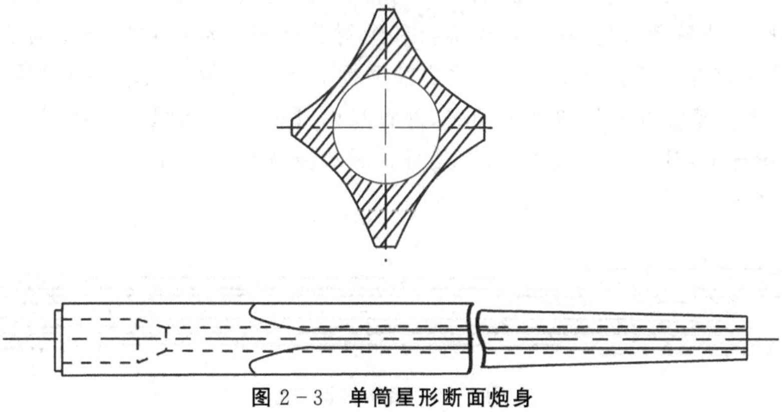

图 2-3　单筒星形断面炮身

2. 紧固炮身

紧固炮身又称增强炮身，这种炮身通过工艺措施使身管在发射前其管壁内层就存在与发射时方向相反的应力(预应力)，而管壁的外层则存在与发射时方向相同的应力。这样，在发射时身管壁内应力分布能趋于均匀，使材料得到充分利用，在同样壁厚、同样材料的情况下，使身管能承受更高的膛压。根据产生预应力工艺措施的不同，紧固炮身又可分为以下三种：

(1)筒紧炮身。其身管由两层或两层以上的圆筒过盈地套合在一起，使内层产生压缩预应力，从而提高身管的强度，工艺上多用热套的方法来实现。筒紧炮身现在已很少采用，制式武器中仅在我国某型 14.5 mm 高射机枪上可以见到。

(2)丝紧炮身。其以一定的拉力将钢丝或钢带缠绕在身管上，使身管内壁产生压缩预应力来提高身管强度。这种炮身现在也很少使用。近年来，为提高迫击炮和无后坐力炮等武器的身管强度并减轻其质量，有的也采用丝紧技术。图 2 - 4 为我国某型火箭筒，其身管就采用了薄壁钢质内筒外缠玻璃纤维丝或碳纤维丝的工艺。

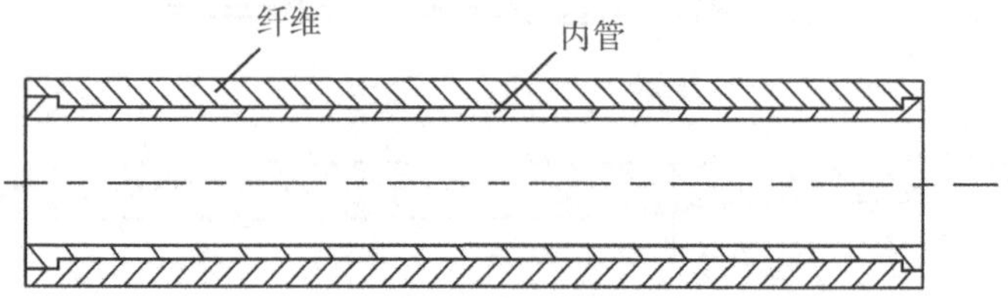

图 2 - 4　某型火箭筒

(3)自紧炮身。这种炮身结构同单筒炮身相同，只是在制造时对其内膛施加高压，使身管管壁由内到外部分或全部产生塑性变形。这样，在高压撤除以后，由于各层塑性变形程度不同，造成外层对相邻内层产生压应力，即内层受压，外层受拉，就像多层筒紧炮身一样，从而使身管强度得到提高。这种炮身结构简单，强度高，疲劳寿命长，现已广泛应用于新式高膛压火炮中，如我国某型 155 mm 加榴炮和某型 125 mm 坦克炮。

3. 衬管炮身

由于火炮初速、膛压、射速要求不断提高，炮膛的烧蚀、磨损也就随之加剧，往往使火炮的寿命很快终止，特别是在一些小口径自动炮中更为突出。在结构上采用一个便于更换的内层衬管，在身管寿命终止后换上新的内层衬管，快速恢复火炮战斗性能，这就是衬管炮身。衬管炮身包括活动身管炮身、活动衬管炮身和短衬管炮身。活动衬管炮身与活动身管炮身的内、外管平时存在微小间隙，以便炮膛烧蚀磨损后更换内管，如图 2 - 5 和图 2 - 6 所示。发射时，内管产生塑性变形使该间隙消失，外管与内管一同承担膛内火药气体压力的作用。活动身管炮身管壁较厚，被筒较短，只覆盖身管后部烧蚀严重区域。

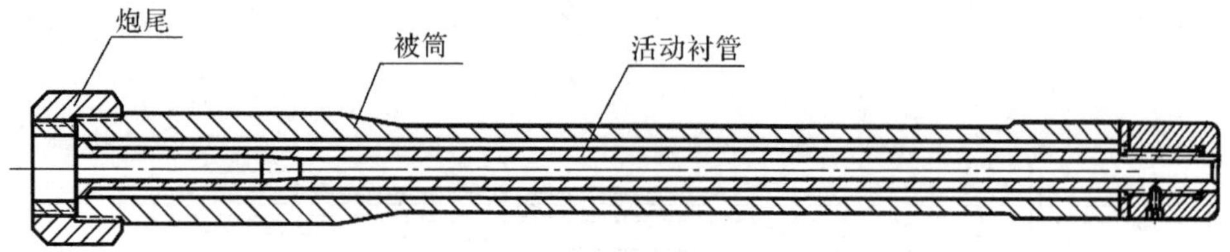

图 2 - 5　活动衬管炮身

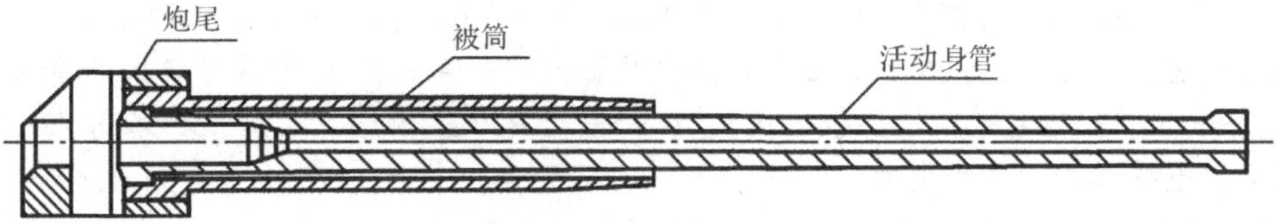

图 2-6　活动身管炮身

考虑到炮膛烧蚀严重的部位仅在膛线起始部向前一段长度上，更换整根内管是不经济的，于是出现了短衬管炮身。其在炮膛烧蚀比较严重的部位，采用高强度炮钢或特殊的耐热合金作为可更换衬管，如图 2-7 所示。我国某型 30 mm 舰炮即采用短衬管炮身。

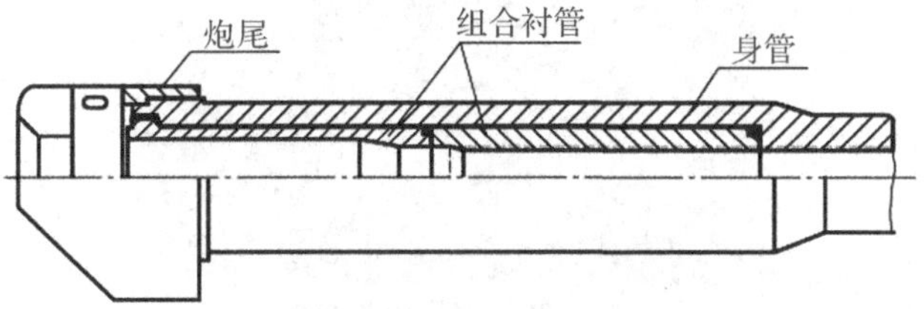

图 2-7　短衬管炮身

另外，一些榴弹炮的炮身（见图 2-8），虽也带有被筒，但该被筒与炮身之间的间隙较大，射击时间隙不消失，被筒不承受内压的作用，实质上是单筒炮身，称为带被筒的单筒炮身。采用被筒的目的是增加后坐部分质量，从而减小射击时炮架受力，使炮架质量减小；此外，被筒还可与摇架配合作为后坐部分的运动轨道。由于被筒与身管之间间隙较大，因此更换身管较为方便。我国某型 122 mm 榴弹炮就采用这种炮身。

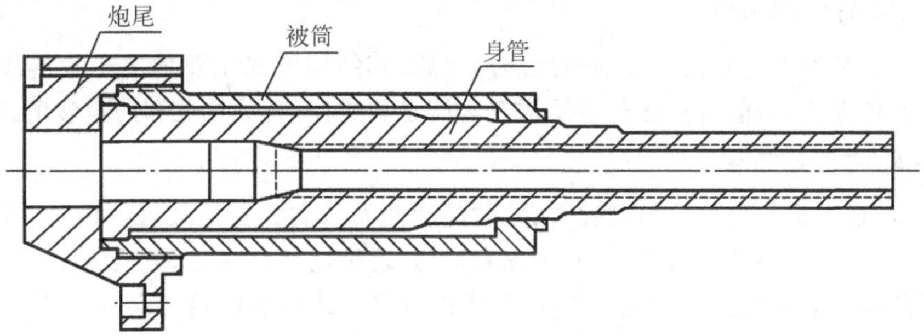

图 2-8　带被筒的单筒炮身

拓展阅读

“坦克两项”赛，中国乘员晕倒

2020 年，中国选手驾乘 96B 坦克参加“坦克两项”赛，主炮射击时，一名坦克乘员下车装弹时突然出现晕倒，简单治疗后继续参与比赛。分析原因是增压风机故障，抽气装置未能很好发挥作用，造成乘员一氧化碳中毒。

增强炮身的使用

增强炮身是在炮管材料强度较低时候的无奈选择，在第一次世界大战和第二次世界大战期间，许多国家的战列舰都采用了增强炮身。如意大利的维托里奥·维内托级战列舰就采用了 9 门 381 mm 主炮（活动身管炮身）、12 门 152 mm 副炮（活动衬管炮身）和 12 门 90 mm高炮。厦门胡里山炮台的主炮是清政府购买的克虏伯大炮，明显可看出是筒紧炮身，如图 2－9 所示。随着炮钢冶炼技术的进步，筒紧炮身和丝紧炮身已经很少采用，目前在高膛压火炮上普遍采用自紧炮身。

图 2－9　厦门胡里山炮台的主炮

二、身管内膛结构

火炮身管内部称为炮膛。炮膛通常由药室、坡膛和导向部组成。导向部可能有膛线，也可能没膛线。枪械身管的内部称为枪膛。枪膛和炮膛构成类似，只不过通常把药室称为弹膛。

（一）药室的分类和结构

药室是容纳发射药和保证发射药燃烧的空间，其结构形式主要取决于武器战术技术性能和弹丸装填方式，目前常见的药室结构有药筒定装式、药筒分装式和药包装填式三种。

1. 药筒定装式药室

中、小口径火炮及各种枪械的弹丸、发射药和药筒的质量都比较轻，可将三者装配成一个整体，射击时一次性装入炮膛，有利于提高射速，这种炮弹称为药筒定装式炮弹。

装填药筒定装式炮弹的药室即药筒定装式药室。其形状结构与药筒外形结构基本相同，即由药室本体、连接锥和圆柱部（常带有很小锥度）组成，如图 2－10 所示。

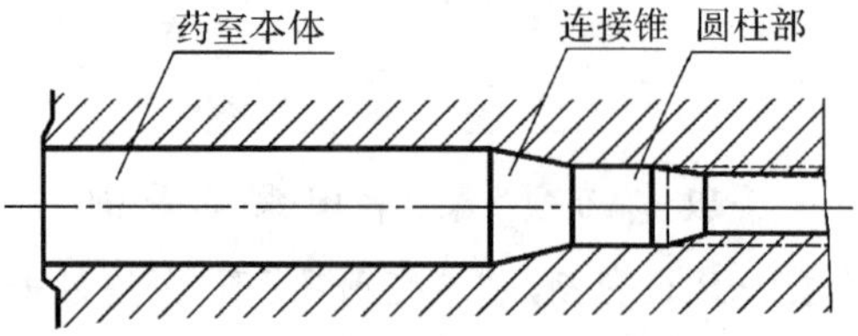

图 2－10　药筒定装式药室结构

为了装填和抽筒方便，药室本体除了具有一定的锥度外，药室与药筒间还要有适当的间隙，间隙的大小与药筒强度有关。为使装填方便，间隙应留得大一些，但间隙过大就会使药筒塑性变形过大甚至发生破裂。为了便于抽筒，一些高射速小口径火炮的药室内还开有一些纵向浅槽，称为退壳槽。

2. 药筒分装式药室

大口径加农炮和榴弹炮由于要用多种装药质量（变装药）来实现弹道机动，同时由于大口径的弹丸、药筒和装药质量都比较大，一次装填很难实现。因此，一般大口径火炮都采用药筒分装式炮弹，即在发射时，先将弹丸装入炮膛，然后装入选定装药号的药筒，其缺点是降低了发射速度。

药筒分装式药室的结构通常只有药室本体和圆柱部。药室本体具有一定锥度，以便射击后抽出药筒，如图 2－11 所示。

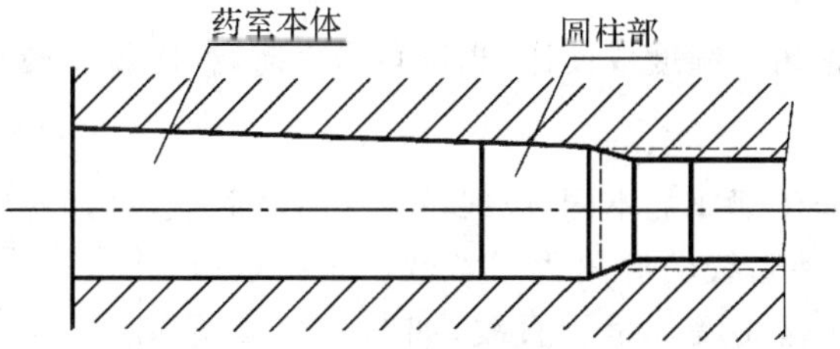

图 2－11　药筒分装式药室结构

3. 药包装填式药室

大口径火炮（如大口径舰炮、西方国家 155 mm 榴弹炮）常采用药包装填，可以免除质量过大的药筒，节省贵重的有色金属。这种药室的结构一般由紧塞圆锥、圆柱本体和前圆锥（有的火炮无前圆锥）组成，如图 2－12 所示。紧塞圆锥用来与专门的紧塞具相配合以密闭火药气体，防止射击时火药气体从身管后端泄漏。应指出的是，目前流行的模块化装药也采用这种药室。

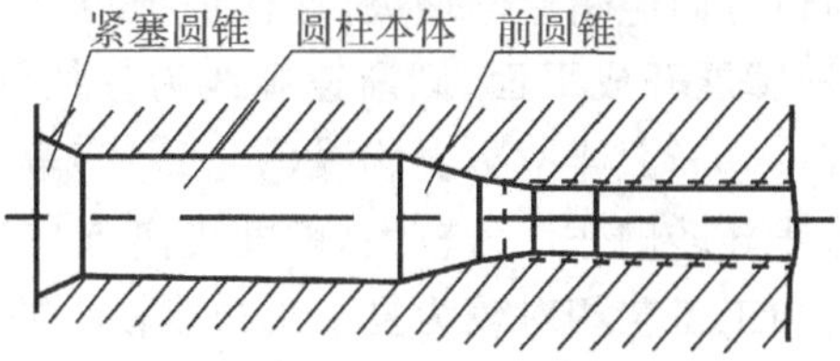

图 2－12　药包装填式药室结构

（二）坡膛

坡膛是连接药室和导向部的过渡圆锥。对线膛炮来说，在发射前还用来容纳弹带，发射时弹带由此切入膛线。坡膛锥度范围较宽（1/60～1/5），常用锥度为 1/10～1/5。大口径火炮为了减小坡膛的磨损而又确保弹丸定位可靠，常采用双锥度坡膛，如图 2－13 所示。第一段锥度大一些，锥度一般为 1/10，第二段锥度小一些，锥度一般取 1/30～1/60，膛线起点在第一锥段上。

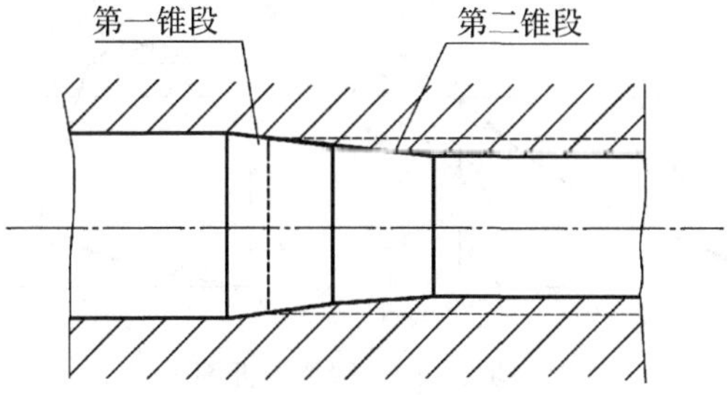

图 2－13　双锥度坡膛

(三)膛线的分类和结构

导向部是引导弹丸运动的部分，一般分线膛和滑膛两种。这里着重介绍线膛的膛线。

膛线的作用是赋予弹丸保证飞行稳定所需的旋转速度。膛线是在身管内表面上制出的与身管轴线有一定倾斜角度的螺旋槽。膛线对炮膛轴线的倾斜角为缠角，通常用 α 表示；膛线绕炮膛旋转一周，沿轴向移动长度对口径 d 的倍数称为膛线的缠度，通常用 η 表示。如图 2－14所示，缠角与缠度的关系为

$$\tan\alpha=\frac{\pi d}{\eta d}=\frac{\pi}{\eta}$$

上式说明缠角的正切与缠度成反比，当缠角增大时，缠度就要减小。

1. 膛线的分类

根据缠角沿轴线变化规律的不同，膛线可分为等齐膛线、渐速膛线和混合膛线三种。

(1)等齐膛线。这种膛线的缠角为一常数。若将炮膛展开成一平面，则等齐膛线展开呈一直线，如图 2－14 所示。这种膛线的优点是加工工艺性好，缺点是弹丸在膛内运动时，弹带与膛线导转侧间的最大作用力在最大压力点处出现，与烧蚀磨损最严重的膛线起始部比较接近，不利于身管寿命。等齐膛线的缠角不宜过大，一般 $\alpha<8°$。这种膛线多用在初速较大的火炮和枪械上，其弹丸出炮口所需的旋转角速度，由较大的初速来保证。

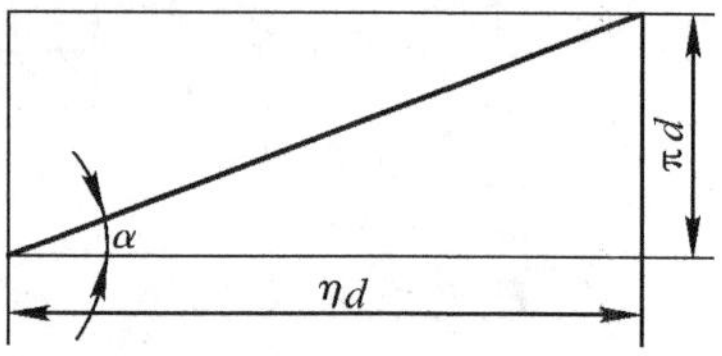

图 2－14　等齐膛线展开图

(2)渐速膛线。这种膛线的缠角是一变数，在膛线起始部处缠角较小，有时甚至取为零，以便减轻起始部磨损，向炮口方向缠角逐渐增大，以保证炮口处有足够大的缠角，以满足弹丸飞行稳定的要求。若将炮膛展开成平面，则渐速膛线为一曲线，如图 2－15(a)所示。常用曲线方程有二次抛物线($y=ax^2$)、半立方抛物线($y=ax^{3/2}$)等，其中 a 为膛线参数。渐速膛线的缺点在于：炮口部膛线导转侧作用力较大，弹丸飞离炮口的起始扰动相应较大；较等齐膛线易于造成挂铜现象；加工工艺相对较为复杂。初速较小的榴弹炮，为了保证弹丸出炮口的旋转速度，膛线缠角就不能太小，若选取等齐膛线，则膛线起始部磨损严重，故采用渐速膛线，如某型 122 mm 榴弹炮。

(3)混合膛线。这种膛线采用等齐膛线与渐速膛线相组合，综合了等齐膛线与渐速膛线的优点。在膛线起始部采用起始缠角较小的渐速膛线，以减轻膛线起始部磨损，炮口部采用等齐膛线，以减小炮口扰动，如图 2－15(b)所示。混合膛线加工较为困难，过去采用较少。为提高身管寿命，近来在火炮中有应用增多的趋势。我国某型 35 mm 高炮和某型155 mm 加榴炮即采用混合膛线。

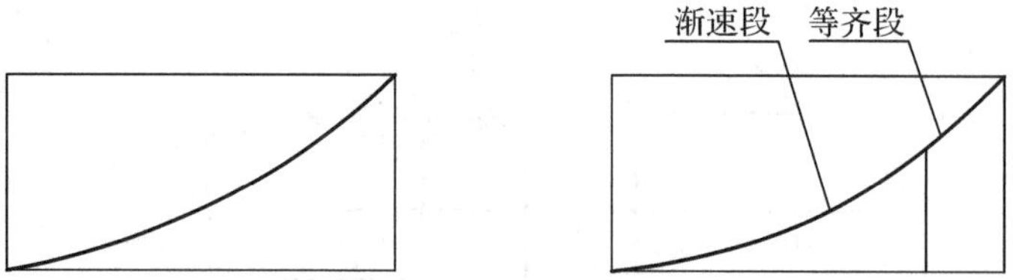

(a)　　(b)

图 2－15　膛线展开图

(a)渐速膛线；(b)混合膛线

2. 膛线的结构

常见的膛线在炮膛横截面上的形状如图 2－16 所示，阳线宽度用 a 表示，阴线宽度用 b 表示，膛线深度(阴线深度)用 t 表示。膛线的条数 n 通常取成 4 的倍数，以便于加工和测量，n 值与火炮威力、炮膛寿命以及弹带结构、材料有关。弹带材料相对于炮钢强度较小，为了保证弹带强度，一般膛线阴线宽度均大于阳线宽度，但阳线过窄也容易造成阳线磨损，而致使身管寿命终止。

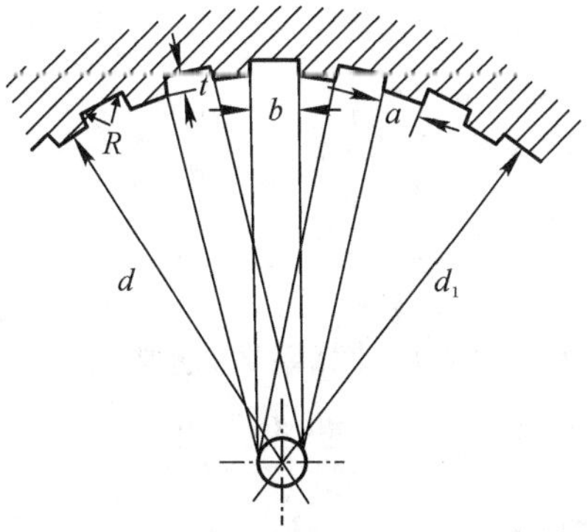

图 2－16　膛线形状图

值得注意的是，身管口径 d 通常被用作身管长度的衡量单位，如我国某型 155 mm 加榴炮采用 52 倍口径身管长度。

矩形断面的优点是加工制造方便，缺点是内角近似为直角，易应力集中，受高温、高压火药燃气的影响，阳线棱角容易磨圆，内角处残留的火药燃气烟垢不易擦拭干净。为此，一些国家正在积极研究梯形、圆形、弓形、多弧形、多边弧形等膛线断面。

3. 发射时膛线的受力

弹丸在膛内运动时，弹带与膛线导转侧间的相互作用力为 F_n，摩擦力为 fF_n。对膛线导转侧来说，正压力 F_n 沿膛线的法线方向指向导转侧，摩擦力 fF_n 与弹带运动方向相同。对弹丸来说则刚好相反。如图 2－17 所示，图中的上、下部分示力对象分别为弹丸和膛线。

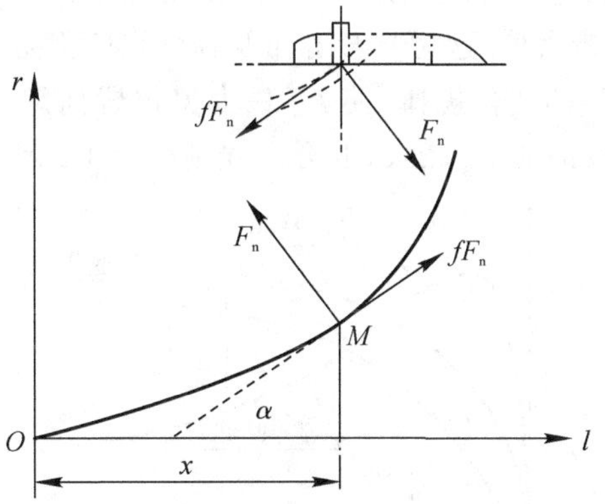

图 2－17　弹带和膛线导转侧上的作用力

内弹道学给出了膛线导转侧力公式：

$$F_n=\frac{1}{n}\left(\frac{\rho}{r}\right)^2\frac{p_d S\tan\alpha+\varphi_1 m_q v^2\dfrac{\mathrm{d}\tan\alpha}{\mathrm{d}x}}{\varphi_1(\cos\alpha-f\sin\alpha)}$$

式中：n——膛线条数；

m_q——弹丸质量；

ρ——弹丸的惯性半径；

r——炮弹半径；

f——摩擦系数；

α——膛线缠角；

p_d——弹底压力；

v——弹丸速度；

x——弹丸行程；

S——炮膛断面积；

φ_1——只考虑旋转和摩擦的次要功计算系数，通常火炮取 $\varphi_1=1.02$，枪械取 $\varphi_1=1.10$。

$$S=\frac{\pi}{4}\frac{ad^2+bd_1^2}{a+b}$$

式中：a、b——阳线、阴线的宽度；

d、d_1——阳线、阴线的直径。

由于通常 $\alpha<8°$，$\varphi_1(\cos\alpha-f\sin\alpha)\approx 1$，因此有

$$F_n=\frac{1}{n}\left(\frac{\rho}{r}\right)^2\left(p_d S\tan\alpha+\varphi_1 m_q v^2\frac{\mathrm{d}\tan\alpha}{\mathrm{d}x}\right)\tag{2-1}$$

对于等齐膛线，α 为常数，则

$$F_n=\frac{1}{n}\left(\frac{\rho}{r}\right)^2 p_d S\tan\alpha\tag{2-2}$$

式中：$\left(\frac{\rho}{r}\right)^2$ 的值与弹丸类型有关，实心穿甲弹为 0.48，杀伤爆破弹为 0.56～0.58，爆破弹为 0.66。

由式(2-1)和式(2-2)可以计算出等齐膛线、渐速膛线和混合膛线 F_n 的变化规律，如图 2-18 所示。可以看出：等齐膛线作用力 F_n 的变化规律与平均膛压 p 的变化规律相同，在最大膛压瞬间，F_n 也达最大值，这对身管寿命及弹体强度都是不利的；渐速膛线则可通过选用不同的曲线来控制 F_n 的变化规律，使 F_n 最大值位置向炮口移动，从而可以减轻膛线起始部附近的磨损，但炮口部的 F_n 较大；混合膛线则综合了二者的优点。

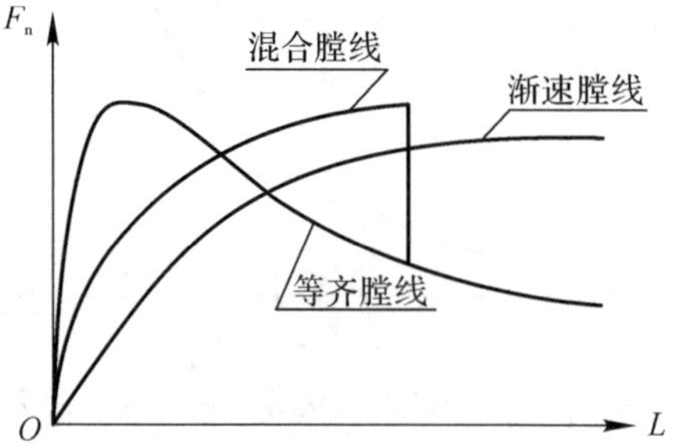

图 2-18　膛线导转侧作用力 F_n 的变化规律

拓展阅读

模块化装药

药包装填时需要人工调整药包数量，模块化装药实现了装药的刚性化和模块化，便于实现自动装填，且用多个装药模块搭配可实现不同装药号射击。西方国家在20世纪末已经实现了不等式模块化装药，我国要晚一些。2016，年南京理工大学王泽山院士发明的全等式模块装药技术获得国家技术发明一等奖，使中国的模块化装药技术步入世界先进行列。

第二节 炮身受力分析

一、发射时炮身的受力

火炮在发射时，高压火药气体将弹丸推向前方，同时使炮身做后坐运动。发射对炮身的作用可描述为径向、轴向和切向三个方向的力或力矩。径向作用力主要由身管承受，而轴向合力和切向力矩则通过反后坐装置、摇架等传递到炮架上。

(一)径向作用力

径向作用力由火药气体对身管内壁的径向压力和弹丸对身管内壁的径向作用力两部分组成。火药气体对身管内壁的径向压力是身管强度分析的主要依据，其规律将在后面深入研究。弹丸对身管内壁的径向作用力，主要是弹带(或弹丸导转部)对身管的径向作用力 F_r 以及弹丸定心部对膛壁的作用力。

对于线膛武器来说，弹丸导转部，尤其是弹带，在切入膛线时对膛壁将产生很大的径向挤压作用，随着挤进过程的完成，此径向作用力将迅速减小，如图 2－19 所示。弹丸运动至炮口附近时，获得了较大的旋转速度，而由于弹丸质量分布不均匀所产生的离心惯性力以及前定心部飞离炮口断面时旋转产生的离心惯性力，将会使弹丸对膛壁的径向作用力加大。

从图 2－19 还可以看出：弹带挤入膛线时的径向作用力(压强)有可能超过膛内最大压力；穿甲弹的弹体较厚，对身管的径向作用力比弹体较薄的杀伤爆破弹更大一些。弹丸对膛壁的径向作用力对身管强度有一定影响，通常用安全系数加以考虑。

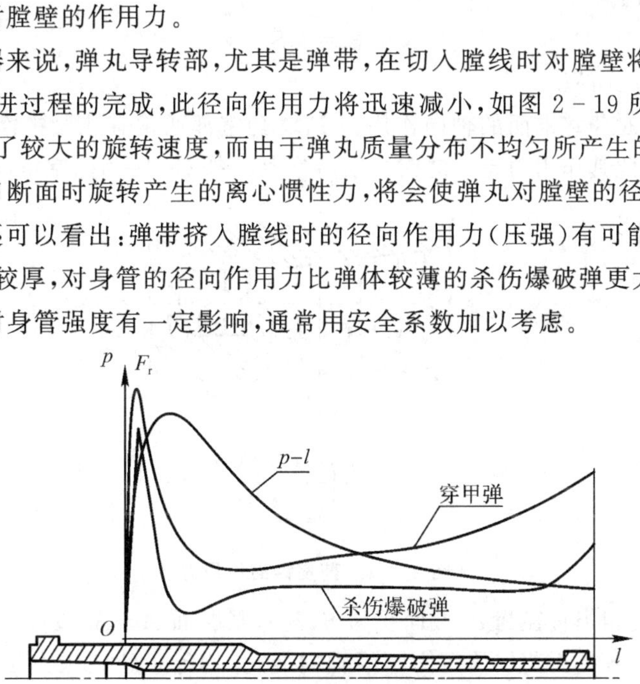

图 2－19 弹带对膛壁的径向作用力

由于弹丸定心部与炮膛之间有间隙存在，弹丸旋转或是火药气体对弹丸作用力不通过弹丸质心，均会引起弹丸定心部对膛壁的径向作用；长身管武器的身管加工所形成的弯曲以及重力等外力所造成的静力弯曲使弹丸的运动呈曲线运动，所产生的离心惯性力也作用在径向。这两种作用将引起身管的横向振动，对射击精度会产生一定影响。

（二）轴向作用力

发射时，炮身所受的轴向作用力有炮膛合力 F_{pt}、驻退机和复进机的作用力 F_{zt} 和 F_{fj}、摇架摩擦力 T 等，如图 2-20 所示。

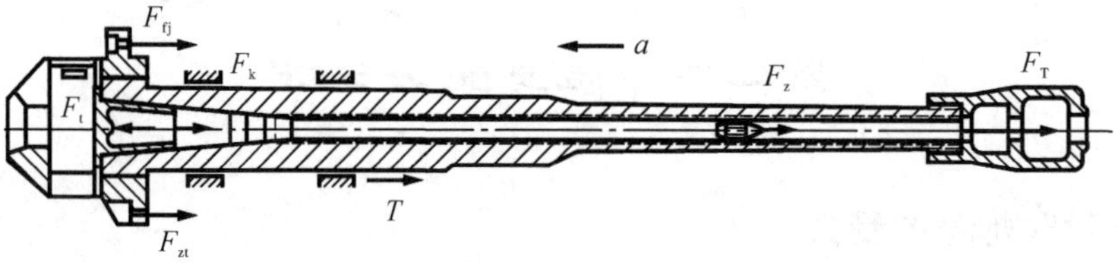

图 2-20　炮身轴向作用力

1. 炮膛合力 F_{pt}

炮膛合力即来自炮膛内部的身管轴向作用力。在弹丸膛内运动时期，炮膛合力 F_{pt} 是由火药气体对药室底部的作用力 F_t、火药气体对药室锥面的轴向作用力 F_k、弹带对炮膛的轴向作用力 F_z 组成的合力。在弹丸出炮口后的火药气体后效期，F_z 消失，此时，有炮口装置的炮身在身管口部还有炮口装置对身管的轴向作用力 F_T。

（1）火药气体对药室底部的作用力 F_t。如果发射时，在弹丸膛内运动时期中的某瞬间，膛底压力为 p_t，那么

$$F_t = p_t S_t$$

式中：S_t——药室底面积。

（2）火药气体对药室锥面的轴向作用力 F_k。药室部通常有几段锥面，火药气体压力垂直作用于锥面，因此其作用力有一向前的轴向分力。图 2-21 为药室锥面作用力示意图。

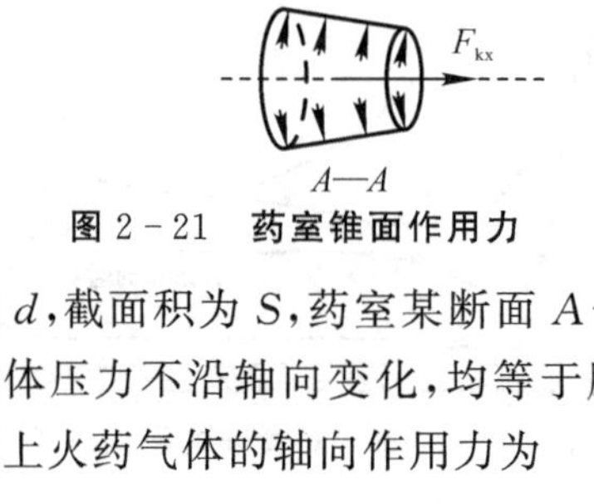

图 2-21　药室锥面作用力

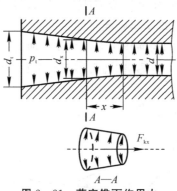

假设线膛部的相当直径为 d，截面积为 S，药室某断面 $A-A$，直径为 d_x，截面积为 S_x，并假设整个药室内各处火药气体压力不沿轴向变化，均等于膛底压力 p_t，则作用在膛线部至 $A-A$ 断面这一段药室锥面上火药气体的轴向作用力为

$$F_{kx}=p_t(S_x-S)$$

整个药室锥面所受火药气体作用的轴向力，也即在身管尾端面处的 F_{kx} 的最大值为

$$F_k=p_t(S_t-S) \tag{2-3}$$

(3)弹带对炮膛的轴向作用力 F_z。由内弹道学可知，弹带对炮膛的轴向作用力是导转侧正压力 F_n 以及弹带沿膛线的摩擦力 fF_n 在轴向分力的合力，方向指向炮口。

$$F_z=nF_n(\sin\alpha+f\cos\alpha) \tag{2-4}$$

式中：n——膛线数；

α——膛线缠角。

(4)炮口装置对身管的轴向作用力 F_T。对于带有炮口装置的炮身，在弹丸出炮口后的火药气体后效期中，火药气体通过炮口装置对身管在轴向产生作用力。其大小与炮口压力以及炮口装置的冲量特征量 χ 有关。

$$F_T=(1-\chi)p_gS \tag{2-5}$$

式中：χ——炮口装置的冲量特征量；

p_g——炮口压力。

总之，在弹丸膛内运动时期，有

$$F_{pt}=F_t-F_k-F_z \tag{2-6}$$

上式可写作

$$F_{pt}=p_tS-F_z$$

其最大值在最大膛压瞬间取得，且 $F_z\leqslant 0.02\,p_{tm}S$，故

$$F_{ptm}\approx 0.98p_{tm}S$$

在火药气体后效期，有

$$F_{pt}=F_t-F_k-F_T \tag{2-7}$$

2. 反后坐装置作用力

火炮的炮身结构通常有与反后坐装置联结的凸缘部，在后坐时将承受反后坐装置在轴向的作用力，其中：

驻退机对炮身的作用力为

$$F_{zt}=\phi_0+m_{zt}a+R_{zt} \tag{2-8}$$

复进机对炮身的作用力为

$$F_{fj}=F_f+m_{fj}a+R_{fj} \tag{2-9}$$

式中：ϕ_0——驻退机液压阻力；

F_f——复进机力；

m_{zt}——驻退机后坐部分质量；

m_{fj}——复进机后坐部分质量；

a——后坐加速度；

R_{zt}——驻退机紧塞具摩擦力；

R_{fj}——复进机紧塞具摩擦力。

3. 炮身加速后坐时的惯性力 F_J

炮身在炮膛合力作用下将加速后坐，此时炮身的各个断面上都将承受该断面前部质量的惯性力的作用，方向与后坐加速度方向相反，即指向炮口方向。炮身后坐的运动方程可表达为

$$m_h \frac{dV}{dt}=F_{pt}-R \tag{2-10}$$

式中：m_h——后坐部分质量；

R——后坐阻力，在反后坐装置原理中有专门叙述，通常

$$R_{max}=\left(\frac{1}{15}\sim\frac{1}{30}\right)F_{ptmax}$$

在计算惯性力的最大值时，可以略去 R；

V——后坐速度。

因此，最大后坐加速度

$$a_{max}=\frac{F_{ptmax}}{m_h} \tag{2-11}$$

在如图 2-22 所示的身管 $A-A$ 断面上，求第Ⅰ部分身管作用于 $A-A$ 断面之后的第Ⅱ部分身管的惯性力 F_{J1} 时，只需以第Ⅰ部分身管为隔离体进行分析。若第Ⅰ部分身管质量为 m_{sg1}，则 F_{J1} 的大小为

$$F_{J1}=m_{sg1}a$$

其最大值出现在火药气体最大压力瞬间，如前所述，其近似式可写成

$$F_{J1m}\approx 0.98\frac{m_{sg1}}{m_h}p_{tm}S$$

或

$$F_{J1m}\approx\frac{m_{sg1}}{m_h}p_{tm}S \tag{2-12}$$

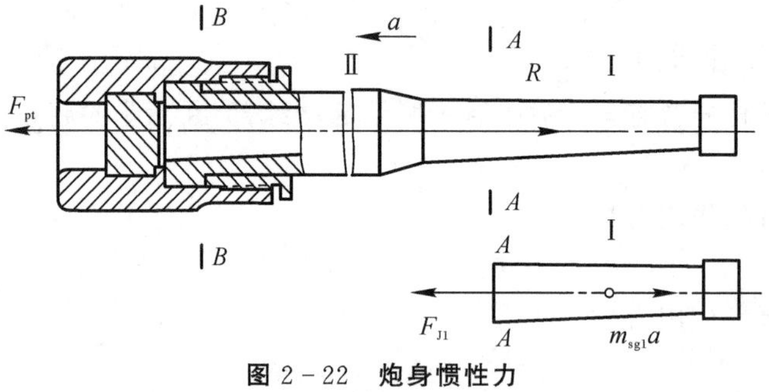

图 2-22　炮身惯性力

由此可知，在身管尾部凸缘支撑面断面处（$B-B$ 断面）承受的惯性力最大。在校核身管凸缘强度以及某些横断面强度时，常需考虑惯性力的影响。

（三）扭矩（回转力矩）

弹丸通过膛线部时，受右旋膛线的导转侧作用力而向右旋转，因此它对炮身产生一反作用力矩使炮身向左回转，其大小可按下式进行计算：

$$M_{hz}=nF_n(\cos\alpha-f\sin\alpha)\frac{d+t}{2} \tag{2-13}$$

式中：M_{hz}——回转力矩；

d——阳线直径；

t——膛线深度。

为防止炮身发射时转动，火炮上都有炮身制转机构，如键、固定栓、制转面等。

△拓展阅读

为什么惯性力在身管尾部凸缘支撑面断面处最大？

以身管为研究对象，身管通过连接筒与炮尾相连接，连接筒通过螺纹旋在炮尾上，连接筒内端抵在身管尾部凸缘支撑面处，如图2-22所示。火药气体产生的力作用在炮闩上，之后传递到炮尾上，再传递到连接筒上，最后作用在身管尾部凸缘支撑面处，使身管产生加速度。凸缘支撑面为力的作用位置。试想，如果力的作用位置在身管膛底，力拉着身管后坐，那么身管膛底惯性力最大；如果力作用在身管口部，力推着身管后坐，那么身管口部惯性力最大；现在力作用在身管中间位置，拉着身管一部分后坐同时还推着身管剩下部分后坐，因此力的作用位置惯性力最大。惯性力最大值就是整个身管质量与加速度的乘积。严格来说，惯性力不是真实存在的力。

二、发射时作用于身管的内压

膛内火药气体压力是身管所承受的径向作用力的主要因素。分析身管的强度或是计算身管允许的压坑深度等问题，首先要得到身管各截面在各种射击条件下所能承受的最大膛压的变化规律，即身管设计压力曲线。

由内弹道学可以得出膛内火药气体平均压力 p 随弹丸运动行程 l 或时间 t 的变化规律，并且也已指出弹丸膛内运动某一瞬间，膛内的压力分布是不均匀的，膛底压力 p_t 高于弹底压力 p_d，其关系式为

$$p_t = p_d\left(1+\frac{m_\omega}{2\varphi_1 m_q}\right) \tag{2-14}$$

式中：m_ω——发射药质量；

m_q——弹丸质量；

φ_1——只考虑旋转和摩擦的次要功计算系数。

要指出的是，身管长度用 L_g 来表示，其在数值上为弹丸相对行程 l_g 和药室长度 l_{ys} 之和。

计算身管设计压力曲线通常有两种方法：平均压力法和高低温压力法。

（一）平均压力法

平均压力法假定发射时任一瞬间弹后空间身管内壁上都承受相同大小的内弹道平均压力 p 的作用。平均压力 p 在内弹道解出的 $p-l$ 曲线中已经得出。

从药室底部到最大压力点 L_m 之间，身管各截面所承受的压力均为最大膛压 p_m，并且考虑到计算最大压力点的误差和由于装填条件变化会引起最大压力点位置 L_m 的变化，在强度计算时，通常将最大压力值向炮口方向前移(2～3)d，以保证身管强度，如图2-23所示。

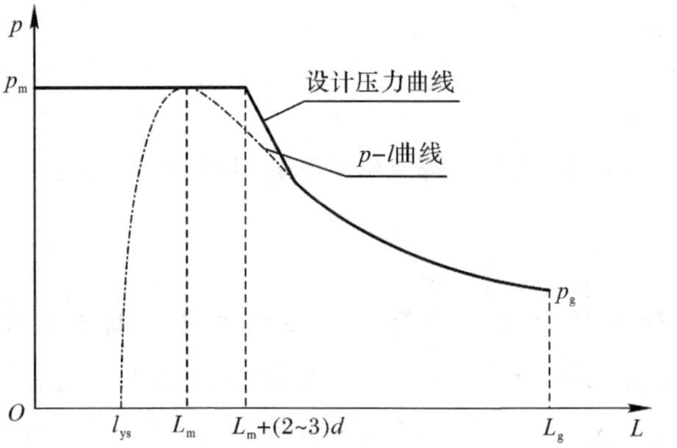

图 2-23　平均压力曲线

平均压力法由于计算方法简单,早期计算身管强度时常用此法。其缺点是没有考虑膛内压力分布不均匀,也未考虑装药温度变化对膛压的影响,计算结果与实际差别较大,因此目前已很少采用。

(二)高低温压力法

发射时膛内火药气体压力的分布是不均匀的,膛底压力高于弹底压力,同时发射药的温度对膛压也有明显的影响,高低温压力法的特点就是考虑了以上两方面的因素。

1. 膛压分布不均匀对压力曲线的影响

(1)(常温)单发身管设计压力曲线。为研究方便起见,假设发射后各瞬间由膛底到弹底的压力呈线性分布。以最大压力瞬间为例,在弹丸运动到最大压力点时,该点膛壁所受内压即为最大压力 p_m 所对应的弹底压力 p_{dm},身管内膛弹后压力分布则为膛底 p_{tm} 至弹底 p_{dm} 的直线。为了保证安全,通常也将最大压力点向炮口方向移动 1.5d 距离。在此前移点至燃烧结束点的弹底压力 p_{dk} 之间通常也可简化为直线连接,便于计算并有利于安全,如图 2-24 所示。

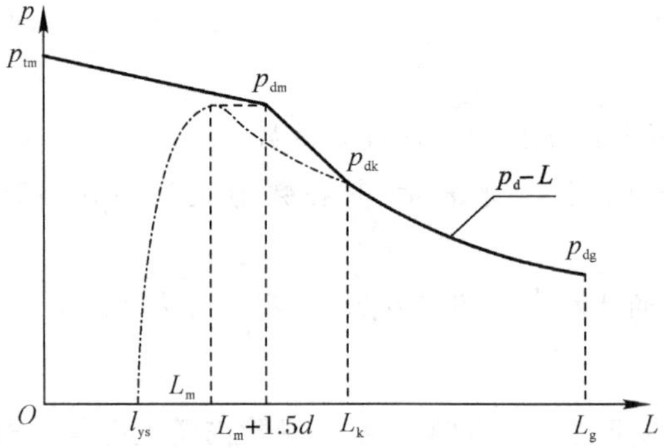

图 2-24　考虑膛内压力分布时的身管设计压力曲线

(2)弹底压力。平均压力 p 与弹底压力 p_d 之间的关系为

$$p=p_d\left(1+\frac{m_\omega}{3\varphi_1 m_q}\right) \tag{2-15}$$

(3)膛底压力。膛底压力 p_t 与平均压力 p 的关系为

$$p_t=\frac{1+\dfrac{m_\omega}{2\varphi_1 m_q}}{1+\dfrac{m_\omega}{3\varphi_1 m_q}}p \tag{2-16}$$

精细计算时,要考虑药室扩大的影响,计算公式参见内弹道学相关理论。

2. 高低温对膛压的影响

由于发射装药的温度受气温影响很大,为了保证安全,在计算身管强度时要考虑装药温度的变化。我国目前对温度的变化通常控制在高温+50 ℃,标准温度 15 ℃,低温-40 ℃。由内弹道经验公式可知,最大膛压的改变量与装药温度对标准温度的偏差量关系为

$$\frac{\Delta p_m}{p_m}=m_t\Delta t$$

或

$$p_m^t=(1+m_t\Delta t)p_m \tag{2-17}$$

式中:m_t——最大压力的温度修正系数;

p_m^t——温度 t 下的最大膛压。

具体计算参见内弹道学相关理论。由此可以计算出温度由+50 ℃至-40 ℃最大压力的变化范围,但因火药品种的差异,最大压力随温度的变化规律不是一成不变的,必要时还应通过试验取得不同温度时的最大压力数据。

有了高温最大压力 p_m^{+50},就可由装填密度 Δ 和 p_m^{+50} 值利用内弹道压力表算出 $p^{+50}-l$ 压力曲线,同样方法也可以得到-40 ℃时的压力曲线 $p^{-40}-l$。经换算可得弹底压力曲线 $p_d^{+50}-l$ 和 $p_d^{-40}-l$,进一步按上述方法,就可分别得到 15 ℃、+50 ℃和-40 ℃下的三条身管设计压力曲线,如图 2-25 所示。

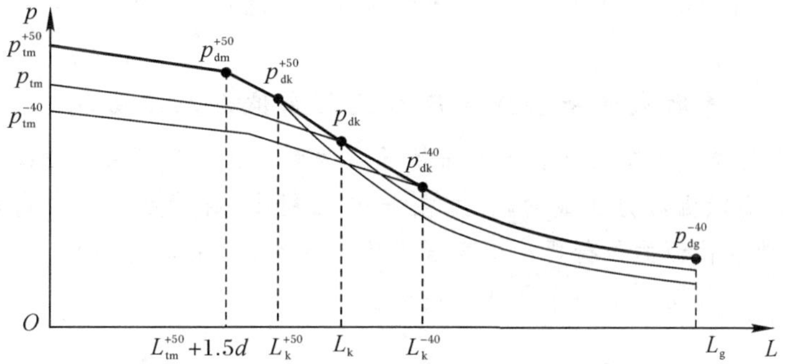

图 2-25　不同温度下的身管设计压力曲线

3. 高低温压力曲线

由于高温时最大压力上升高且出现早,装药燃烧结束也早,在燃烧结束点之后压力下降较快,反之低温时装药燃烧结束晚,压力下降也较缓,因此在计算身管强度时,取三条曲线的外包络线,图 2-25 最上方曲线即为高低温压力曲线,即图 2-26 所示曲线。目前在火炮设计时,大都采用高低温压力曲线作为身管强度设计的依据。

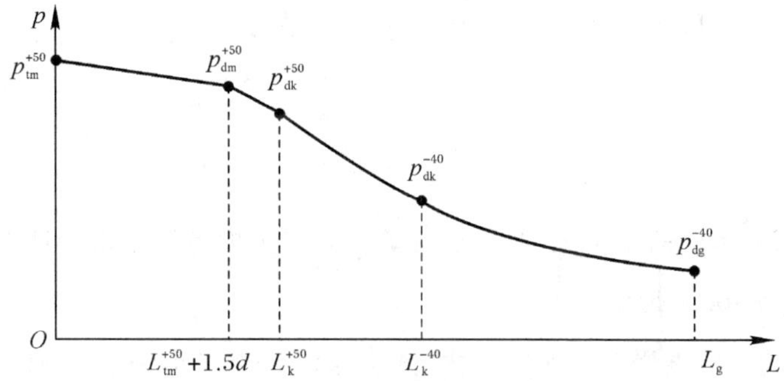

图 2-26　高低温压力曲线

由图 2-25 和图 2-26 可以看出：当温度 $t=+50$ ℃时，燃烧结束点靠近药室底部；当温度 $t=-40$ ℃时，燃烧结束点靠近炮口，并可得出高低温压力曲线变化规律如下：

(1)由 $L=0$ 至 $L=L_{m}^{+50}+1.5d$ 的压力曲线变化规律是线性的，为 p_{tm}^{+50} 至 p_{dm}^{+50} 的直线；

(2)由 $L=L_{m}^{+50}+1.5d$ 至 $L=L_{k}^{+50}$ 的压力曲线变化规律是线性的，为 p_{dm}^{+50} 至 p_{dk}^{+50} 的直线；

(3)由 $L=L_{k}^{+50}$ 至 $L=L_{k}^{-40}$ 的压力曲线变化规律为 $p_{dk}^{t}-L$ 曲线；

(4)由 $L=L_{k}^{-40}$ 至 $L=L_{g}$ 的压力曲线变化规律为 $p_{d}^{-40}-L$ 曲线。

对于某些加农炮，当装药温度下降时，可能会出现温度高于 -40 ℃的条件下燃烧结束点已达到炮口的情况。这种情况下，高低温压力曲线只有前面三段。

拓展阅读

火炮在极限温度下射击时不同部位的安全性

我国火炮身管设计温度范围在 -40 ℃～$+50$ ℃，当环境温度超出这个范围时，火炮是不能射击的。特殊情况下射击时，如果火炮低于 -40 ℃射击，那么身管前端部位可能强度不够，如果火炮高于 $+50$ ℃射击，那么身管后端部位可能强度不够。

平时火炮射击载荷能否达到高低温压力曲线？

高低温压力曲线是考虑火炮各种射击情况各截面承受的最大载荷曲线。平时火炮射击的载荷是达不到高低温压力曲线的，譬如在 $+50$ ℃射击，身管后端一些截面的载荷达到高低温压力曲线，前端截面的载荷要小于高低温压力曲线；如果采用小号装药射击，那么由于膛压降低，载荷在各截面上都小于高低温压力曲线。

确定火炮身管设计压力曲线的简易方法

计算高低温压力曲线，需要确定两条直线和两条曲线，第一条曲线是不同温度下燃烧结束点弹底压强，第二条曲线是 -40 ℃对应的弹底压强曲线，获取这两条曲线通常需要确定十多个数值点，需要查内弹道表或者数次求解内弹道方程组，计算工作量较大，如果用两条直线代替两条曲线，如图 2-27 所示，那么只需要 5 个数据点就可以绘制出完整的高低温压力曲线，由于直线在曲线上方，确定的高低温压力曲线偏于安全。实践表明，这种方法与传统方法确定的高低温压力曲线十分接近,但计算量减小很多。

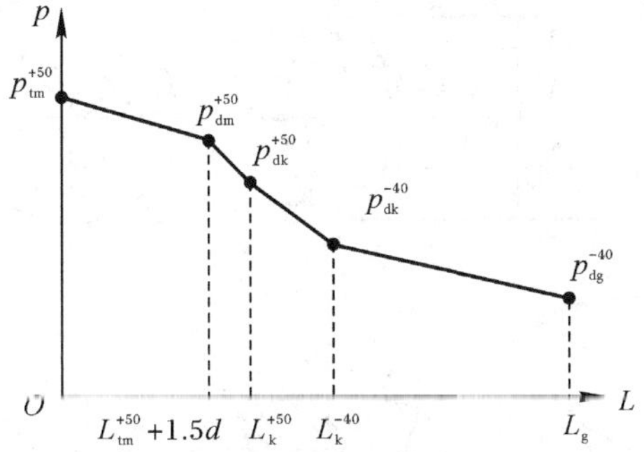

图 2-27 简易高低温压力曲线

第三节 单筒身管强度

一、身管应力应变分析

进行身管的强度计算或者对身管进行应力应变分析时,通常把身管看成由许多段理想厚壁圆筒组合而成,并进行如下假设:

(1)身管形状是无限长的理想圆筒形;

(2)身管材料是均质和各向同性的;

(3)圆筒所受的压力垂直作用于筒壁表面并均匀分布;

(4)圆筒受力变形后仍保持圆筒形,且各横截面仍保持为平面;

(5)压力看作静载,圆筒的各质点均处于静力平衡状态。

这样,就把身管的厚壁圆筒问题简化为静力作用下的轴对称问题,因此可以应用材料力学中的厚壁圆筒理论来对身管的应力和应变进行分析。

显然,发射时身管实际受力的变形情况与上述假设是不完全符合的,首先身管形状本身不是理想的圆筒,材料也由于工艺等因素不可能是理想的均质和各向同性的,所受压力的作用时间很短,因此也不完全符合静载作用的特点。但由于利用厚壁圆筒理论来分析强度比较简单,在合理地选择安全系数的情况下,可以满足实际工作的要求。

(一)身管壁内的应力与应变

为了研究问题方便,在轴向截取一段身管圆筒,设其内半径为 r_1,外半径为 r_2,承受内压 p_1、外压 p_2。

在圆筒壁内任取一单元体,单元体由轴向长度为 dz,夹角为 $d\theta$ 的两辐射面以及半径为 r 和 $r+dr$ 同心圆柱面所构成,其形状及各面上的应力如图 2-28 所示,其中 σ_t 为切向应力,σ_r 为径向应力,σ_z 为轴向应力。由基本假设,圆筒变形前后均是轴对称的,各平面上均无剪应力作用,因而此三应力都是主应力,由于单元体很小,各面上的应力认为是均匀分布的,可用一个过截面形心的应力表示,并假设各法向应力向外为正,向内为负。

在单元体上取直角坐标系,以单元体的形心为原点 O,如图 2-28 所示。

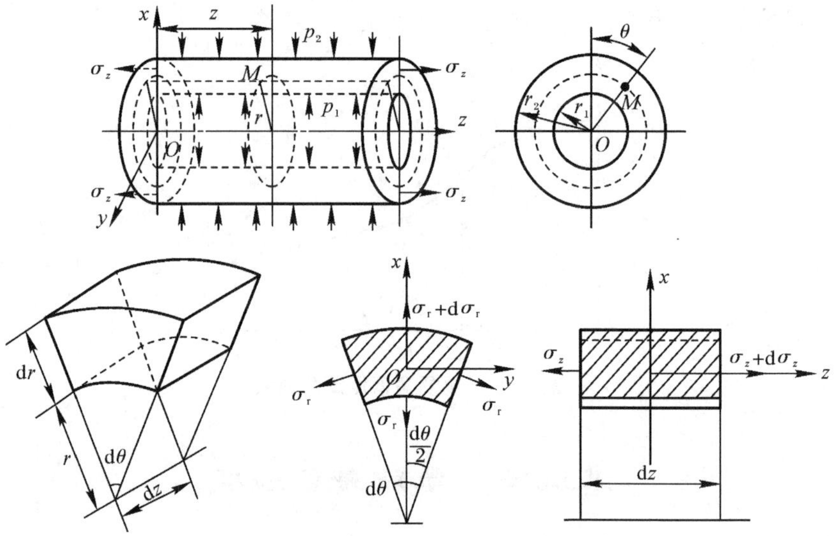

图 2-28　圆筒壁内单元体及其主应力

由静力平衡条件可得各应力间的关系为

$$\sum F_x=0,(\sigma_r+\mathrm{d}\sigma_r)(r+\mathrm{d}r)\mathrm{d}\theta\mathrm{d}z-\sigma_r r\mathrm{d}\theta\mathrm{d}z-2\sigma_t\sin\frac{\mathrm{d}\theta}{2}\mathrm{d}r\mathrm{d}z=0$$

$$\sum F_z=0,(\sigma_z+\mathrm{d}\sigma_z)r\mathrm{d}r\mathrm{d}\theta-\sigma_z r\mathrm{d}r\mathrm{d}\theta=0$$

将以上两式展开化简,略去高阶微量(四阶),且以$\frac{\mathrm{d}\theta}{2}$近似代替 $\sin\frac{\mathrm{d}\theta}{2}$,得

$$\sigma_r+r\frac{\mathrm{d}\sigma_r}{\mathrm{d}r}-\sigma_t=0 \tag{2-18}$$

$$\mathrm{d}\sigma_z=0$$

或

$$\sigma_z=常数 \tag{2-19}$$

由广义胡克定律可得三个方向的应变与应力之间的关系为

$$\left.\begin{aligned}\varepsilon_r&=\frac{1}{E}(\sigma_r-\mu\sigma_t-\mu\sigma_z)\\\varepsilon_t&=\frac{1}{E}(\sigma_t-\mu\sigma_z-\mu\sigma_r)\\\varepsilon_z&=\frac{1}{E}(\sigma_z-\mu\sigma_r-\mu\sigma_t)\end{aligned}\right\} \tag{2-20}$$

式中:E——弹性模量;

μ——泊松比。

由各横断面受力变形后仍保持平面这一假设,可知圆筒在轴向的变形与半径无关,即

$$\frac{\mathrm{d}\varepsilon_z}{\mathrm{d}r}=0 \tag{2-21}$$

由式(2-20)可知

$$\frac{d\varepsilon_z}{dr}=\frac{d}{dr}\left[\frac{1}{E}(\sigma_z-\mu\sigma_r-\mu\sigma_t)\right]=0$$

由于 σ_z 为常数，故得

$$\frac{d}{dr}(\sigma_r+\sigma_t)=0$$

或

$$\sigma_r+\sigma_t=2C_1 \tag{2-22}$$

式中：$2C_1$——常数。

将式(2-22)代入式(2-18)得

$$2\sigma_r+r\frac{d\sigma_r}{dr}=2C_1$$

上式两边同时乘以 rdr 得

$$2\sigma_r rdr+r^2 d\sigma_r=2C_1 rdr$$

即

$$d(r^2\sigma_r)=d(C_1 r^2)$$

积分得

$$r^2\sigma_r=C_1 r^2-C_2$$

或

$$\sigma_r=C_1-\frac{C_2}{r^2} \tag{2-23}$$

将式(2-23)代入式(2-22)可得

$$\sigma_t=C_1+\frac{C_2}{r^2} \tag{2-24}$$

将身管受压的边界条件

$$r=r_1,\sigma_{r1}=-p_1$$

$$r=r_2,\sigma_{r2}=-p_2$$

将上式代入式(2-23)，可确定积分常数 C_1、C_2 为

$$\left.\begin{aligned}C_1&=\frac{p_1 r_1^2-p_2 r_2^2}{r_2^2-r_1^2}\\C_2&=\frac{(p_1-p_2)r_1^2 r_2^2}{r_2^2-r_1^2}\end{aligned}\right\} \tag{2-25}$$

将 C_1、C_2 代入式(2-23)、式(2-24)，经整理得

$$-\sigma_r=p_1\frac{r_1^2}{r^2}\frac{r_2^2-r^2}{r_2^2-r_1^2}+p_2\frac{r_2^2}{r^2}\frac{r^2-r_1^2}{r_2^2-r_1^2} \tag{2-26}$$

$$\sigma_t=p_1\frac{r_1^2}{r^2}\frac{r_2^2+r^2}{r_2^2-r_1^2}-p_2\frac{r_2^2}{r^2}\frac{r^2+r_1^2}{r_2^2-r_1^2} \tag{2-27}$$

$$\sigma_z=\text{常数}$$

代入式(2-20)，并取 $\mu=\frac{1}{3}$（对于钢，$\mu=0.25\sim0.3$，取为$\frac{1}{3}$的目的是简化公式），经整

理即可得到相应的应变公式为

$$\varepsilon_r=\frac{1}{E}\left(-\frac{2}{3}p_1\ \frac{r_1^2}{r^2}\frac{2r_2^2-r^2}{r_2^2-r_1^2}-\frac{2}{3}p_2\ \frac{r_2^2}{r^2}\frac{r^2-2r_1^2}{r_2^2-r_1^2}-\frac{1}{3}\sigma_z\right) \tag{2-28}$$

$$\varepsilon_t=\frac{1}{E}\left(\frac{2}{3}p_1\ \frac{r_1^2}{r^2}\frac{2r_2^2+r^2}{r_2^2-r_1^2}-\frac{2}{3}p_2\ \frac{r_2^2}{r^2}\frac{r^2+2r_1^2}{r_2^2-r_1^2}-\frac{1}{3}\sigma_z\right) \tag{2-29}$$

$$\varepsilon_z=\frac{1}{E}\left(-\frac{2}{3}\frac{p_1r_1^2-p_2r_2^2}{r_2^2-r_1^2}+\sigma_z\right) \tag{2-30}$$

这样，当已知身管的尺寸和所受压力时，即可由上述公式求出身管壁内任意点的应力和应变。

从这些公式中可以看出：

(1)径向和切向的应力与应变都同内压和外压呈线性关系；

(2)径向和切向的应力与应变都随 r^2 的变化而变化；

(3)轴向应力为常数，轴向应变不仅与轴向应力有关，而且与内压和外压有关。

至于身管壁各横断面上的轴向应力 σ_z，是由火药气体作用力、后坐惯性力、弹带作用力及炮口装置等轴向力产生的。若将身管看成一个口部固定的带底厚壁圆筒，如图 2-29 所示，管内承受内压 p_1 的作用，管外承受外压 $p_2=0$，则由内压 p_1 产生的轴向应力 σ_z 为

$$\sigma_z=\frac{p_1\pi r_1^2}{\pi r_2^2-\pi r_1^2}=\frac{p_1r_1^2}{r_2^2-r_1^2} \tag{2-31}$$

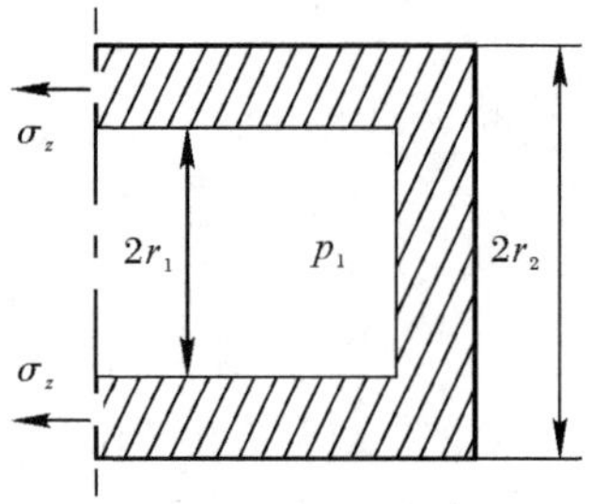

图 2-29　带底厚壁圆筒受力简图

实例：计算某型 100 mm 高炮身管某断面在不同内、外压条件下的应力和应变，并绘出对应的曲线，分析其变化规律。

已知：口径 $d=100$ mm，外径 $d_2=250$ mm，膛线深 $t=1.5$ mm。

受力情况为：

(1)$p_1=3\ 008.6\times10^5$ Pa，$p_2=0$；

(2)$p_1=0$，$p_2=490\times10^5$ Pa；

(3)$p_1=3\ 008.6\times10^5$ Pa，$p_2=490\times10^5$ Pa。

计算：通常将阴线直径作为线膛身管的内径，$d_1=d+2t=103$ mm。

用式(2-26)～式(2-30)分别计算应力和应变，如图 2-30 所示。由于应变与弹性模量 E 的乘积在量纲上与应力一致，因此通常称为相当应力，如 $E\varepsilon_t$、$E\varepsilon_r$、$E\varepsilon_z$ 就称为相当切向、径向和轴向应力。

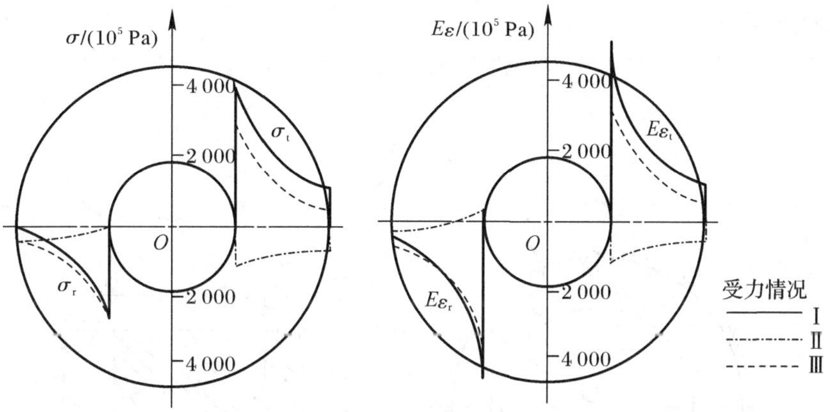

图 2-30　某型 100 mm 高炮身管某断面在不同情况下的应力曲线

分析：

(1)第 1 种受力情况就是单筒身管发射时的受力情况，可以看出，各应力在内表面有极大值(负号表示应力的方向为压应力)，并且在数值上 $\sigma_t > |\sigma_r|$，$E\varepsilon_t > |E\varepsilon_r|$；

(2)第 2 种受力情况相当于筒紧身管套合后内管的受力情况；

(3)第 3 种受力情况是前面两种情况的叠加，相当于筒紧身管发射时内管的受力情况，由于各部位的应力是前两种情况的代数和，可以看出，内表面的切向应力比第 1 种情况低，表明在有外压作用下，身管的强度得到了提高。

(二)圆筒壁内的应变和位移关系

讨论圆筒壁内应变和位移的关系，对筒紧炮身和衬管炮身具有意义，在圆筒半径 r 处取厚为 $\mathrm{d}r$，长为 $\mathrm{d}z$ 的圆环(见图 2-31)。根据轴对称假设，在压力作用下：圆环上的 A 点移动到 A'点，径向位移为 u；B 点移动到 B'点，径向位移为 $u+\mathrm{d}u$；C 点移动到 C'点，轴向位移为 w；D 点移动到 D'点，轴向位移为 $w+\mathrm{d}w$。

1. 径向应变 ε_r

变形前，$AB=\mathrm{d}r$。

变形后，$A'B'=\mathrm{d}r-u+u+\mathrm{d}u=\mathrm{d}r+\mathrm{d}u$。

$$\varepsilon_r=\frac{A'B'-AB}{AB}=\frac{(\mathrm{d}r+\mathrm{d}u)-\mathrm{d}r}{\mathrm{d}r}$$

得

$$\varepsilon_r=\frac{\mathrm{d}u}{\mathrm{d}r} \tag{2-32}$$

2. 切向应变 ε_t

变形前圆周长为 $2\pi r$，变形后为 $2\pi(r+u)$。

$$\varepsilon_t=\frac{2\pi(r+u)-2\pi r}{2\pi r}$$

得

$$\varepsilon_t=\frac{u}{r} \tag{2-33}$$

3. 轴向应变 ε_z

$$\varepsilon_z=\frac{C'D'-CD}{CD}=\frac{(dz+dw)-dz}{dz}$$

$$\varepsilon_z=\frac{dw}{dz} \tag{2-34}$$

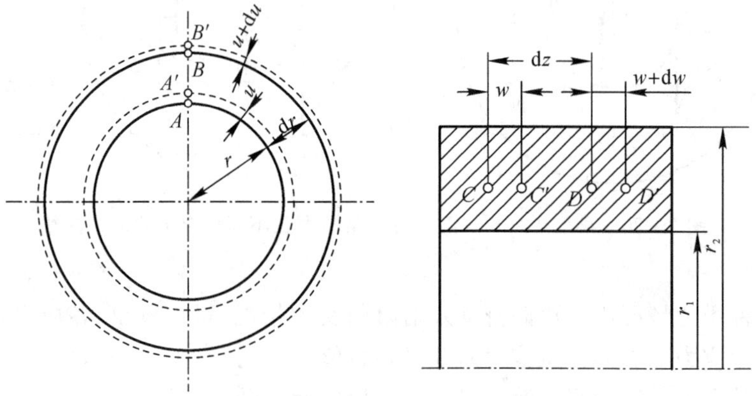

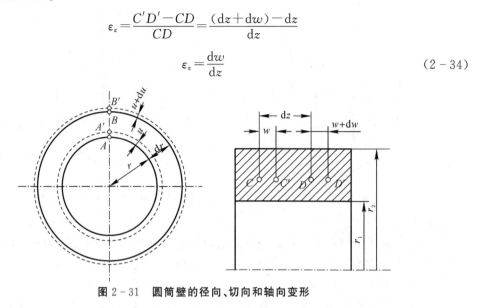

图 2-31 圆筒壁的径向、切向和轴向变形

拓展阅读

厚壁圆筒和薄壁圆筒

厚壁圆筒是壁厚与半径是一个数量级的中空圆柱，若壁厚比半径小得多，则为薄壁圆筒，如迫击炮身管可看作薄壁圆筒进行研究。

想象受内压单筒身管应力和应变

设想人为管壁的单元，许多人手拉手面向里围成数圈，此时内圈一股气浪袭来，各圈的人被气浪推动，向后退到一定程度与气浪推力达成平衡。

由于人的前胸后背方向受压，径向应力为负值，内圈的人前胸后背方向受压更大，径向应力内圈绝对值大于外圈绝对值，内圈径向应力等于气浪压强的相反数，外圈径向应力等于大气压的相反数，近似为 0；人的胳膊方向受拉，切向应力为正值，内圈人的胳膊拉伸得更厉害，内圈的切向应力大于外圈的切向应力，外圈人的胳膊也受到拉伸，外圈的切向应力不为 0。

径向应变和切向应变与应力规律大体一致，只是外圈尽管径向应力为 0，但是切向应力不为 0，切向应力导致外圈径向应变为负数。

据此可绘制出单筒身管受内压时的应力和应变曲线草图。

单筒身管承受内压时管壁的薄弱位置

单筒身管承受内压时，最大拉应力（切向应力）、最大拉应变（切向应变）、最大剪应力、最大形状改变比能均在身管内壁达到最大值，故在四种强度理论下，身管内壁均为薄弱位置，身管内壁安全，整个管壁都安全。

二、单筒身管弹性强度极限

身管必须在各种射击条件下保证具有足够的强度，也就是要保证不仅不发生破裂，而且不能产生塑性变形。由前面分析可知，只受内压作用的身管，不论是应力还是应变均在内表面处有最大值，因此通常将单筒身管内表面不产生塑性变形时所能承受的最大内压力称为单筒身管弹性强度极限，用 P_1 来表示。不同的强度理论将得出不同的强度极限。

为了简化问题，在讨论单筒身管强度时，做以下补充假设：

(1)单筒身管任一横截面是一个内半径为 r_1、外半径为 r_2 的厚壁圆筒；

(2)身管外表面压力为零，即 $p_2=0$；

(3)忽略身管的轴向力作用，即 $\sigma_z=0$。

(一)采用第二强度理论的单筒身管弹性强度极限

根据第二强度理论，材料的危险状态是由最大拉伸线应变引起的。身管的最大线应变是内壁上的切向应变 ε_t，根据身管不能产生塑性变形的要求，必须满足强度条件：

$$\varepsilon_{tmax}\leqslant\frac{\sigma_p}{E}$$

或

$$E\varepsilon_{tmax}\leqslant\sigma_p$$

式中：σ_p——材料的比例极限；

E——材料的弹性模量。

切向相当应力 $E\varepsilon_t$ 的最大值发生在身管内壁上，即 $r=r_1$ 处，有

$$E\varepsilon_{tmax}=E\varepsilon_{t1}$$

由式(2-29)可知，在内压为 p_1，外压 $p_2=0$，$r=r_1$ 时，有

$$E\varepsilon_{t1}=\frac{2}{3}p_1\ \frac{2r_2^2+r_1^2}{r_2^2-r_1^2}$$

根据身管弹性强度极限的定义可知，当身管内表面切向相当应力达到材料比例极限时，身管所能承受的极限内压 P_1 就是第二强度理论的身管弹性强度极限，即

$$P_1=\frac{3}{2}\sigma_p\ \frac{r_2^2-r_1^2}{2r_2^2+r_1^2}\tag{2-35}$$

(二)采用第三强度理论的身管弹性强度极限

根据第三强度理论，材料的危险状态是由最大剪应力引起的。也就是说，在复杂受力情况下，其最大剪应力超过简单拉伸达到比例极限时的最大剪应力值，材料将产生塑性变形。简单拉伸材料达到比例极限时的最大剪应力值为$\frac{\sigma_p}{2}$，而由材料力学可知，复杂受力情况下的最大剪应力为最大主应力 σ_1 和最小主应力 σ_3 差值的一半，即

$$\tau_{max}=\frac{\sigma_1-\sigma_3}{2}$$

故强度条件为

$$\sigma_1-\sigma_3\leqslant\sigma_p$$

由厚壁圆筒理论可知，单筒身管的最大主应力是内表面处的切向应力 σ_{t1}，最小主应力为内表面处的径向应力 σ_{r1}，因此身管的强度条件为

$$\sigma_{t1}-\sigma_{r1}\leqslant\sigma_p$$

对于单筒身管，由式(2－26)、式(2－27)可知

$$\sigma_{t1}=p_1\frac{r_2^2+r_1^2}{r_2^2-r_1^2}$$

$$\sigma_{r1}=-p_1$$

因此，第三强度理论的身管弹性强度极限 $P_{1\text{Ⅲ}}$ 为

$$P_{1\text{Ⅲ}}=\sigma_p\frac{r_2^2-r_1^2}{2r_2^2} \tag{2-36}$$

(三)采用第四强度理论的身管弹性强度极限

根据第四强度理论，材料的危险状态是由形状变形比能达到极限引起的。也就是说，在复杂受力情况下，构件内任一点的形状变形比能超过简单拉伸达到比例极限时所相当的形状变形比能时，构件将发生塑性变形。在材料力学中的强度条件为

$$\frac{1}{\sqrt{2}}\sqrt{(\sigma_1-\sigma_2)^2+(\sigma_2-\sigma_3)^2+(\sigma_3-\sigma_1)^2}\leqslant\sigma_p$$

根据单筒身管的受力情况及厚壁圆筒理论可知，三向主应力分别为

$$\sigma_1=\sigma_{t1},\sigma_2=\sigma_z=0,\sigma_3=\sigma_{r1}$$

故身管强度条件为

$$\sqrt{\sigma_{t1}^2-\sigma_{t1}\sigma_{r1}+\sigma_{r1}^2}\leqslant\sigma_p$$

将 $\sigma_{t1}=p_1\dfrac{r_2^2+r_1^2}{r_2^2-r_1^2}$ 及 $\sigma_{r1}=-p_1$ 代入，即得到采用第四强度理论的身管弹性强度极限 $P_{1\text{Ⅳ}}$ 为

$$P_{1\text{Ⅳ}}=\sigma_p\frac{r_2^2-r_1^2}{\sqrt{3r_2^4+r_1^4}} \tag{2-37}$$

从以上研究可以看出，对一定材料和尺寸的身管，由于采用的强度理论不同，因此所得到的身管弹性强度极限公式也不相同。具体地说，对同一身管，可以得出三种不同数值的身管弹性强度极限。实验表明，第二强度理论适用于脆性材料，第三、第四强度理论适用于塑性材料。一般在复杂应力状态下，第四强度理论可较确切地反映出构件的应力状态。

目前，俄罗斯和我国多采用第二强度理论，欧洲国家(如德国)多采用第三强度理论，美国则采用第四强度理论。为了弥补各强度理论与实际的差别，在采用不同强度理论设计身管强度时，都要选用相应的安全系数，使设计尽可能地同实际情况相接近。

(四)轴向应力对身管强度的影响

前面曾补充假设忽略轴向力的作用，实际上发射时身管受到惯性力、药室锥面上火药气体作用力、弹带作用力等轴向作用力。为了简化问题，此处以一端带底的厚壁圆筒来分析只承受内压 p_1 时的轴向应力 σ_z 对身管强度的影响，将式(2－31)代入式(2－29)并整理，得

$$E\varepsilon_{t1}=\frac{2}{3}p_1\frac{2r_2^2+r_1^2}{r_2^2-r_1^2}-\frac{1}{3}p_1\frac{r_1^2}{r_2^2-r_1^2}$$

由此可知，采用第二强度理论时，若考虑轴向应力 σ_z 的影响，则由于 $E\varepsilon_{t1}$ 变小，即身管

弹性强度极限 P_{1z} 将比忽略 σ_z 时的 P_1 要大，因此在计算身管强度时如果忽略轴向应力，所得的结论将更偏于安全。

(五)单筒身管弹性强度极限与身管壁厚的关系

从以上对各种强度理论的身管弹性强度极限公式(2-35)～式(2-37)中可以看出，身管弹性强度极限的大小与身管的材料以及内、外半径的尺寸有关，或者说与身管的壁厚有关。具体地说，身管弹性强度极限与身管材料的比例极限成正比，而与身管壁厚的关系则需进一步分析。

以第二强度理论的身管弹性强度极限为例，根据式(2-35)，引入半径比 $a=\frac{r_2}{r_1}$，则有

$$P_1=\frac{3}{2}\sigma_p\frac{a^2-1}{2a^2+1}$$

如果不断增大身管壁厚，也即半径比 $a=\frac{r_2}{r_1}$ 不断增大时，那么身管弹性强度极限 P_1 将趋于一个定值。

$$\lim_{a\to\infty}P_1=\lim_{a\to\infty}\frac{3}{2}\sigma_p\frac{a^2-1}{2a^2+1}=\frac{3}{4}\sigma_p$$

同样方法也可得到第三、第四强度理论情况下身管弹性强度极限的极限值：

$$\lim_{a\to\infty}P_{1Ⅲ}=\frac{1}{2}\sigma_p$$

$$\lim_{a\to\infty}P_{1Ⅳ}=\frac{1}{\sqrt{3}}\sigma_p$$

若单位长度身管的质量近似表达式为

$$m_{sg}=\rho\pi(r_2^2-r_1^2)=\rho\pi r_1^2(a^2-1)$$

式中：ρ——身管材料的密度。

单位长度内膛金属质量 m_1 的近似表达式为

$$m_1=\rho\pi r_1^2$$

则身管的相对质量为

$$\frac{m_{sg}}{m_1}=a^2-1 \tag{2-38}$$

式(2-38)表明，身管的相对质量与半径比 a 呈平方关系。P_1/σ_p 及身管相对质量与壁厚的关系如图 2-32 所示。

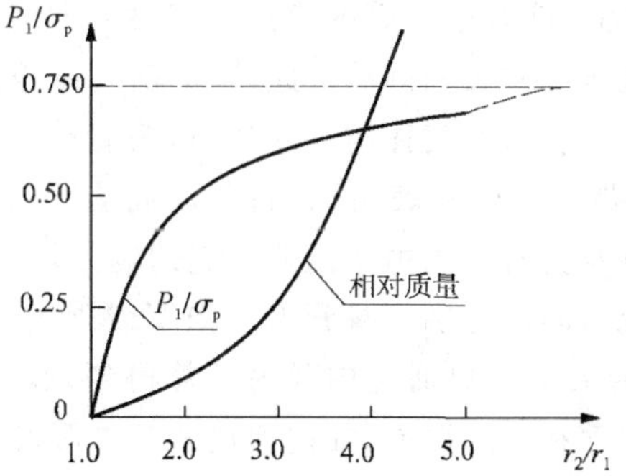

图 2-32　P_1/σ_p 及身管相对质量与壁厚的关系

可以看出，单筒身管的弹性强度极限不可能依靠无限增大身管壁厚来进行提高。相反，当身管壁厚超过一倍口径，即 $r_2/r_1>3$ 时，身管弹性强度极限提高得很慢，而身管的相对质量却增加得很快，身管内、外表面的切向相当应力分布的不均匀性也猛增（当 $r_2/r_1=3$ 时，内外表面切向相当应力之比达到 6.33），即材料将遭到严重的浪费。因此，单筒身管不能简单地用增加壁厚来提高强度，在 $r_2/r_1>3$ 后，应采用筒紧或自紧身管来改善应力分布。在制式火炮中，常见的 r_2/r_1 值加农炮取 2.0～3.0，榴弹炮取 1.7～2.0。

拓展阅读

同样的管壁尺寸，不同强度理论计算出的身管强度不同

同样的管壁尺寸，按照不同强度理论的弹性强度极限公式计算出的身管强度不同，具体来说，第二强度理论对应的强度最大，第四强度理论对应的强度居中，第三强度对应的强度最小。

反过来说，如果不采用安全系数的话，那么承受同样的内压，第二强度理论设计的壁厚最薄，第四强度理论设计的壁厚居中，第三强度理论设计的壁厚最厚。

实际上，由于各国选取不同的安全系数，因此承受同样的内压，设计出的身管壁厚相差不会太大。

身管强度和材料比例极限的关系

取半径比为 2，按照第二强度理论，可计算出身管强度为材料比例极限的 1/2，可用这个关系近似估计身管强度和材料比例极限的关系。

三、单筒身管理论强度和实际强度

（一）安全系数与理论强度曲线

1. 安全系数

前面根据发射时身管的受力情况，应用厚壁圆筒理论以及某种强度理论，建立了身管弹性强度极限计算公式。但是由这些公式得到的身管强度只是一种理论值，与实际仍有一定差别。其主要差别有下列几方面。

（1）身管工作条件与基本假设间的差别。身管弹性强度极限公式是在厚壁圆筒理论的基本假设条件下推导出来的。实际上身管的表面形状并不是理想圆筒，具有锥面、螺纹、膛线、沟槽等。身管也不可能是无限长的圆筒。此外，火药气体压力对身管实际上是一种动载作用，与静载作用差别很大。在火药气体压力作用下，身管来不及完全变形，因此它比在静载条件下所能承受的压力要大。试验表明，材料的动屈服强度要比静屈服强度高 30%左右。此外，对于膛线的影响及身管壁内由于温差引起的应力均未考虑。

（2）身管受力与实际受力间的差别。身管弹性强度极限公式中主要考虑了火药气体对内表面作用的压力，其值的大小主要通过内弹道计算得到，必要时也可以通过弹道试验测得，但这两种方法本身也都存在一定误差，如内弹道的基本假设、发射药性能参数的变化、试验测定的误差等，同时这里忽略了发射时身管受到弹丸的弹带所产生的径向作用力、弹丸定心部对身管壁的作用力、发射药以及弹丸机械摩擦所引起的温度应力等，使计算结果与实际必然存在一定差别。

(3)强度理论与实际的差别。发射时身管在所承受的复杂应力状态下，哪一种强度理论能较确切地反映出实际状况，目前还不是十分肯定。但是目前较广泛采用的第二强度理论已有材料实验表明更适用于脆性材料，第三、四强度理论更适用于塑性材料。

(4)身管材料的不均质、加工过程中的残余内应力以及其他偶然因素造成的实际与理论间的差别。由于身管毛坯较长，其材料组织和热处理结果的差异，会导致身管各部分材料机械性能的不同。《火炮炮身零件用钢》(YB475—93)中规定：毛坯长小于 6 m 时，其两端的比例极限容许有 80 MPa 的差值；毛坯长大于 6 m 时，其两端的比例极限容许有 120 MPa 的差值。

综上所述，身管强度计算所用的理论公式与身管实际工作情况有一定的差别。为了尽可能地接近实际情况，计算时必须采用通过实践总结出来的安全系数来进行弥补。

发射时，身管所承受的内压计算值为 p，则身管弹性强度极限 P_1 必须满足

$$P_1 \geqslant np \tag{2-39}$$

才能保证身管的安全工作，其中 n 为安全系数。

由于身管强度计算方法有两种，对应的安全系数也分两种。

1)用平均压力法计算内压时，身管各部分的安全系数为：

药室部，$n=1.2$；

线膛部，$n=1.35$；

炮口部，$n=2.0\sim2.5$。

2)用高低温法计算内压时，由于考虑了温度对膛压的影响，压力值计算比较符合实际情况，因此安全系数也略为小一些，身管各部分安全系数为：

药室部，$n=1$；

线膛部，浅膛线($t\leqslant0.01d$)，$n=1.1$；

　　　　深膛线($t=0.015\sim0.02d$)，$n=1.2$；

炮口部，$n=1.9$(对自行炮和坦克炮，$n=1.7$)。

这里的炮口部通常是指距炮口长度为 2 倍口径范围内的部分，线膛部指药室前端到最大膛压前移 1.5 倍口径位置，炮口至最大膛压前移点之间的安全系数则可按直线规律变化来取为各断面处的安全系数，如图 2-33 所示。

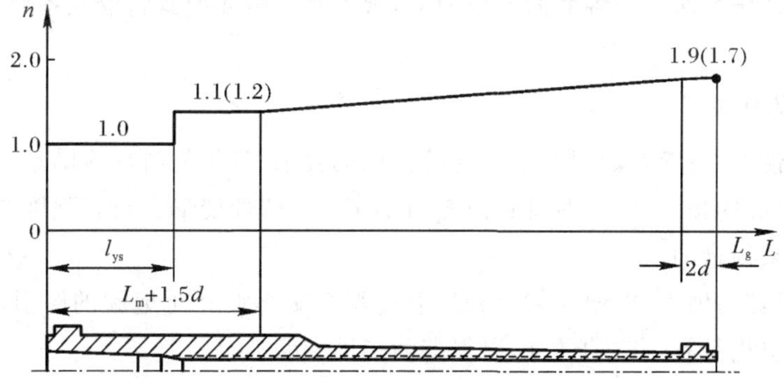

图 2-33　采用高低温法时身管各部的安全系数

身管各部分安全系数的大小不同，通常可做如下解释。

药室部：射击时，对药筒分装式火炮由药筒参与承担膛压的作用；不受弹丸运动时所引起的其他作用力；药室部的膛压变化比较均匀；轴向力较身管其他部位处的大；药室壁形状较规则，较少应力集中现象等。因此，安全系数可取得较小。

膛线部：对比药室部就可以发现膛线部所受膛压变化比较大，一旦弹丸通过，断面上立即受由大气压上升为膛压的作用以及弹丸引起的径向挤压、摩擦等作用；管壁有膛线时容易造成应力集中等。通常安全系数应比药室部大一些，且向炮口方向逐渐增大，以减小轴向力逐渐变小的影响。

炮口部：炮口部的受力情况不如身管其他部分好，如图 2-34 所示，炮口端面Ⅰ—Ⅰ在受膛压作用力时，右侧失去相邻截面的支承，变形较大；炮口部按设计强度要求壁厚可以较薄，而使温度上升较快，较易造成机械性能的下降；在使用、牵引时，如果炮口管壁太薄，那么容易引起碰撞变形；弹丸出炮口后，定心部对炮口部将产生作用，由于以上原因炮口部常常在满足强度要求外，还需考虑结构和使用上的特点。因此安全系数应取得大一些。

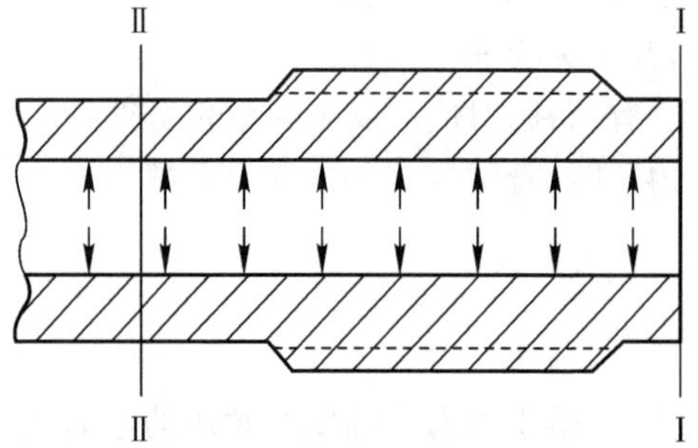

图 2-34　炮口部的受力情况

总之，身管的安全系数是在实践中总结出来的，用以弥补身管强度在理论计算与实际工作之间差别的一个系数。与此同时，也说明了目前的强度计算理论尚未对身管工作情况完全认识清楚。即使在高低温法中药室部安全系数取为 1.0，也并不能说明理论上已完全掌握了药室部的工作规律，而只是在各种假设条件下理论计算与实际情况恰好相等的一种综合结果。有的火炮计算资料表明药室部安全系数还可以小于 1.0。

2. 理论强度曲线

由身管设计压力曲线中各截面的压力值，乘以对应截面的身管安全系数，即得到身管理论强度曲线。

(二)身管的材料

根据火炮性能、身管寿命以及工艺性等方面的要求，身管的材料应满足下列要求：

(1)具有足够的强度，发射时身管内表面不应产生塑性变形。材料强度的指标通常炮钢是以比例极限来衡量的。

(2)具有足够的硬度，以便在装填和发射过程中减小弹丸对炮膛的磨损，并应进一步要求在高温时材料仍具有一定的硬度，以保持耐烧蚀和磨损。

(3)具有较好的韧性，以便能承受火药气体压力的动力冲击作用，不致产生脆断。材料韧性和塑性的指标通常分别为冲击值 α_k 和相对断面收缩率 Ψ。

(4)材料的性能应该是稳定的,以抵抗火药气体的高温烧蚀和工作环境的腐蚀作用。

(5)材料应适合我国的资源情况和冶炼水平,并具有较好的工艺性。

我国制造火炮的专用材料是炮钢。炮钢的性能、牌号等都应按标准选取。我国炮钢的标准有 GJB 3783—1999、GJB 5207—2003、GJB 1949A—2020、GJB 932A—2020 等。常用炮钢的牌号有 PCrNi1Mo、PCrNi3Mo、PCrNi3MoV、PCrNi3MoVA 等,P 代表炮钢。新式火炮还采用优质合金结构钢材料。

身管设计时,主要是根据口径、最大膛压 p_m 和火炮的性能,并参考同类型制式火炮的身管材料强度类别来选取所需要的材料和强度类别。表 2-1 列出了我国一些火炮的最大膛压、身管材料和比例极限。

表 2-1　火炮身管材料和比例极限

火炮名称	$v_0/(\mathrm{m \cdot s^{-1}})$	p_m/MPa	σ_p/MPa	身管材料
某型 37 mm 高炮	866	274	686	PCrNi1Mo
某型 57 mm 高炮	1 000	304	784	PCrNi3MoV
某型 100 mm 高炮	900	294	735	PCrNi1Mo
某型 122 mm 榴弹炮	515	230	735	PCrNi1Mo
某型 152 mm 加榴炮	600	230	637	PCrNi1MoQ
某型 130 mm 加农炮	930	309	784	PCrNi3MoVA
某型 155 mm 加榴炮	930	450	1 100	32CrNi3MoVE

枪管材料尽可能选用高强度优质钢材。我国的步枪、机枪枪管一般选用优质 50 硼钢(50BA)或优质 50 钢(50A),新式枪械枪管还采用高强度优质合金结构钢。表 2-2 列出了我国一些枪管所用材料。

表 2-2　枪管材料

枪械名称	枪管材料	枪械名称	枪管材料
某型 7.62 mm 手枪	50A	某型 9 mm 手枪	30CrNi2WVA
某型 7.62 mm 轻机枪	50BA	某型 7.62 mm 重机枪	28Cr2MoVA
某型 7.62 mm 步枪	50BA	某型 12.7 mm 重机枪	30SiMn2MoVA
某型 5.8 mm 步枪	30SiMn2MoVA	某型 5.8 mm 狙击步枪	30SiMn2MoVA

选定材料后,就可以根据弹性强度极限公式,依据理论强度曲线,计算出身管理论外形(身管内半径是确定的,计算出的理论外半径连线即理论外形),理论外形可以满足强度要求。

(三)身管外形调整

身管设计时,除需满足强度要求外,还必须满足火炮总体对身管外形的要求。根据火炮种类和性能的不同,火炮总体对身管外形结构的要求也各不相同,但一般的要求如下:

(1)身管与其他零部件,如炮尾、炮口制退器等,要连接可靠,拆装方便;

(2)身管的外形应满足炮身后坐与复进的导向要求;

(3)身管的质量和质心位置应满足火炮总体的要求;

(4)身管应具有足够的刚度;

(5)小口径、高射速的火炮身管,应拆装方便,以便及时更换灼热的身管;

(6)身管外形应有良好的工艺性。

上述要求是密切联系又相互制约的。如身管质心位置一般希望靠近身管后端面,但这与身管刚度要求,复进、后坐时的导向要求(如与筒形摇架的配合)是有矛盾的。下面结合一些常见的典型结构,介绍身管外形的特点。

1. 身管与炮尾的连接

身管与炮尾一般采用两种连接方式:用连接筒连接和炮尾与身管直接连接。

在中、小口径火炮中,常采用连接筒来连接身管与炮尾,如图 2-35 所示。这种连接方式的优点是身管后端的工艺性好,拆装炮尾比较方便,分解时只需转动连接筒即可取下身管。

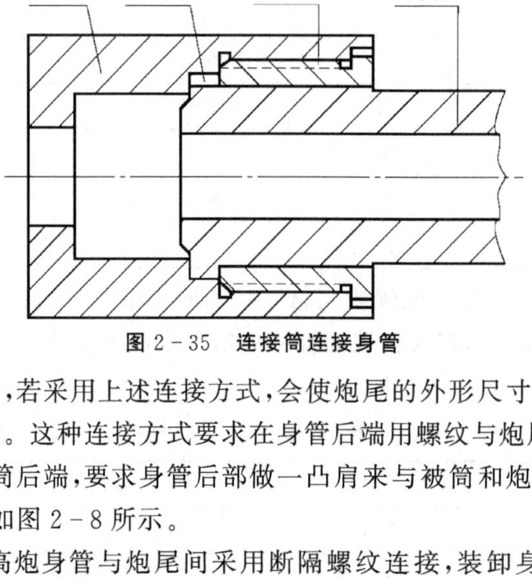

图 2-35 连接筒连接身管

在大口径的火炮中,若采用上述连接方式,会使炮尾的外形尺寸增大,因而常采用身管与炮尾直接连接的方式。这种连接方式要求在身管后端用螺纹与炮尾相配合。在有被筒的身管中,螺纹则位于被筒后端,要求身管后部做一凸肩来与被筒和炮尾相配合,这时被筒就起前述连接筒的作用,如图 2-8 所示。

我国某型 37 mm 高炮身管与炮尾间采用断隔螺纹连接,装卸身管时只需将身管转动 90°即可。我国某型 57 mm 高炮采用两个圆弧形的凸起连接,拆装更为方便,如图 2-36 所示。

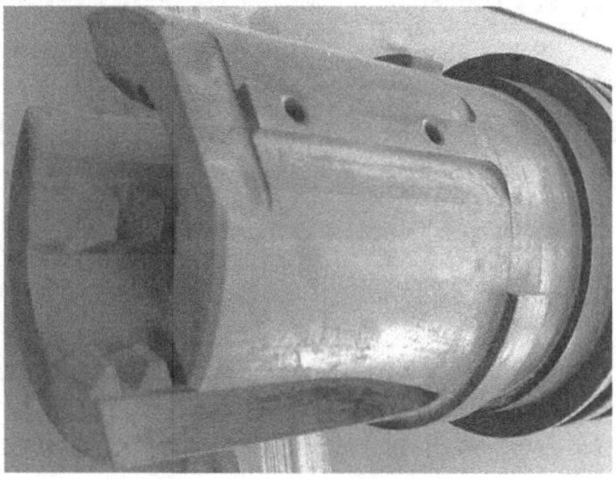

图 2-36 圆弧凸起连接

2. 身管与炮口制退器的连接

为了防止射击时炮口制退器松动，身管与炮口制退器之间采用左旋螺纹连接，身管上螺纹的长度由炮口制退器的拉力来确定，如图 2-37(a)所示。

某型 122 mm 榴弹炮的行军牵引杆固定在炮口制退器上，身管与炮口制退器的连接既要考虑炮口制退器拉力的作用，还要考虑行军时牵引全炮的强度要求，故在身管前端设置一个凸台来承受火炮行军时较大的牵引力，如图 2-37(b)所示。

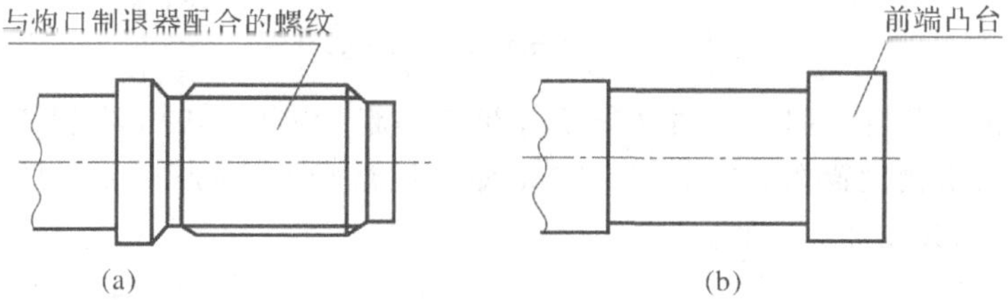

图 2-37 与炮口制退器连接的炮口部结构

(a)身管螺纹；(b)身管前端凸台

3. 炮身后坐复进的导向方式对身管外形的要求

目前炮身后坐复进的导向方式有圆柱导向，滑轨导向，以及圆柱、滑轨联合导向三种。

(1)圆柱导向。这种导向方式的摇架为筒形摇架，其内壁设有二个或三个导向圆柱部(每个圆柱部都由几块沿圆周分布的铜衬板组成)，它与身管相应部位的圆柱部相配合，引导炮身的后坐和复进运动，如图 2-38 所示。这种导向方式的优点是身管外形简单，工艺性好，缺点是身管质心位置要向炮口方向前移。在一些大口径的火炮中，为了满足身管质心位置的要求，常将与摇架相配合的圆柱部做成台阶形，即将前衬筒的内径和相应身管直径做得小一些，如图 2-39 所示。

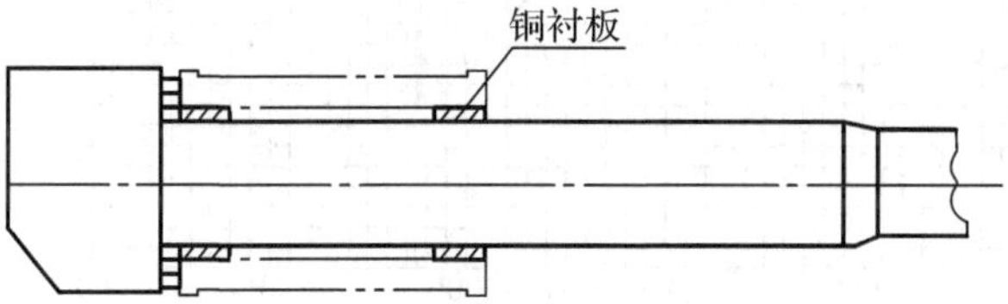

图 2-38 与筒形摇架相配合的身管外形

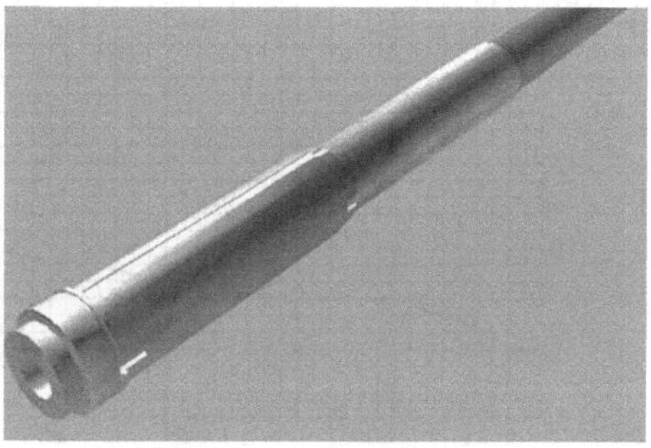

图 2-39 台阶形圆柱部

(2)滑轨导向。这种导向方式的摇架为槽形摇架。摇架上有两条铜滑轨。身管上装有两个套箍，套箍上有滑槽，滑轨与滑槽相配合引导炮身的后坐和复进运动。安排前后套箍时，要注意使身管质心处于两个套箍中间，如图 2-40 所示。这种导向方式的优点是身管的外形可根据强度和质心位置的要求进行调整，射击时身管散热好，缺点是身管外形较复杂，摇架长度较大，摇架刚度不易保证。

图 2-40　与槽形摇架配合的身管

(3)圆柱、滑轨联合导向。采用这种导向方式的摇架为联合式摇架,其前部为筒形,后部为槽形。一般将滑槽设置在炮尾下方(可防止射击时炮身的转动)。某型 100 mm 高炮就采用这种导向方式,如图 2-41 所示。

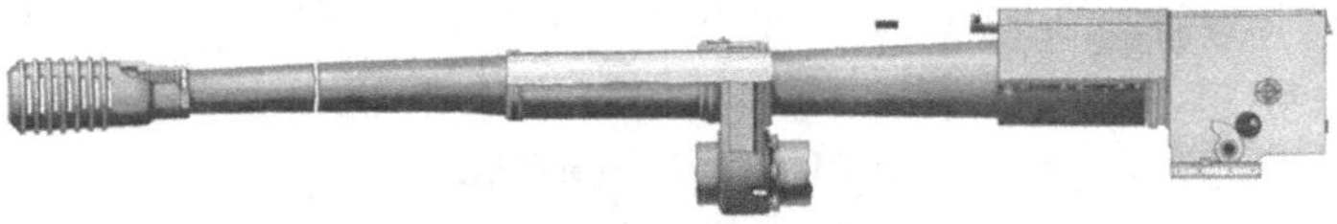

图 2-41　圆柱、滑轨联合导向

身管理论外形调整后就得到了身管实际外形。身管实际外形和理论外形之间的法向深度,称为压坑深度允许量(不同位置通常是不同的)。若战斗中身管上出现弹坑,只要弹坑深度不超过该位置的压坑深度允许量,则认为身管的强度还是足够的,可以继续使用,否则身管就不能使用了。通常把身管各截面的压坑允许深度做成压坑允许深度曲线,供维修人员使用。某型火炮的身管压坑允许深度曲线如图 2-42 所示。

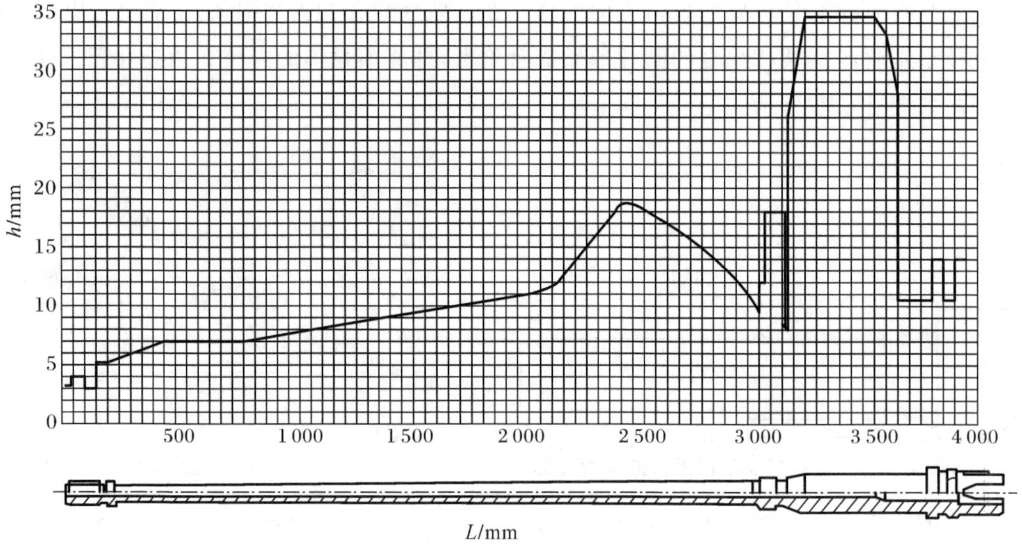

图 2-42　某型火炮的身管压坑允许深度曲线

(四)身管的实际强度曲线

根据身管的实际结构尺寸,特别是在外形的某些调整以至发生压坑等情况下,计算所得各横截面实际能承受的内压,称为身管的实际强度极限,通常用符号 P_{1s} 表示,表达式为

$$P_{1s}=\frac{3}{2}\sigma_p \frac{r_2^2-r_1^2}{2r_2^2+r_1^2} \tag{2-40}$$

实际强度极限绘制所得曲线称为身管实际强度曲线。它与身管设计压力曲线的比值即为实际安全系数 n_s。显然，n_s 应大于前面所给出的身管各部分安全系数值 n。

$$n_s=\frac{P_{1s}}{p}$$

△拓展阅读

无镍不成炮钢

炮钢需要良好的综合机械性能，强度高，韧性好，因此需要加入合金元素。在第二次世界大战期间，业内达成共识，炮钢成分中必须加入镍。由于希特勒扩军备战，德国国内的镍被消耗一空，以至希特勒要求科学家研究镍的替代材料。

我国也缺少镍，我国科研工作者研究了减少炮钢用镍的方案，获得了国家奖励。

用压坑允许深度曲线判定战损火炮身管可用性

战场上如果弹片造成身管外表面压坑，那么可以用皮尺测量压坑位置，用游标卡尺测量压坑深度，对照压坑允许深度曲线判定身管能否继续使用，若压坑深度大于曲线数值，则身管不能使用。

战场上一次身管压坑判定

天气炎热，战场上我军某压制火炮身管前部被弹片打出一个压坑，用压坑允许深度曲线判定，压坑深度刚好和曲线数值相同，这门炮还能不能继续使用？考虑高低温压力曲线的组成，身管前部承受最大载荷是由低温确定的，现在天气炎热，身管前部实际载荷要小于高低温压力曲线数值，故压坑允许深度还有一定余量。

第四节 自紧身管原理

一、自紧身管简介

(一)自紧身管的特点

自紧炮身的身管是在制造时对内膛施以高压，从而使管壁部分或全部产生塑性变形。高压去除后，由于管壁外层的弹性变形恢复(部分产生塑性变形时)或者因管壁各层塑性变形程度的不一致，外层变形小而内层变形大，各层间即形成相互作用，使内层产生切向的压缩预应力，就如无限多层的筒紧身管一样，从而在发射时身管壁内应力趋于均匀一致，提高了身管强度。自紧身管具有很多优点，主要有：

(1)提高了身管的强度。在同样材料强度和相同结构尺寸情况下，理论上自紧身管的强度比单筒身管的强度最高可提高 1 倍。

(2)降低了对炮钢材料强度的要求。由于自紧能提高身管强度，所以在尺寸大致相同条件下，就允许采用强度等级较低的材料。如某型 90 mm 坦克炮，未采用自紧时要求材料的屈服极限 $\sigma_s=(1\ 100\sim1\ 275)$MPa，采用自紧后仅要求 $\sigma_s=686$ MPa。

(3)减轻了身管质量。在同样材料和承受同样内压的情况下，自紧身管壁厚相对单筒身管要薄，故质量也得以减轻。

(4)有利于提高身管寿命。一些高强度炮钢身管多次发射以后，在膛内要产生裂纹并随着发数的增多而扩大，最后贯穿管壁引起身管破裂，这就是所谓的疲劳破坏。身管自紧可以延缓裂纹的扩展，使疲劳寿命得到明显提高。例如，美国 175 mm 加农炮的非自紧身管疲劳寿命仅 400 发，而采用自紧身管，其疲劳寿命达 2 530 发。

此外，由于自紧制造时就先对内膛施以高压，因此可以及时地在制造过程中发现和排除毛坯中一些在冶炼或锻造时产生的暇疵，防止身管在战斗使用中发生意外事故。

早在 19 世纪末 20 世纪初，人们就已将自紧原理作为提高炮身强度的一种手段，那时大多采用液压自紧的方法，身管钢材的 σ_s 约为 280～350 MPa。第二次世界大战中，一些国家在炮身制造中较为广泛地采用自紧技术，自紧工艺依然为液压法，此时材料的 σ_s 提高到 450～560 MPa。第二次世界大战末期和战后，由于冶金技术的发展，炮钢的强度大幅度提高，而自紧工艺比较复杂，单筒身管无须自紧也能满足要求，自紧工艺没有明显的进展。近年来，由于对火炮威力、机动性提出了更高的要求以及随之而来的疲劳寿命问题的日益突出，自紧身管又重新受到重视。目前自紧身管的材料强度达到 1 400 MPa，自紧用的高压设备压力达到1 400 MPa左右，并且出现了冲头挤扩法和爆炸自紧法等新工艺。这些都为大量采用自紧炮身提供了条件。目前世界各国新式高膛压火炮普遍采用了自紧炮身，如 120 mm坦克炮、125 mm 坦克炮、155 mm 榴弹炮等。

(二)自紧工艺介绍

身管自紧工艺有三种：液压自紧法、冲头挤扩法和爆炸自紧法。

1. 液压自紧法

液压自紧法是目前较普遍采用的方法，其根据自紧时身管毛坯外面有无限制变形量的专用模具而分为开式法(无模具)和闭式法两种。

(1)开式法。身管毛坯需为均匀圆筒形或外径仅有不大的锥度。自紧时，在其内膛施以高压液体，并不断测量身管外径尺寸，以控制毛坯产生预定的塑性变形量。其工艺装置如图 2-43 所示，身管两端设有紧塞装置用以防止液体外漏(为减小液体用量，内膛中常放置心棒)，此方法的优点是工艺装备简单，不需要成套的模具，缺点是毛坯同实际身管的尺寸差别较大，自紧后的加工量大，因而身管各部位较难达到合理的自紧量。近年来，某些火炮身管仅在药室到最大膛压附近一段采用自紧，或不同部位采取不同的自紧量，此时采用这种自紧方法较好。

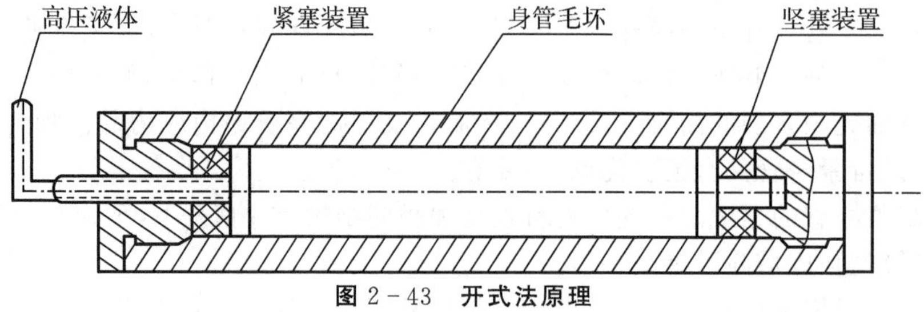

图 2-43　开式法原理

为了使开式法能适用于截面变化的身管毛坯，出现了一种可移动紧塞具的自紧方法，如图 2-44 所示。它的紧塞具能够沿身管移动，可以对身管不同部位分段自紧，自紧压力也可以相应变化。由于高压作用下液体流动性容易变差，因此通常需采用水和乙二醇、煤油与变压器混合液等作为高压介质。

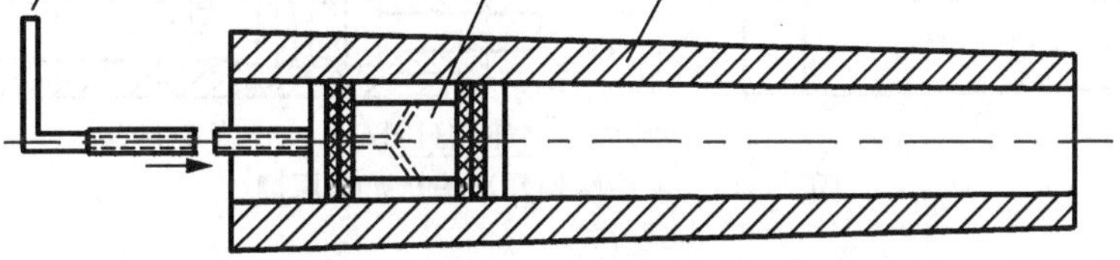

图 2-44　可移动紧塞具的开式法原理

(2)闭式法。此方法是在精确加工的身管毛坯外面套上模具，用模具与身管毛坯之间的间隙量控制身管塑性变形的大小，如图 2-45 所示。闭式法的优点是毛坯加工余量小，身管各部位的塑性变形可以精确控制，加压装置的调整比较方便，工艺过程比较安全，便于大量生产，缺点是对不同身管需要专用、笨重而且内壁须精确加工的模具，另外对身管毛坯外表面光洁度和精度的要求也高。

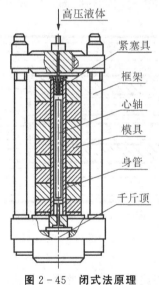

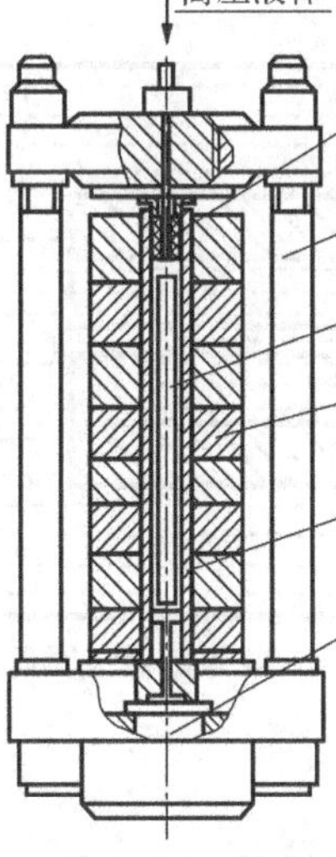

图 2-45　闭式法原理

2. 冲头挤扩法

该方法是用一个大于身管毛坯内径的硬质合金冲头在机械或液压的强力作用下通过内膛，从而使内膛产生预定的塑性变形达到自紧的目的。冲头前部有一定的锥度，以利挤入炮膛。炮膛产生塑性变形的大小由冲头对自紧前内膛的过盈量来控制(挤扩时，冲头同身管间的压力相当于液压自紧时的内压)。冲头的运动可以通过用压力机直接推或拉连接冲头的心杆，也可以是用高压液体直接推动冲头运动，冲头前进时与筒壁紧密贴合能可靠地紧塞液体。采用液压冲头挤扩法由于利用冲头的锥面挤过炮膛，所需的液体压力比液压自紧法的液体压力低得多，一般只需其 1/4 左右。其工作原理如图 2-46 所示。冲头挤扩法与液压自紧法相比，具有设备简单、操作容易等优点，并有可能同时挤出膛线。

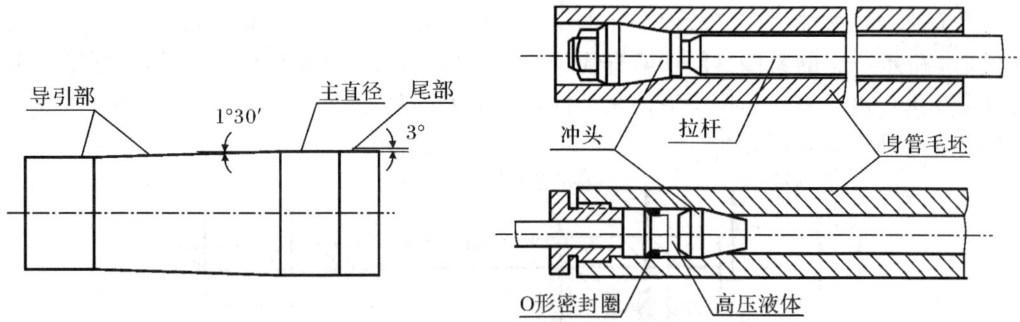

图 2-46 冲头结构及冲头挤扩法原理

3.爆炸自紧法

为使自紧工艺进一步简化，科研人员通过试验对爆炸自紧法进行了研究。该方法是将炸药放在毛坯内中心位置，炸药周围可用水和空气作为介质，依靠炸药爆炸获得高压，如图 2-47 所示。与液压自紧法类似，爆炸自紧法也可以根据毛坯外部有无模具而分为开式法与闭式法两种。试验表明，爆炸自紧法对身管金属材料的机械性能和微观组织并无有害影响。通过内膛加上衬套的方法还可以对具有锥形内膛的毛坯进行自紧。目前双 35 mm 高炮有一种强装药自紧弹，通过射击一发自紧弹，即可完成身管自紧，其原理就是爆炸自紧法。

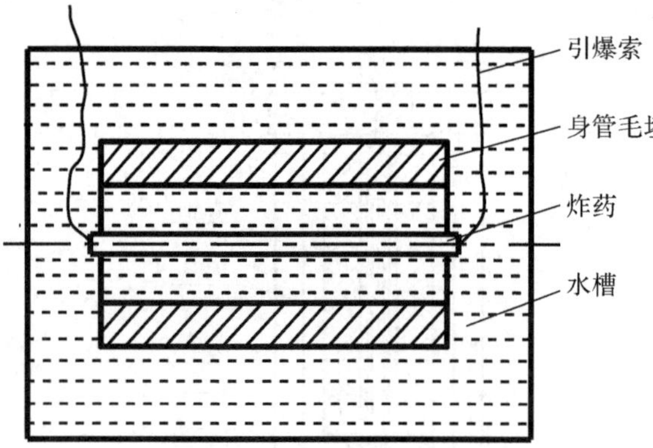

图 2-47 爆炸自紧法原理

二、自紧身管应力分析

由于自紧身管产生比较大的塑性变形，因此采用材料的屈服强度极限 σ_s，并采用第三或第四强度理论。此处采用第三强度理论，即最大剪应力理论，其强度条件为

$$\tau_m \leqslant \frac{1}{2}\sigma_s$$

对火炮身管，$\sigma_1=\sigma_t$，$\sigma_3=\sigma_r$，并且 $p=-\sigma_r$，因此有

$$\tau_m=\frac{1}{2}(\sigma_1-\sigma_3)=\frac{1}{2}(\sigma_t-\sigma_r)=\frac{1}{2}(\sigma_t+p)$$

即

$$2\tau_m=\sigma_t+p\leqslant\sigma_s$$

式中：$2\tau_m$ 称为第三强度理论的相当应力，后面用 2τ 表示。

推导自紧身管计算公式时，在厚壁圆筒基本假设的基础上，补充以下几点假设：

(1)身管材料的拉伸和压缩特性一样；

(2)材料塑性变形强化的影响忽略不计；

(3)不考虑轴向应力的作用。

试验证明，对于一般金属，先加上某一方向(拉或压)的应力使其产生塑性变形，随后再加上相反方向的应力使其再次产生塑性变形，后者的应力要比前者的应力低一些，此现象称为鲍辛格效应。上述假设(1)就是为了略去这种影响。一般炮钢在拉伸应力超过屈服极限 σ_s 之后，随着塑性变形的增大，应力也要相应地大一些，即拉伸应力-应变曲线在超过 σ_s 之后不是水平线，而是对水平线有个倾角 α'，这种现象称为材料强化(硬化)现象，如图 2-48 中虚线所示。上述假设(2)就是为了忽略这种影响，即认为达到 σ_s 后拉伸曲线为水平线，如图2-48中实线所示。对于材料强化的影响，可以用试验取得经验系数进行修正。

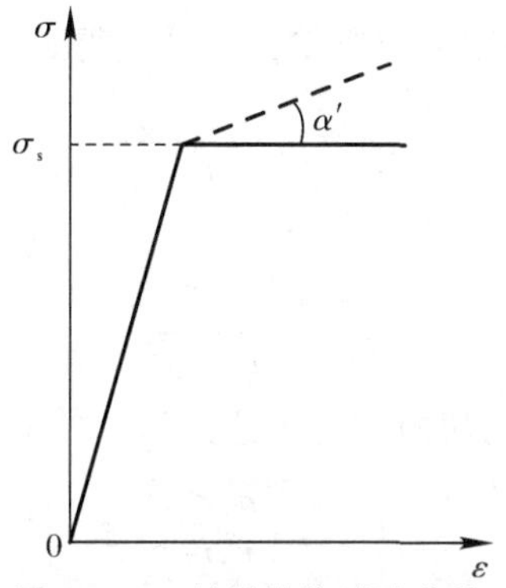

图 2-48　材料拉伸试验曲线

在分析自紧身管应力状态时，按照高压自紧时、自紧制造后和发射时三个阶段进行。

(一)高压自紧时

自紧时，身管内表面首先开始达到屈服极限，随着内压的增大，塑性变形区由内表面逐渐向外扩展。若以 ρ 表示塑性区的外半径，则身管壁分成了内、外两个区域，由 $r_1\to\rho$ 为塑性区，由 $\rho\to r_2$ 为弹性区。随着内压进一步增大，塑性区不断扩大，直至达到外表面，即 $\rho=r_2$，此时身管为全塑性状态，如图 2-49 所示。

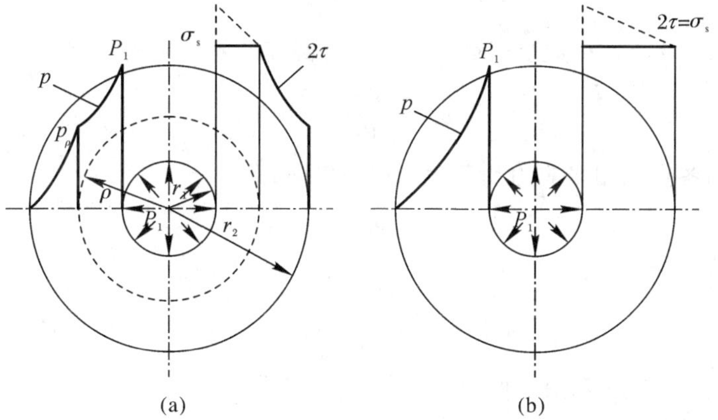

图 2-49　自紧时身管壁内应力分布

(a)半弹性状态；(b)全塑性状态

把塑性区占总壁厚的百分比定义为身管的自紧度，即

$$Z=\frac{\rho-r_1}{r_2-r_1}\times 100\% \tag{2-41}$$

$Z=0$ 为非自紧身管，$Z=100\%$ 为全塑性自紧身管，一般半弹性状态自紧身管的自紧度为 30%～70%。

考虑变形强化，以身管达到 100%过应变时所承受的压力作为最大的自紧压力。

先对存在塑性和弹性两个区域的半弹性状态身管进行分析。

(1)弹性区($\rho\to r_2$)。这个区域可看成内半径为 ρ，外半径为 r_2 的单筒身管，因此在半径 ρ 处的径向应力 p_ρ 即为弹性强度极限，按第三强度理论有

$$p_\rho=\sigma_s\frac{r_2^2-\rho^2}{2r_2^2} \tag{2-42}$$

在弹性区内，各点径向压力则可由厚壁圆筒公式得到，即

$$p=p_\rho\frac{\rho^2}{r^2}\frac{r_2^2-r^2}{r_2^2-\rho^2}$$

将式(2－42)代入上式则得

$$p=\sigma_s\frac{\rho^2}{r^2}\frac{r_2^2-r^2}{2r_2^2} \tag{2-43}$$

同样方法可写出弹性区内的切向应力表达式为

$$\sigma_t=p_\rho\frac{\rho^2}{r^2}\frac{r_2^2+r^2}{r_2^2-\rho^2}$$

或

$$\sigma_t=\sigma_s\frac{\rho^2}{r^2}\frac{r_2^2+r^2}{2r_2^2} \tag{2-44}$$

按照第三强度理论，相当应力为

$$2\tau=\sigma_1-\sigma_3=\sigma_t+p$$

即得

$$2\tau=\sigma_s\frac{\rho^2}{r^2} \tag{2-45}$$

(2)塑性区($r_1\to\rho$)。在这个区域内运用厚壁圆筒的静力平衡方程

$$\sigma_r+r\frac{d\sigma_r}{dr}-\sigma_t=0$$

在塑性区内各点的相当应力均已达到屈服极限，故

$$2\tau=\sigma_t-\sigma_r=\sigma_s \tag{2-46}$$

由以上两式可得

$$r\frac{d\sigma_r}{dr}=\sigma_s \tag{2-47}$$

在塑性区内由 r 到 ρ 积分，即

$$\int_p^{p_\rho}d(-\sigma_r)=-\sigma_s\int_r^\rho\frac{dr}{r}$$

得

$$p=\sigma_s \ln \frac{\rho}{r}+p_\rho$$

将式(2-42)代入得

$$p=\sigma_s\left(\ln \frac{\rho}{r}+\frac{r_2^2-\rho^2}{2r_2^2}\right) \tag{2-48}$$

由此也可得出当 $r=r_1$ 时，即半弹性状态自紧时的内压为

$$P_1=\sigma_s\left(\ln \frac{\rho}{r_1}+\frac{r_2^2-\rho^2}{2r_2^2}\right) \tag{2-49}$$

进而也可推导出管壁全部为塑性区时的压力和应力公式，只须将 $\rho=r_2$ 代入式(2-48)即得全部为塑性区时各点压力为

$$p=\sigma_s \ln \frac{r_2}{r} \tag{2-50}$$

同样也可得 $r=r_2$ 时，即全塑状态时的内压力

$$P_1=\sigma_s \ln \frac{r_2}{r_1} \tag{2-51}$$

利用式(2-43)、式(2-48)及式(2-50)即可求出身管壁内的压力曲线，利用式(2-45)、式(2-46)则可求出身管壁内的剪应力曲线，如图2-49所示，图2-49(a)为半弹性状态，图2-49(b)为全塑性状态。其中应力曲线的水平实线是不考虑强化时，剪应力正好为 σ_s 时的结果，若考虑材料强化，则如图2-49中虚线所示。

实际身管材料存在一定强化现象，通过自紧生产实践得出全塑性状态自紧身管的自紧压力可用以下经验公式表示：

$$P_1=K\sigma_s \ln \frac{r_2}{r_1} \tag{2-52}$$

式中：K——经验系数，一般取1.08。

(二)自紧制造后

自紧制造用的高压去除后，由于塑性区内层的塑性变形较外层的大，对于半弹性状态的自紧身管则外面还存在弹性区，这样在弹性变形恢复时就形成外层对内层的压缩，呈现外层受拉、内层受压的应力分布规律，这就是自紧制造后在身管壁内形成的预应力，也称制造应力。

在自紧制造时，身管壁内的应力可以看成由两部分叠加而成，即制造应力和附加应力。

附加应力 p'' 和 $2\tau''$ 是在自紧内压 P_1 作用下，把身管看成单筒身管时身管壁内所产生的应力，由厚壁圆筒公式，可求得 p'' 和 $2\tau''=\sigma_t''-\sigma_r''$。

从而可求得制造应力 p' 和 $2\tau'$，即

$$p'=p-p'' \tag{2-53}$$

$$2\tau'=2\tau-2\tau'' \tag{2-54}$$

自紧身管沿壁厚的制造应力(预应力)曲线如图2-50所示。

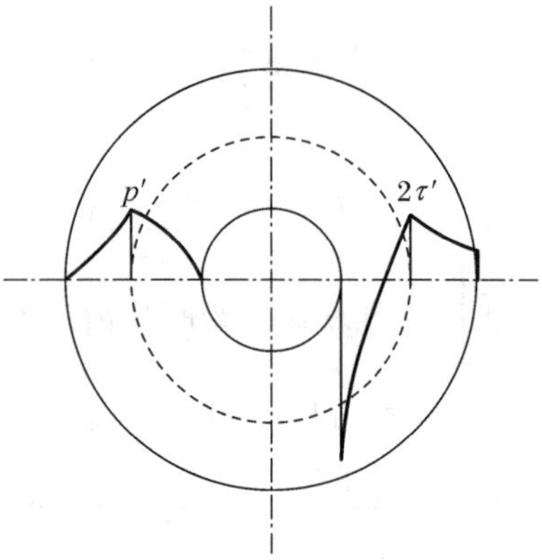

图 2-50 制造应力曲线

(三)发射时

发射时身管在内压 p_1 作用下，在身管壁内形成新的附加应力 $2\tau''$和 p''，可以用厚壁圆筒公式将身管看成单筒身管求出。由于身管壁中已存在制造应力 $2\tau'$和 p'，所以这时身管壁内的合成应力为

$$2\tau=2\tau''+2\tau' \tag{2-55}$$

$$p=p''+p' \tag{2-56}$$

发射时的附加应力和合成应力的分布曲线如图 2-51 所示。由于在内壁 $2\tau'$为负值，所以身管壁内实际应力 2τ 要比 $2\tau''$小，因而使身管强度提高。

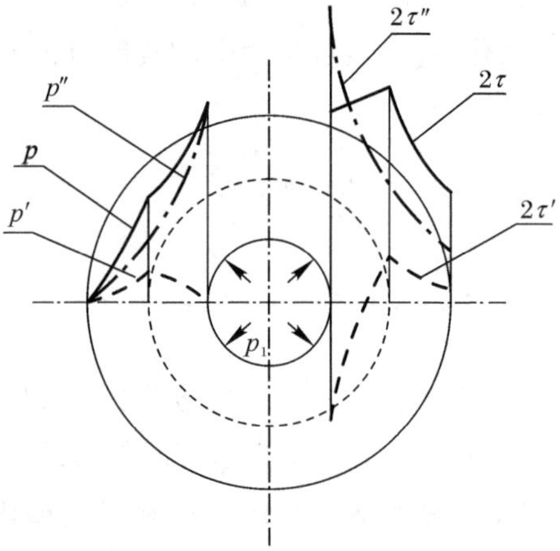

图 2-51 附加应力和合成应力分布

为了使自紧身管在发射时塑性区不再进一步增大，要求发射时的内压 p_1 不大于自紧时的内压 P_1，即 $p_1\leqslant P_1$。也就是说，制造时施加的内压即自紧身管的强度。

(四)自紧身管不出现反向屈服的条件

制造时自紧身管内表面应力 $2\tau_1$ 为 σ_s，由厚壁圆筒公式可知，自紧身管内表面附加应力 $2\tau_1''$为

$$2\tau_1''=\sigma_{t1}''-\sigma_{r1}''=P_1\ \frac{2r_2^2}{r_2^2-r_1^2} \tag{2-57}$$

从而可求得自紧身管内表面的制造应力 $2\tau_1'$ 为

$$2\tau_1'=\sigma_s-P_1\frac{2r_2^2}{r_2^2-r_1^2} \tag{2-58}$$

这个应力数值有一极限情况，即要求这个值不超过材料的屈服强度，以避免自紧高压去除后，身管内表面出现压缩塑性变形。这将会引起管壁内的应力重新分布，而身管强度也不能进一步提高。自紧高压去除后身管内表面出现压缩塑性变形的现象称为反向屈服。自紧身管不出现反向屈服的条件即为

$$|2\tau_1'|=\left|\sigma_s-P_1\frac{2r_2^2}{r_2^2-r_1^2}\right|\leqslant\sigma_s$$

解得

$$P_1\leqslant\sigma_s\frac{r_2^2-r_1^2}{r_2^2} \tag{2-59}$$

对于全塑性自紧身管($\rho=r_2$)，则可将式(2-51)代入式(2-59)得

$$\sigma_s\ln\frac{r_2}{r_1}\leqslant\sigma_s\frac{r_2^2-r_1^2}{r_2^2}$$

将 $\frac{r_2}{r_1}=a$ 代入并化简，有

$$a^2\ln a-a^2+1\leqslant 0$$

解此不等式得

$$a\leqslant 2.218\,4\approx 2.22$$

这就是全塑性自紧身管不产生反向屈服的条件，即身管半径比不能超过 2.22。

(五)自紧时身管外表面应变同内压的关系

自紧制造时，通常用测量外表面的切向应变来控制身管的自紧程度。通过应力、应变公式即可导出自紧时的内压与身管外表面切向应变的关系。

一般自紧时身管外表面仍处于弹性状态，在刚好达到全塑性状态时，身管外表面也正好处于弹性的极限状态。用半弹性状态身管弹性区的式(2-43)、式(2-44)即可求出外表面($r=r_2$)的径向和切向应力，考虑经验修正系数为 1.08 后，有

$$\left.\begin{aligned}&\sigma_{r2}=0\\&\sigma_{t2}=1.08\sigma_s\frac{\rho^2}{r_2^2}\end{aligned}\right\} \tag{2-60}$$

忽略轴向应力，由广义胡克定律可知

$$\varepsilon_t=\frac{1}{E}(\sigma_t-\mu\sigma_r)$$

故

$$\varepsilon_{t2}=\frac{1.08\sigma_s\rho^2}{Er_2^2}$$

由此得自紧制造时塑性区边界面半径为

$$\rho=r_2\sqrt{\frac{E\varepsilon_{t2}}{1.08\sigma_s}} \tag{2-61}$$

将上式代入式(2-49)，并对 σ_s 乘以修正系数1.08，即得自紧时内压与外表面切向应变的关系式为

$$P_1=0.54\sigma_s\left(1+\ln\frac{E\varepsilon_{t2}r_2^2}{1.08\sigma_s r_1^2}-\frac{E\varepsilon_{t2}}{1.08\sigma_s}\right) \tag{2-62}$$

而外表面的切向应变值只需测得外表面的直径位移量即可求得，因为

$$\varepsilon_{t2}=\frac{\Delta d_2}{d_2}$$

这样，自紧时通过测量外径的位移量 Δd_2 即可控制弹塑性交界面半径 ρ 和内压 P_1，以此来控制身管的自紧程度。

△拓展阅读

自紧身管的本质是残余应力

和变形硬化能提高强度类似，自紧身管提高强度的本质也是残余应力。如果火炮射击使身管长时间处于高温状态，那么残余应力有可能被“回火”掉。

中国自紧身管奠基者——才鸿年院士

才鸿年院士主持国内火炮身管自紧技术及应用基础研究工作，参与了自紧身管疲劳寿命的研究，先后开创了火炮身管液压自紧技术和高效液压自紧技术，使炮管强度提高了60%～100%，并成倍提高了疲劳寿命。首次应用这项技术的某火炮系统获国家科技进步奖一等奖。才鸿年院士还编著了国内唯一一本关于火炮自紧身管的专著——《火炮身管自紧技术》。

自紧弹——充满想象力的发明

自紧弹怎么看也不像真的，太具有科幻色彩了，射击一发弹就能完成复杂的自紧过程。受其启发，人们提出了炮膛清洗弹、复进机液量检查弹、炮膛除铜弹的设想。

自紧度的确定

在管壁尺寸和材料屈服极限确定的情况下，自紧身管的强度随着自紧度的增大而增大，但是增加得越来越慢，为防止材料破坏，自紧度通常不超过80%。

第五节　身管寿命问题

身管寿命指身管在丧失规定的弹道性能或疲劳破坏之前所能发射的当量全装药弹丸数目。由于发射时高温、高压的火药气体及弹丸导引部对身管反复的机械、物理和化学作用，造成膛线部的烧蚀和磨损，改变了正常的装填条件和弹丸工作条件，使弹丸达不到正常的飞行速度和旋转速度，不能满足战术技术要求规定的性能，而使身管寿命告终——报废。

对于膛压、初速和发射速度都不太高的火炮来说，身管寿命问题并不突出，但随着火炮威力的提高，身管寿命问题日益突出。过去低膛压的滑膛迫击炮几乎不存在身管寿命问题，

但现在的高膛压滑膛反坦克炮的内膛烧蚀情况比相应的加农炮烧蚀还严重。因此，身管寿命问题已成为提高火炮威力的一个严重障碍。

一、身管内膛破坏现象

身管内膛破坏现象主要是高温、高压的火药气体和弹丸对炮膛反复作用造成的烧蚀和磨损。通常将炮膛壁金属层在反复冷热循环和火药气体的物理、化学作用下，金属性质的变化及剥落现象称为烧蚀；将炮膛尺寸、形状在机械作用下产生的变化称为磨损。但这两种现象通常是综合在一起同时存在的，很难区分。

（一）内膛破坏过程

图 2-52 为某型大口径火炮膛线起始部随着射弹发数增加而产生的破坏情况，可以看出膛线起始部破坏情况还是比较严重的，一定射弹发数后，膛线起始部几乎完全消失了。

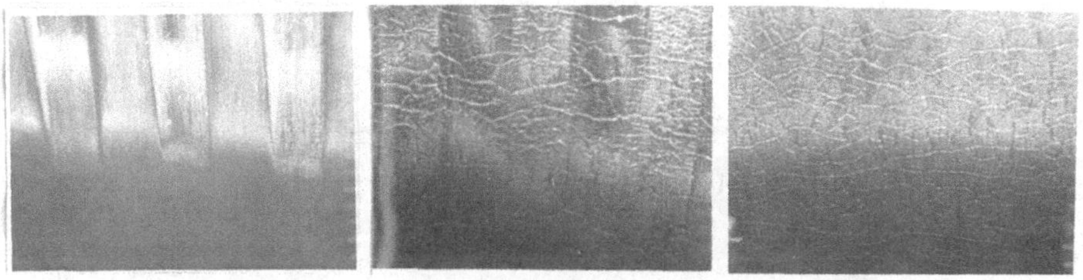
(a)　　(b)　　(c)

图 2-52　某型大口径火炮膛线起始部破坏情况

(a)初始状态；(b)射击 200 发后状态；(c)射击 400 发后状态

内膛破坏现象通常是随着射弹发数的增多，先在膛线起始部附近出现网状裂纹，继续发射时，裂纹向炮口方向逐渐延伸，原有裂纹不断加宽、加深，表层金属逐渐剥落，炮膛尺寸扩大，阴线底部逐渐形成纵向的烧蚀，如图 2-53 所示。一些高射速自动武器由于膛壁温度较高，接近寿命终了时，常发现膛壁有塑性变形和局部熔化现象。

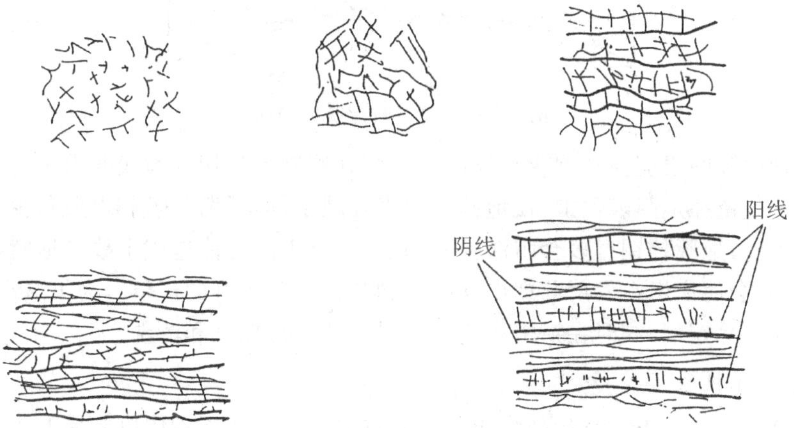

图 2-53　内膛表面破坏过程示意图

（二）内膛破坏规律

1. 身管长度上

炮膛的磨损现象沿身管长度上表现为(见图 2-54)：在膛线起始部向前约 1～1.5 倍口

径长度上炮膛的磨损最严重，称为最大磨损段；继续向前，到距膛线起始部向前 10 倍口径处，这段的磨损较前一段略为弱一些，称为次要磨损段，这两段总称为严重磨损区，它将引起弹丸定位点前移、药室增大、膛压和初速下降、弹丸导转不良等现象；在炮口部大约 1.5～2 倍口径范围内会出现磨损较大的区域，称为炮口磨损段，它将造成弹丸出炮口章动角加大、导转不良，从而降低射击密集度，一些枪械身管常常由于膛口磨损过大，造成密集度超过标准而使身管寿命告终，因此枪械常对膛口磨损十分重视；在严重磨损区与炮口磨损段之间的部分磨损则较小且较均匀，称为均匀磨损段。

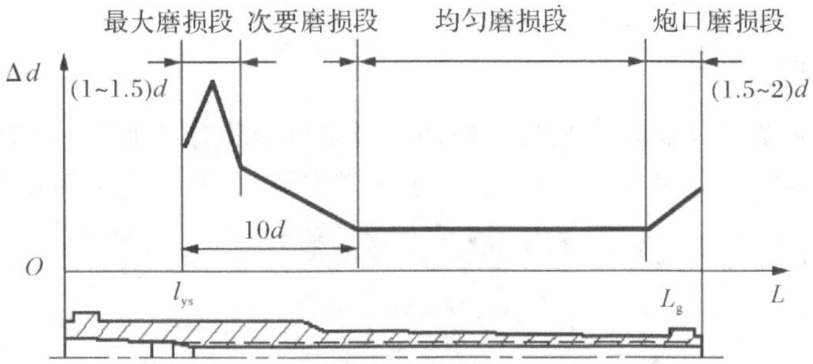

图 2-54　沿身管长度上阳线磨损的一般规律

2. 内膛断面上

在身管同一个断面上磨损情况也是不一样的，表现为阳线磨损比阴线大、导转侧磨损比非导转侧大。例如某型 130 mm 加农炮，发射 200 发后，距膛线起点 450 mm 处阳线直径扩大 3.43 mm 而阴线直径仅扩大 0.37 mm，距起点 350 mm 处阳线直径增大 3.63 mm 而阴线直径增大2.45 mm。发射时弹丸导转部对膛线导转侧的作用力很大并有相对运动，因而膛线导转侧比非导转侧的磨损大，如图 2-55 所示。

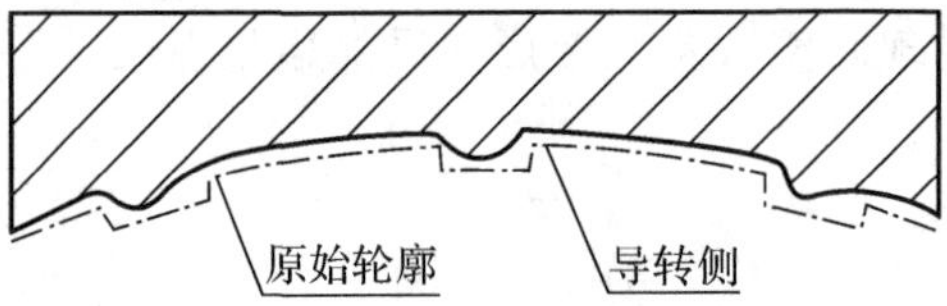

图 2-55　膛线断面磨损规律

研究身管内膛磨损应注意炮膛挂铜问题。弹丸铜制弹带切入膛线并沿膛线高速滑动使得一些铜分子残留在炮膛表面上，使炮膛局部直径减小，即所谓“挂铜”现象。少量挂铜有助于保护炮膛表面；炮膛挂铜过多会阻滞弹丸的运动，严重的可能造成事故。炮膛挂铜使炮膛局部尺寸变小，会使火炮在发射前期出现膛压和初速有些上升的现象。为了减小挂铜，一般都在装药中加入除铜剂，同时在射击后应及时对炮膛进行擦拭和清洗。

3. 内膛破坏机理

身管内膛的破坏是火药气体的热作用、动力作用、物理化学作用以及弹丸机械作用的综合结果，在寿命的不同时期，各种作用的影响不同。一般来说，热作用占有重要的地位。下面分别对上述几个主要作用进行简要的分析。

(1)火药气体的热作用和物理化学作用使膛壁表层变脆。发射时，膛内火药气体的温度可达 3 000 ℃，膛线起始部还受有弹带切入膛线时由变形功所产生的热作用以及弹丸高速运动对膛面的摩擦热作用等，使身管内表面一薄层金属的温度高达 800 ℃以上(见图 2-56)，也即达到了相变点以上，形成奥氏体。同时，它又在高温、高压条件下与火药气体中的氧、氮、碳等形成低熔点产物或渗碳渗氮组织。发射后内膛迅速冷却，内层金属会形成部分马氏体，上述变化的薄层金属统称为烧蚀层，它使膛内表层金属变脆、熔点降低。由于它在制作金相试片时不受硝酸酒精溶液的腐蚀，在显微镜下呈白色，因此在生产检验中也称为“白层”。

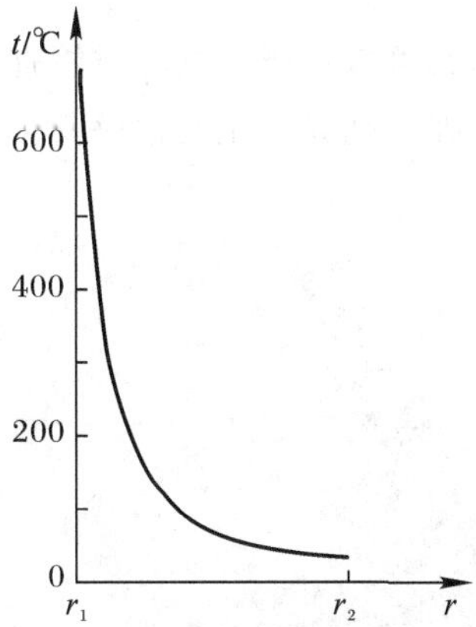

图 2-56 身管壁内温度分布

(2)急速的热-冷循环使膛壁表面产生裂纹。发射时，由于内表面温度迅速升高，体积也相应膨胀，特别是内表面的烧蚀层中还发生了相变，形成的奥氏体组织体积比外层无相变的金属大，以至在发射瞬间能使内表层金属发生压缩塑性变形。发射后，基体金属又带动表层金属产生拉伸应力。这样，在连续射击的反复拉压应力循环条件下，造成受热最严重的膛线起始部出现“热疲劳裂纹”。随着射弹发数的增加，裂纹也逐渐增多、加深，并向炮口方向延伸。

(3)火药气体冲刷和弹带的机械摩擦作用使炮膛直径扩大，引起变形。高温、高压、高速的火药气体对炮膛内表面烧蚀层的冲刷是加剧炮膛烧蚀的极为重要的因素。在炮膛表面形成烧蚀层以后，加上弹带的机械作用，炮膛直径逐渐扩大，阳线轮廓逐渐磨圆或磨成三角形。弹丸起动时，弹带与膛壁间就会出现间隙，而高压火药气体高速从间隙中冲过，其冲刷作用是十分剧烈的，从而导致裂纹加宽加深，成沟成网。炮膛扩大的部位逐渐向炮口延伸，造成药室增长，初速、膛压下降。膛线磨灭则使弹丸导转不良，最后保证不了弹丸飞行稳定所要求的转速而使身管寿命终止。

二、身管寿命判定标准

(一)炮管寿命标准

身管内膛破坏后，膛线起始部前移，膛线外形不完整。这会导致最大膛压下降、弹丸直线速度和旋转速度均下降，进一步造成火炮射程减小、小号装药时引信在膛内不能解除保险、射弹散布增大等。炮管寿命的判定基本都围绕着这些方面的量化标准开展。

1. 老四项标准

(1)地面压制火炮初速下降 10%，坦克炮初速下降 5%；

(2)地面火炮距离散布面积 $B_X \times B_Z$，直射火炮立靶散布面积 $B_Z \times B_Y$，超过射表规定值8倍；

(3)小号装药时有30%引信在膛内不能解除保险；

(4)出现弹丸早炸、引信连续瞎火和近弹现象。

以上四项出现一项即判定身管寿命终止。老四项标准在部队实施不便，准确度不是很高。

2.弹带削光

判断弹丸飞行稳定性丧失与否可以在靶场试验时检查回收弹丸(砂弹)是否有弹带被削平为阴线直径的现象，通常称为“弹带削光”，靶场常用其作为判断身管寿命终止的依据。图2-57为发生弹带削光的弹丸。

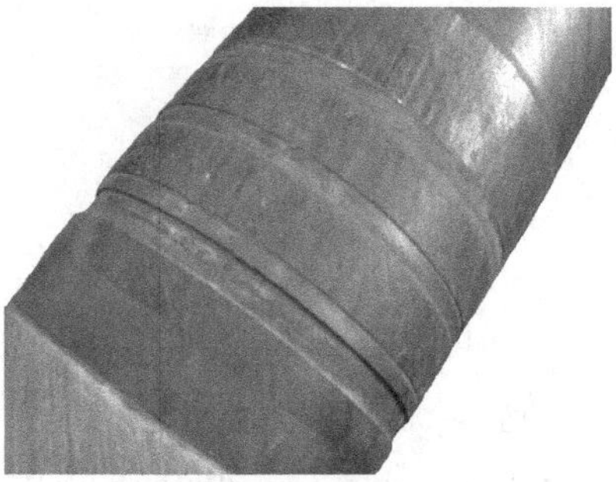

图2-57 弹带削光

3.药室增长量

在部队中，过去一直沿用测量药室增长量来估算初速下降量和用以评定身管等级。通常，药室的增长同初速下降存在一定的关系，这个对应关系在国家靶场进行寿命试验过程中可以得到一些规律，表2-3列出了我国部分火炮初速下降量和药室增长量的对应关系。

表2-3 火炮药室增长量

单位：mm

$\frac{\Delta v_0}{v_0}$/(%)	1	2	3	4	5	6	7	8	9	10	药室长
某型37 mm高炮	6	11		16		19				22	220
某型57 mm高炮	6	12	18	25	40	83	149	209	254	283	371
某型122 mm榴弹炮	5	15	25	35	45	55	65	75	85	95	283
某型100 mm高炮		6	12	20	27	35	50				607
某型130 mm加农炮	10	26	33	210	600	675	706	732	757		991

必须指出，由于射击条件的差异，实际初速下降量与表中数值会有较大的出入，加上药室增长量的测量方法也有不少问题，有时误差较大，因此判断身管寿命是否终止不宜以药室增长量作为唯一依据。

4.其他方法

目前国内外有研究改用最大膛压点附近的阳线磨损量作为评定炮身寿命和等级的标准，或在炮口部增设初速测定装置，直接测定初速下降量，评定身管质量等级。具体可参见近年来的一些国家军用标准。

(二)枪管寿命标准

枪管寿命是否终止常用散布圆半径和横弹数目的增长量来判定。

(1)散布圆半径 R_{50}。以平均弹着点为圆心,包括 50%弹着点的圆半径即为散布圆半径。当 R_{50} 增大到开始射击时的 2～2.5 倍时,认为枪管寿命终止;一般步枪、冲锋枪取 2 倍,轻、重机枪取 2.5 倍。

(2)横弹数目。正常飞行的弹头应垂直于立靶,并在靶纸上留下圆形的弹孔,而不稳定飞行的弹头则由于不能保证弹尖垂直于立靶而在靶纸上留下椭圆形的弹孔。当椭圆弹孔的长轴 $2b$ 与短轴 $2a$ 之比大于 1.25 时,称该椭圆弹孔为横弹孔。造成椭圆孔的弹头,称为横弹,如图 2-58 所示。

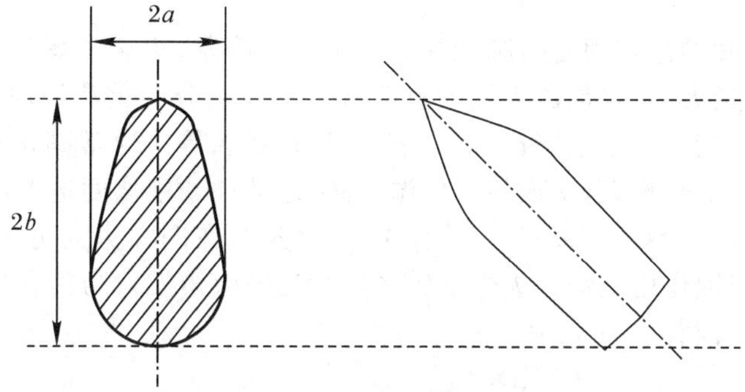

图 2-58 椭圆弹孔和横弹

横弹数目增长量是以在一定距离上弹头椭圆孔的数目占中靶弹头数目的百分比来表示的。通常当小口径枪械的椭圆孔超过 20%,大口径机枪的椭圆孔超过 50%～75%时,认为枪管寿命告终。如我国某型 7.62 mm 步枪、轻机枪规定,100 m 射距上其横弹数大于 20%,我国某型 14.5 mm 高射机枪规定 100 m 射距上横弹数大于 75%,认为枪管寿命告终。

对于手枪、步枪、冲锋枪等,一般以 R_{50} 的增长量为衡量寿命的主要指标,各种口径机枪则用 R_{50} 的增长量与横弹数目增长量两项指标来衡量其寿命。

(三)其他身管寿命定义

前面讲的寿命指身管的烧蚀寿命或者弹道寿命,此外关于身管寿命还有疲劳寿命和经济寿命。

1. 疲劳寿命

火炮每进行一次实弹射击,都使身管内膛承受一次热冷循环和应力循环作用,从而导致身管发生一些细微的永久变形和机械性能下降等变化。当超过一定的循环次数,内膛表面会出现裂纹,并沿管壁不断生长、扩展,直至身管最终突然断裂破坏。由身管断裂导致寿命终止时火炮所发射的全装药弹丸数目,称为疲劳寿命。20 世纪 60 年代以后,随着高膛压大威力火炮的出现,高强度炮钢引起的身管突然脆性断裂的事故时有发生。例如 1986 年 4 月美军某 175 mm 加农炮射击到 373 发时发生膛炸,身管断裂成 29 块。目前关于身管疲劳寿命的研究已开始受到重视。在正常情况下,身管疲劳寿命大于身管烧蚀寿命。

2. 经济寿命

火炮服役后,要经常进行维护、保养和维修。对于一门火炮来讲,使用维修费是逐年增加的。特别是到了故障浴盆曲线后期,故障率上升很快,维修费用急剧上升。当火炮的维修费用和修复后的使用价值同购置新炮费用与使用价值很接近时,则判定火炮经济寿命终止。

平时火炮以训练为主，射弹量较少，内膛的烧蚀与磨损没有达到寿命终止状态。多数火炮由于服役时间较长，使用维修费用增长较快，因此常用经济寿命来判别火炮寿命。为了便于管理，火炮大修次数一般不能超过三次，并以此作为火炮经济寿命的判别条件。

三、影响身管寿命的因素

影响身管内膛破坏的因素是多方面的，主要有装药、弹丸、身管、火炮工作条件、火炮操作和维护等。

(一)装药

1.基本成分

火药气体对炮膛的热作用是炮膛烧蚀的一个重要因素，火药的爆热表明单位质量火药气体所能产生的热量大小，爆热愈大烧蚀愈严重。不同成分的火药烧蚀情况不同。火炮常用的火药有硝化棉、硝化甘油、硝化二乙二醇以及硝基胍等。通常硝化甘油火药是双基火药，其中所含硝化甘油热量高，生成的气体温度高，运动和冲刷速度也大，烧蚀较单一的硝化棉火药大。硝化二乙二醇和硝基胍是所谓的“冷火药”，在同样火药力条件下，它们的爆热低，因而对炮膛的烧蚀作用就小。火炮上曾经试验过的液体发射药具有“高能低温”的特征，对提高身管寿命很有利。

2.装药质量

很明显，装药量越大，膛压越高，对身管烧蚀越严重。

3.钝化剂

在装药中加入樟脑等钝化剂，可以改变装药的燃烧速度，使膛压峰值降低，有助于提高身管寿命。

4.缓蚀剂

在发射装药的适当位置加入一些石蜡、聚氨酯塑料等有机化合物和滑石粉或二氧化钛等无机化合物，对内膛有不同程度的降低烧蚀的作用。一些试验表明，它们可使身管寿命成倍地提高，近年来引起很多国家的重视。

在装药中加入地蜡、石蜡等混合物制成的护膛剂的方法使用较早，通常是将护膛剂浸在薄层纸上置于装药的上半部四周，也称为“钝感衬纸”，贴于药筒内壁。发射时，在高温火药气体作用下，碳氢化合物分解吸收一部分热量，并在膛壁形成一层较冷的气相层，阻止高温火药气体对金属表面的作用，减小了烧蚀，提高了身管寿命。我国一些火炮的试验表明，缓蚀剂提高身管寿命的比例达2～5倍，见表2-4。

表2-4　缓蚀剂提高身管寿命效果

火　炮	无缓蚀剂寿命/发	有缓蚀剂寿命/发	提高寿命比例
某型37 mm高炮	2 200	9 000～11 000	4～4.5
某型57 mm反坦克炮	700	3 400～3 700	5.0
某型85 mm加农炮	1 150	5 700	5.0
某型85 mm高炮	600～650	1 300～1 350	2.0
某型100 mm加农炮	1 500～1 600	3 800	2.4

我国早期仿制的一些火炮，是在装药中加入用地蜡、石蜡等混合物制成的护膛剂（钝感衬纸）以提高身管寿命。目前，采用的缓蚀剂类型包括滑石/石蜡、SiO_2/石蜡、TiO_2 型及 801 缓蚀剂等。

缓蚀剂也有明显的副作用，如火药残渣多，这会影响武器性能的正常发挥。目前，也有专家利用纳米技术制备了纳米尺度的缓蚀剂材料，试验表明，其在保证武器内弹道性能及提高身管寿命的基础上，较明显地减少了火药残渣。

（二）弹丸

1. 弹带材料

弹带材料为了切入膛线容易，要求材料强度、硬度不能太高，并有良好的塑性，但为了在膛内导转可靠且不易出现削光，则又要求其具有一定的耐磨性和足够的强度，因此，要视具体情况全面考虑。目前对于寿命较高的榴弹炮和中等初速火炮主要考虑前一要求，大多采用紫铜弹带，对于高初速大威力火炮，则为了使弹带削光的时机推迟，更多考虑后一要求，因而采用黄铜弹带。为了减少铜的消耗和减小对炮膛的磨损，正在研究新的弹带材料，例如陶铁、工程塑料等。枪弹以弹头披甲挤入膛线，过去一般采用黄铜做被甲，考虑到经济因素，现在一般用覆铜钢片做被甲材料。

2. 弹带结构

为了使得弹带更容易被膛线切割，通常将弹带做成多条环状结构。一些低膛压线膛炮（如无后坐力炮）采用了刻槽弹，该种弹丸的弹带预先制好与膛线配合的刻槽，从而能减轻对膛线的磨损。为了消除或减小弹带同已磨损炮膛间的间隙，延长大威力火炮身管的寿命，近年来广泛采用带凸缘的弹带，其可以使弹丸定位点变化减小，即药室容积变化减小，因而可使烧蚀后身管的初速下降慢一些，资料表明某型 57 mm 高炮采用此种结构后，身管寿命由 750 发提高到了 1 800 发。

（三）身管

1. 身管口径

通常火炮口径越大，装药量越多，炮膛烧蚀问题越严重。在相似弹道条件下，身管寿命 N 同口径 d 的经验关系为

$$N \propto \frac{1}{d^n}$$

指数 n 一般在 1.6～2.2 范围内，它也随口径增大而变大。

2. 身管材料

选用性能更好的身管材料有助于提高身管寿命。如某型 25 mm 高炮，选用 PCrNi3MoVA 材料时，身管寿命为 600～700 发，选用新研制的 30Cr2MoVA 材料时，身管寿命可达 3 000 发。采用激光等技术对身管内膛表面进行硬化处理，可以提高身管寿命。

在枪炮内膛电镀一层耐烧蚀金属或合金（如镀铬）也是提高身管寿命的一种重要手段，其在小口径身管武器中得到了广泛的采用。镀铬层一般都用硬铬，硬度较高且耐磨性好，也有先镀一层质地较软但同钢材结合性好的乳白铬，然后再镀一层硬铬。以某型 14.5 mm 高

射机枪为例，原来镀铬身管寿命为 3 000 发左右，采用双层镀铬后，寿命提高到 6 000 发以上。一些试验还表明，适当地增加线膛部铬层厚度对提高身管寿命有利。

目前还在研究的复合材料身管，在身管中引入耐烧蚀的陶瓷以及强度极高的碳纤维材料，期望开发出质量轻且寿命高的身管。

3. 身管结构

采用双锥度坡膛结构、混合膛线均有助于提高身管寿命。改善炮膛断面形状，也能对身管寿命产生影响。目前为了提高大威力火炮膛线的耐磨性，有增加深度、减少数目和加宽阳线以防止阳线过早磨平的趋势。在小口径武器中还出现一种多边形或弧形炮膛，目的是减少弹带切入膛线的变形功，减小弹丸在膛内的摩擦损耗，防止膛线根部的应力集中。

还可以将炮膛烧蚀磨损最严重的部位用耐烧蚀材料制成短衬管，通过更换衬管来提高身管寿命。如我国某型 30 mm 舰炮（转膛炮）发射速度为 1 050 发/min，膛压约为300 MPa，初速为 1 050 m/s，指标均较高，在采用外部循环水冷却和内膛喷水冷却后，身管寿命仍只有 600 发左右。为此，该炮采用了短衬管结构，如图 2－59 所示。采用短衬管时在结构上相应要采取一些措施，例如：各配合面要有一定间隙以便于更换；要采取措施保证衬管与身管的膛线对正；每段膛线起始段制成一定锥度（坡口）以保证弹丸容易通过两段衬管间以及身管间的结合部；等等。试验表明，它可以在使用 1 个身管条件下更换 4 个短衬管，使身管寿命达到 2 000 发以上。

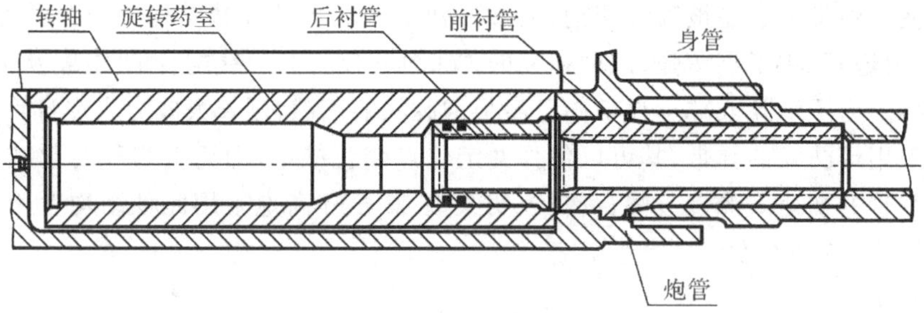

图 2－59　某型 30 mm 舰炮短衬管结构

4. 身管冷却

对身管进行冷却有助于降低身管温度，提高身管寿命。舰炮由于海水来源方便普遍采用身管冷却技术。一些国外的野战火炮也在身管上采用外冷却和内冷却措施，显著地提高了身管寿命。

（四）火炮工作条件

很明显，火炮在高寒山区、热带雨林、海岛荒漠地区使用，在高温和严寒季节使用都会对身管寿命产生一定影响。

（五）火炮操作和维护

身管寿命与射击使用中的射击速度、每组连续发射数及各组之间的间歇时间都有密切关系。表 2－5 给出三种火炮在不同射击条件下的寿命。在一般情况下应严格按照射击规范所规定的发射速度进行射击。

表 2-5　不同射击条件下的身管寿命

火　炮	射击条件				单发百分率	寿命/发	备　注
	每组弹数	射速/(发/min)	每组间隙/min	每组循环发数			
某型 25 mm 高炮	25～28 35	75 20	5～10 30	200 175	2 21	750 4 300	无护膛剂
某型 37 mm 高炮	70 35	40 20	10 30	350 175	13 13	7 100 10 800	有护膛剂
某型 57 mm 高炮	40 20	12 12	15 30	200 200	23 29	1 750 3 700	无护膛剂

注：单发百分率指射弹总数中单发(非连发)弹数所占百分比。

炮膛和弹丸的擦拭和保养状况对身管寿命也有很大影响，特别是在炮膛涂厚油而不除净的情况下射击，某型 152 mm 加榴炮、某型 100 mm 高炮以及轻武器试验中，均曾发生膛线脱落、胀膛等现象。

此外，分装式炮弹装填时，弹丸一定要装填到位，否则会引起膛线起始部磨损，影响身管寿命。

最后要强调的是，身管寿命一直是火炮领域的一个十分重要问题，也是一个十分复杂的问题，对采用分装式炮弹的地面压制火炮来说，身管寿命必须是当量寿命，不区分装药号的身管寿命是没有意义的。

拓展阅读

身管寿命是个综合问题

身管寿命与许多因素有关，包括装药、弹丸、身管、工作条件、操作和维护等，延长身管寿命可从设计和使用角度着手，系统考虑。

小投资、大回报

护膛剂虽仅是一张蜡纸，却可以成倍提高身管寿命；弹带凸缘就是个塑料圈，也能大幅度延长身管寿命。不要看发明大小，只要能解决问题就是好发明。

身管冷却

常见的身管冷却都是身管外侧套一个套筒，内装冷却水，是外冷却。现在人们发现还可以采用内冷却，即在炽热的炮膛内喷射水雾，过去人们觉得这样可能会导致内膛开裂，实践证明这种方法是有效的。内冷却除了喷水雾，还可以向内膛吹送压缩气体。

带有预测性的身管寿命判定标准

在炮管寿命判定标准中，药室增长量和膛线起始部径向磨损量在平时可测，且可以对身管剩余寿命进行预测，对于部队作战有更大的参考意义。

第六节　炮身部分算例

一、高低温压力曲线

已知某火炮内弹道数据如下：$l_m^{+50}=8$ dm，$p_m^{+50}=388$ MPa，$l_k^{+50}=33$ dm，$p_k^{+50}=170$ MPa，$l_k^{15}=43$ dm，$p_k^{15}=130$ MPa，$l_k^{-40}=52$ dm，$p_k^{-40}=105$ MPa，$l^{-40}=[56,60,65,69,70]$ dm，$p^{-40}=[97,89,83,77,75]$ MPa，$m_\omega=15$ kg，$m_q=48$ kg，$\varphi_1=1.03$，$l_{ys}=10$ dm，$l_g=70$ dm，$d=1.5$ dm。试绘制该火炮的高低温压力曲线。

为简化计算，第一曲线段由+50 ℃、15 ℃、−40 ℃三个温度下燃烧结束点压强组成，最终得到的压力曲线如图 2-60 所示。

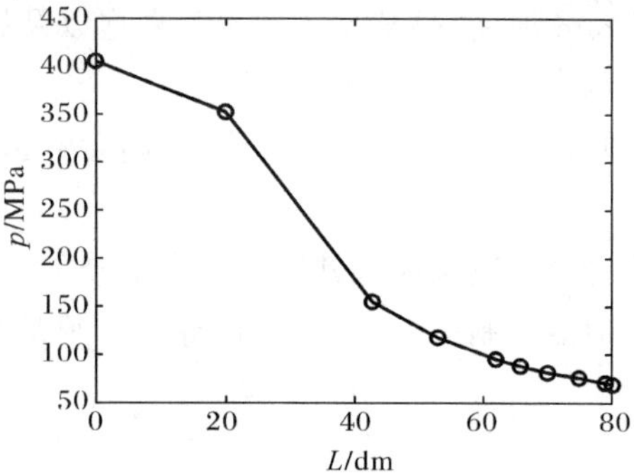

图 2-60　高低温压力曲线

二、单筒身管应力应变曲线

已知单筒身管某截面 $r_1=51.5$ mm，$r_2=125$ mm，$p_1=301$ MPa，$E=2\times10^5$ MPa，忽略轴向应力，试绘制管壁上不同半径处的应力-应变曲线。

将应力绘制在一个图上，如图 2-61 所示。可看出，对管壁单元来说，切向应力为第一主应力，轴向应力为第二主应力，径向应力为第三主应力。径向应力在内壁处为−301 MPa，在外壁处为 0 MPa。将应变绘制在一个图上，如图 2-62 所示。要注意的是，径向应变在外壁处并不为 0，这是外壁处切向应力导致的。

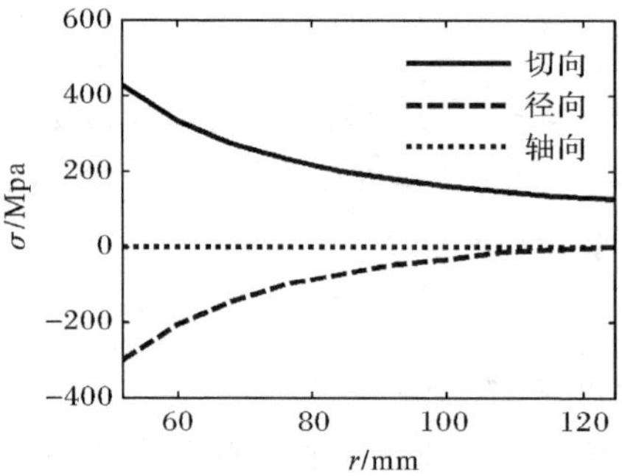

图 2-61　径向应力和切向应力

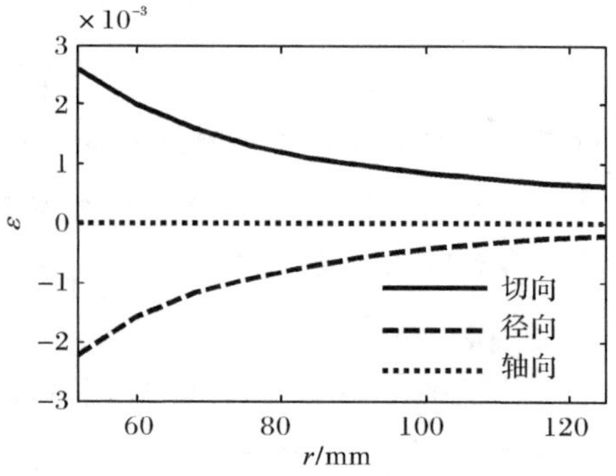

图 2-62　径向相当应力和切向相当应力

三、单筒身管压坑允许深度曲线

已知某牵引火炮的单筒身管，采用浅膛线，内弹道和身管结构数据如下：L=[0,2,3.5,7,11,15,20,24,27,31,35,39] dm，p_{gdw}=[335,325,320,300,250,210,160,140,110,95,85,75] MPa，r_1=[0.46,0.44,0.31,0.28,0.28,0.28,0.28,0.28,0.28,0.28,0.28,0.28] dm，r_2=[0.9,0.9,0.9,0.8,0.6,0.6,0.52,0.49,0.47,0.44,0.42,0.38] dm，l_{ys}=3 dm，l_g=36 dm，l_m=3.2 dm，l_k=18 dm，d=55 mm，σ_p=800 MPa。试绘制该身管的理论强度曲线、实际强度曲线、理论外形、实际外形和压坑允许深度曲线。

绘制出的曲线如图 2-63～图 2-65 所示。图 2-63 中，实线为高低温压力曲线，虚线为理论强度曲线，点线为实际强度曲线；图 2-64 中，实线为身管的实际内半径和外半径曲线（实际外形），点线为理论外半径曲线（理论外形）；实际外半径与理论外半径之差即为图 2-65所示的压坑允许深度曲线。

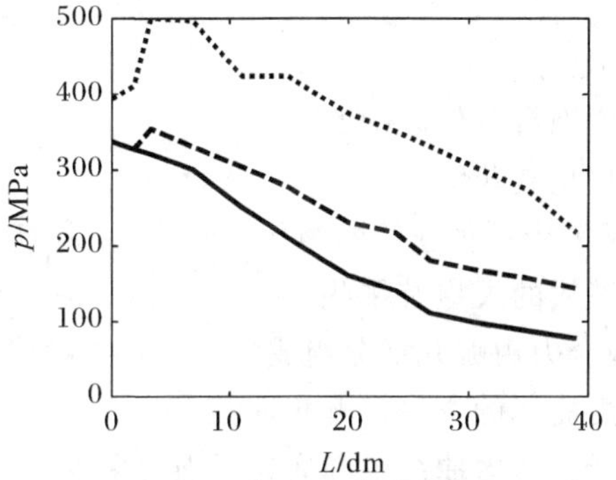

图 2-63　强度曲线

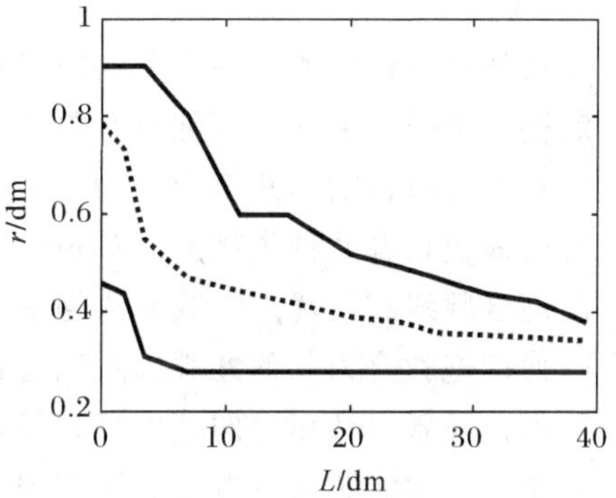

图 2-64　身管外形

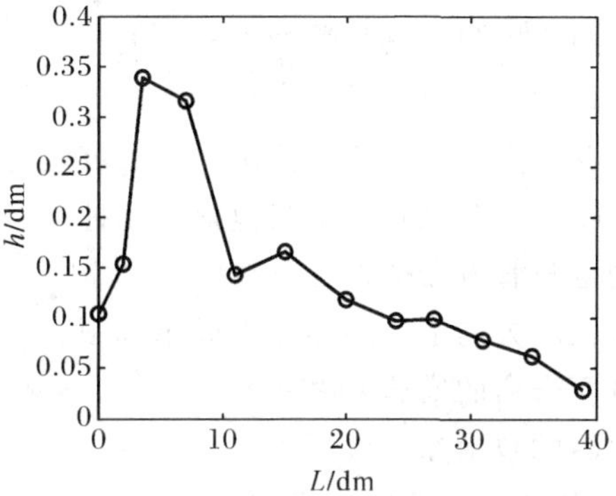

图 2-65　压坑允许深度曲线

四、自紧身管应力分布曲线

已知某自紧身管数据如下：d_1=180 mm，d_2=320 mm，σ_s=1 100 MPa，ρ=130 mm，p_{sj}=420 MPa。试分析自紧身管某截面加工时、加工后、射击时的应力分布。

绘制出的应力分布曲线如图 2-66 和图 2-67 所示。要注意的是：残余应力（点画线）和附加应力（虚线）合成为实际应力（实线）；制造时应力（粗实线）要大于射击时应力（细实线）；残余应力 2τ 在内壁为负值，降低了附加应力 2τ 的峰值，这是提高身管强度的关键。

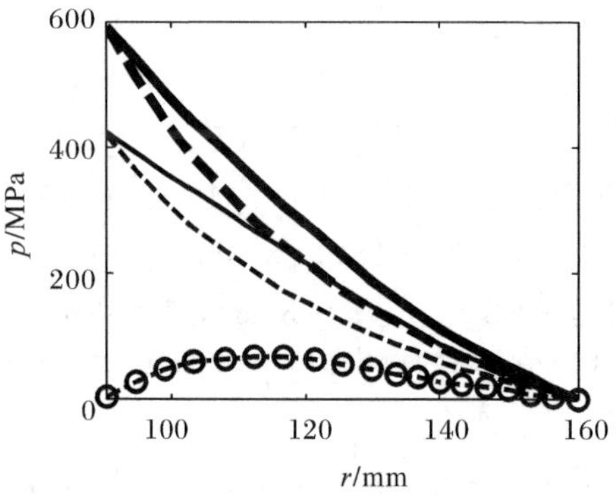

图 2-66　自紧身管 p 分布

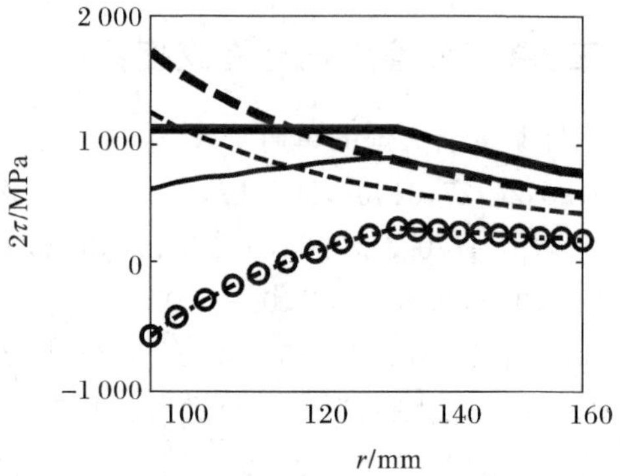

图 2-67　自紧身管 2τ 分布

复　习　题

1. 增强炮身包括哪几种类型,各自的作用原理是什么?

2. 何谓增强炮身和衬管炮身? 单筒炮身和自紧炮身有何区别?

3. 身管内膛包括哪几部分? 为什么要发展模块化装药?

4. 膛线包括哪几种类型? 122 mm 榴弹炮通常采用哪种膛线? 为什么?

5. 混合膛线有何优点? 我军火炮中采用混合膛线的火炮有哪些?

6. 何谓炮膛合力? 弹丸膛内运动过程中,炮膛合力由哪几部分组成?

7. 何谓身管设计压力曲线? 确定身管设计压力曲线的方法有哪几种?

8. 平均压力法和高低温压力法有何不同? 高低温压力曲线中膛底的压强为多少?

9. 绘制单筒身管发射时身管壁内径向应力和切向应力的分布曲线。

10. 何谓单筒身管弹性强度极限? 其与哪些因素有关?

11. 单筒身管壁厚通常不超过几倍口径? 为什么?

12. 何谓理论强度曲线和实际强度曲线? 何谓身管压坑允许深度?

13. 自紧身管的优点有哪些? 常见自紧工艺包括哪几种?

14. 何谓身管寿命? 判定身管寿命的标准有哪些?

15. 绘制沿着火炮身管长度方向上膛线的磨损规律草图。

16. 火炮使用中提高身管寿命的措施有哪些?

17. 高射速武器身管散热的技术途径有哪些?

18. 为防止火炮炸膛,使用中应注意哪些问题?

19. 有人建议未来火炮全部采用自紧身管,如何看待这一建议?

20. 炮兵连装备的某型 130 mm 加农炮已经服役近 30 年,作为连长,如何判定这些火炮身管能否用于实战?

第三章　反后坐装置原理

反后坐装置被称为火炮的“心脏”，在减小炮架受力方面发挥着重要作用。本章主要介绍反后坐装置减小炮架受力的原理。首先是反后坐装置结构分析，介绍反后坐装置的作用、组成以及常见反后坐装置部件类型；其次进行后坐和复进时火炮受力分析，具体包括对后坐部分进行受力分析得到后坐和复进运动微分方程，对全炮进行受力分析得到后坐和复进时的静止和稳定条件，并进一步延展出后坐制动图和复进制动图的概念；然后是部件原理分析，包括炮口装置、复进机、驻退机和驻退复进机原理，由部件产生的力实现后坐制动图和复进制动图的规律；接着是反面问题和试验分析，最后是反后坐装置部分数值算例。要指出的是，由于炮口制退器的作用也是减小炮架受力，因此将其纳入反后坐装置部件部分。

第一节　反后坐装置结构分析

一、反后坐装置的作用和组成

(一)反后坐装置的作用

火炮是人类武器发展历史上出现最早的热兵器。在火炮技术发展过程中，始终贯穿着威力与机动性矛盾的斗争和发展。反后坐装置就是为了解决火炮威力和机动性的矛盾而出现的。反后坐装置的出现，标志着火炮由刚性炮架火炮(炮身和炮架直接连接)转变为弹性炮架火炮(炮身和炮架通过反后坐装置连接)，这是具有划时代意义的一次质的飞跃。

对于弹性炮架火炮，发射时，火药燃气作用于炮身的向后的炮膛合力使炮身产生与弹丸运动方向相反的运动(称为后坐)。将炮身与炮架弹性连接起来，使炮身可以相对炮架沿炮膛轴线方向运动，用以在射击时消耗和储存后坐能量并使后坐部分恢复原位的装置称为反后坐装置。

反后坐装置的作用主要体现为：大大减小炮架受力。采用了反后坐装置以后，炮身通过驻退机和复进机与炮架弹性地连接。发射时，火药燃气作用于炮身的向后的炮膛合力使炮身产生后坐运动，通过驻退机和复进机的缓冲，才把力传到炮架上。此时，炮架所受的力已不是炮膛合力，而是由反后坐装置等提供的后坐阻力。反后坐装置可以使炮架的最大受力减小到炮膛合力最大值的十几分之一到几十分之一。

此外，反后坐装置把射击时全炮的后坐运动限制为炮身的后坐运动，并且在射击后使炮身自动回复到射前位置，这就使得火炮瞄准线基本不变，为火炮连续射击创造了条件。

(二)反后坐装置的组成

从后坐和复进角度看,反后坐装置应具有以下基本功能,并分别由相应的三部分机构来完成。

(1)控制火炮后坐部分按预定的受力和运动规律后坐,以保证射击时火炮的稳定性和静止性。此功能由后坐制动器实现。

(2)在后坐过程中储存部分后坐能量,用于后坐结束时将后坐部分推回到待发位置。此功能由复进机实现。

(3)控制火炮后坐部分按预定的受力和运动规律复进,以保征火炮复进时的稳定性和静止性。此功能由复进节制器实现。

反后坐装置这三方面的功能是有机地联系在一起的,相应的三部分基本机构可以用不同的方式组合起来。一种常见的方式是后坐制动器和复进节制器放在同一个驻退筒内组成一个部件,称为驻退机,复进机单独构成另一个部件,这是俄罗斯和我国习惯的方式。另一种方式是三部分组成一个部件,称为驻退复进机,这是美国习惯的方式。

△拓展阅读

反后坐装置的作用

反后坐装置在火炮上通常是两个圆筒,其作用常常被人们低估。反后坐装置的核心作用就是大大减小炮架受力,譬如把原来400多吨力的力减小到20多吨力,这样带来的两个好处是:火炮可以更轻、更小,机动性大大提高;射击时炮架基本不动,提高了火炮射速。

法国的“75小姐”

法国75 mm火炮不仅是首次采用反后坐装置的火炮,还是速射野战火炮的鼻祖,射速为15发/分,当时其他火炮射速为2~3发/分;1901年其首次亮相,其他国家纷纷仿制,第一次世界大战期间类似装备统治战场。

发明从构想到成熟需要过程

许多人认为发明都是成熟的产品,其实不然。液气式反后坐装置是德国工程师康拉德·豪塞尔的专利,但是刚开始由于液体密封效果很差,德国人并不看好这项技术。法国人看到这项技术的潜力,通过改进解决了密封问题,研制过程保密工作做得很好,这才使得法国75 mm火炮一鸣惊人,反后坐装置开始载入史册。

二、复进机结构类型

复进机按储能介质不同通常分为弹簧式复进机、液体气压式复进机、气压式复进机和火药气体式复进机。

(一)弹簧式复进机

弹簧式复进机以弹簧作为储能介质。中小口径高炮多采用弹簧式复进机。图3-1为我国某型57 mm高炮复进机结构图。枪械和口径较小的自动炮多采用圆断面的圆柱螺旋弹簧;口径较大的自动炮,为了在有限的尺寸范围内获得较大的复进机力,通常采用矩形断面的圆柱螺旋弹簧。弹簧式复进机的主要优点是结构简单、紧凑，动作可靠，工作性能不受温度的影响，弹簧轻微损伤后仍可暂时使用，维护简单；缺点是质量大，不便于通过复进机调整复进速度，长期使用易疲劳。

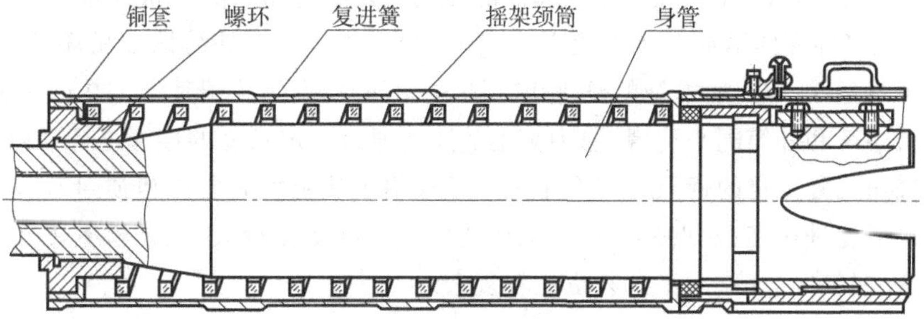

图 3-1　弹簧式复进机

(二)液体气压式复进机

液体气压式复进机中的液体不仅用来密封气体，而且用来传递复进活塞对气体的压力。液体气压式复进机是地面火炮广泛应用的一种复进机。根据后坐运动构件的不同，其可分为杆后坐的液体气压式复进机和筒后坐的液体气压式复进机两类。

1. 杆后坐的液体气压式复进机

由于复进杆后坐，为保证任何射角下液体都能可靠地密封气体，通常采用两个不同轴筒的结构。外筒储存高压氮气，称为储气筒；内筒中放置带复进杆的复进活塞，称为工作筒。储气筒内放入部分液体以密封气体，为保证小射角时气体不致逃逸，在工作筒后端的下方或侧方开有通孔与储气筒相通，并使通孔在任何射角下都埋在液体中。图 3-2(a)所示为杆后坐的液体气压式复进机(如我国某型 122 mm 榴弹炮)。有的火炮(如比利时 GC45 式 155 mm榴弹炮)还把储气筒与复进筒分开配置，如图 3-2(b)所示，它用游动活塞将液体和气体隔开，这样的布局可使结构更加紧凑，能更好地利用起落部分的空间。

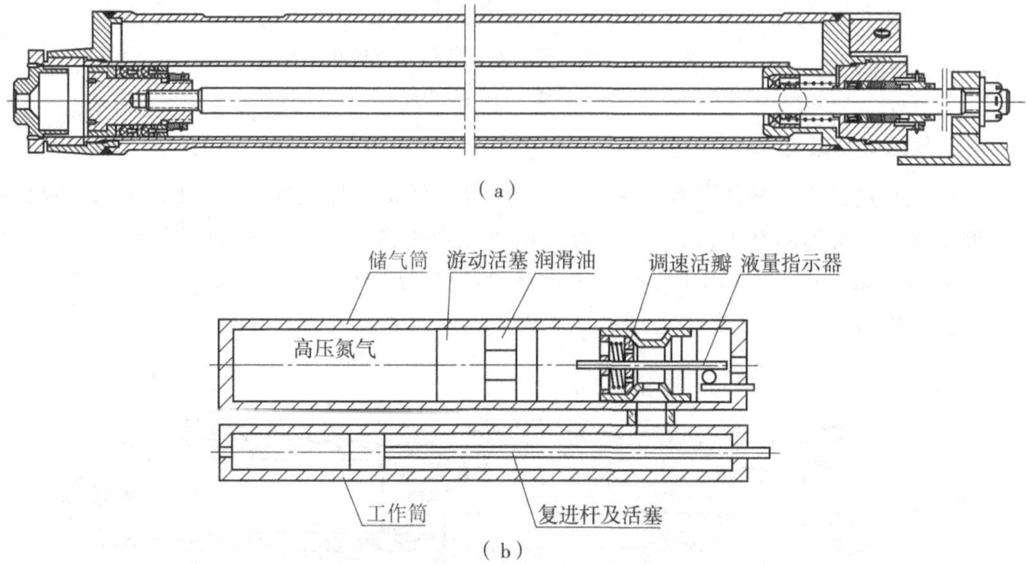

图 3-2　杆后坐的液体气压式复进机

(a)储气筒与工作筒偏心配置；(b)储气筒与工作筒分开配置

2. 筒后坐的液体气压式复进机

筒后坐的液体气压式复进机可以增加后坐部分的质量。为了保证在任何射角下，液体都能有效地密封气体，一般采用三个筒套装的结构。在内筒和外筒中间增加一个后方开有通孔的中筒。为了使液体尽量少，结构紧凑，一般内筒或中筒相对外筒偏心配置，如图 3 - 3(a)所示的我国某型 85 mm 加榴炮的复进机。图 3 - 3(b)所示为我国某型 130 mm 加农炮的复进机，内筒、中筒和外筒同心配置，但中筒上的通孔通过一定长度的接管进行了偏心处理。

液体气压式复进机的优点是用在中大口径火炮上比弹簧式复进机质量轻，易于控制液流通道和调节复进速度；缺点是气体的工作特性随温度变化较大，维护检查工作量较大，较易造成漏液、漏气等故障，加工工艺也比较复杂。

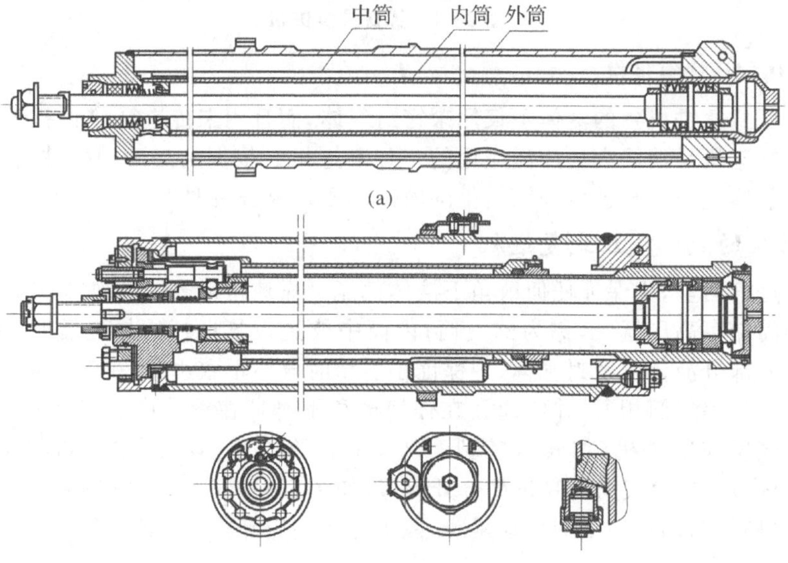

(a)

(b)

图 3 - 3　筒后坐的液体气压式复进机

(a)中筒相对外筒偏心配置；(b)内筒、中筒和外筒同心配置

(三)气压式复进机

气压式复进机中的液体仅仅用来密封气体，复进活塞直接压缩气体。图 3 - 4 所示为我国某型 130 mm 舰炮的复进机，它采用液体增压原理来密封气体。在增压器活塞与复进机后盖间充满液体，由于增压器活塞两侧工作面积不同，从而保持增压器内液体压力高于气体压力而达到密封目的。

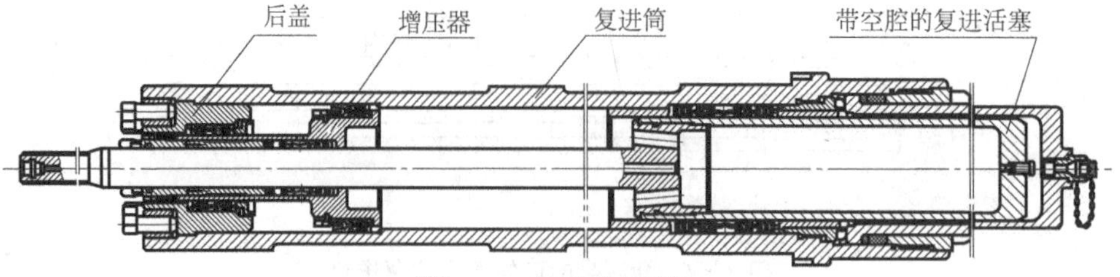

图 3 - 4　气压式复进机

气压式复进机大大减少了液体，使复进机结构紧凑，质量较轻。但由于紧塞具结构复杂，使得密封的可靠性差。因此气压式复进机过去多用于有高压气源的大口径舰炮，以利于及时对复进机补充气体。随着技术的进步，气压式复进机的密封问题得以改进，我国新型155 mm加榴炮和新型122 mm榴弹炮也开始采用气压式复进机。

(四)火药气体式复进机

火药气体式复进机主要用于射速较高的小口径航炮上。其工作原理是将膛内的火药燃气引入复进机工作腔，后坐时以高压的火药燃气作为储能介质，存储后坐能量，使复进时后坐部分获得较高的复进速度，在复进末期将工作腔的排气孔打开，放出残余的火药燃气。图3-5所示为我国某型30 mm航炮复进机。

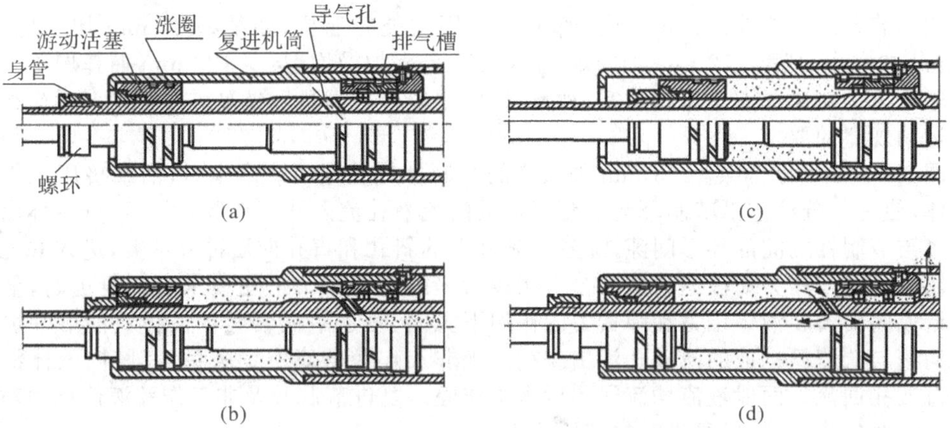

图3-5　火药气体式复进机

(a)发射前；(b)充气与后坐；(c)后坐与复进；(d)复进与排气

火药气体式复进机的优点是结构简单，质量轻，适用于复进速度较高的高射速自动炮。其缺点是高温高压的火药燃气作为工作介质，使进气孔的烧蚀、活塞的磨损和身管的温升都比较严重，使紧塞元件寿命低，维护、擦拭困难。此外，这种复进机平时不具有能支撑炮身向前的复进机力，需要设计专门机构以保持炮身在前方待发位置。

拓展阅读

复进机的工作介质

复进机的作用就是储能放能，需要一种储能介质，目前常用的介质是弹簧和气体。液体气压式复进机利用较多的液体来密封气体，因此其体积和质量都偏大；气压式复进机增压器中液体极少，因此相对液体气压式体积和质量都得以减小；火药气体式复进机完全不用液体，更轻、更小，但是由于使用火药燃气，烧蚀磨损问题严重。如果液体可压缩性很好，那么可以制成液体式复进机，用液体作为工作介质，密封问题就很好解决。

对于液体气压式复进机，为什么杆后坐需要两个筒，而筒后坐需要三个筒？

读者可以自行思考一下，如果把筒后坐改成两筒结构，把炮身打高一个角度，那么会发生什么问题？

带炮塔的火炮反后坐装置大都采用杆后坐

读者留意一下,不难发现这个现象。带炮塔的火炮为什么大都采用杆后坐?把其换为筒后坐会出现什么问题?读者可以到实炮上观察思考一下,自行寻求答案。

三、驻退机结构类型

火炮的驻退机通常包括后坐制动器和复进节制器两部分。后坐制动器目前多采用节制杆式,按照采用复进节制器的不同,驻退机常见的有4种结构形式:带沟槽式复进节制器的节制杆式驻退机、带针式复进节制器的节制杆式驻退机、混合式节制杆式驻退机和变后坐长的节制杆式驻退机。

(一)带沟槽式复进节制器的节制杆式驻退机

我军装备的制式地面火炮,绝大部分都采用此类驻退机,如某型85 mm加农炮、某型130 mm加农炮、某型152 mm加榴炮、某型155 mm加榴炮、某型122 mm榴弹炮等。这种类型驻退机的突出优点是作用确实、动作可靠、比较容易满足后坐复进过程中对后坐部分受力和运动规律的要求。

图3-6(a)所示为某型85 mm加农炮的节制杆式驻退机。后坐时,活塞挤压工作腔内的液体,使一部分液体沿节制环与节制杆形成的流液孔流入非工作腔,另一部分液体沿驻退杆内腔与节制杆之间的环形间隙,经过节制杆上的斜孔和直孔向后冲开活瓣,进入并充满复进节制腔。液体压力对驻退活塞的合力构成后坐时液压阻力的主要部分。复进时,节制杆上的调速筒活瓣在液体压力和弹簧力的作用下关闭,复进节制器腔内液体只能沿驻退杆内壁的沟槽与调速筒构成的流液孔流出。在后坐非工作腔的真空消失后,其腔内液体沿后坐制动流液孔回流。两股液流均流回到后坐工作腔。复进节制腔及非工作腔液体压力对驻退杆连同活塞的作用,构成复进时的液压阻力。

图3-6(b)所示为某型152 mm加榴炮的驻退机,其结构与某型85 mm加农炮类似,但带有液量调节器,用来调整驻退机内液体因温度变化而造成的体积变化。某型85 mm加农炮没有专门的液量调节器,只在驻退筒内保留了0.25L的空间。

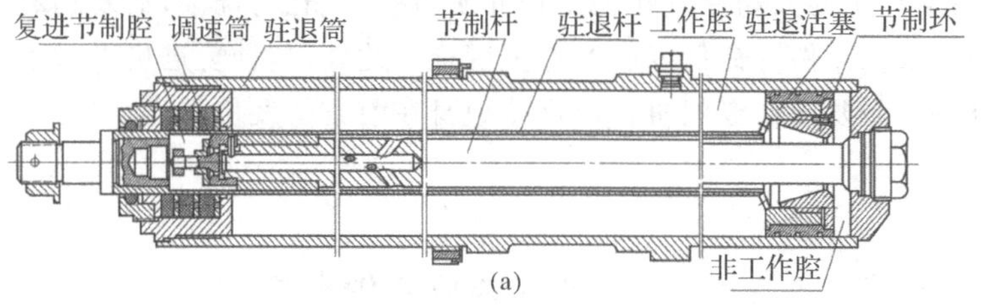

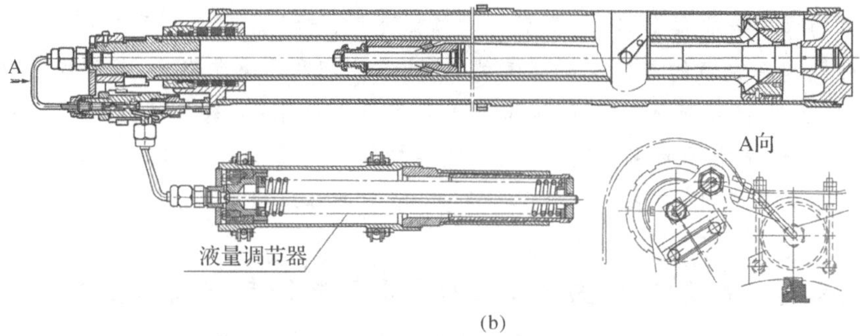

图3-6 带沟槽式复进节制器的节制杆式驻退机
(a)某型85 mm加农炮;(b)某型152 mm加榴炮

这类驻退机采用沟槽式复进节制器，其沟槽开在驻退杆内壁上。这种复进节制器可在复进全行程上实施制动，有效地控制复进运动规律，保证火炮复进稳定性。因此，这种形式的复进节制器广泛应用于地面牵引火炮和坦克炮上。但是由于复进全程实施制动，使复进平均速度较低，不利于提高射速，因此射速要求较高的自动炮不采用这种复进节制器。

（二）带针式复进节制器的节制杆式驻退机

这种驻退机采用针式复进节制器，在复进的局部行程上实施制动，提高了平均复进速度，减少了复进时间，可有效地提高射速，因此这种驻退机多用于高炮。

图 3－7 所示为我国某型 57 mm 高炮的驻退机，它是在复进后期才实施制动的。后坐时，驻退活塞本体上的游动活塞在液体推动下将活塞头上的纵向沟槽关闭，工作腔内液体一部分沿活塞本体上的斜孔经后坐流液孔流入非工作腔，另一部分沿调速筒的 4 个缺口进入驻退杆内腔。复进初期，驻退杆内腔液体由原路返流，非工作腔真空消失后，液体推动游动活塞移动一段距离，打开活塞本体上的两条纵向沟槽，并沿沟槽流回工作腔。这样增大了非工作腔液体返回工作腔的流液孔面积，减小了复进阻力，极大地提高了复进速度，有效地减少了复进时间。在距离复进到位一定位置处，节制杆末端的针杆插入驻退杆末端的尾杆内，产生较大的液压阻力，从而使复进运动迅速停下来。该驻退机带有弹簧式的液量调节器。

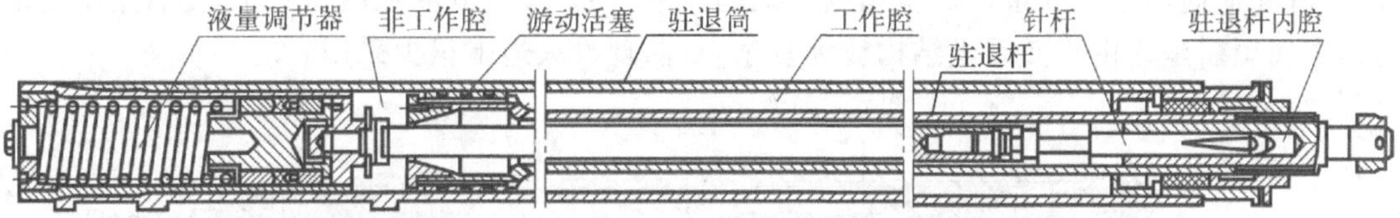

图 3－7　带针式复进节制器的节制杆式驻退机

（三）混合式节制杆式驻退机

图 3－8 所示是我国某型 122 mm 榴弹炮的驻退机，它的显著特点是复进节制沟槽不开在驻退杆内壁，而开在驻退筒内壁上。与上述两种驻退机不同，该沟槽在后坐和复进时均构成流液孔的一部分，故称为混合式节制杆式驻退机。后坐时，工作腔液体推动游动活塞打开活塞头上的斜孔，液体可沿节制环与节制杆构成的环形流液孔流入非工作腔，同时另一路经驻退筒壁上的六条沟槽与活塞套形成的流液孔也流入非工作腔。而非工作腔的部分液体可通过节制杆根部的两个斜孔经节制杆内孔与驻退杆内腔相通。因此，后坐时内腔中液体不可能充满。复进时，在非工作腔真空排除过程中，该驻退机基本上只提供很小的复进阻力。在真空消失后，非工作腔液体推动游动活塞关闭活塞头上的斜孔，使液体不能沿节制环与节制杆构成的环形流液孔流回，只能沿驻退筒内壁上的沟槽和游动活塞上的两个纵向小孔流回工作腔，从而产生对复进的液压阻力。此时非工作腔成为复进节制器工作腔。该驻退机与其他驻退机不同，后坐时有两股液体同时由工作腔流入非工作腔，对后坐产生液压阻力，这使该驻退机的设计计算方法不同于其他驻退机。此外，后坐时内腔液体不充满，复进时非工作腔真空消失后，才产生有效的复进液压阻力，因此该驻退机不是全程制动的。随着该火炮的退役，目前我军火炮驻退机已经没有这种类型了。

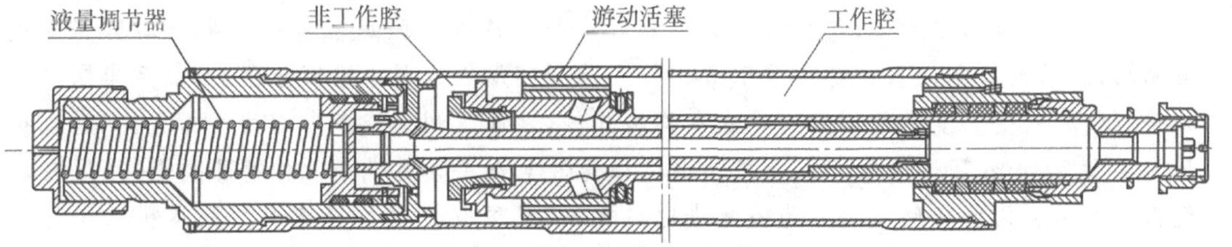

图 3－8　混合式节制杆式驻退机

（四）变后坐长的节制杆式驻退机

在一些威力较大和射角变化范围较大的火炮上，为了保证低射角时射击稳定，高射角时炮尾后坐不碰地面又要尽量降低火线高，常要采用变后坐长的措施。我军曾经装备的59式130 mm加农炮就采用变后坐长的节制杆式驻退机，如图3-9所示。其驻退杆连接在炮尾上，随炮尾一同后坐。驻退筒固定在摇架上。为了实现变后坐，节制杆做成圆柱形，在其上开有长后坐的四条变深度的纵向沟槽，它安装在驻退筒盖上，并可相对于驻退筒转动。开有4个窗口的节制环固定在活塞头内，且不能转动。当射角变化时，利用摇架和上架间的相对运动，通过后坐长度变换器，迫使节制杆随射角作相应的转动，从而改变节制环的窗口与节制杆沟槽形成的流液孔的大小，达到改变后坐长的目的。短后坐沟槽开在驻退筒内壁上。小射角（射角小于20°）时，节制杆上的长后坐沟槽与驻退筒的短后坐沟槽同时打开，此时流液孔面积最大，后坐阻力最小，实现长后坐；射角在20°～34°范围内，后坐长度变换器转动节制杆，使其沟槽逐渐偏离节制环窗口，流液孔面积不断减小，因而后坐阻力逐渐变大，后坐长度逐渐变短；大射角（射角大于34°）时，节制杆的沟槽与节制环窗口完全错开而被关闭，此时只有驻退筒内壁上6条短后坐沟槽构成的流液孔起作用，流液孔面积最小，使后坐阻力最大，实现短后坐。由于变后坐结构较为复杂，目前现役火炮上很少采用。

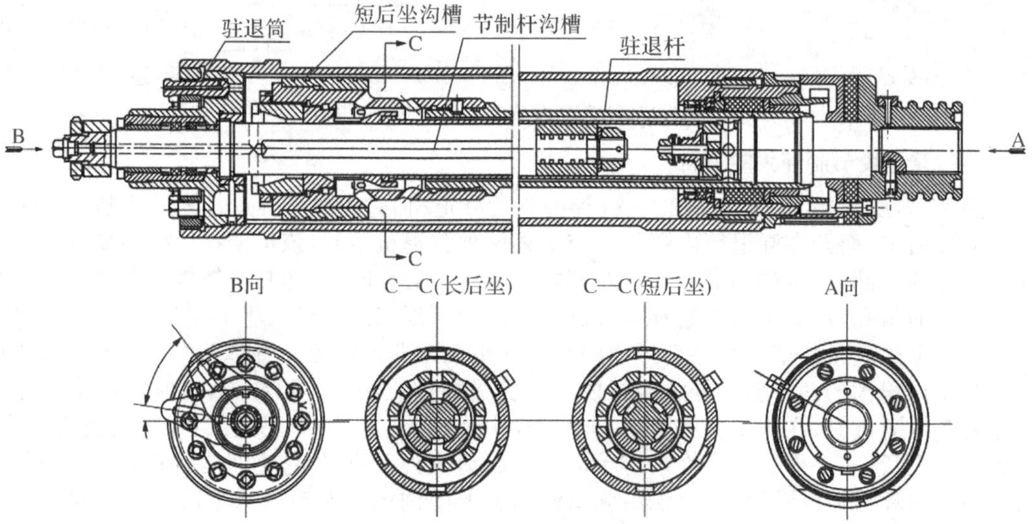

图3-9 变后坐长的节制杆式驻退机

△拓展阅读

驻退机的类型

可能读者也感觉到了，驻退机的类型分得不是很清晰。驻退机包括后坐制动器和复进节制器，目前后坐制动器大都是采用节制杆和节制环形成的漏口来产生阻力，故后坐制动器都是节制杆式的。复进节制器有针式和沟槽式的，地面压制火炮基本都用沟槽式的，针式也只有某型57 mm高炮采用。混合式驻退机和变后坐长式驻退机是两种特殊类型，且现在已经很少采用。因此把驻退机分为慢复进驻退机、快复进驻退机和特殊类型驻退机三类可能更清晰一些。

四、驻退复进机结构类型

驻退复进机将驻退机和复进机有机地组成一个部件，具有结构紧凑的优点，并且多使外筒兼作摇架的一部分，因此，在后坐部分质量不变的情况下，可减轻起落部分的质量。常见的驻退复进机有两种类型：短节制杆式驻退复进机和活门式驻退复进机。

（一）短节制杆式驻退复进机

这种驻退复进机在西方国家如美国的火炮上较多见。图 3－10 是美国 M2A1 式 105 mm 榴弹炮采用的短节制杆式驻退复进机。它的整个结构分上、下两个筒，布置于炮身上、下，并以套箍与炮身连接在一起。驻退杆则与摇架前盖相连。炮身带动机筒后坐时，活塞挤压下筒的液体，使液体由前套箍里的上下筒连通孔挤入上筒，并推开小活塞头上的四个单向活门，再经活塞头上的节制环与短节制杆形成的液流孔，进入节制杆底座与活塞头形成的内腔，推动游动活塞压缩上筒（储气筒）后方的气体。这样下筒的液体压力既要克服储气筒中气体的压力，又要克服后坐制动流液孔所产生的液压阻力及各种流动损失。因此在驻退杆活塞上的阻力包括驻退机液压阻力和复进机力两个部分，实现了驻退机与复进机作用的一体化。复进时，储气筒内的气体膨胀，推动游动活塞、节制杆向前并挤压前腔的液体，使其经后坐流液孔流入节制环与小活塞头形成的腔内。由于活塞头上的单向活门已被关闭，液体只能经节制杆与节制器内壁沟槽形成的复进节制流液孔流入前腔，再经节制杆前部的四个孔及前套箍内的通道流回下筒，并带动后坐部分复进。

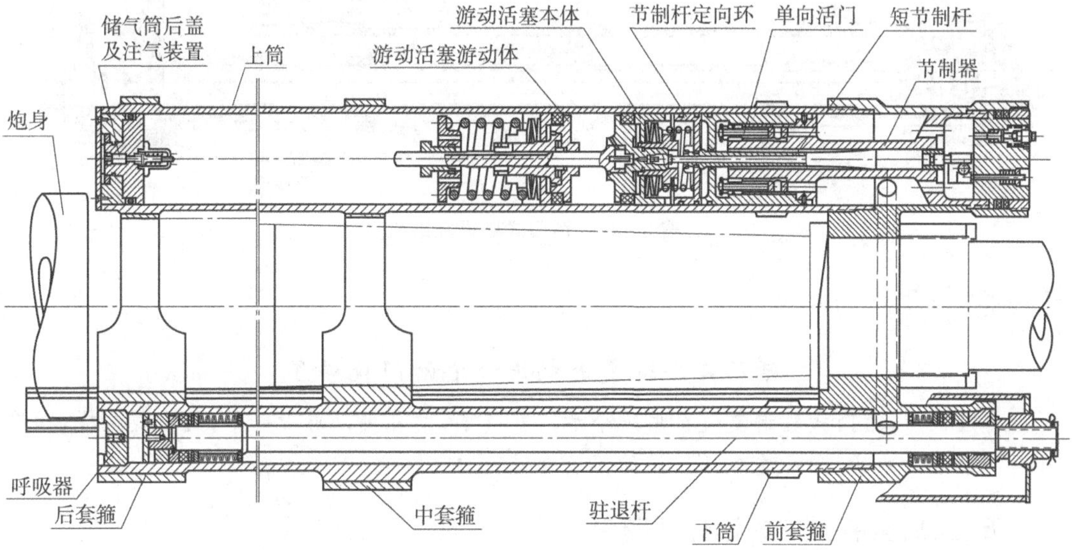

图 3－10　短节制杆式驻退复进机

由于短节制杆式驻退复进机的复进制动是靠节制由储气筒回流到驻退筒的液流速度来实现，而不是将复进制动的液压阻力直接作用在驻退杆上，所以这类驻退复进机的复进制动不太可靠，特别是在复进后期，不能提供有效的复进制动力，常常由于复进到位速度过大而产生冲击。为了改变这种情况，通常设置复进缓冲器。

(二)活门式驻退复进机

活门式驻退复进机是以弹簧控制的活门开启大小来改变后坐流液孔面积,提供后坐液压阻力的。图 3-11 是我国某型 100 mm 高炮的活门式驻退复进机。它由外筒、内筒、驻退活塞杆和游动活塞等组成。外筒还被用来作为摇架基体的一部分。气体储存在外筒的游动活塞前部,游动活塞后部及内筒则储存液体。后坐时,内筒中液体被驻退杆活塞压缩,压力升高,与外筒内的液体形成明显的压力差,因此复进活门被关闭,同时后坐活门打开,液体经后坐活门流入外筒内,并推动游动活塞向前运动压缩气体,储存复进能量。后坐活门打开的大小取决于内外筒液体压力差和弹簧刚度的大小。在后坐过程中,活门开度的自动调节作用,使后坐阻力的变化趋于平缓。流液孔的这种自动调节作用是其他形式的反后坐装置难以实现的。复进时气体膨胀,推动游动活塞压缩外筒内的液体,使后坐活门关闭,同时推开复进活门,流入内筒,推动驻退杆活塞及后坐部分一起复进。活门式驻退复进机的显著优点是结构简单。由于流液孔的大小取决于活门开度,而活门开度在后坐和复进过程中受活门两侧液体压力差和弹簧力作用有个“自适应”过程,因此使阻力曲线变化比较平稳。此外,通过调整活门弹簧很容易实现变后坐。但是,由于活门的惯性,在后坐开始时,活门往往滞后打开,此时使后坐阻力出现峰值。与短节制杆式驻退复进机相同,由于复进节制作用仅靠节制流回驻退筒的流体速度来实现,复进制动不够可靠,通常需要设置专门的缓冲装置,以保证复进到位时无冲击。

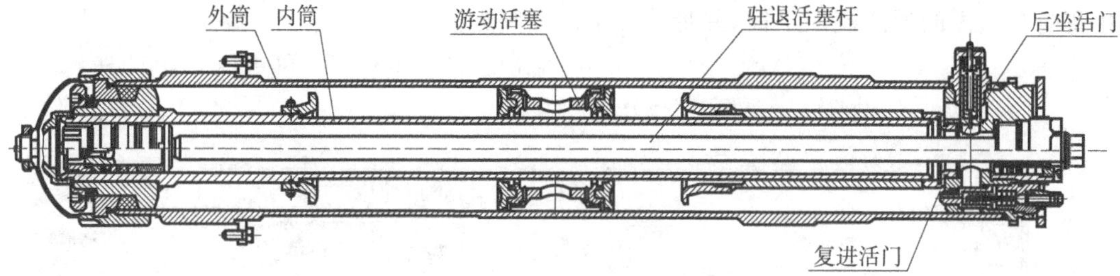

图 3-11 活门式驻退复进机

△拓展阅读

活门式驻退复进机用一个活门就够了

有人认为,活门式驻退复进机用一个活门就够了,读者可以思考一下,是不是这样,如果只用一个活门的话,那么这个活门该如何设置呢?

五、反后坐装置中的液体和密封

(一)反后坐装置中的液体

火炮反后坐装置中的液体工作介质称为火炮驻退液。由于在发射时反后坐装置中的液体将传递压力、产生阻力和进行能量转化,并且它又长期与金属、密封元件及气体接触,所以驻退液需满足以下要求:

(1)凝固点要低,沸点要高。我国幅员辽阔,北方冬季最低温度可达-45 ℃,夏季沙漠地区最高温度可达+50 ℃。火炮在各种气象条件下都能使用,就要求驻退液在此温度范围内不凝固、不沸腾,保持较好的流动性。

(2)热容量要大,汽化热要高。火炮射击时,其后坐能量经过反后坐装置作用,大部分转化为热被驻退液所吸收,使得驻退液的温度升高。热容量大的液体在吸收相同热量的情况下温升较低。沸点越高的驻退液,一般其汽化热也越高,容许持续发射的弹数也越多,这样有利于提高火炮的发射速度。

(3)密度和黏度较大,且随温度变化要小。驻退液的密度和黏度越大,单位体积的液体从静止加速到一定速度所消耗的能量就越大。在消耗相同的后坐能量条件下,密度和黏性大的驻退液可减小驻退机的结构尺寸。一般液体的密度和黏度随温度升高而减小,致使后坐阻力减小,后坐长度增长。连续发射时,驻退液温度可接近沸点。如果密度和黏度变化过大,那么将使火炮的受力和运动规律严重偏离设计要求,甚至使火炮不能正常工作。

(4)化学稳定性要好。一方面保证在长期储存中及各种温度和压力下不变质,不改变液体的成分和性质;另一方面保证液体不腐蚀金属和密封元件。

(5)来源要丰富,生产简便,价格便宜,并保证战时能大量、及时供应。

(6)无毒无害。保证生产和勤务的安全。

我国火炮早期采用一、二、三号驻退液。它们都是以甘油为基础,配以一定量的阻化剂(如铬酸钾)和稳定剂(如氢氧化钠),然后加入蒸馏水而制成。以甘油为基础的驻退液的缺点是成本高,沸点低,换液期短,高压下易被氧化变酸,对铜质零件腐蚀严重。目前,我国火炮主要采用四号驻退液,其由乙二醇、水和多种添加剂调制而成,具有高沸点、低凝固点、性能稳定、防腐防锈能力强的优点。

西方国家多采用以石油产品为基础油的驻退液。比较明显的优点是来源丰富,价格便宜,但是比重较小,黏性随温度变化较大。我国近年来也有采用以石油产品为基础油的驻退液,如10号航空液压油等。

(二)反后坐装置的密封

反后坐装置的大部分部件以液体或气体为工作介质来完成发射时的能量转换。为此,反后坐装置中的紧塞元件必须在平时和射击时均能保证可靠地密封,不使气体或液体外泄或渗漏,以确保反后坐装置可靠地工作。火炮反后坐装置中紧塞元件的工作条件比一般民用液压机构中紧塞元件的工作条件要恶劣得多。一般它们要在高达30～60 MPa压力下,温度为−40 ℃～+50 ℃甚至+100 ℃,相对速度为10～20 m/s的条件下工作,某些相对运动表面还经常暴露在野战条件下的火药烟雾和尘土之中。为了保证反后坐装置在各种条件下都能可靠地工作,对紧塞装置的结构应该充分重视。

反后坐装置的紧塞大体可分为两大类,即不动部位的紧塞和相对运动部位的紧塞。前者有机构中搭接或连接部位的紧塞以及注液/注气孔、排液/排气孔等的紧塞。后者则有活塞、机杆等部位的紧塞。紧塞的原理都是利用由弹塑性材料制成的元件(如紧塞垫、牛皮碗、橡胶皮碗、塑料密封圈和"O"形圈等),在被紧塞的液体或气体压力或外加力的作用下,使被紧塞表面的法向上产生一定的压力,通常要求大于或等于被紧塞介质的压力,从而阻止气体或液体沿紧塞表面渗漏。

但是紧塞元件对被紧塞表面的法向压力若过大，则将产生较大的摩擦力，影响正常的后坐和复进，有时甚至导致复进不到位。因此，在实际上，对有相对运动的表面常常并不要求绝对的紧塞和不带出一点液体，而是只要求紧塞装置在持续射击相当发数后，液体的漏出量在一个较小的、仍能保证反后坐装置可靠工作的数量范围内。

紧塞装置的结构关系到火炮反后坐装置使用和贮存的可靠性，各国都在不断探索新的性能良好的紧塞元件和紧塞结构，以进一步提高其可靠性。我国新型火炮上采用的斯特封和格莱圈密封部件就具有很好的密封效果。

△拓展阅读

四号驻退液竟然不含甘油

一、二、三号驻退液都是用甘油为基础配制而成，而四号驻退液竟然不含甘油，有点出人意料，用乙二醇“勾兑”出来的四号驻退液性能优良，目前在我国驻退液领域“一统天下”。

反后坐装置的密封问题

过去反后坐装置漏液漏气是我国火炮十分常见的故障，对越自卫反击战统计，反后坐装置故障占火炮故障一半，其中漏液漏气占60%。随着新型密封装置如斯特封、格莱圈等的使用，现在我国火炮反后坐装置的漏液漏气故障已经很少发生了，这体现了国防工业基础技术的进步。

第二节　后坐时火炮受力分析

一、后坐时后坐部分受力分析

(一)后坐部分受力分析

火炮在发射时，其后坐部分在炮膛合力和反后坐装置力等的共同作用下后坐。取后坐部分为研究对象，对其在发射时的受力进行分析，如图 3-12 所示。

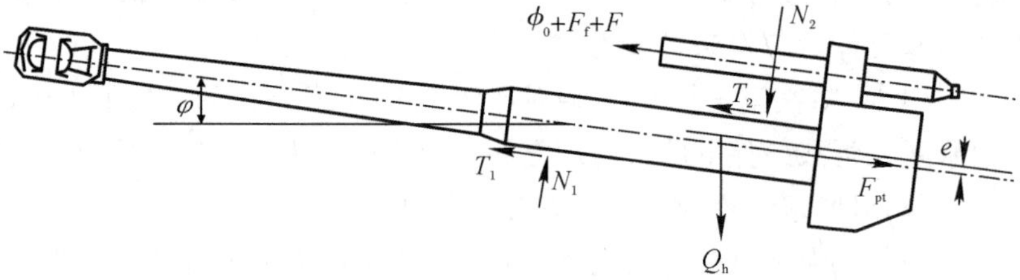

图 3-12　后坐部分受力

发射时后坐部分所受的主动力为作用在炮膛轴线上的炮膛合力 F_{pt}、作用在后坐部分质心上的后坐部分重力 Q_h(后坐部分质量为 m_h)和弹丸作用于膛线导转侧的力矩 M_{hz}。约束反力则有驻退机力 ϕ_0，复进机力 F_f，反后坐装置紧塞具摩擦力 F 以及摇架滑板对后坐部分的法向反力 N_1、N_2 和相对应的摩擦力 T_1、T_2。摇架滑板上的总摩擦力为

$$T=T_1+T_2=f(N_1+N_2) \tag{3-1}$$

式中：f——摇架滑板的摩擦系数(假设前后滑板摩擦系数相同)。

作用在炮身上的主动力和约束反力组成了一个空间力系。为了简化问题，作以下假设：

(1)弹丸作用于膛线导转侧的回转力矩 M_{hz} 因为只在弹丸膛内运动时期起作用，对后坐运动影响较小，故忽略不计；

(2)发射时所有的力均作用在射面(过炮膛轴线且垂直于地面的平面)内；

(3)后坐部分和炮架部分均为刚体。

在这些假设条件下，发射时后坐部分的受力和运动就简化为刚体在平面力系作用下的动力学问题。

在火炮后坐的方向上(与炮膛轴线平行)，对后坐部分运用牛顿第二运动定律，即得火炮的后坐运动微分方程(也称驻退方程)为

$$m_h\frac{d^2X}{dt^2}=m_h\frac{dV}{dt}=F_{pt}-\phi_0-F_f-F-T+Q_h\sin\varphi \tag{3-2}$$

式中：X——后坐行程；

V——后坐速度；

φ——火炮的射角。

令

$$R=\phi_0+F_f+F+T-Q_h\sin\varphi \tag{3-3}$$

可以看到式(3-3)中大部分是与炮膛合力方向相反的阻力，故习惯称为后坐阻力。其中将 $Q_h\sin\varphi$ 一项也计入在 R 之内只是一种处理方法。于是驻退方程简化为

$$m_h\frac{dV}{dt}=F_{pt}-R \tag{3-4}$$

由式(3-4)可以看出，后坐运动就是炮膛合力 F_{pt} 与后坐阻力 R 综合作用的结果。

如果对火炮炮架部分(除去后坐部分)进行受力分析的话，那么 R 就近似为炮架上的主动力。反后坐装置的作用就是把作用在炮身上的很大的力 F_{pt} 减小为 R 后作用到炮架上。

(二)炮膛合力

1. 弹丸沿膛内运动时期的炮膛合力

该时期，炮膛合力 F_{pt} 主要包括三项，即

$$F_{pt}=F_t-F_k-F_z$$

由弹道学可知，火药气体膛底压力 p_t 与平均压力 p 有以下关系：

$$p_t=\frac{\varphi_1+\frac{1}{2}\frac{\omega}{q}}{\varphi_1+\frac{1}{3}\frac{\omega}{q}}p\approx\frac{1}{\varphi}\left(\varphi_1+\frac{1}{2}\frac{\omega}{q}\right) \tag{3-5}$$

式中：φ_1——仅考虑弹丸旋转和摩擦两种次要功的计算系数；

φ——次要功计算系数；

ω——装药重量；

q——弹丸重量。

$$\varphi=K+\frac{1}{3}\frac{\omega}{q}\approx\varphi_1+\frac{1}{3}\frac{\omega}{q}$$

若以 S_t 表示膛底横断面积，则作用在膛底的力即为

$$F_t=S_t p_t\approx\frac{1}{\varphi}\left(\varphi_1+\frac{1}{2}\frac{\omega}{q}\right)pS_t$$

严格地说，火药气体压力沿药室长度上的分布是不均匀的，但由于药室长度不大，为了计算方便，近似认为作用于药室锥面的平均压力与膛底压力相同。药室锥面在垂直于炮膛轴线方向的投影面积为膛底横断面积 S_t 与线膛部分面积 S 之差，因此有

$$F_k\approx(S_t-S)p_t \tag{3-6}$$

弹丸对炮膛的作用力 F_z 由内弹道学可得

$$F_z=\frac{1}{\varphi}(\varphi_1-1)Sp \tag{3-7}$$

于是，膛内时期，有

$$F_{pt}=\frac{1}{\varphi}\left(1+\frac{1}{2}\frac{\omega}{q}\right)Sp \tag{3-8}$$

式(3-8)说明弹丸沿膛内运动时期的炮膛合力 F_{pt} 正比于膛内平均压力 p。

当弹丸的弹带脱离膛线瞬间，弹丸对炮膛的向前作用力消失，因此炮膛合力会突然升高，即由出炮口瞬间的 F_{ptg} 为

$$F_{ptg}=\frac{1}{\varphi}\left(1+\frac{1}{2}\frac{\omega}{q}\right)Sp_g \tag{3-9}$$

跃升到后效期开始瞬间的 F_g 为

$$F_g=\frac{1}{\varphi}\left(\varphi_1+\frac{1}{2}\frac{\omega}{q}\right)Sp_g \tag{3-10}$$

式中：p_g——弹丸脱离炮口瞬间的膛内平均压力。

平时对炮膛合力进行简单的估算时，也可不采用式(3-8)、式(3-9)、式(3-10)而用下式进行估算：

$$F_{pt}\approx Sp \tag{3-11}$$

2. 火药气体后效期的炮膛合力

后效期中的炮膛合力涉及火药气体从炮口流出的复杂现象，近年来有关气体流出的研究已有不少进展，后效期 F_{pt} 的理论公式也得到更多的使用，但为了计算使用方便，仍经常使用随时间作指数规律变化的经验公式。

$$F_{pt}=F_g e^{-\frac{t}{b}} \tag{3-12}$$

式中：b——反映炮膛合力衰减快慢的时间常数；

t——从后效期开始计时的后效时间。

用 τ 表示后效期时间，一般认为膛内火药气体的压力降至 1.8×10^5 Pa 时，后效期结束。故有

$$p_g e^{-\frac{\tau}{b}}=1.8 \tag{3-13}$$

于是有

$$\tau=b\ln\frac{p_g}{1.8}=2.303b\lg\frac{p_g}{1.8} \tag{3-14}$$

式中：p_g——以10^5 Pa为单位的炮口压力。

如果考虑炮口制退器的作用的话，那么要把式(3－12)修正为

$$F_{pt}=\chi F_g e^{-\frac{t}{b}} \tag{3-15}$$

式中：χ——炮口制退器冲量特征量。

总体上，炮膛合力的变化规律如图 3－13 所示。

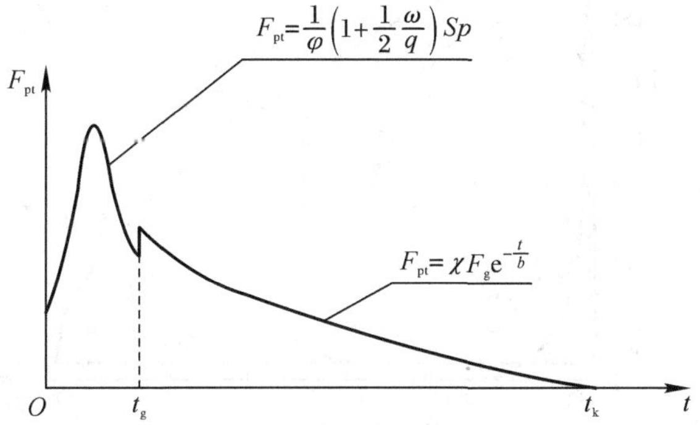

图 3－13　炮膛合力的变化规律

(三)后坐运动分析

某型火炮炮膛合力和后坐阻力曲线如图 3－14 所示。后坐开始时，由于 $F_{pt}\gg R$，因此后坐速度是由零开始，猛然加速，速度曲线上升很快；后坐到某一时刻，$F_{pt}=R$ 时，后坐速度达最大值，$V=V_{max}$；继续后坐，F_{pt} 开始小于 R，后坐速度开始减小，直至后坐结束运动停止，$V=0$。

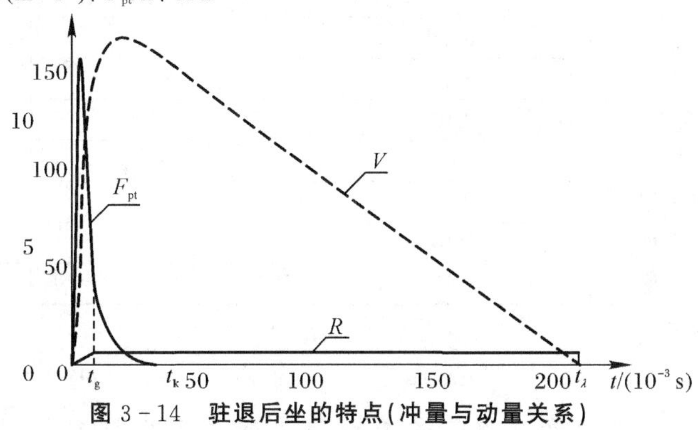

图 3－14　驻退后坐的特点(冲量与动量关系)

从动量角度看，后坐前后后坐部分速度均为零，后坐过程动量守恒，因而炮膛合力的冲量等于后坐阻力的冲量，即

$$\int_0^{t_k} F_{pt}\,dt=\int_0^{t_\lambda} R\,dt \tag{3-16}$$

即图 3－14 中 F_{pt} 与 R 曲线下图形面积相等。由于后坐阻力 R 作用时间 t_λ 较 t_k 长很多，即，$t_k\ll t_\lambda$，因此有

$$R_{max}\ll F_{ptmax}$$

同样，从能量角度来看，后坐过程后坐部分动能守恒，炮膛合力和后坐阻力做功相等，即

$$\int_0^{X_k} F_{pt}\,dX = \int_0^{\lambda} R\,dX \tag{3-17}$$

即图 3－15 中，曲线 $F_{pt}-X$ 所包面积与曲线 $R-X$ 所包面积相等。由于 $X_k \ll \lambda$，因此有 $R_{max} \ll F_{ptmax}$。

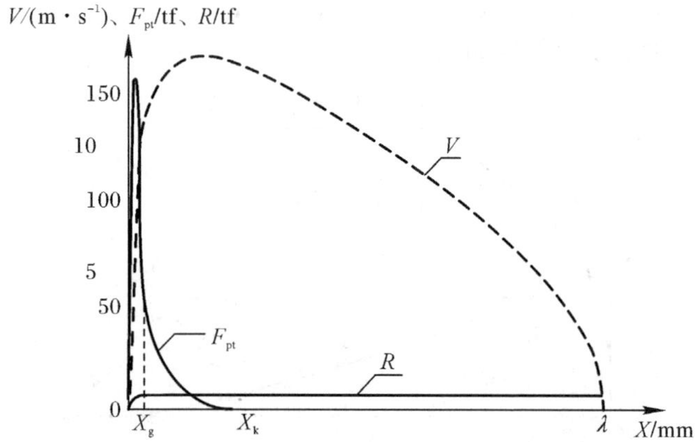

图 3－15　驻退后坐的特点(功与动能关系)

从动量和能量观点来看，反后坐装置相当于一个缓冲器，它将数值很大、作用时间和作用距离很短、变化剧烈的炮膛合力 F_{pt} 转化为数值较小、作用时间和作用距离较长、变化比较平缓的后坐阻力 R，从而大大减轻了炮架的负担。一般 $R_{max}=\left(\frac{1}{15}\sim\frac{1}{30}\right)F_{ptmax}$。我国几种火炮的 F_{ptmax} 和 R_{max} 值见表 3－1。

表 3－1　几种火炮的 F_{ptmax} 和 R_{max} 值

火　炮	炮膛合力 F_{ptmax}/tf	后坐阻力 R_{max}/tf	F_{ptmax}/R_{max}
某型 37 mm 高炮	30.2	1.96	15.4
某型 57 mm 高炮	80.9	5	16.2
某型 100 mm 高炮	246	13.5	18.2
某型 85 mm 加农炮	142	7.32	19.4
某型 122 mm 榴弹炮	275	12	23
某型 130 mm 加农炮	446	28.7	15.5
某型 155 mm 加榴炮	727	48	15.1

拓展阅读

后坐时炮架受力数值上等于后坐阻力

以后坐部分为分析对象，后坐阻力是约束反力；以炮架为研究对象，炮架上主动力和后坐阻力是一对作用和反作用力，因此可以说后坐时炮架受力数值上等于后坐阻力。

反后坐装置能够大大减小炮架受力，就是后坐时把峰值很大的炮膛合力变换为峰值很小的后坐阻力作用到炮架上。

炮膛合力曲线随着炮口制退器冲量特征量变化会发生变化

图 3－13 曲线是 χ 为 1 的情况，相当于没有炮口制退器；当炮口制退器效率不太高时，

$0<\chi<1$，此时后效期曲线会向下移动；当炮口制退器效率极高时，$\chi<0$，后效期曲线变为负值，也就是弹丸出炮口后，炮膛合力反向。

反后坐装置作用实质

反后坐装置用一个较长的时间、较长的距离换取一个峰值较小的力，某种意义上和杠杆的作用原理是一样的；如果看作弹簧阻尼器的话，复进机相当于弹簧，驻退机相当于阻尼器，只不过阻尼器结构更为复杂，弹簧阻尼器不会发生振荡。

如何防止火炮后坐撞人

火炮射击时，炮身是要后坐的，如果人站在后面，那么会受重伤。但是装填炮弹和药筒时，人还要靠近炮尾，如何确保人员装填完毕后迅速离开炮尾后方？人们提出了用框架、弹性条、报警装置的方案。

但是更多的撞人事故是自发火引起的。1995 年，某部 152 加榴炮营实弹射击中某炮装填药筒时早发火，致使炮尾撞击炮手胸部，使胸部三个弹匣完全变形。如何防止自发火呢？读者可以思考一下。

二、后坐时全炮受力分析

(一)全炮受力分析

火炮在地面上进行射击时，由于火炮各零部件的弹性和土壤的弹塑性，加上火炮所受各种力构成空间力系，全炮的受力实际上是一个十分复杂的动力学问题。为了简化问题，通过若干基本假设，将问题简化为刚体平面静力学问题。

基本假设为：

(1)火炮和地面均为绝对刚体；

(2)火炮放置在水平地面上，方向角为 0°，忽略弹丸回转力矩 M_{hz} 的影响，认为所有的力都作用在射面内；

(3)射击时全炮处于平衡状态，不移动、不跳动。

取全炮为研究对象，其受力情况如图 3－16 所示。全炮所受主动力包括：

F_{pt}——炮膛合力，作用在炮膛轴线上，方向向后；

Q_z——火炮战斗状态全重，作用在火炮质心上，$Q_z=m_zg$，m_z 为火炮战斗状态质量。

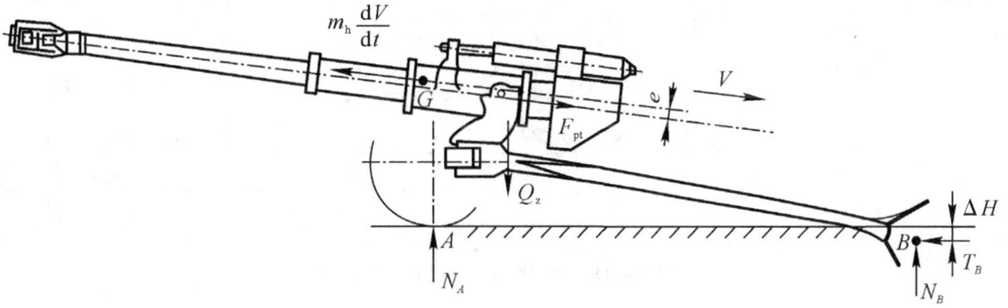

图 3－16　后坐时全炮受力情况

此时全炮所受约束反力包括：

N_A、N_B——地面对车轮和驻锄的垂直反力；

T_B——地面对驻锄的水平反力。

考虑到火炮的后坐部分做后坐运动，应用达朗贝尔原理（动静法），在后坐部分质心 G 上加上惯性力 $m_h\dfrac{dV}{dt}$，构成平衡力系。

由于后坐部分质心 G 有可能不在炮膛轴线上而相距一个距离 e。这时可以发现，若将炮膛合力 F_{pt} 向后坐部分质心 G 简化，即在 G 点加上方向相反、大小相等并等于 F_{pt} 的两个力 F'_{pt}和 F''_{pt}，如图 3-17 所示，则 F'_{pt}与 F_{pt} 组成一个以 e 为力偶臂的力偶矩 $F_{pt}e$，称为动力偶矩。通常规定 G 在炮膛轴线下方时 e 为正（$F_{pt}e$ 顺时针方向），在炮膛轴线上方时 e 为负（$F_{pt}e$ 逆时针方向）。而在 G 点处的 F''_{pt}力与惯性力 $m_h\dfrac{dV}{dt}$合并为一个方向向后的力 $F''_{pt}-m_h\dfrac{dV}{dt}$，由驻退方程可知，其大小正好等于后坐阻力 R。

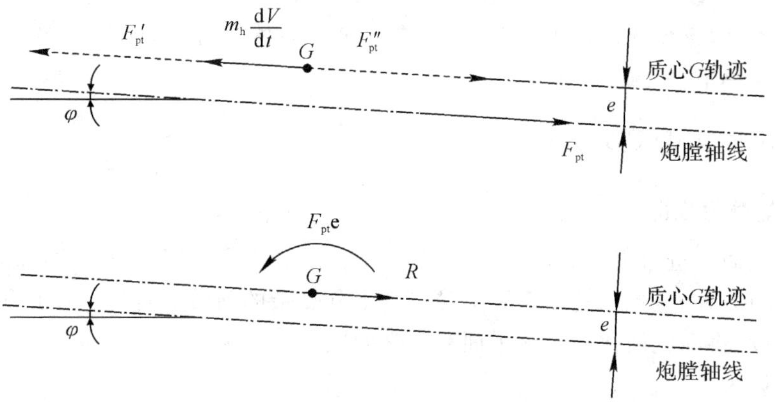

图 3-17　炮膛合力向质心简化

由以上简化结果可以看出，发射时火炮的作用，即炮膛合力 F_{pt} 与惯性力 $m_h\dfrac{dV}{dt}$的作用，等效于动力偶矩 $F_{pt}e$ 和作用在后部分质心上，方向向后、大小等于 R 的力的作用。简化后的全炮受力情况如图 3-18 所示（为研究问题方便，取 e 为正）。

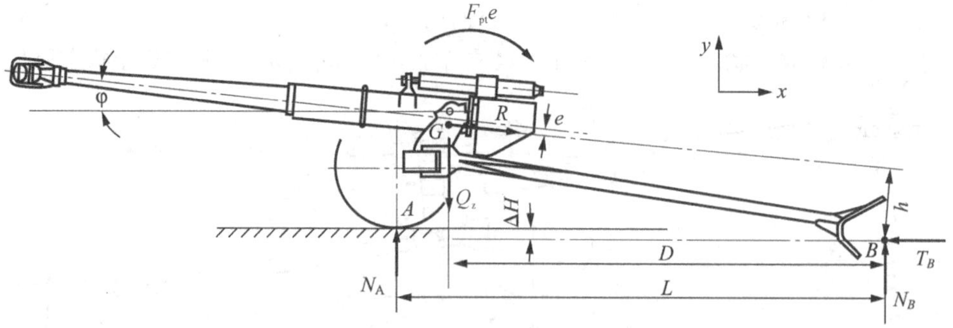

图 3-18　简化后全炮的受力情况

图中：D——当射角为 φ 时，在后坐某瞬时全炮重心到驻锄支点 B 的水平距离；

h——当射角为 φ 时，力 R 到支点 B 的距离，或者说是后坐部分质心运动轨迹线到 B 的距离；

L——支点 A 与 B 之间的水平距离。

应该指出，驻锄支点 B 是指驻锄垂直和水平反力的交点，两个反力分别通过相应的驻锄平面中心。支点 B 与地面的距离为 ΔH。

取水平方向后为 x 轴的正向，垂直向上为 y 轴正向，可以建立力的平衡方程为

$$\sum F_x=0,\quad R\cos\varphi-T_B=0 \tag{3-18}$$

$$\sum F_y=0,\quad N_A+N_B-Q_z-R\sin\varphi=0 \tag{3-19}$$

$$\sum M_B=0,\quad F_{pt}e+Rh+N_AL-Q_zD=0 \tag{3-20}$$

(二)后坐时静止稳定条件

1. 火炮的静止条件

火炮的静止性是指火炮在射击时不沿水平方向移动。由式(3-18)知，只需驻锄提供的水平反力 T_B 与力 R 的水平分力 $R\cos\varphi$ 相平衡，考虑火炮不同射角射击均需要静止，故火炮的静止条件为

$$T_B\geqslant R \tag{3-21}$$

2. 火炮的稳定条件

火炮的稳定性是指发射时火炮不跳离地面，或者说要车轮始终与地面保持接触。用约束反力 N_A 来表示，稳定条件就是要求 $N_A\geqslant 0$。由式(3-20)得

$$N_A=\frac{Q_zD-F_{pt}e-Rh}{L}\geqslant 0$$

故火炮稳定条件为

$$Q_zD\geqslant F_{pt}e+Rh \tag{3-22}$$

由稳定条件可以看出，Q_zD 是使火炮压向地面的力矩，称为稳定力矩。$F_{pt}e$ 和 Rh 则是使火炮有绕 B 点跳起颠覆的趋势，故称为颠覆力矩。火炮的稳定条件是要使稳定力矩在整个后坐过程中始终大于颠覆力矩。

因此，要改善火炮的射击稳定性，就要设法增大稳定力矩，减小颠覆力矩。

增大稳定力矩的途径包括增大火炮的战斗全重 Q_z 或增大 D，但这些措施都会使火炮趋于笨重且纵向尺寸过大而降低机动性。

减小颠覆力矩的途径可有以下几个方面：

(1)减小动力偶矩 $F_{pt}e$。当内弹道条件一定时，F_{pt} 的变化规律已确定，因此只有尽量减小动力偶矩 e，为此，通常在结构上注意使后坐部分质量相对炮膛轴线向上配置。

(2)减小后坐阻力 R。对于射击稳定性要求比较严格的野战火炮，尽量减小后坐阻力是设计火炮时的首要考虑，一般采取的措施有：

1)增大后坐长度 λ。为避免炮尾碰地，可采用变后坐。

2)适当增大后坐部分质量 Q_h。因为增大后坐部分质量可以减小后坐部分动能，从而可以相应减小力 R，但由于增加 Q_h 会间接增大全炮质量而影响机动性，因此 Q_h 只能适当

增大。

3)采用炮口制退器。由于炮口制退器可以减小后坐动能,而后坐动能要被后坐阻力 R 消耗掉,故可以减小 R。

4)采用前冲原理。在复进运动过程中进行击发,以减小后坐阻力。

(3)减小 R 力对支点 B 的力臂 h。由于力臂 h 主要是受火线高 H 的影响,要减小 h 就应尽量降低火线高,这对于反坦克炮提高直射距离也有利,但是降低火线高主要受大射角射击时炮尾碰地和装填困难限制。

综上所述,讨论如何改善火炮射击时的稳定性,必须全面考虑各方面因素,不能单纯强调某一方面。

3. 后坐行程和射角对火炮稳定性的影响

式(3-22)中的 D、h 均是随射角 φ 及后坐行程 X 而变化的量,而且发射时火炮质心至支点 B 的水平距离 D 将随着火炮后坐而减小,因此有必要进一步讨论稳定条件的表达式。如图 3-19 所示,引入以下符号:

$D_{0\varphi}$——当射角为 φ 时,射击前即 $X=0$ 时全炮质心至支点 B 的水平距离;

L_0——当射角为 φ 时,射击前即 $X=0$ 时后坐部分质心至支点 B 的水平距离;

L_x——当射角为 φ 时,后坐某瞬时,后坐部分质心至支点 B 的水平距离;

Q_s——火炮除掉后坐部分以外的重量;

L_s——当射角为 φ 时,Q_s 的质心至支点 B 水平距离。

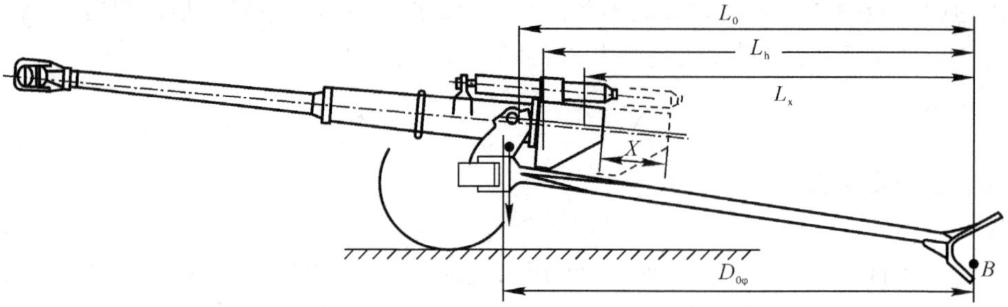

图 3-19 后坐时火炮重心的变化

由于 Q_h 在后坐行程 X 时引起的力矩变化为 $Q_h X\cos\varphi$,所以后坐过程中火炮的稳定条件为

$$Q_z D_{0\varphi} - Q_h X\cos\varphi \geqslant F_{pt} e + Rh \tag{3-23}$$

从式(3-23)中也可以看出,随着后坐行程 X 的增大,稳定力矩减小,火炮稳定性降低。式中 h 这一项将随射角 φ 而变化,h 的大小可由图 3-20 中的几何关系求得。

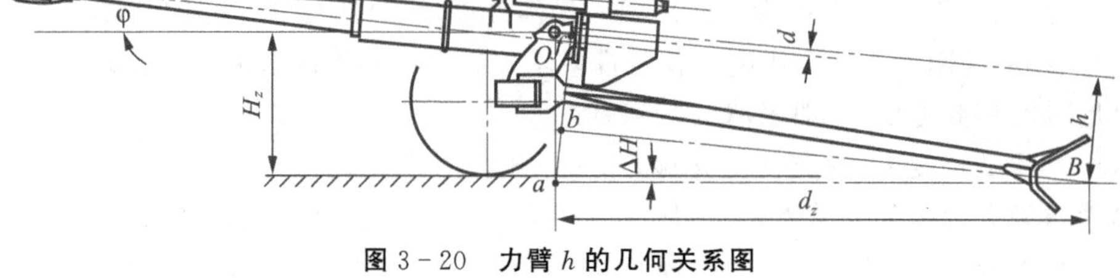

图 3-20 力臂 h 的几何关系图

图中：H_z——火炮耳轴中心与地面的距离；

d_z——火炮耳轴中心至 B 点的水平距离；

d——耳轴中心到后坐部分质心后坐轨迹线间的距离，以耳轴在下时为正；

ΔH——支点 B 到地面的距离。

由图 3-20 可知

$$h = af - ab + d$$

$$af = (H_z + \Delta H)\cos\varphi$$

$$ab = d_z \sin\varphi$$

因此

$$h = (H_z + \Delta H)\cos\varphi - d_z \sin\varphi + d \tag{3-24}$$

由式(3-24)可以看出，力臂随 φ 而变化，当 φ 增大时，h 减小而使火炮稳定性提高。当 φ 减小时，h 增大而使火炮稳定性减弱，当射角 φ 减小到某值时，火炮处于稳定与不稳定之间，即为稳定极限情况。如果 φ 继续减小，火炮就将不稳定。这个火炮尚能保持稳定性的最小射角称为稳定极限角，记为 φ_j。下面将进一步讨论稳定极限情况下的后坐阻力限制。将 $\varphi = \varphi_j$ 时的各个量都记以 j 的脚标。于是有

$$h_j = (H_z + \Delta H)\cos\varphi_j - d_z \sin\varphi_j + d \tag{3-25}$$

式(3-23)则变为

$$Q_z D_{0\varphi j} - Q_h X\cos\varphi_j = F_{pt} e + R_j h_j \tag{3-26}$$

或

$$R_j = \frac{Q_z D_{0\varphi j} - Q_h X\cos\varphi_j}{h_j} - \frac{F_{pt} e}{h_j} \tag{3-27}$$

为了保证火炮稳定性，通常要求在任意射角下反后坐装置所提供的实际后坐阻力值 R 都不应超过允许的稳定极限后坐阻力 R_j，为了保证一定的储备，通常取

$$R \leqslant 0.9R_j = 0.9\,\frac{Q_z D_{0\varphi j} - Q_h X\cos\varphi_j}{h_j} - 0.9\,\frac{F_{pt} e}{h_j} \tag{3-28}$$

式(3-28)也称为火炮极限稳定条件。

(三)后坐制动图

设计反后坐装置时，通常先确定适当的后坐阻力 R 的规律，再据此规律计算后坐运动参数，然后设计反后坐装置的结构、尺寸和参数。选定的后坐阻力 R 随时间 t 或后坐行程 X 的变化规律曲线图就称为后坐制动图。根据不同类型的火炮，拟定合理的后坐制动图，并使新设计的反后坐装置实现所拟定的后坐阻力规律，是火炮设计的一项重要任务。

拟定后坐制动图应遵循以下原则：

(1)应尽量减小炮架受力；

(2)应尽量缩短后坐长；

(3)应满足不同类型火炮对稳定性的要求；

(4)考虑后坐阻力变化规律实现的可能性；

(5)后坐阻力变化规律应尽量简单。

典型的后坐制动图主要分为固定炮的后坐制动图和野炮的后坐制动图。

1. 固定炮的后坐制动图

由于固定炮的炮架固定于地面或安装于很重的平台上，其射击稳定性是有保证的。因此，拟定这类火炮的后坐制动图主要从尽量缩短后坐长度和相应减小后坐阻力等方面考虑。

固定炮第一类后坐制动图如图 3-21(a)所示，在后坐全长取后坐阻力为常数。这种后坐制动图的最大优点是简单。但由于后坐阻力的起始值不能任意选定，因此这种常数的后坐阻力规律是难以实现的。

固定炮的第二类后坐制动图如图 3-21(b)所示。考虑实现的可能性，后坐开始取 R_0，在弹丸沿膛内运动时期结束时，后坐阻力上升到 $R=R_g=$常数。一般在弹丸沿膛内运动时期($0\leqslant t\leqslant t_g$)取后坐阻力为时间的线性函数。

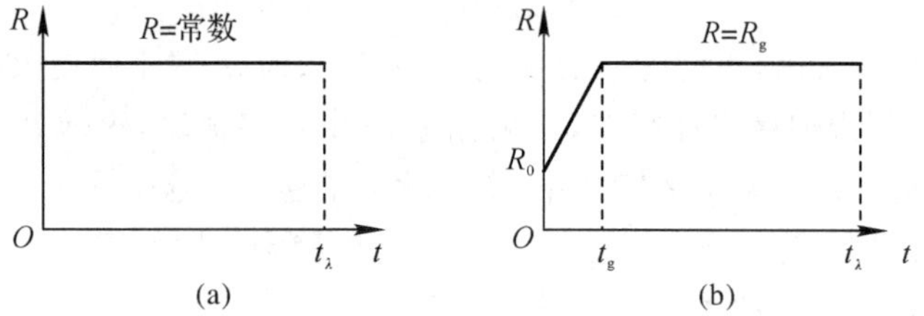

图 3-21 固定炮的后坐制动图

(a)第一类后坐制动图；(b)第二类后坐制动图

2. 野炮的后坐制动图

野炮与固定炮不同，它要求机动性强，火炮全重轻，因此保证射击稳定性十分重要。拟定野炮的后坐制动图时，必须首先满足在稳定极限角时的射击稳定性，然后再考虑缩短后坐长度的原则。常见的野炮后坐制动图有三类。

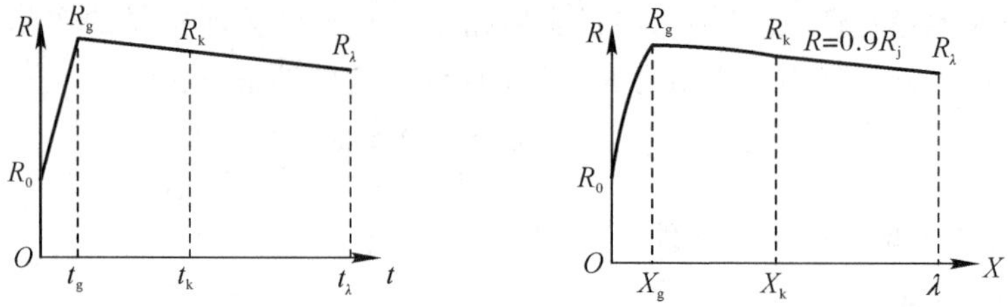

图 3-22 野炮第一类后坐制动图

野炮第一类后坐制动图如图 3-22 所示。其特点是，在弹丸沿膛内运动时期($0\leqslant t\leqslant t_g$)，后坐阻力从 R_0 随时间线性上升到 R_g；在火药燃气后效作用时期($t_g<t\leqslant t_k$)，后坐阻力从 R_g 随时间线性地下降到 R_k；在惯性后坐时期($t_k<t\leqslant t_\lambda$)，后坐阻力从 R_k 随后坐行程线性地下降到 R_λ，其中

$$R_g=0.9\frac{Q_zD_{0\varphi j}-Q_hX_g\cos\varphi_j}{h_j}\tag{3-29}$$

$$R_k=0.9\frac{Q_zD_{0\varphi j}-Q_hX_k\cos\varphi_j}{h_j}\tag{3-30}$$

惯性后坐时期的后坐阻力为

$$R=0.9\frac{Q_zD_{0\varphi j}-Q_hX\cos\varphi_j}{h_j}\tag{3-31}$$

野炮第一类后坐制动图的特点是变化规律简单，容易计算，充满度好，可以得到较短的后坐长度。这类后坐制动图比较适用于 $F_{pt}e$ 对稳定界影响可以忽略的情况，例如带有中等效率的炮口制退器或 $e\approx 0$ 的火炮。它的缺点是在弹丸沿膛内运动时期后坐阻力上升较快。

野炮第二类后坐制动图在第一类后坐制动图的基础上，针对其缺点进行了改进，如图 3-23所示。它将后坐阻力的最大值点由 t_g 向后移至 $t_a=(1.4\sim 1.5)t_g$，以减缓后坐阻力上升速度。

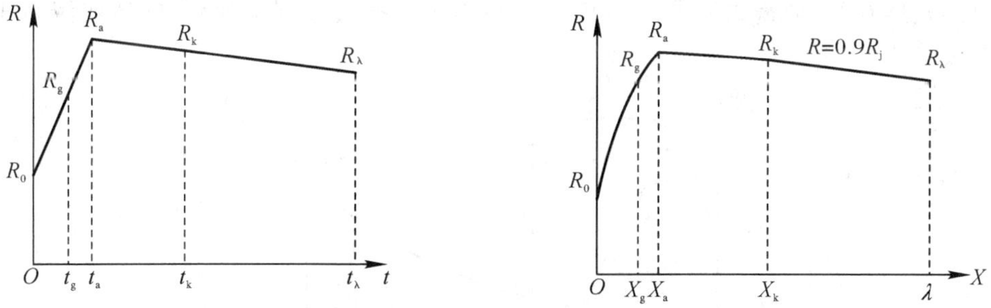

图 3-23　野炮第二类后坐制动图

其中

$$R_a=0.9\frac{Q_zD_{0\varphi j}-Q_hX_a\cos\varphi_j}{h_j} \tag{3-32}$$

$$R_k=0.9\frac{Q_zD_{0\varphi j}-Q_hX_k\cos\varphi_j}{h_j} \tag{3-33}$$

惯性后坐时期的后坐阻力仍然为

$$R=0.9\frac{Q_zD_{0\varphi j}-Q_hX\cos\varphi_j}{h_j} \tag{3-34}$$

野炮第二类后坐制动图仍然具有较好的充满度，可以得到较短的后坐长度。其缺点是计算较为复杂。

野炮第三类后坐制动图在第一类后坐制动图的基础上，降低炮口点的后坐阻力，使得后效期的后坐阻力为常数，即 $R=R_k$，如图 3-24 所示。其中，

$$R_k=0.9\frac{Q_zD_{0\varphi j}-Q_hX_k\cos\varphi_j}{h_j} \tag{3-35}$$

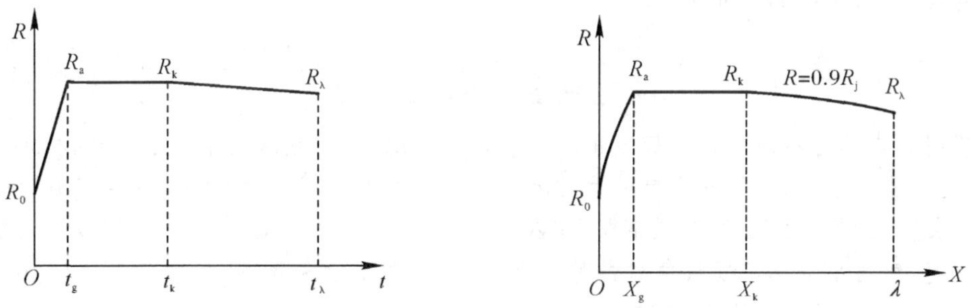

图 3-24　野炮第三类后坐制动图

野炮第三类后坐制动图的优点是在弹丸沿膛内运动时期的后坐阻力上升较为缓和，降低了后坐阻力的极值，后效期的计算比较简单。其缺点是充满度较差，相应地，后坐长度较长。

以上介绍的后坐制动图各有特点，可以根据不同火炮的性能要求，灵活应用前述原则，合理拟定后坐制动图。对于采用变后坐系统的反后坐装置，一般在大射角短后坐时采用固定炮的后坐制动图，在小射角长后坐时采用野炮的后坐制动图。

后坐阻力的分解图如图 3－25 所示。在后坐过程中，紧塞装置摩擦力 F 和摇架滑板摩擦力 T 变化不大，且本身数值不大，在一般计算时可近似看作常数。后坐部分重力的轴向分力 $Q_h\sin\varphi$ 在后坐过程中是不变的，通常把 $F+T-Q_h\sin\varphi$ 称为常数阻力。复进机力 F_f 同复进机的式样有关，弹簧式复进机力 F_f 是随后坐长度按直线规律变化，气体或液体式复进机为曲线变化。

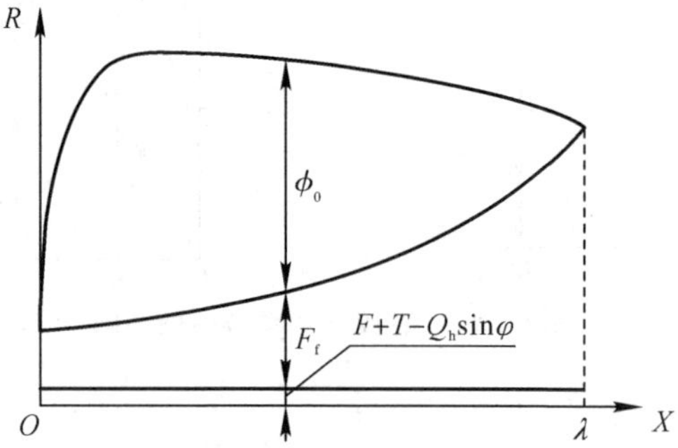

图 3－25　后坐阻力分解图

以上各力中，$F+T-Q_h\sin\varphi$ 变化不大且本身就很小，F_f 的规律也是固定的，要使后坐阻力按照要求的规律变化，主要靠控制驻退机液压阻力 ϕ_0 来实现。

△拓展阅读

超轻型火炮的稳定性

美国的 M777 式 155 mm 榴弹炮威力很大，炮架采用钛合金，质量只有 4 t 左右，其射击稳定性是个十分重要的问题。该炮火线高十分低，距离地面只有 0.65 m；后坐距离也比较长，达到 1.4 m，这些措施对提高稳定性起到了关键作用。

我国的 AH4 型 155 mm 火炮和 M777 式 155 mm 榴弹炮十分类似，也是目前国际军贸市场唯一可以和 M777 式 155 mm 榴弹炮相媲美的超轻型火炮，由于具有后发优势，其还有自动调炮功能，使用更为方便。

火炮射击时会不会跳起？

不同火炮具有不同的稳定极限角。小口径加农炮、反坦克炮经常用于直射，稳定性要求高，φ_j 通常取 0°左右；榴弹炮主要用于间接瞄准射击，射角一般大于 20°，φ_j 通常取 10°～15°；大口径加农炮，主要用于远射，φ_j 通常取 10°以上。火炮设计只保证射角大于稳定极限角射击时不会跳起，射角小于稳定极限角射击时，火炮产生一些跳动是难免的，如某型 122 mm 榴弹炮平射时最大跳动量要达到 350 mm。

地炮的驻锄和高炮的驻锄有何不同？

地炮的驻锄通常向后呈犁状，高炮驻锄通常为菱形十字状，为什么会这样？

如何快捷挖驻锄坑?

通常挖地炮驻锄坑用镐和锹,遇到坚硬的地面,十分费力,如果有条件的话,可以用风镐来提升效率,想想还有什么方法可用。

履带式自行火炮要不要带驻锄?

人们发现有的履带式自行火炮后面带着驻锄,有的则没有,请思考,不带驻锄的履带式自行火炮是如何保证射击稳定性和静止性的?

第三节　复进时火炮受力分析

一、复进时后坐部分受力

(一)后坐部分受力分析

取复进时后坐部分为研究对象,在如图 3-26 所示力的作用下,后坐部分沿炮膛轴线方向的复进运动微分方程为

$$m_h \frac{d^2\xi}{dt^2}=m_h \frac{dU}{dt}=F_f-\phi_f-(F+T+Q_h\sin\varphi) \tag{3-36}$$

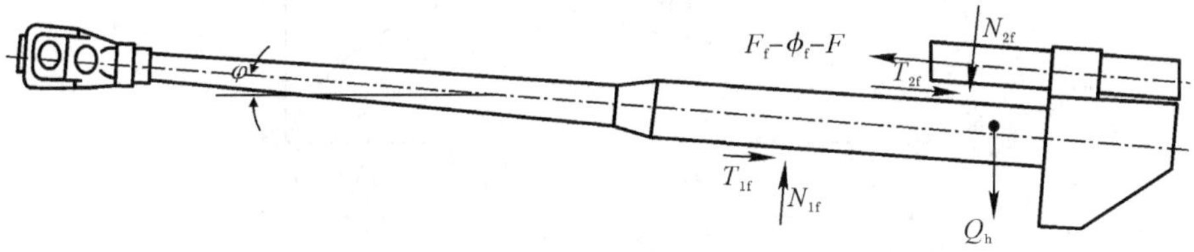

图 3-26　复进时后坐部分的受力

图中:F_f——复进机力;

Q_h——后坐部分重力;

N_{1f}、N_{2f}——摇架滑板的支反力;

T_{1f}、T_{2f}——摇架滑板摩擦力;

$$T=T_{1f}+T_{2f}=f(N_{1f}+N_{2f})$$

F——反后坐装置紧塞具提供的摩擦阻力;

ϕ_f——反后坐装置复进时提供的液压阻力;

$$\phi_f=\phi_{0f}+\phi_{kf}+\phi_{ff} \tag{3-37}$$

ϕ_{0f}——液体从驻退机非工作腔通过后坐流液孔 a_x 流入工作腔时产生的液压阻力;

ϕ_{kf}——液体流经复进机中节制活瓣小孔时产生的液压阻力;

ϕ_{ff}——复进节制器提供的液压阻力;

ξ——复进行程;

U——复进速度;

φ——射角。

其中复进行程 ξ 以复进方向为正，且 $\xi=\lambda-X$，λ 为后坐长度。

在研究复进运动时，常从复进机力中把各种静阻力减去，称为复进剩余力 F_{sh}，有

$$F_{sh}=F_f-(F+T+Q_h\sin\varphi)$$

运动微分方程改写为

$$m_h\frac{dU}{dt}=F_{sh}-\phi_f \tag{3-38}$$

或

$$m_h\frac{dU}{dt}=r \tag{3-39}$$

而

$$r=F_{sh}-\phi_f$$

r 称为复进合力，它的大小和正负表示了复进运动加速度的大小和方向。用曲线表示复进剩余力和复进时液压阻力在复进过程中的变化规律就构成了复进制动图，如图 3-27 所示。复进制动图反映了复进合力的变化情况。

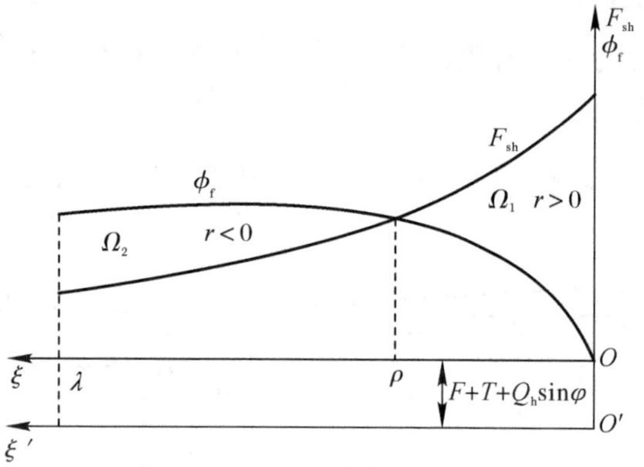

图 3-27　复进制动图示意图

根据复进制动图，可将复进过程分为加速和减速两个时期。

复进加速时期，$r>0$，$F_{sh}>\phi_f$，通常在复进开始阶段，由于驻退机内非工作腔存在真空，ϕ_{0f}为零，复进速度较小，也称为第一时期。

复进减速时期 $r<0$，$F_{sh}<\phi_f$，通常在驻退机非工作腔真空消失后，由于 ϕ_{0f}的出现，加上复进速度已加速得较高，出现 $F_{sh}<\phi_f$，也称为第二时期。实际上，加速和减速常常交错出现。

(二)复进剩余能量

复进剩余力在整个复进过程上作的功称为复进剩余能量 ΔE，即

$$\Delta E=\int_0^\lambda F_{sh}\,d\xi$$

复进剩余力是射角 φ 的函数，小射角时后坐部分的重力分量小，复进剩余力大；大射角时则相反。因此，不同射角的复进剩余能量也有很大的不同，射角越小，复进剩余能量 ΔE 就越大；射角越大，则 ΔE 就越小。

从复进到位无冲击的要求出发，复进到位的速度应该等于零，即 $U_\lambda=0$。即在任何射角

条件下，复进时液压阻力在复进全程上所作的功应抵消全部的复进剩余能量，表现在复进制动图 3－29 中，就是面积 $\Omega_1=\Omega_2$。也就是说，反后坐装置在任何射角条件下全部吸收复进剩余能量。实际上反后坐装置全部吸收复进剩余能量是不可能的，因为必须要有一定复进剩余能量才能确保后坐部分可靠地复进到位，所以应设置缓冲垫甚至设置缓冲装置。

$\varphi=0°$时复进剩余能量最多，是复进节制最不利的工作条件。因此，通常在 $\varphi=0°$的条件下研究复进节制机构。为了保证可靠地复进到位和各机构（自动机或半自动机）的动作确实可靠，必须在最大射角时（特别是变后坐）、最小号装药、低温等条件下校验复进运动中的各机构动作是否确实可靠，复进到位是否顺利以及复进的时间是否符合总体要求。

复过剩余能量的存在，使炮身能够获得较大的速度，缩短复进时间，并可带动其他机构完成自动动作。但是，剩余能量是复进机力克服后坐部分重力轴向分力及摩擦力后多余的能量，如果不加节制，那么它将全部转变为复进动能，复进到位时将猛烈冲击炮架。因此，复进剩余能量在转化为复进动能以后，还要利用液压阻力来消耗掉，使炮身复进到位时的速度接近于零，这就是人们常说的节制复进速度。

（三）真空排除问题

在复进制动图上有一个重要的转折点，即复进合力的突跃点。该点通常是驻退机非工作腔Ⅱ真空消失的复进行程点，记作 ρ。后坐时，由于驻退杆从驻退机内抽出而增加了驻退机内的空间体积，形成驻退机非工作腔内的真空。复进时，在驻退机非工作腔真空消失以前，总的复进液压阻力 ϕ_f 中不包含驻退机液压阻力 ϕ_{0f}，而只含有复进节制器液压阻力 ϕ_{ff}和复进节制活瓣液压阻力 ϕ_{kf}。在 ρ 点以前，$r>0$，所以是复进加速时期。一旦驻退机非工作腔真空消失，其中的液体在驻退活塞的挤压下以很高的速度流经驻退机流液孔，复进液压阻力 ϕ_f 中突然增加了一项力 ϕ_{0f}，$r<0$，从而使复进运动进入减速时期。

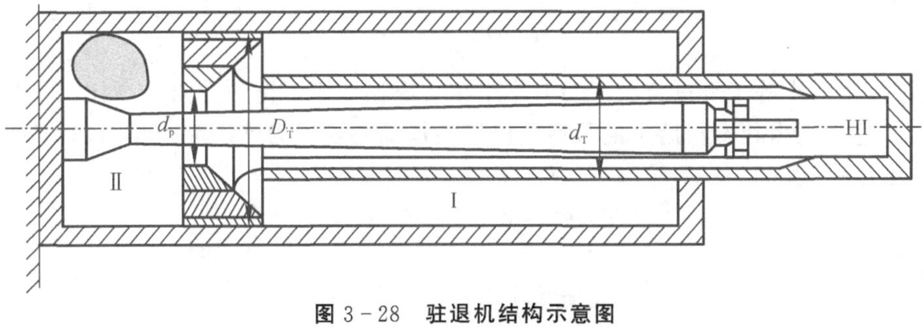

图 3－28　驻退机结构示意图

后坐时，驻退杆从驻退筒内抽出，在后坐结束时，驻退杆抽出的体积为$\frac{\pi}{4}d_T^2\lambda$，真空体积只能出现在非工作腔Ⅱ内，如图 3－28 所示。复进时，由于驻退活塞的移动使非工作腔的体积减小，非工作腔的真空逐渐消失，而工作腔Ⅰ的体积逐渐增大，工作腔中逐渐出现真空。假设这一期间非工作腔的液体不流过驻退机流液孔，复进到 ρ 点时这一过程结束。对于节制杆式驻退机，复进时活塞的工作面积为$\frac{\pi}{4}(D_T^2-d_p^2)$，故

$$\frac{\pi}{4}(D_T^2-d_p^2)\rho=\frac{\pi}{4}d_T^2\lambda$$

$$\rho=\frac{d_{\mathrm{T}}^{2}}{D_{\mathrm{T}}^{2}-d_{\mathrm{p}}^{2}}\lambda \tag{3-40}$$

一般$\frac{d_{\mathrm{T}}}{D_{\mathrm{T}}}=\frac{1}{1.7}\sim\frac{1}{2.2}$，$\rho=\left(\frac{1}{3}\sim\frac{1}{5}\right)\lambda$。必须指出的是，实际上复进到$\rho$点以前，驻退机流液孔中难免有液体流过，因此驻退机流液孔开始提供液压阻力的实际复进行程ρ应小于理论计算值。

在整个复进过程中，驻退机中的真空并没有消失。复进到ρ点时，仍有$(\lambda-\rho)$一段驻退杆位于驻退筒的外面，不过此时的真空存在于驻退机工作腔中。只有当火炮后坐部分完全复进到位时，由于驻退杆全部插入驻退筒而使驻退机中的真空最后消失。

二、复进时全炮受力

（一）全炮受力分析

与后坐时的分析方法一样，从火炮复进时全炮受力分析着手，即可建立火炮复进时的静止条件和稳定条件。

首先，做如下基本假设：

(1)火炮水平放置，所有力都作用在火炮的垂直对称面内；

(2)地面和炮架均为绝对刚体；

(3)复进过程中全炮处于静止平衡状态。

运用动静法，将后坐部分的惯性力作为外力加在系统上，系统即可视为静力学问题来研究。为分析方便起见，下面分别讨论加速时期和减速时期的情况。

加速时期：以全炮为分析对象，后坐部分的惯性力I_{f}方向向后作用在后坐部分质心上，方向与炮膛轴线平行。

$$I_{\mathrm{f}}=m_{\mathrm{h}}\frac{\mathrm{d}^{2}\xi}{\mathrm{d}t^{2}}=r$$

也即一个大小等于复进合力r的力作用在与炮膛轴线平行的方向上，如图 3-29 所示。可以看出，这个受力状态与后坐的最后阶段惯性运动时期受力状态完全相同，只是受力大小由R变成为r。由于

$$R=F_{\mathrm{f}}+\phi_{0}+F+T-Q_{\mathrm{h}}\sin\varphi$$

而

$$r=F_{\mathrm{f}}-\phi_{\mathrm{f}}-F-T-Q_{\mathrm{h}}\sin\varphi$$

显然$R\gg r$，火炮在后坐时已设计保证了火炮的稳定性和静止性，因此复进加速时期火炮的静止性和稳定性是完全有保证的。

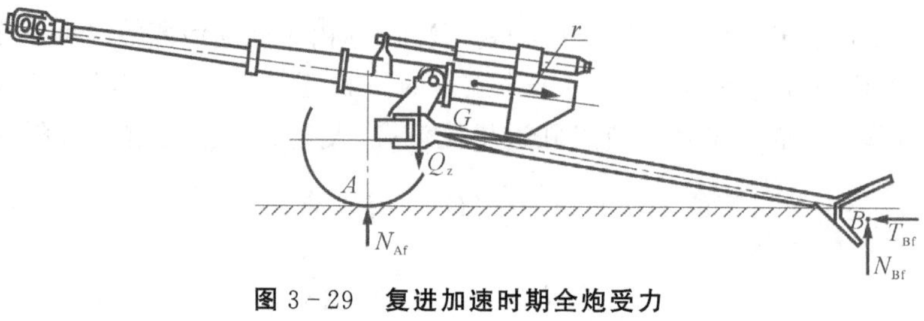

图 3-29　复进加速时期全炮受力

减速时期：仍以全炮为分析对象，此时后坐部分的惯性力 I_f 为作用在后坐部分质心、大小等于 r、方向平行于炮膛轴线指向炮口方向的力，如图 3-30 所示。这与后坐过程的受力状态完全不同。在 r 作用下，有使驻锄向上抬起，火炮绕车轮向前翻转以及整个火炮向前平移的趋势。为了保证火炮良好的战斗性能，提高火炮的瞄准速度和射击精度，要求火炮复进时不前移，不翻转，即要求保证火炮复进时的静止性和稳定性。

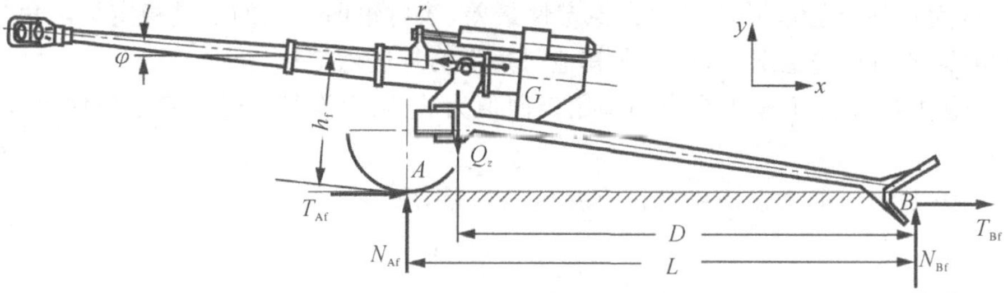

图 3-30　复进减速时期全炮受力

主动力：$I_f=r$、Q_z；

约束反力：N_{Af}、T_{Af} 为地面对车轮的垂直和水平支反力；

N_{Bf}、T_{Bf} 为地面对驻锄的垂直和水平支反力。

必须说明，驻锄的水平支反力 T_{Bf} 不是土壤对驻锄下部的水平压力提供的，因为驻锄在后坐过程中对土壤向后的压缩，驻锄下方与前侧土壤之间已形成空隙和脱离，所以土壤不可能提供水平方向的压力所形成的反力，而只有上驻锄板与地面的摩擦所形成的水平支反力。

取水平方向向后为 x 轴的正向，垂直向上为 y 轴正向，列平衡方程如下：

$$\sum F_x=0,\quad T_{Af}+T_{Bf}-r\cos\varphi=0 \tag{3-41}$$

$$\sum F_y=0,\quad N_{Af}+N_{Bf}-Q_z+r\sin\varphi=0 \tag{3-42}$$

$$\sum M_A=0,\quad N_{Bf}L-Q_z(L-D)+rh_f=0 \tag{3-43}$$

式中：$T_{Bf}=fN_{Bf}$，$T_{Af}=\mu N_{Af}$；μ、f 分别是车轮与土壤及驻锄与土壤间的摩擦系数。

(二)复进时静止稳定条件

1. 火炮的静止条件

复进时静止稳定条件只分析复进减速时期。要保证火炮水平方向静止，要求车轮和驻锄能够提供足够的水平反力。由式(3-41)知，火炮复进时静止条件为

$$T_{Af}+T_{Bf}\geqslant r \tag{3-44}$$

车轮与地面的摩擦系数，有刹车是可认为 $\mu=1$，无刹车时可认为 $\mu=0$；驻锄板与地面间的摩擦系数 $f=0.3\sim0.4$。尽管复进时 r 不大，但是车轮和地面提供的摩擦力也不大，为保证静止性，车轮应该刹住。如果火炮没有刹车装置，那么应在车轮前面垫上石头或者木块。

令 $|r_\mu|=T_{Af}+T_{Bf}$，称为静止的极限复进合力，未刹车时 $|r_{\mu=0}|=T_{Bf}$，则火炮复进时静止条件也可写成

$$|r_\mu|\geqslant r \tag{3-45}$$

2. 火炮的稳定条件

使火炮复进时不绕车轮翻转要求地面对驻锄的垂直反力不小于零，即 $N_{Bf}\geqslant0$。由

式(3－43)知，火炮复进时的稳定条件为

$$Q_z(L-D)\geqslant rh_f \tag{3-46}$$

由于减速复进时期复进合力 r 不大，固定炮 Q_z 较大，因此这类火炮复进稳定性一般都没问题。要考虑复进稳定性的主要是野炮。

由图 3－30 可以看出，复进减速时期，随着火炮射角变化，火炮的稳定性将随着 h_f 发生变化，表现为在某个射角下，h_f 最大，稳定性最差，该射角即火炮的复进稳定极限角 φ_f，保证了在射角 φ_f 下的复进稳定性，火炮在其他射角下均复进稳定。

令火炮在射角 φ_f 下复进合力的稳定极限值为 r_j，则火炮复进时的稳定条件也可写为

$$|r_j|\geqslant r \tag{3-47}$$

为了确保稳定，通常还应考虑留有一定的裕量，取

$$|r|=\eta|r_j|$$

一般取 η＝0.85～0.95。

上面的分析我们得到了保证火炮在减速复进时静止性和稳定性的三个复进合力极限值：$|r_\mu|$、$|r_{\mu=0}|$和 r_j。通常情况下这三个量的关系为

$$|r_\mu|>|r_j|>|r_{u=0}|$$

因此，射击时必须注意将车轮刹住，否则由于$|r_\mu=0|$很小，静止性很难保证。在车轮刹住的情况下，只要保证 $r\leqslant|r_j|$，则 $r\leqslant|r_\mu|$自然满足，即保证了稳定性则静止性也可以得到保证。

另外，随着火炮向前复进，火炮的稳定力臂$(L-D)$逐渐变小，为保证复进过程中火炮的稳定，r 也要逐渐减小。

(三)复进制动图

为了保证复进平稳无冲击，并且使复进时间尽可能短，保证使其他机构的作用确实可靠，需要对复进合力的变化规律提出要求，即拟定合理的复进制动图。

拟定复进制动图的一般原则为：

(1)复进到位冲击不大；

(2)复进时间尽量短；

(3)复进合力变化不应太剧烈；

(4)确保复进稳定性。

要确保火炮复进到位冲击不大，复进合力做功要近似为零，也就是说复进合力做的正功(加速复进阶段)要和其做的负功(减速复进阶段)近似相等。通常为了确保后坐部分能可靠地复进到位，需要复进到位时后坐部分还具有一定量的动能，野炮一般取 U_λ＝(0.10～0.15) m/s。

为了缩短复进时间，要使得复进合力做正功的行程较长，使后坐部分获得较高的复进速度，在接近复进到位时，为了避免复进到位的冲击，在较短的行程上复进合力做负功(急剧复进制动)。野炮要考虑复进减速时期 r 逐渐减小的规律，固定炮则无需这个考虑。

图 3－31 为典型高炮的复进制动图，在 ρ 点以前，复进没有任何制动；ρ 点以后，后坐制动器漏口开始产生不大的阻力 ϕ_{0f}；最后当复进到 ξ_1 以后，复进节制器才产生极大的阻力 ϕ_{ff} 制动。后坐部分在 0～ξ_1 行程中始终加速，复进速度不断增加，这样使复进时间大大减少，使射速增加，并使自动机有足够的能量完成动作。

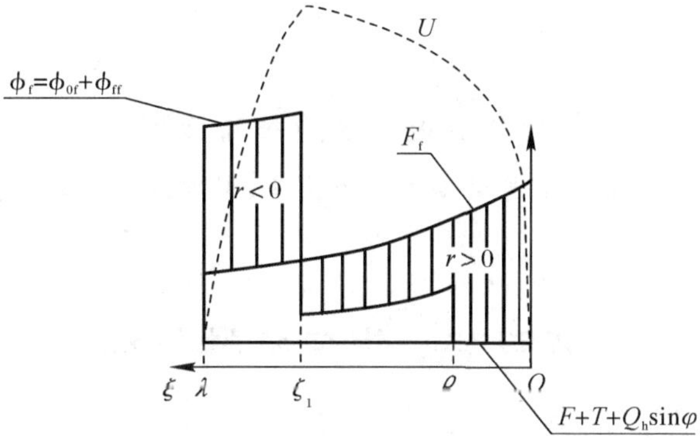

图 3-31　典型高炮的复进制动图

图 3-32 为典型地炮的复进制动图，复进一开始即产生复进阻力 ϕ_{ff} 和 ϕ_{kf}，ρ 点以后又加入了 ϕ_{0f}，由于全长复进制动，复进速度不是很大，但是复进稳定性较好。

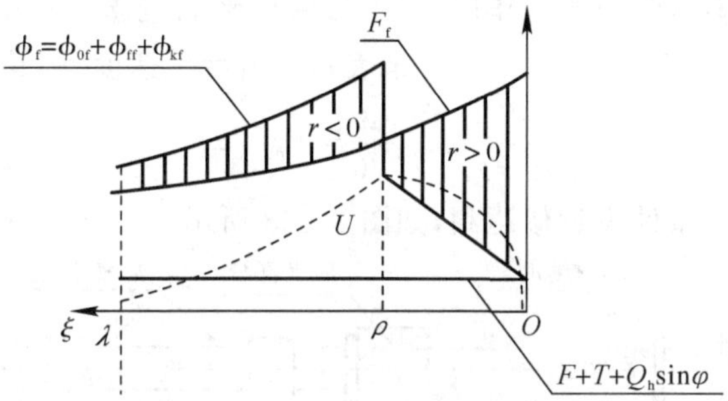

图 3-32　典型地炮复进制动图

表 3-2 为典型地炮和典型高炮的后坐复进时间对照表，可以看出相对于高炮，地炮复进速度很慢，后坐复进时间很长，因此射速要低得多。这种特性和反后坐装置设置有很大关系。

表 3-2　后坐复进时间对照表　　单位：s

火　炮	后坐时间	复进时间	后坐时间/复进时间	后坐复进总时间
某型 122 mm 榴弹炮	0.168	1.58	1/9.41	1.748
某型 57 mm 高炮	0.29	0.145	1/0.5	0.435

拓展阅读

周向射击火炮的复进静止性都没有问题

周向射击火炮后坐时已经确保了承受后坐阻力 R 时周向静止，复进时火炮承受较小的复进合力 r 自然也能保证周向静止。

火炮的翻转移动趋势

后坐时和加速复进时期，火炮有后翻和后移趋势；减速复进时期火炮有前翻和前移趋势。后坐阻力较大，火炮应对后翻和后移的设计很完善；复进合力较小，火炮应对前翻和前移的措施较为简单。

解决驻退机真空排除问题

复进时驻退机真空排除时会导致复进合力突变，引发炮架振动，为解决真空排除问题，有哪些方法？

第四节　炮口装置原理

一、自由后坐

(一)自由后坐的概念

为了更好地理解炮口制退器的作用，引入自由后坐的概念。自由后坐指后坐部分在炮膛合力 F_{pt} 单独作用下的后坐运动。用 W 来表示自由后坐速度，则其微分方程为

$$m_h \frac{dW}{dt} = F_{pt} \tag{3-48}$$

自由后坐可在试验条件下近似达到，如图 3－33 所示。

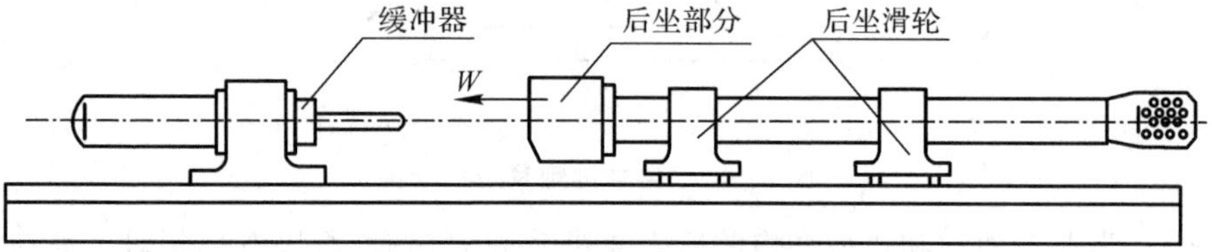

图 3－33　自由后坐试验平台

(二)自由后坐运动分析

由于炮膛合力各段表达式都是知道的，通过对式(3－48)积分，即可得到自由后坐速度的变化规律，如图 3－34 所示。由于后效期炮口制退器作用对自由后坐速度影响很大，所以下面对不同炮口制退器下的后效期自由后坐速度变化规律加以分析。

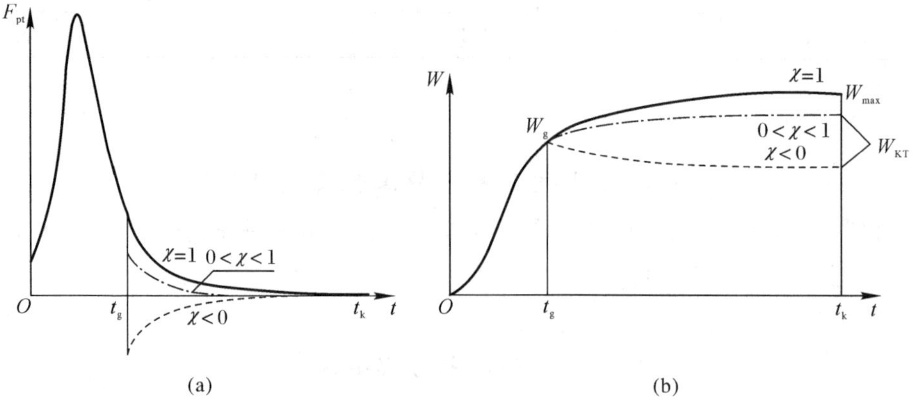

图 3－34　炮膛合力和自由后坐速度

(a)炮膛合力；(b)自由后坐速度

当没有炮口制退器时，$\chi=1$，后效期炮膛合力仍为正值，故后效期自由后坐速度从弹丸出炮口时自由后坐速度 W_g 继续增大到 W_{max}，而后由于炮膛合力为零，自由后坐速度不变。

当炮口制退器效率不高（有作用但作用不显著）时，$0<\chi<1$，后效期炮膛合力仍为正值，但是相对 $\chi=1$ 的情况偏小，故后效期自由后坐速度从 W_g 继续增大到 W_{KT}，W_{KT} 要小于 W_{max}。

当炮口制退器效率极高（作用很显著）时，$\chi<1$，后效期炮膛合力变为负值，即弹丸一出炮口，炮膛合力即变换了方向，由向后的力变为向前的力。故后效期自由后坐速度从 W_g 继续减小到 W_{KT}。

下面用动量守恒的方法推导出 W_g、W_{max} 和 W_{KT} 这三个自由后坐速度的表达式。

首先研究膛内运动时期，将后坐部分、装药和弹丸整个看成一个封闭系统。由于发射前这三部分都是静止的，系统总动量为零。当装药燃烧推动弹丸向前运动时，后坐部分则向后运动，根据不受外力作用的封闭系统动量守恒定理，在自由后坐过程中，任意瞬间系统总动量保持为零，故

$$-m_h W+m_q w+m_\omega u=0 \tag{3-49}$$

式中：m_h、m_q、m_ω——后坐部分、弹丸及装药质量；

W、w——某瞬时后坐部分及弹丸的绝对速度；

u——某瞬时火药气体平均速度。

采用内弹道学分析膛内压力分布规律时所采用的一些假设，即：①全炮膛具有相同的截面面积 S；②火药气体质点在弹丸后部空间均匀分布；③火药气体质点的速度按直线规律分布，在弹底处的速度等于弹丸的运动速度 w，在膛底的运动速度等于后坐部分运动的速度 $-W$，如图 3-35 所示。

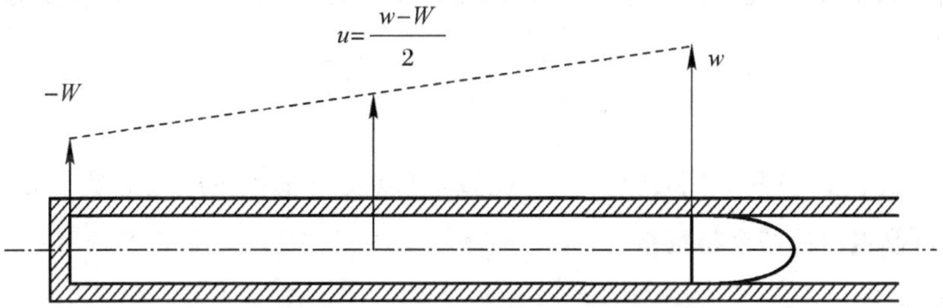

图 3-35　火药气体在膛内的速度分布

火药气体的平均速度为

$$u=\frac{w+(-W)}{2}=\frac{w-W}{2} \tag{3-50}$$

代入式(3-49)，得

$$-m_h W+m_q w+\frac{m_\omega}{2}w-\frac{m_\omega}{2}W=0$$

故

$$W=\frac{m_q+0.5m_\omega}{m_h+0.5m_\omega}w \tag{3-51}$$

应注意的是，式中 w 为弹丸绝对速度。将等式右边分母乘到等式左边，可以很好地理

解该式子的含义，即一半装药跟随后坐部分运动，另一半装药跟随弹丸运动。

式(3-51)在弹丸出炮口瞬间也是成立的，有

$$W_g=\frac{m_q+0.5m_\omega}{m_h+0.5m_\omega}v_0 \tag{3-52}$$

分子、分母同乘以 g，把质量化为重量，由于 Q_h 远远大于 ω，因此有

$$W_g=\frac{q+0.5\omega}{Q_h+0.5\omega}v_0\approx\frac{q+0.5\omega}{Q_h}v_0 \tag{3-53}$$

当未采用炮口制退器时，后效期结束瞬间，后坐部分、火药气体和弹丸系统动量守恒。此时，后坐部分速度为 W_{max}，弹丸速度近似为 v_0，火药气体平均流出速度为 u'，则有

$$-m_hW_{max}+m_qv_0+m_\omega u'=0 \tag{3-54}$$

引入火药气体作用系数 β，其为后效期结束瞬间火药气体平均流出速度与弹丸初速之比。

$$\beta=\frac{u'}{\nu_0} \tag{3-55}$$

将式(3-55)代入式(3-54)，得

$$W_{max}=\frac{m_q+\beta m_\omega}{m_h}v_0=\frac{q+\beta\omega}{Q_h}v_0 \tag{3-56}$$

一般在用经验公式估算 β 值时，采用

$$\beta=\frac{A}{v_0} \tag{3-57}$$

经验系数 A 的取值范围因武器而不同。通常对于榴弹炮和加榴炮，$A=1\ 300$；对于大口径加农炮及小口径高初速火炮，$A=1\ 250\sim1\ 275$。

当采用炮口制退器时，引入有炮口制退器时的火药气体作用系数 β_T，用类似的方法可得

$$W_{KT}=\frac{m_q+\beta_Tm_\omega}{m_h}v_0=\frac{q+\beta_T\omega}{Q_h}v_0 \tag{3-58}$$

将式(3-53)、式(3-56)和式(3-58)比较，可以发现三者在形式上是十分接近的。

(三)炮口制退器的两个特征量

1.效率 η_T

效率也称能量特征量，其表示炮口制退器使后坐部分自由后坐动能减小的百分比，即

$$\eta_T=\frac{\frac{1}{2}m_h(W_{max}^2-W_{KT}^2)}{\frac{1}{2}m_hW_{max}^2}=1-\left(\frac{W_{KT}}{W_{max}}\right)^2 \tag{3-59}$$

将 W_{KT} 和 W_{max} 表达式代入得

$$\eta_T=1-\left(\frac{q+\beta_T\omega}{q+\beta\omega}\right)^2 \tag{3-60}$$

2.冲量特征量 χ

冲量特征量表示有无炮口制退器时后效期炮膛合力全冲量之比。而后效期炮膛合力全

冲量等于后效期动量的变化量，从而有

$$\chi=\frac{m_h(W_{KT}-W_g)}{m_h(W_{max}-W_g)}=\frac{W_{KT}-W_g}{W_{max}-W_g} \tag{3-61}$$

将 W_g、W_{KT} 和 W_{max} 表达式代入得

$$\chi=\frac{\beta_T-0.5}{\beta-0.5} \tag{3-62}$$

利用图 3-35 所示的后坐试验平台测得 W_{max} 和 W_{KT} 后，可以利用式(3-59)计算出 η_T，再利用式(3-56)和式(3-58)计算出 β 和 β_T，则由式(3-62)可计算出 χ。

若认为有无炮口制退器后效期的延续时间不变，即 τ 不变，则有

$$\chi=\frac{\int_0^\tau F_{pt,T}\,dt}{\int_0^\tau F_{pt}\,dt}=\frac{F_{pt,T}}{F_{pt}} \tag{3-63}$$

或

$$F_{pt,T}=\chi F_{pt} \tag{3-64}$$

也就是说，后效期中任一瞬间带炮口制退器的炮膛合力 $F_{pt,T}$ 与该瞬间时不带炮口制退器的炮膛合力 F_{pt} 之比是常数 χ。这也就是式(3-15)的由来。

△拓展阅读

研究自由后坐的意义

前面在后坐运动分析中提到，炮膛合力做功和后坐阻力做功相等，后坐阻力用一个长的后坐距离换取小的峰值力，好像减小炮架受力都是反后坐装置的作用。实际上炮口制退器对于减小炮架受力也起到了较大的作用，在不考虑后坐阻力情况下(自由后坐)，才能更清楚地认识炮口制退器的作用。采用炮口制退器后，后坐动能减小了，这个后坐动能要靠后坐阻力做功消耗，因此后坐阻力也减小了。前面提到的(1/15～1/30)里面也有炮口制退器的“功劳”。此外，炮口制退器的效率、冲量特征量都需要自由后坐的参数来定义。

二、炮口制退器

(一)炮口制退器的作用

炮口制退器是减少火炮后坐能量的装置。我国装备的野炮绝大多数都采用了炮口制退器。炮口制退器对应枪械上的枪口制退器。炮口制退器的主要作用可归纳为下列两条。

(1)减小后坐动能。当后坐部分质量及后坐长度一定时，可以减小对炮架的作用力，从而减轻火炮质量，提高机动性；或者在后坐阻力一定时，缩短后坐长度，使炮架结构更为紧凑。因此炮口制退器对解决火炮威力与机动性矛盾有很大的作用。

(2)便于采用同一炮架。在同一炮架上，通过使用不同效率的炮口制退器，对不同威力的炮身实现自由后坐动能相等而保证炮架负荷相近，从而可以简化生产，方便维修和使用，例如我国某型 122 mm 加农炮($\eta_T=59\%$)与某型 152 mm 加榴炮($\eta_T=54.5\%$)就采用了相同的炮架。

但是，炮口制退器在使用中也带来了炮口冲击波、噪声等危害，限制了制退器效率的提

高,否则将使炮手操作区域的冲击波超压值增大而构成对人员安全的威胁。

(二)炮口制退器的类别

炮口制退器的结构形式通常分为下列三类。

1. 冲击式

冲击式炮口制退器的结构特点是炮口制退器的腔室直径较大,一般不小于 2 倍口径,两侧具有大面积侧孔,前方带有呈一定角度的反射挡板。火药气体进入腔室后,首先沿轴向膨胀加速,除中心附近气流经中央弹孔流出外,大部分火药气体冲击挡板后方向偏转,经侧孔流出。这种结构主要依靠大面积的反射挡板和侧孔获得较大的侧孔流量及较大的气流速度,气流方向则取决于挡板的导流面角度和长度。为了进一步利用从中央弹孔流出的那部分气体,通常都采用双腔室结构,使进入第二腔室的气体再次冲击挡板而偏转,但一般气体流量已较小,压力也较低,因此尺寸可较第一腔室小些。在相同质量的条件下,冲击式炮口制退器往往有较高的效率。我国某型 85 mm 加农炮和某型 152 mm 加榴炮即采用此种结构形式的炮口制退器,如图 3-36 所示。一些大口径狙击步枪为了降低枪架受力也常采用冲击式枪口制退器。

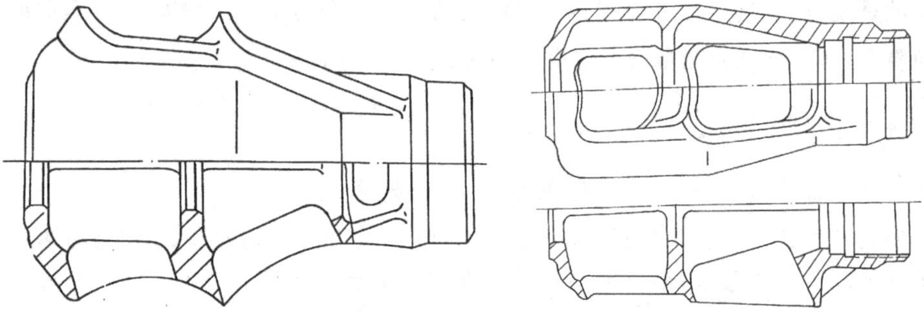

图 3-36 冲击式炮口制退器

2. 反作用式炮口制退器

反作用式炮口制退器如图 3-37 所示,这种类型的结构特点是腔室直径很小,一般不超过 1.3 倍口径,没有或只有很小的前反射挡板,侧孔多排布置,有时将侧孔加工成扩张喷管状。火药气体进入腔室后,膨胀不大而保持较高压力,其中一部分气体向前从弹孔喷出,另一部分则从侧孔进行二次膨胀后加速排出,其速度的方向和大小由侧孔控制。为了获得足够的侧孔流量,就要有足够大的制退器长度以保证侧孔的入口面积。因此这种结构在效率相同的情况下长度较大,加工也较复杂,但适用于带尾翼的滑膛炮,如我国某型 100 mm 滑膛反坦克炮。

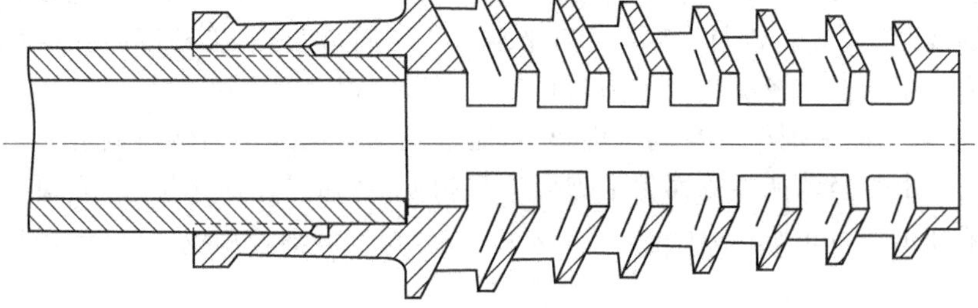

图 3-37 反作用式炮口制退器

3. 冲击-反作用式炮口制退器

冲击-反作用式炮口制退器如图 3-38 所示，这种类型的结构特点是具有较大直径的腔室，一般大于 1.3 倍口径，有分散的圆孔或条形侧孔。气体进入腔室时进行第一次膨胀加速，但由于不是大面积侧孔，不能直接膨胀至极低的压力。侧孔能起二次膨胀加速的作用以及分配流量的作用。可以说这种形式的制退器兼有上述两种类型的特点，在制式火炮中应用很普遍。当今国际上流行的“胡椒瓶”式炮口制退器就属于这种类型。

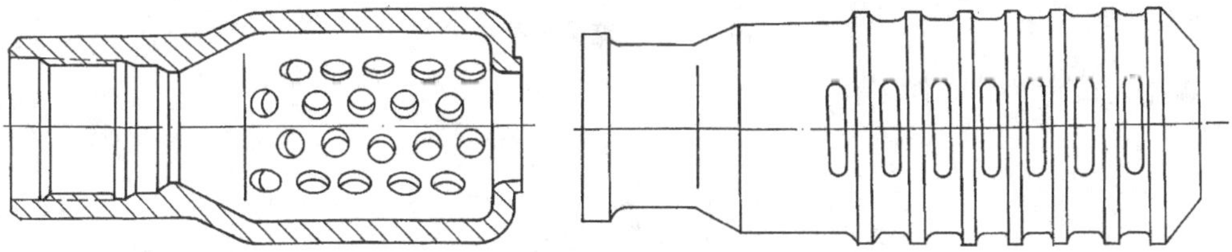

图 3-38 冲击-反作用式炮口制退器

(三)炮口制退器效率的计算

当炮口装有制退器或助退器(消焰器)时，火药气体作用于炮膛的合力 F_{pt} 变为 $F_{pt,T}$。

炮口装置使原来炮口气流总反力 F^* 变成炮口装置出口截面气流诸反力之轴向合力 F_T。如果令

$$F_T=\alpha F^* \tag{3-65}$$

式中：α 是炮口装置的结构特征量。这个参量只取决于炮口装置的形状和尺寸，与气流状态参数无关。

当 $\alpha=1$ 时，为无炮口装置情况；

$\alpha>1$ 时，炮口装置增大气流总反力与炮膛合力，即为后坐助退器；

$\alpha<1$ 时，炮口装置减小气流总反力与炮膛合力，此种炮口装置为炮口制退器与炮口偏流器。

炮口制退器效率的大小与结构的形状、尺寸有关，其决定因素在于流量的分配和流速的变化，由于结构特征量计算公式的推导比较复杂，本书只着重于应用计算，因此只给出计算公式并简要介绍其物理意义，不详细介绍其推导过程。

1. 腔室内气体流量分配比 σ 的计算

火药气体进入炮口制退器腔室后，膨胀加速并不断向侧孔排出，流入侧孔的气体流量与侧孔入口面积，侧孔轴线角度及腔室结构有关。令

$$\sigma=\frac{1}{1+\delta\dfrac{S_1}{S_0}} \tag{3-66}$$

式中：σ——流量分配比；

S_0——弹孔面积；

S_1——侧孔入口面积；

δ——侧孔与弹孔单位面积流量之比。

如图 3-39 所示，侧孔的入口角不同时 δ 的计算公式如下：

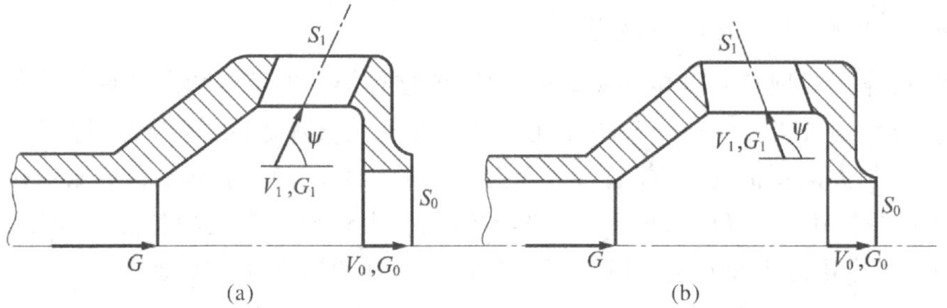

图 3-39　流量分配比

侧孔入口角 $\psi<90°$时，有

$$\delta=\left(\frac{1-\frac{k-1}{k+1}\lambda_0^2}{1-\frac{k-1}{k+1}\lambda_1^2}\right)^{\frac{k+1}{2(k-1)}} \tag{3-67}$$

$\psi\geqslant90°$时，有

$$\delta=\left[\left(1-\frac{k-1}{k+1}\lambda_0^2\right)\left(1-\frac{k-1}{k+1}\lambda_1^2\right)\right]^{\frac{k+1}{2(k-1)}} \tag{3-68}$$

在实际结构中，大直径腔式中往往有环形突出部等各种干扰源，在 λ_0 较大时将形成激波，计算时 λ 应以 λ^{-1} 代之并引入符合系数 φ_1、φ_2 作为对简化假设的修正，即

$$\left.\begin{aligned}\delta&=\varphi_1\left(\frac{1-\frac{k-1}{k+1}\lambda_0^{-2}}{1-\frac{k-1}{k+1}\lambda_0^{-2}\cos^2\psi}\right)^{\frac{k+1}{2(k-1)}} \quad (\psi<90°)\\ \delta&=\varphi_2\left[\left(1-\frac{k-1}{k+1}\lambda_0^{-2}\right)\left(1-\frac{k-1}{k+1}\lambda_0^2\cos^2\psi\right)\right]^{\frac{k+1}{2(k-1)}} \quad (\psi\geqslant90°)\end{aligned}\right\} \tag{3-69}$$

式中：k——绝热指数；

λ——速度系数，截面气流速度与临界截面声速之比。

2. 多腔室流量分配比计算

当炮口制退器具有两个或多个腔室时，流量分配比可以在前述基础上进行计算。两个腔室时，如图 3-40 所示。

第 1 腔室，$\sigma_1=\dfrac{1}{1+\delta_1\dfrac{S_1}{S_{01}}}$。

第 2 腔室，$\sigma_2=\dfrac{1}{1+\delta_1\dfrac{S_2}{S_{02}}}$。

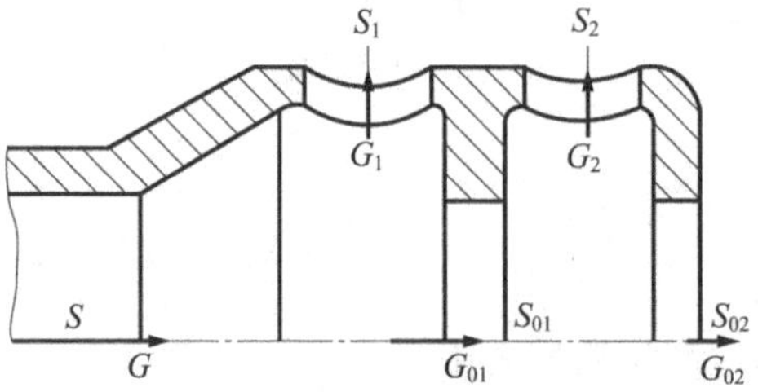

图 3-40　双腔室流量分配比

对于多个腔室流量分配比，设腔室数为 m 个，经过 n 个腔室后自弹孔排出的气体流量比为

$$\sigma=\sigma_1\sigma_2\cdots\sigma_i\cdots\sigma_m \tag{3-70}$$

式中：σ_i——经第 i 个气室后留在腔室内的流量比，即

$$\sigma_i=\frac{1}{1+\delta_i\dfrac{S_i}{S_{0i}}}$$

从第 i 个腔室排出的气体流量比为

$$\sigma_1\sigma_2\cdots\sigma_{i-1}(1-\sigma_i)$$

例如，从第 1 腔室侧孔排出的气体流量比为 $(1-\sigma_1)$，从第 2 腔室侧孔排出的气体流量比为 $\sigma_1(1-\sigma_2)$，以此类推。

3. 结构特征量 α 的计算

以图 3-41 三个腔室制退器为例，计算结构特征量 α。

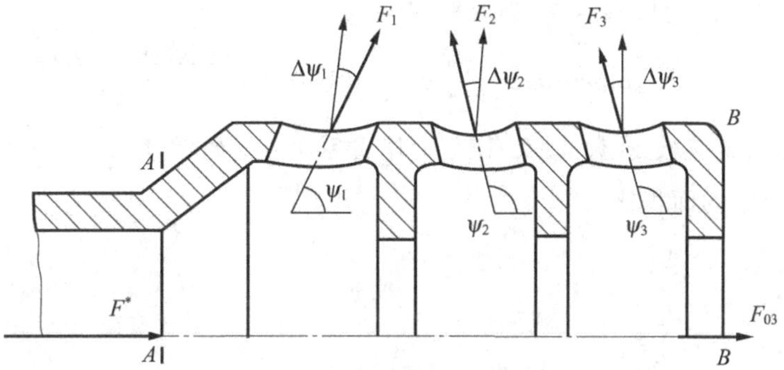

图 3-41　炮口制退器的气流反力

以制退器 $A-A$ 与 $B-B$ 截面间一段为对象，分析以下受力：

$F^*=\dfrac{k+1}{k}Ga^*$ ——流入制退器腔室入口之气流总反力；

$F_1=\dfrac{k+1}{k}G_1a^*K_1$ ——第一腔室侧孔出口气流总反力；

$F_2=\dfrac{k+1}{k}G_2a^*K_2$ ——第二腔室侧孔出口气流总反力；

$F_3=\dfrac{k+1}{k}G_3a^*K_3$ ——第三腔室侧孔出口气流总反力；

$F_{03}=\dfrac{k+1}{k}G_{03}a^*K_{03}$ ——第三腔室弹孔出口气流总反力；

$$F_t=\frac{F_1}{\cos\Delta\psi_1}\cos(\psi_1+\Delta\psi_1)+\frac{F_2}{\cos\Delta\psi_2}\cos(\psi_2+\Delta\psi_2)+\frac{F_3}{\cos\Delta\psi_3}\cos(\psi_3+\Delta\psi_3)+F_{03} \tag{3-71}$$

式中：　G——秒流量；

a^*——临界声速；

K_i——喷管反作用系数；

$\Delta\psi_1$、$\Delta\psi_2$、$\Delta\psi_3$——由于各腔室侧孔出口截面之斜切引起的气流偏角；

ψ_1、ψ_2、ψ_3——各腔室侧孔出口气流轴线与腔室轴线的夹角。

根据质量守恒，有

$$G=G_1+G_2+G_3+G_{03}$$

而

$$G_1=(1-\sigma_1)G$$
$$G_2=\sigma_1(1-\sigma_2)G$$
$$G_3=\sigma_1\sigma_2(1-\sigma_3)G$$
$$G_{03}=\sigma_1\sigma_2\sigma_3$$

结构特征量为

$$\alpha=K_{03}\sigma_1\sigma_2\sigma_3+K_1(1-\sigma_1)\frac{\cos(\psi_1+\Delta\psi_1)}{\cos\Delta\psi_1}+K_2\sigma_1(1-\sigma_2)\frac{\cos(\psi_2+\Delta\psi_2)}{\cos\Delta\psi_2}+K_3\sigma_1\sigma_2(1-\sigma_3)\frac{\cos(\psi_3+\Delta\psi_3)}{\cos\Delta\psi_3} \tag{3-72}$$

对于 m 个气室的炮口制退器，类似地，有

$$\alpha=K_{0m}\sigma_1\sigma_2\cdots\sigma_m+\sum_{i=1}^{m}\sigma_1\sigma_2\cdots(1-\sigma_i)K_i\frac{\cos(\psi_i+\Delta\psi_i)}{\cos\Delta\psi_i} \tag{3-73}$$

4. 各腔室气流速度系数 λ_{0i} 及气流反作用系数 K_{0i} 的确定

先计算各腔室的面积比 ν_{0i}。

第一腔室，$\nu_{01}=\dfrac{S_{k1}}{S}$。

第二腔室，$\nu_{02}=\nu_{01}\dfrac{S_{k2}}{S_{01}}$。

第 i 腔室，$\nu_{0i}=\nu_{0(i-1)}\dfrac{S_{ki}}{S_{0(i-1)}}$。

式中：S_{k1}、S_{k2}——第 1、2 腔室的横截面积；

S、S_{01}——炮膛及第一腔室弹孔面积。

计算理想的速度系数 λ'_{0i}，由

$$\nu_{0i}=\frac{\left(\dfrac{2}{k+1}\right)^{\frac{1}{k-1}}}{\lambda'_{0i}\left(1-\dfrac{k-1}{k+1}\lambda'^{2}_{0i}\right)^{\frac{1}{k-1}}}$$

此式不便于计算，为此将上式绘成如图 3-42 曲线供求 λ'_{0i} 时查用。

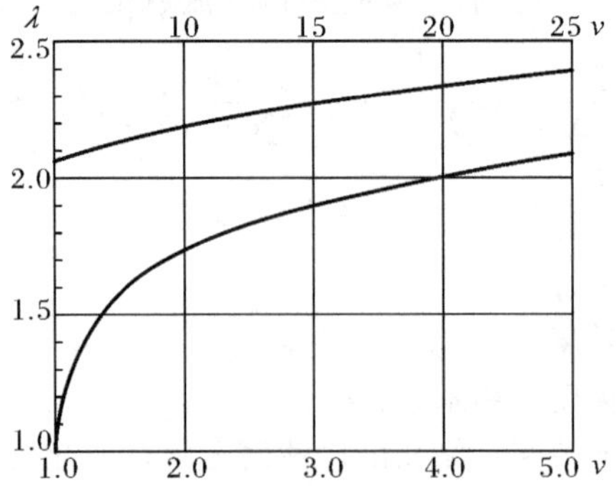

图 3-42 速度系数与面积比关系(k=1.33)

由此即可得理想反作用系数 K_{0i}' 为

$$K_{0i}'=\frac{\lambda_{0i}+\lambda_{0i}'^{-1}}{2} \tag{3-74}$$

然后进行修正，得实际喷管反作用系数为

$$K_{0i}=\chi_{\mu}[1+\chi_{\theta}(K_{0i}'-1)] \tag{3-75}$$

式中：χ_{μ}——考虑耗散力的损失系数，$\chi_{\mu}\approx 0.98$；

χ_{θ}——考虑喷管内气流径向膨胀的损失系数，$\chi_{\theta}=\begin{cases}\cos 2\theta, & \theta<35^{\circ}\\ 0.342, & \theta\geqslant 35^{\circ}\text{或突然膨胀}\end{cases}$

再反过来又可用 K_{0i} 求实际喷管的速度系数为

$$\lambda_{0i}=K_{0i}+\sqrt{K_{0i}^{2}-1} \tag{3-76}$$

对于侧孔的气流反作用系数 K_i 的计算与 K_{0i} 类似，即先计算侧孔出口面积比 v_i。

第一腔室侧孔出口面积比，$\nu_1=\dfrac{S_1}{S}$。

第二腔室侧孔出口面积比，$\nu_2=\nu_{01}\dfrac{S_2}{S_{01}}$。

第 i 腔室侧孔出口面积比，$\nu_i=\nu_{0(i-1)}\dfrac{S_i}{S_{0(i-1)}}$。

式中：S_1、S_2、…、S_i 为各侧孔出口面积。

由 ν_i 利用图 3-42 曲线查得 λ_i，然后可得

$$K_i'=\frac{\lambda_i+\lambda_i^{-1}}{2}$$

修正后，有

$$K_i=\chi_{\mu}[1+\chi_{\theta}\chi_{\theta i}(K_i'-1)]$$

式中：$\chi_{\theta i}$ 为侧孔气流膨胀的损失系数，计算公式与 χ_{θ} 相同。

这样，由 λ_{0i} 可以计算 δ_i 及 σ_i，结合 K_i，即可用式(3-73)计算 α。

5. 侧孔出口气流角的计算

在计算 α 的式(3-73)中，$\psi_i+\Delta\psi_i$ 是各侧孔出口气流的平均轴线与腔室几何轴线的夹角，其中 $\Delta\psi_i$ 是由于侧孔的斜切引起的偏流角，而 ψ_i 则表示无斜切的孔道出口气流平均轴线与腔室几何轴线的夹角，这不同于孔道几何轴线与腔室几何轴线的夹角 ψ'_i。试验表明，必须侧孔导向性良好，孔道导向部的长度与侧孔宽度之比 l/c 较大时才会使 $\psi_i=\psi_i'$，一般情况下还需修正，否则会产生较大偏差，具体方法如下。

引入侧孔导向系数 φ_2，由 l/c 在图 3-43 的曲线中查得 φ_2，而有 $\psi_i=\varphi_2\psi_i'$。

其中：l——侧孔导向部长度或导向挡板长度；

c——侧孔宽度(方孔)，对于圆孔可用相当长度$\dfrac{\pi d}{4}$(d 为孔径)代替。

至于斜切角 $\Delta\psi_i$ 的计算，可由相关表通过 K_0、ψ 查取 $\Delta\psi$，查出来的 $\Delta\psi$ 要区分正负。一般可分为以下两种情况，如图 3-44 所示。

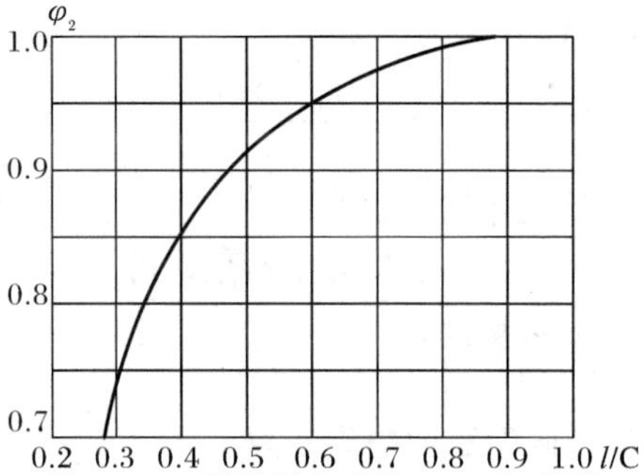

图 3-43 侧孔导向系数 φ_2-l/c 曲线

第一种情况：$\psi_i'-\alpha_i<90°$时，此时 $\Delta\psi_i>0$，有

$$\psi_{表}=\psi_i-\alpha_i=\varphi_2\psi_i'-\alpha_i$$

式中：α_i——腔室壁与轴线的夹角。

第二种情况：$\psi_i'-\alpha_i>90°$时，此时 $\Delta\psi_i<0$，有

$$\psi_{表}=180°-\psi_i+\alpha_i=180°-\varphi_2\psi_i'+\alpha_i$$

查表时，用侧孔出口气流反作用系数 K_i 和 $\psi_{表}$，进行插值计算。

结构特征量 α 计算出后，即可由 $\eta_T=1-\left(\frac{q+\alpha\beta\omega}{q+\beta\omega}\right)^2$ 计算求得炮口制退器的效率 η_T。

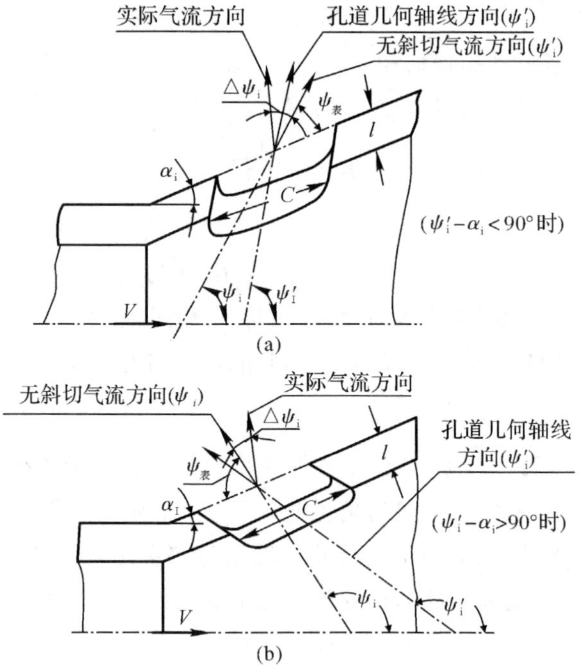

图 3-44 两种侧孔的气流斜切

(a)第一种情况；(b)第二种情况

△拓展阅读

现代主战坦克炮不采用炮口制退器

现代主战坦克，我国 99 式、德国豹 2 都没有采用炮口制退器，请思考这是为什么？

火炮射击时炮口两团火焰

一些火炮射击时炮口出现两团火焰，试分析是什么原因造成的。

中国10式狙击步枪的枪口制退器

10式12.7 mm大口径狙击步枪是我国列装的第一种大口径狙击步枪，配备简易火控系统，自动化、信息化程度较高，其枪口制退器效率达到了70%。

三、其他炮口装置

(一)助退器和消焰器

助退器是增加后坐能量的装置，多用于小口径高射速自动武器。当炮身的后坐能量不足以达到规定的循环时间时，采用炮口助退器可以增大后坐速度，提高射频。炮口助退器有反作用式炮口助退器和作用式炮口助退器两种。

反作用式炮口助退器是一个锥形扩张喷管，如图3-45所示。它依靠火药气体在喷管扩张段膨胀时提供的气流反作用力增大炮身的后坐能量。反作用式助退器同时又是一种性能较好的消焰器，它能够削弱炮口焰。小口径自动武器是一种直接瞄准的近战武器，炮口焰会影响射手的视线，妨碍跟踪目标，所以这类武器均要求抑制炮口焰，因而广泛采用了锥形消焰器。此外，还有一些自动武器采用筒形消焰器。

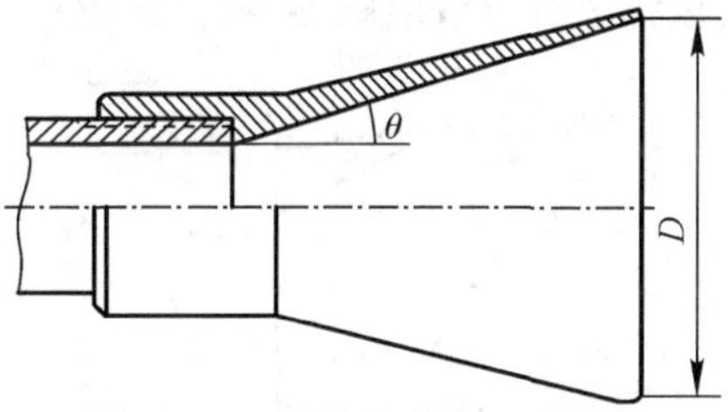

图3-45　反作用式炮口助退器

作用式炮口助退器由一个半封闭圆筒和一个装在圆筒内与之配合且与炮口固联的活塞组成，如图3-46所示。圆筒固定于自动炮的架体上，活塞可与炮身一起在圆筒内沿轴向滑动。当火药气体的静压作用在活塞上时，就为后坐部分提供了附加的后坐能量。与反作用式炮口助退器相比，在直径相同的条件下，作用式炮口助退器的效率可高出一倍以上。但是，作用式炮口助退器无明显的消焰作用。

现代自动武器的助退器多与其他膛口装置结合起来应用，如一些枪械的枪口装置具有消焰、制退、防跳等作用。

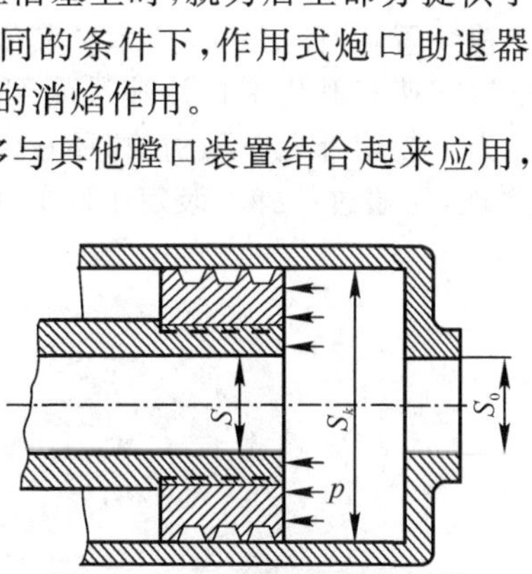

图3-46　作用式炮口助退器

(二)偏流器和防跳器

炮口偏流器主要用于航炮，其主要作用是将炮膛内绝大部分火药气体导向侧方。航炮的安装位置靠近喷气发动机进气道，若对射击时的炮口气流不加导引，则大量的火药气体及冲击波将进入喷气发动机，形成气流脉动，使发动机颤振以致停车，这种故障在超声速飞行及高空射击时尤其容易发生。因此，多数战斗机的航炮装有偏流器。

炮口偏流器的工作原理与炮口制退器相似。但其结构有如下特点：单侧非对称排气；为了保证较大的侧孔流量比，长度较大；由于飞机要求迎面阻力系数小，因此炮口偏流器采用细长形。图 3-47 为一种炮口偏流器的结构。偏流器不一定与身管固联，可以固定于机身上。炮口偏流器除了提供一个轴向力之外，还由于气流的单侧排出而产生了一个侧向力。这些力对飞机质心的力矩，对于射击是一种干扰。

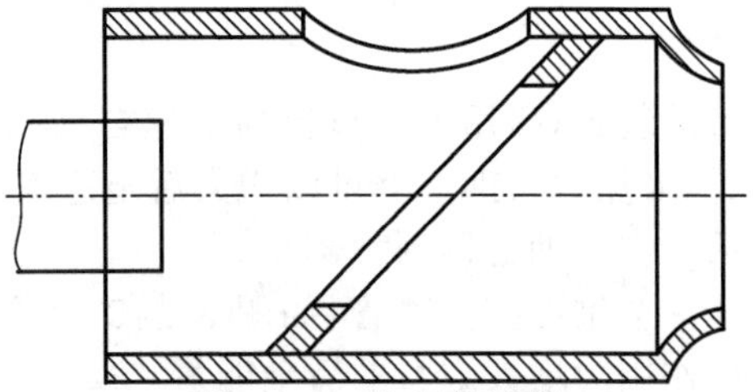

图 3-47 炮口偏流器

枪口防跳器的作用原理是利用从防跳器侧孔导出的火药燃气对枪械所产生的方向与跳动方向相反的侧向反作用力来抵消或部分抵消枪械的跳动。防跳力的大小取决于侧孔气流的动量增量。不少手提式枪械都装有枪口防跳器，典型的枪口防跳器如图 3-48 所示。

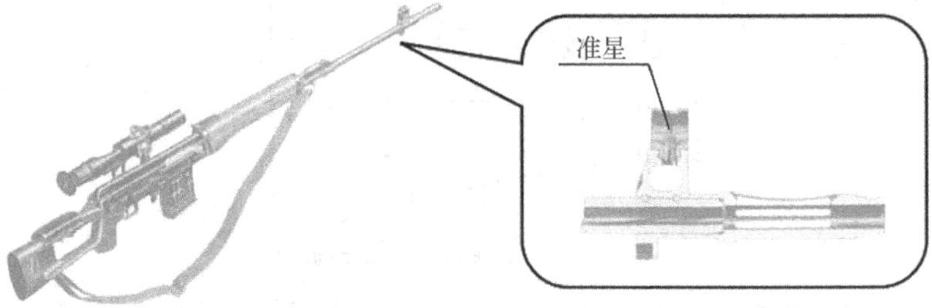

图 3-48 枪口防跳器

（三）测速装置和引信装定装置

在一些火炮炮口安装有测速装置，如图 3-49 所示。其实质就是一套线圈靶，利用弹丸通过两个线圈的时间来确定炮口初速。利用炮口测速装置可以对射击诸元实时修正，从而提高射击精度。在一些高炮上为了装定弹丸时间引信，还在炮口安装了引信装定装置，如图 3-50 所示，其通过电磁感应原理，为通过的弹丸装定上时间引信。我国某型 35 mm 高炮炮口同时采用了这两种装置。

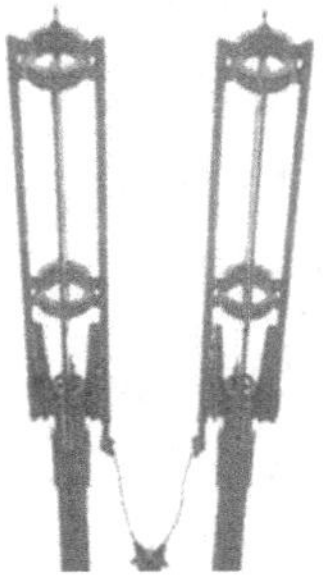

图 3-49 炮口测速装置

图 3-50 引信装定装置

此外，还有其他一些炮口装置或枪口装置，如枪械的枪口消声器、空包弹助退器等。

拓展阅读

炮口焰烧伤事故

1979 年对越自卫战中，某部 152 mm 加榴炮连，火炮配置间隔过小，大方向角射击时，后炮炮口焰影响前炮，造成多名炮手被烧伤。

四、炮口冲击波和噪声

(一)一般概念

炮口冲击波和噪声是炮口气流带来的危害。冲击波的前峰以超声速运动，称为波振面。波振面前沿很陡，其上升时间在 1 μs 以下，波振面的压力峰值为 p_1，通常以 p_1 与周围空气压力 p_∞ 之差为衡量冲击波强度的主要参数，称为冲击波超压 Δp。

$$\Delta p = p_1 - p_\infty$$

冲击波的压力波形如图 3-51 所示，冲击波的作用时间主要指正压区 τ_+。

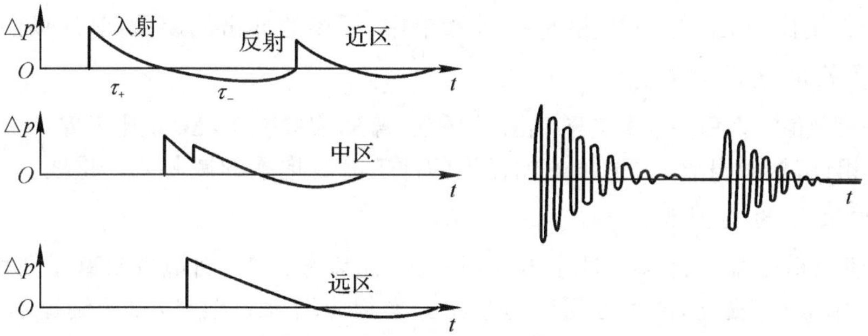

图 3-51　炮口冲击波和噪声波形

炮口噪声是火炮发射过程中，炮口附近各扰动源产生的噪声的总称，包括弹丸激波、超声速射流及冲击波等。为了与人的听觉生理特点相一致(人耳对声音的分辨与声压或声功率的对数成比例)，声压的度量常采用相对值 L_p——声压级，单位为分贝(dB)。

$$L_p(\mathrm{dB}) = 20\lg\frac{p}{p_r}$$

式中：p——声压；

p_r——参考声压，用 1 000 Hz 时正常人耳刚能听到的声压(0.000 02 Pa)为基准。

一般来说，在炮口附近测量到的压力波形中，既包含冲击波也包含噪声；在炮手操作区域内，炮口冲击波仍较强，它对人员及装备、器材会形成主要威胁；在远场以外，则全部变为噪声，实际上 Δp 与 L_p 之间存在着简单的换算关系，见表 3-3。

表 3-3　Δp 与 L_p 之间的换算表

L_p/dB	160	161	162	163	164	165	166	167
Δp/(10^5 Pa)	0.020 4	0.022 9	0.025 6	0.028 8	0.032 3	0.036 3	0.040 7	0.045 7
L_p/dB	168	169	170	171	172	173	174	175
Δp/(10^5 Pa)	0.051 2	0.057 5	0.064 5	0.072 4	0.081 2	0.091 1	0.010 2	0.115

续 表

L_p/dB	176	177	178	179	180	181	182	183
$\Delta p/(10^5\ \text{Pa})$	0.129	0.144	0.162	0.182	0.204	0.229	0.257	0.288
L_p/dB	184	185	186	187	188	189	190	
$\Delta p/(10^5\ \text{Pa})$	0.323	0.363	0.407	0.457	0.512	0.575	0.645	

冲击波和噪声对人员的听觉与内脏器官的损伤主要取决于压力峰值、频谱分布、上升时间、重复频率、总重复时间以及人员的生理状态和防护情况等。一般来说，$\Delta p<0.15\times10^5$ Pa 时，人员可以保证安全操作；$\Delta p=(0.196\sim0.392)\times10^5$ Pa 时听觉器官将引起轻度损伤；$\Delta p>0.49$ Pa 时，听觉器官易受到较重损伤；$\Delta p>0.98\times10^5$ Pa 时将危及人身安全。

(二)炮口冲击波压力的影响因素

由于火炮弹道条件、炮口装置及使用条件不同，炮口冲击波场分布将有很大差别，其主要影响因素有以下几种。

1. 火药气体剩余能量及炮口压力

火药气体剩余能量 E_0 是指弹丸出炮口后火药气体自炮口释放的总能量。试验表明：对于远场 Δp 正比于 E_0；炮口压力 p_g 主要影响中、近场的冲击波超压，对远场的影响较小。

2. 身管长度及最大射角

身管长度及最大射角决定测点与冲击波源的距离 R，实验表明，Δp 正比于 $R^{-\alpha}$ ($\alpha=1.0\sim1.5$)，当火炮 E_0 相近时，短身管、大射角的加榴炮的冲击波对炮手的威胁要严重些。

3. 炮口装置的类型及结构

显然，锥型消焰器会使前方冲击波超压增大，侧后方减小；而炮口制退器则相反，而且随着制退器效率 η_T 的提高，侧后方超压的总趋势是相应增大。但是，由于制退器的结构类型不同，这种变化很复杂，炮手位置的冲击波超压也各不相同。

4. 阵地及障碍物(防盾与工事)情况

冲击波在传播过程中遇到地面或障碍物壁面将发生反射现象，而反射冲击波超压有时会超过入射超压，特别是当冲击波越过有限面积的障碍物时，将产生绕射现象，如果障碍物尺寸较小，经两侧绕射的冲击波可能相撞而叠加，形成超压较高的区域，图 3-52 表明防盾所带来的这种不利结果。在坑道工事中，在军舰、坦克、飞机上，炮口冲击波的反射及绕射现象会比野炮复杂得多。

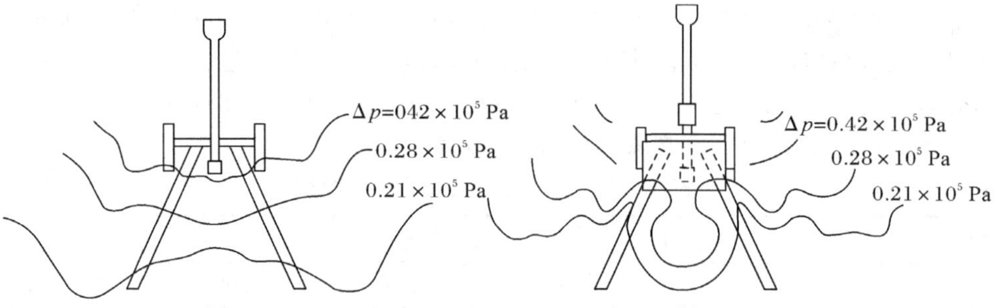

图 3-52 防盾对炮口冲击波场分布的影响

(a)无防盾；(b)有防盾

(三)炮口冲击波控制问题

一般来说,炮口冲击波的控制就是寻找措施以保证炮手处于冲击波和噪声的安全标准极限内,具体措施包括:

(1)降低冲击波源的强度。首先是进行内弹道及装药设计时,在保证弹丸初速的前提下,使炮口压力最小。其次是研究新结构的炮口装置,既保证其效率,又能具有良好的降低冲击波、噪声效果。再就是充分利用炮口冲击波场的方向性。

(2)隔离冲击波、噪声。可以在冲击波与炮手之间设置障碍物,采用合理的防护结构。

(3)采用高效能的个人防护器材。可以采用对身体、听觉的防护器材,不断改进其性能。

拓展阅读

炮口冲击波激起石子伤人事故

2007年,某部130加农炮营在高原进行适应性训练,发射阵地石子较多,最后一次射击时,某炮右侧的送弹手突然倒地,最终死亡。原因是炮口冲击波激起小石块打在战士太阳穴上,导致颅内出血。

炮兵防护问题

炮兵射击时应做好个体防护,戴头盔,穿防护背心,戴耳塞,最好背向炮口方向,张开口。

第五节　复进机原理

一、复进机初力

后坐前复进机对后坐部分的作用力 F_{f0} 称为复进机初力。确定复进机初力应考虑以下两方面的情况:

(1)射击前在任何射角下,均能保持炮身在前方位置不下滑;

(2)在任何射角下,炮身一旦后坐均能将其推回原位。

满足第一个条件比较容易,因为炮身下滑时,滑板及紧塞装置的摩擦力是帮助复进机阻止炮身下滑的,复进机初力需满足

$$F_{f0} \geqslant Q_h \sin\varphi_{max} - F - T$$

满足第二个条件需要复进机有较大的初力,因为要把炮身推回原位必须克服上述两个摩擦力,复进机初力需满足

$$F_{f0} \geqslant Q_h \sin\varphi_{max} + F + T$$

综合考虑上述两种情况,复进机初力应满足

$$F_{f0} \geqslant Q_h \sin\varphi_{max} + F + T \tag{3-77}$$

或者

$$F_{f0} \geqslant Q_h(\sin\varphi_{max} + f\cos\varphi_{max} + v) \tag{3-78}$$

式中：v——紧塞装置相当摩擦系数，常取 0.4 左右；

f——摇架滑板摩擦系数，常取 0.16～0.2。

对弹簧式复进机，复进机初力靠弹簧预压量 f_0 来保证，若弹簧刚度系数为 C，则弹簧预压量为

$$f_0 = \frac{F_{f0}}{C} \tag{3-79}$$

对液体气压式（或气压式）复进机，复进机初力主要靠气体的初压 p_{f0} 来保证。若复进机活塞工作面积为 A_f，则复进机初压为

$$p_{f0} = \frac{F_{f0}}{A_f} \tag{3-80}$$

△拓展阅读

复进机初力的大小

复进机初力通常大于后坐部分重力，即用复进机初力可以将后坐部分垂直拎起。

炮身掉地

在部队发生过由于复进机气压不足或者连接不确实导致炮身掉地问题，炮身掉地必然损坏火炮，导致机杆机筒拉断、螺帽滑脱，损坏零部件高速飞出，高压驻退液高速喷射。炮身掉地通常发生在平时训练时，实弹射击前都要检查气压，而平时则疏于检查。新炮或大修火炮初次射击时，前几发射弹要用拉火绳击发，防止出现意外。

复进机分解过程中复进杆飞出

部队出现过复进机分解结合时操作不当导致复进杆飞出的事件。复进机分解是带着气压从火炮上卸下来的，在复进机分解之前要先放气，否则在高压作用下，复进杆会像长矛一样飞出，造成极大的安全隐患。

二、弹簧式复进机原理

（一）复进机力的变化规律

弹簧式复进机用弹簧来储存能量，在设计时保证了弹簧在弹性范围内工作，忽略弹簧的内摩擦等因素，通常复进机力是随压缩量按直线规律变化的。

由于火炮的后坐行程 X 就是复进机弹簧的压缩量，所以弹簧式复进机力 F_f 是后坐行程 X 的一次函数

$$F_f = F_{f0} + CX \tag{3-81}$$

后坐终了时，$X = \lambda$，复进机末力

$$F_{f\lambda}=F_{f0}+C\lambda \tag{3-82}$$

定义弹簧末力和初力之比为压缩比 m，则

$$m=\frac{F_{f\lambda}}{F_{f0}}=\frac{F_{f0}+C\lambda}{F_{f0}}$$

弹簧刚度 C 可写为

$$C=\frac{(m-1)F_{f0}}{\lambda} \tag{3-83}$$

设计弹簧式复进机主要是合力地选定结构参量 F_{f0} 和 m。给定后坐长度 λ 后，就可按上式求出弹簧的刚度系数，进而设计弹簧的结构尺寸，计算复进机力。

(二)复进机力初力和压缩比

复进机初力应满足式(3-78)。如果火炮有某些特殊要求，如复进过程中要为其他机构(自动机、供弹机、输弹机等)提供较多能量时，那么 F_{f0} 往往会取得更大一些。如我国某型 37 mm 高炮的 $F_{f0}=2.81Q_h$，某型 57 mm 高炮的 $F_{f0}=2.46Q_h$，而某型 85 mm 加农炮的 $F_{f0}=1.22Q_h$。

确定压缩比 m 常以弹簧质量最小为原则。弹簧的质量取决于弹簧全部压缩功的大小。而弹簧的全部压缩功 $A=\frac{1}{2}F_{f0}\lambda\frac{m^2}{m-1}$，即在弹簧初力和后坐长度一定时，弹簧压缩功 A 只是压缩比 m 的函数，且当 $m=2$ 时压缩功有极小值，此时弹簧重量最轻。因此弹簧式复进机的压缩比通常在 2 左右。例如，我国某型 37 mm 高炮，$m=2.06$，某型 57 mm 高炮，$m=1.85$。

三、液体气压式复进机原理

(一)复进机力的变化规律

液体气压式复进机在后坐过程中，活塞使复进机的气体受压缩，同时受压气体通过筒壁与外界进行热交换。而压力经液体传递作用在活塞上就产生复进机力 F_f。气体受压一般用多变过程来描述：

$$p_f W^n=p_{f0}W_0^n=\text{常数} \tag{3-84}$$

式中：p_{f0}、p_f——复进机中气体的初压力和某瞬时的压力(应为压强，但沿用习惯称呼为压力)；

W_0、W——气体的初体积和某瞬时的体积；

n——气体的多变指数，取决于复进机的散热条件及活塞的运动速度，一般取 $n=1.1\sim1.3$。

复进机力 F_f 则为

$$F_f=A_f p_f=A_f p_{f0}\left(\frac{W_0}{W}\right)^n \tag{3-85}$$

式中：A_f——复进机活塞工作面积。

气体的体积则随着活塞运动的距离(即后坐行程 X)而变化，即

$$W=W_0-A_f X$$

故

$$F_f=A_f p_{f0}\left(\frac{W_0}{W_0-A_fX}\right)^n=F_{f0}\left(\frac{W_0}{W_0-A_fX}\right)^n \tag{3-86}$$

式(3－86)就是计算液体气压式(气压式也相同)复进机力的基本公式,复进机力的变化规律如图 3－53 所示。

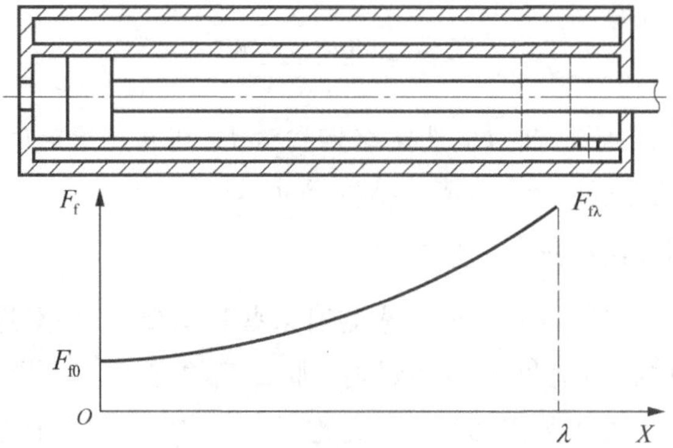

图 3－53　复进机力变化规律

后坐结束时,复进机末力为

$$F_{f\lambda}=F_{f0}\left(\frac{W_0}{W_0-A_f\lambda}\right)^n \tag{3-87}$$

复进末力与初力之比,即压缩比 m 为

$$m=\frac{F_{f\lambda}}{F_{f0}}=\left(\frac{W_0}{W_0-A_f\lambda}\right)^n \tag{3-88}$$

由式(3－88)可得

$$W_0=\frac{A_f\lambda}{1-m^{-\frac{1}{n}}} \tag{3-89}$$

在设计时,确定了 m 和 n,给定后坐长度 λ 及活塞工作面积 A_f 后即可计算复进机气体的初体积 W_0。

(二)复进机初力和压缩比

液体气压式复进机在设计时与弹簧式复进机一样,首先要合理地确定复进机初力 F_{f0} 和压缩比 m。其中 F_{f0} 确定原则同样见式(3－78)。液体气压式复进机的特点在于复进机初力 F_{f0} 是由气体初压 p_{f0} 与活塞工作面积 A_f 两个因子组成的,在设计时还应考虑复进机注气时的勤务条件,一般对于师以下火炮,要保证能以人工方式采用唧筒注气,因此 p_{f0} 不能选的太高,常取 p_{f0} 小于 5 MPa。对于口径较大的火炮,则可考虑用气瓶注气,p_{f0} 取得大一些,如我国某型 122 mm 加农炮,$p_{f0}=6.1$ MPa,某型 100 mm 高炮的 p_{f0} 达 7 MPa。为了提高发射速度,目前火炮多配置了半自动机,并以增加复进机初压的方法减少复进时间,在已解决高压液体密封的前提下,复进机初压已大大提高。

压缩比 m 的大小直接影响气体初体积的大小,对于确定的 A_f 和 λ。由式(3－89)可知,m 越大,气体初体积 W_0 越小,有利于使复进机机构紧凑。但对于液体气压式复进机,只考虑减小结构尺寸是不够的。因为增大 m 会同时带来另外两方面的后果,即复进机在后坐过程中贮存的能量 E_f 急剧增加以及气体温度 T_λ 急剧升高,W_0、E_f、T_λ 随 m 的变化规律绘成曲线如图 3－54 所示。

由图中曲线可以看出，在 $m>3.0$ 后，继续增大 m 对减小气体初体积 W_0 的效果减缓，而 T_λ 及 E_f 却急剧增大，前者对驻退液的热安定性以及紧塞元件可靠工作不利，后者则将增大复进剩余能量（后坐过程中贮存能量扣除使后坐部分复进到位需要能量），给节制复进及保证复进稳定性带来困难。因此一般压缩比 m 也不宜选得过大。通常，中小口径火炮取 $m=1.5\sim2.5$，大口径火炮为了使结构紧凑，可取 $m=2.5\sim3$。如我国某型 100 mm 高炮，取 $m=2.7$，某型 85 mm 加农炮则为了使复进机外形尺寸与驻退机大体相同而取得较大，$m=3.62$。

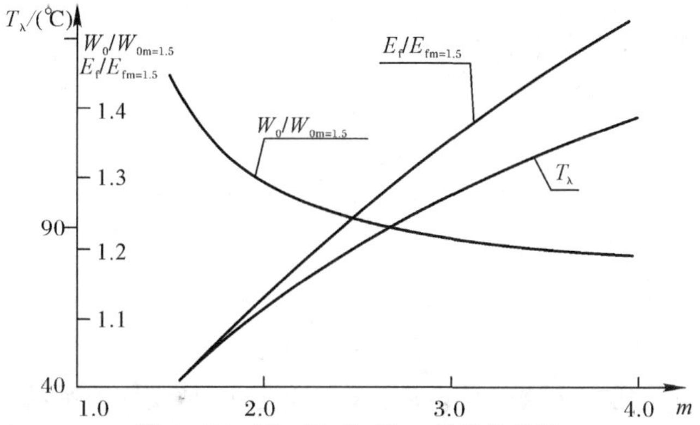

图 3－54　W_0、E_f、T_λ 随 m 的变化曲线

△拓展阅读

复进机力的变化规律可控性不好

无论是弹簧式复进机还是液体气压式复进机，复进机初力和压缩比确定后，在后坐长度一定情况下，复进机力的变化规律就是确定的，在后坐和复进过程中很难改变力的大小。复进机力是后坐阻力的一部分，要保证后坐制动图的变化规律需要对力的大小进行控制，现在是靠控制驻退机液压阻力来实现的。如果复进机力也能控制的话会带来更多方便，那么试想一下，能否设计一种复进机力可控的复进机呢？

四、液体气压式复进机液量检查原理

液体气压式复进机力是否符合所要求的变化规律，在结构尺寸一定的情况下，关键取决于 F_{f0} 和 m 是否符合设计要求。其中 F_{f0} 将取决于气体的初压 p_{f0}，m 则取决于气体初体积 W_0，而 W_0 在复进机中则又是由初始的液量 W_y 来确定的。为此，在平时勤务保养中，尤其是射击前必须对复进机的初压以及液量进行检查，如果发现不正常时，就应按先调整液量至正常，然后再调整气压至正常的顺序进行检查和调整。

液量检查的方法有很多，一些设想目前已实现，如检查窗、超声探测等。但是部队较普遍采用的还是人工后坐法。另外有专家提出的小筒法可以让人们更好地理解液量检查原理。

（一）人工后坐法

该方法在一定行程 l 上测量两点的气压值，然后对照液量检查表进行计算和判断。其原理是将人工后坐看成等温压缩过程(由于人工后坐速度很慢,因此认为热交换足够充分而保持等温)。故在人工后坐开始及后坐 l 行程,有

$$p_{f0}W_0 = p_{fl}W_l \tag{3-90}$$

而

$$W_0 = W_q - W_y$$
$$W_l = W_q - W_y - A_f l$$

式中:W_l——后坐 l 行程时复进机气体体积;

p_{fl}——后坐 l 行程测得复进机气压;

W_q——复进机内空间的总容积;

W_y——复进机内液体容积。

从而有

$$p_{f0}(W_q - W_y) = p_{fl}(W_q - W_y - A_f l) \tag{3-91}$$

进一步有

$$p_{fl} = \frac{1}{1 - \dfrac{A_f l}{W_q - W_y}} p_{f0} \tag{3-92}$$

式(3-92)说明,在压缩行程 l 确定后,压力 p_{fl} 与 p_{f0} 是线性关系,绘成图形则是一条过原点的直线,其斜率为

$$\tan\alpha = \left(1 - \frac{A_f l}{W_q - W_y}\right)^{-1} \tag{3-93}$$

当 $A_f l$ 和 W_q 一定时,直线的斜率就只取决于 W_y 的多少,当液量少于标准液量时,斜率也小,反之液量多于标准,斜率也就大于标准液量的斜率。将标准液量 W_y 及允许的最多液量,最少液量分别做出 3 条直线,并截取液量检查时常见的液压范围部分,就制成液量检查表,炮上的液量检查表还要绕左倾 45°斜线翻转 180°,如图 3-55 所示。若检查液量时,分别测得的 p_{f0} 和 p_{fl} 所对应的坐标点落在这 3 条直线之间,则液量符合允许范围,若落在直线外侧,则可由坐标差值,按比例计算出液体的偏差量进行调整。

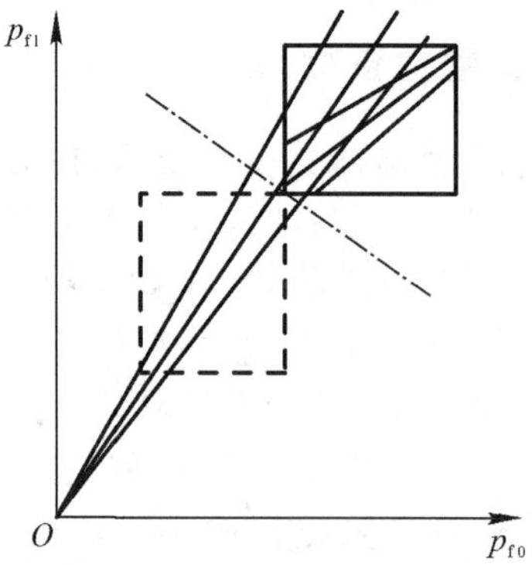

图 3-55 液量检查表原理图

实际上由式(3-91),测得 p_{f0}、p_{fl} 后,可以手工计算出 W_y,也可以用专用液量计算器计算出 W_y。液量计算器如图 3-56 所示。

图 3-56　液量计算器

(二)小筒法

该方法将一个定容积小筒与复进机外筒连接，首先测得初压 p_{f0}，而后将小筒阀门打开，气体进入小筒，测得末压 p_{ft}，由于气体膨胀很快，因此用多变过程来描述。

$$p_{f0}(W_q-W_y)^n=p_{ft}(W_q-W_y+W_t)^n \tag{3-94}$$

式中：W_t——小筒容积；

n——多变指数，由试验测定。

由式(3-94)，就可计算出 W_y。该方法避开了人工后坐，因此减少了勤务工作量，但是由于会改变气体初压，所以通常要与气瓶配合使用。

可以看出，不管人工后坐法还是小筒法，其实质都是让气体的体积发生一个变化，从而列写出气体状态方程，求得气体体积，进而求得液体体积。

△拓展阅读

复进机液量检查问题引出了许多发明

复进机液量检查采用人工后坐法费时费力，效率很低，人们想了很多办法来解决这个问题。譬如：用液压泵来实现火炮自动后坐，用气压泵来实现火炮自动后坐；用专用计算器来代替液量检查表，将计算器做在气压表上；上面提到的小筒法是另辟蹊径的方法；部队还发明了利用超声波寻找液体和气体界面来判定液量的方法。读者可以思考一下还有什么好方法。

实现人工后坐的方法

通常实现人工后坐的方法包括：棘轮扳手旋转顶杆方法、用唧筒向复进机内注液方法，这两种方法费时费力，效率极低；当然还可以用液压泵和气压泵来实现自动后坐，这两种方法通常需要接电或者利用高压气瓶；对于小口径火炮，譬如 85 mm 加农炮还可用螺杆(做成摇把形状)和炮尾上的内螺孔配合，将后坐部分人工拉向后方的，这种方法需要极大的臂力，但是速度会很快。

第六节　驻退机原理

后坐制动图表示的后坐阻力变化规律，最后必须依靠驻退机流液孔的设计来保证。复进制动图中复进合力的变化规律要靠复进节制器液压阻力来保证。而后坐制动器和复进节制器都在驻退机中，都是靠液体高速流过狭小漏口来控制力的变化规律。

一、液压阻力基础

流体力学是液压式驻退机工作的理论基础。为简单起见，假设所研究的液体是不可压缩的，由此引起的计算误差在1%以下。

(一)流体力学基础

1.连续流方程

连续流方程实际上是质量守恒方程，它揭示了液体流速和面积的关系。如图3-57所示，变截面容器内充满着不可压缩的液体，液体自左向右流动。假定液体流动是连续的、稳定的，那么存在下述关系：

$$A_1 w_1 = A_2 w_2 = \text{常量} \tag{3-95}$$

式中：A_1、A_2——各截面面积；

w_1、w_2——各截面流速。

其物理意义即单位时间内流过各断面的液体质量相等。断面面积大，液体流速就快，反之亦然。

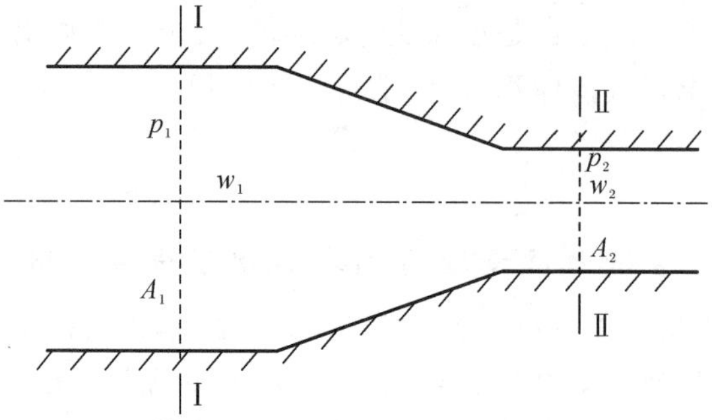

图3-57　连续流方程示意图

2.伯努利方程

伯努利方程也叫能量方程。如图3-58所示，不可压缩液体在变截面管道中流动，管道中各截面液体压力、速度之间的关系可用伯努利方程表示，即

$$z_1 + \frac{p_1}{\rho} + \frac{w_1^2}{2} = z_2 + \frac{p_2}{\rho} + \frac{w_2^2}{2} + H_r \tag{3-96}$$

式中：z_1、z_2——液流截面高度；

p_1、p_2——液流截面的液体压力；

w_1、w_2——液流截面的平均速度；

H_r——单位质量液体流经两截面的能量损失。

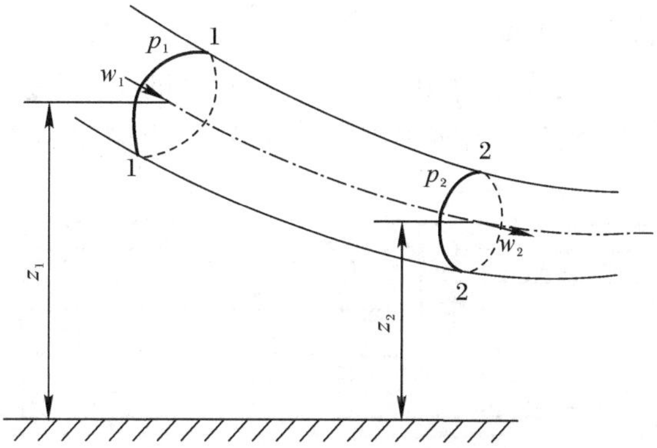

图 3-58　伯努利方程示意图

流体能量损失有两种：第一种是沿程损失，即液体沿着截面尺寸和角度不变管道流动时的能量损失，产生沿程损失的原因是液体分子间及液体与管壁间的摩擦。第二种是局部损失，即管道尺寸和角度变化时（如缩小、扩大、转弯等）液流的能量损失，这是由于液体的黏性引起的。

对于驻退机，由于 z_1 和 z_2 相差很小，在公式推导时，可认为 $z_1=z_2$，于是有

$$\frac{p_1}{\rho}+\frac{w_1^2}{2}=\frac{p_2}{\rho}+\frac{w_2^2}{2}+H_r \tag{3-97}$$

其中，

$$H_r=\xi\frac{w^2}{2}$$

式中：ξ——液流损失系数。

为了更加方便地利用伯努利方程，对式(3-97)进一步推导。假定液体被压过一个狭小漏口，如图 3-59 所示。液体流经漏口前压强为 p_1、速度为 V，流经漏口处压强为 p_2、速度为 w，则有

$$\frac{p_1}{\rho}+\frac{V^2}{2}=\frac{p_2}{\rho}+\frac{w^2}{2}+\frac{1}{2}w^2\xi$$

由于 w 远远大于 V，因此可忽略$\frac{V^2}{2}$项，对上式整理得

$$p_1-p_2=\frac{1+\xi}{2}w^2\rho=\frac{K\gamma}{2g}w^2 \tag{3-98}$$

式中：引入液压阻力系数 $K=1+\xi$，其除了包括驻退机内沿程损失和局部损失外，还包括理论公式未考虑的影响因素和误差，是一个理论与实际之间的符合系数。上式说明，当不可压缩液体流过狭小漏口，必然导致压力下降，下降值可用式(3-98)计算。

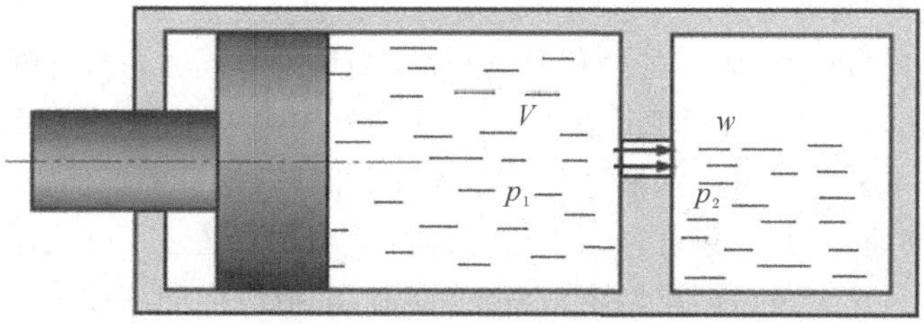

图 3-59　液压装置示意图

(二)最简单驻退机液压阻力推导

图 3－60 为一个杆后坐的最简单驻退机。这种驻退机的工作原理与理论公式具有普遍意义。实际上,各种类型的液压式驻退机都是在最简单驻退机基础上发展起来的。

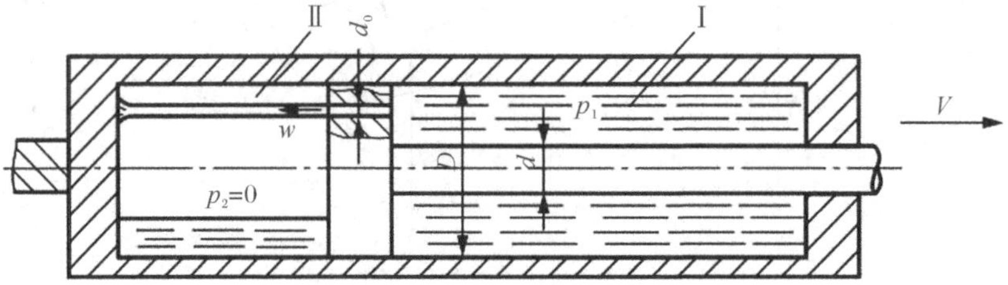

图 3－60　杆后坐的最简单驻退机示意图

图 3－60 中,外筒固定不动,Ⅰ腔为工作腔,Ⅱ腔为非工作腔,V 为火炮后坐速度,即驻退杆运动速度,D 为活塞直径,d 为驻退杆直径,d_0 为流液孔直径,w 为液体经过流液孔的射流速度,p_1 为工作腔液体压力,p_2 为非工作腔液体压力。由于Ⅱ腔产生真空,故 $p_2=0$。

显然活塞工作面积 $A=\frac{\pi}{4}(D^2-d^2)$,流液孔面积 $a=\frac{\pi}{4}d_0^2$。

由连续流方程,有(以驻退杆为参照对象)

$$AV=(w+V)a$$

故

$$w=\frac{A-a}{a}V$$

由伯努利方程,有

$$p_1-p_2=\frac{K\gamma}{2g}w^2=\frac{K\gamma}{2g}\frac{(A-a)^2}{a^2}V^2$$

即

$$p_1=\frac{K\gamma}{2g}\frac{(A-a)^2}{a^2}V^2$$

压力作用在驻退机活塞上即形成驻退机液压阻力 φ_0,即

$$\varphi_0=p_1(A-a)=\frac{K\gamma}{2g}\frac{(A-a)^3}{a^2}V^2 \qquad (3-99)$$

从式(3－99)可以看出,流液孔面积 a 对液压阻力影响十分显著,根据这一点,可通过改变流液孔面积的方法来控制液压阻力规律,从而满足火炮后坐阻力规律的要求。显然流液孔面积为常数的最简单式驻退机不能达到上述要求。

(三)驻退机工作实质

液压式驻退机提供后坐阻力的过程是这样的:当炮身连同驻退机活塞向后运动时,活塞推动液体经过小孔 a 流入非工作腔,由于 A/a 在 50～150 左右,因此流经小孔的液流速度可达 1 000 m/s。本来驻退机内的液体是处于静止状态的,炮身要迫使它在百分之几秒的时间内达到如此高的速度,其加速度可达重力加速度的一万倍左右。液体由于惯性必然对活塞产生很大的阻力,这个阻力即惯性阻力 ϕ_{01}。同时,驻退机内的液体是有黏性的,即液体具有内摩擦。液体在工作腔中流动,特别是挤过漏口时,液体内部有摩擦,液体与筒壁、杆壁有

摩擦，都有阻滞液体流动的作用，这部分阻力称为摩擦阻力 ϕ_{02}。因此驻退机的液压阻力 ϕ_0 由惯性阻力 ϕ_{01} 和摩擦阻力 ϕ_{02} 两部分组成。

需要指出的是，液压阻力实际上是由工作腔内的液体压力产生的。当活塞后坐挤压液体时，驻退机工作腔内便形成了很高的压力 p_1，这个压力作用在活塞上便形成液压阻力 ϕ_0。活塞对液体的作用，使液体流动并获得动能；液体对活塞的作用，则使活塞及炮身减速，直至停止，消耗后坐动能。

驻退机工作实质是一个能量转换过程：炮身后坐，活塞移动挤压驻退机内液体，克服液体惯性阻力做功，将后坐动能(大部分)转化为液体流动的动能；液体高速流过漏口，冲击非工作腔的液体及筒、杆表面，将动能消耗掉，转化为热能。同时，活塞移动还要克服液体的摩擦阻力做功，消耗掉一部分后坐动能并转化为热，驻退机的液体和金属部分温度都要升高，当然这些热最后都散失到空气中。驻退机所完成的能量转换过程是不可逆的，它只是消耗后坐动能，而不能将这些能量再转化为动能，这是区别于复进机的。

各种液压式驻退机的结构尽管不同，但液压阻力的形成和工作实质却是相同的。

△拓展阅读

伯努利方程

伯努利方程在航空上应用广泛，飞机之所以能够飞起来，是因为翼面上下空气流速不同造成压力差造成的。

伯努利家族

17—18 世纪，瑞士伯努利家族出现了多位数理科学家。最著名的有三位：雅各布·伯努利(1654—1705 年)，在概率论、微分方程方面成就巨大；约翰·伯努利(1667—1748 年)，在变分法上成就突出；丹尼尔·伯努利(1700—1782 年)，在微分方程、数学物理方面成就卓越。三人中丹尼尔·伯努利成就最高。雅各布·伯努利是约翰·伯努利的哥哥，丹尼尔·伯努利是约翰·伯努利的儿子。

浅说加速度

驻退机内液体加速度达到 10 000 g，因此惯性阻力极大；飞鸟之所以能将飞机撞毁，是因为于飞鸟和飞机的相对速度很大，短时间内停止，加速度很大造成很大的撞击力；普通人能承受的加速度不超过 $4g$，战斗机飞行员要承受 $9g$，航天员最高承受 $12g$，这也是人类的极限了。之所以现在发展无人机，是因为飞机机动性增强，人员已经承受不起加速度了。

二、后坐制动器原理

(一)后坐时液压阻力

典型的节制杆式驻退机结构如图 3 - 61 所示。这种类型的驻退机目前广泛应用在制式火炮中，与其他类型的驻退机相比，其动作确实可靠，设计理论较为完善，与实际符合较好。

以杆后坐为例，该驻退机的驻退筒与摇架固联，驻退杆与炮尾连接。后坐时驻退杆随后坐部分一同后坐，带动驻退活塞挤压驻退机工作腔Ⅰ中的液体，工作腔Ⅰ中的液体受挤压后进入驻退活塞的大斜孔，然后分为两股。一股经节制杆与节制环之间的环形流液孔流入非工作腔Ⅱ，它是后坐时产生驻退机液压阻力的主要液流，称为主流；另一股由驻退杆内壁与节制杆之间的环形管道经调速筒上的通孔推开活瓣进入内腔Ⅲ，称为支流。为了在复进全程都能提供制动力，要求驻退杆内腔在后坐过程中始终充满液体。

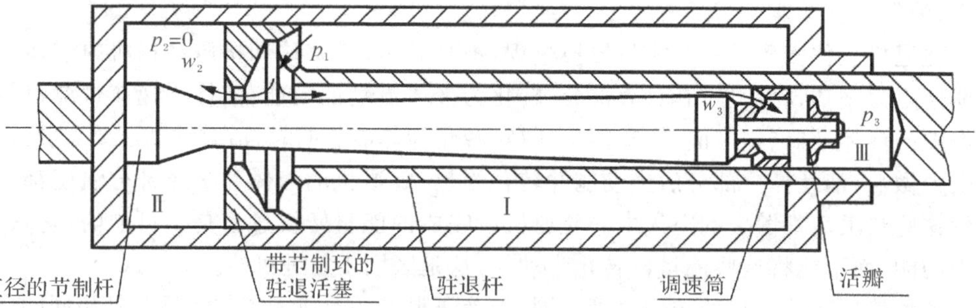

图 3-61　节制杆式驻退机原理图

两股液流中，主流是在活塞压力 p_1 的作用下，从工作腔经流液孔 a_x 流入非工作腔，由于驻退杆不断抽出，非工作腔产生真空，因此 $p_2=0$。支流则是在活塞压力作用下进入驻退杆内腔，由于内腔始终充满液体，也即 $p_3>0$，因此支流是在 p_1 与 p_3 的压力差作用下的流动。支流的流液孔截面处于什么位置与具体结构有关，在计算时应找到整个通道中的最小截面 Ω_1，通常在结构上这一流液孔面积是不变的，即 Ω_1 是支流的常数流液孔。

引入几个符号：

d_T——驻退杆外径；

D_T——驻退活塞直径，活塞工作面积 $A_0=\dfrac{\pi}{4}(D_T^2-d_T^2)$；

d_1——驻退杆内腔直径，复进节制器工作面积 $A_{fj}=\dfrac{\pi}{4}d_1^2$；

d_p——节制环内径，节制环孔面积 $A_p=\dfrac{\pi}{4}d_p^2$；

δ_x——节制杆直径，节制杆截面积 $A_x=\dfrac{\pi}{4}\delta_x^2$；

a_x——流液孔面积，$a_x=A_p-A_x=\dfrac{\pi}{4}(d_p^2-\delta_x^2)$；

Ω_1——支流最小截面积。

1.液压阻力方程

驻退机内液体的流动是十分复杂的，一般来说液体具有一定的可压缩性并具有黏性，流动则是三维非定常的。为了工程处理简便，常做如下假设：

(1)驻退液是不可压缩的；

(2)流动是一维定常流；

(3)驻退液在反后坐装置中的流动以地球为惯性坐标系；

(4)驻退杆内腔在后坐过程中始终充满液体；

(5)驻退活塞上斜孔面积足够大,液体经斜孔时压力无损失。

推导的思路是首先以液体连续流方程计算液流速度,然后以伯努利方程计算液体压力,最后根据液体压力作用面积导出液压阻力方程。

(1)液流速度的计算。以杆后坐为例,后坐速度为 V,单位时间 $\mathrm{d}t$ 内活塞移动距离 $\mathrm{d}X$,液体重度为 γ($\gamma=\rho g$,ρ 为液体密度),对于主流来说,活塞移动 $\mathrm{d}X$ 距离时,被排挤的液体重量为

$$\gamma A_0\mathrm{d}X+\gamma(A_{\mathrm{fj}}-A_{\mathrm{x}})\mathrm{d}X$$

其中前一项是活塞直接排挤的液体重量,后一项是由于节制杆从驻退杆内拔出所排挤的液体重量。由连续方程可知,这些液体重量与以速度 w_0' 流动的主流液体以及流入驻退杆内腔的液体重量 $\gamma A_{\mathrm{fj}}\mathrm{d}X$ 相等,即

$$\gamma A_0\mathrm{d}X+\gamma(A_{\mathrm{fj}}-A_{\mathrm{x}})\mathrm{d}X=\gamma w_2'a_{\mathrm{x}}\mathrm{d}X+\gamma A_{\mathrm{fj}}\mathrm{d}X \tag{3-100}$$

化简上式,并因 $\dfrac{\mathrm{d}X}{\mathrm{d}t}=V$,故

$$(A_0-A_{\mathrm{x}})V=a_{\mathrm{x}}w_2'$$

或

$$w_2'=\frac{A_0-A_{\mathrm{x}}}{a_{\mathrm{x}}} \tag{3-101}$$

对杆后坐而言,w_2' 是液流相对于活塞流液孔的相对速度,而绝对速度 w_2 为

$$w_2=w_2'-V=\frac{A_0-A_{\mathrm{x}}}{a_{\mathrm{x}}}V-V=\frac{A_0-A_{\mathrm{p}}}{a_{\mathrm{x}}}V \tag{3-102}$$

如果是筒后坐,w_2' 就是绝对速度。

对于支流,根据内腔始终充满液体的假设条件,当驻退杆后坐移动 $\mathrm{d}X$ 距离时,内腔体积增大 $A_{\mathrm{fj}}\mathrm{d}X$,设支流最小截面积 Ω_1 的流速为 w_3,由连续方程有

$$\gamma A_{\mathrm{fj}}\mathrm{d}X=\gamma w_3\mathrm{d}t\Omega_1$$

即

$$A_{\mathrm{fj}}V=w_3\Omega_1 \tag{3-103}$$

或

$$w_3=\frac{A_{\mathrm{fj}}}{\Omega_1}V \tag{3-104}$$

对于杆后坐,w_3 就是绝对速度。

(2)液体压力的计算。根据伯努利方程,可分别列出主流和支流的压力与流速的关系式。

对于主流,由于 $p_2=0$,因此,有

$$p_1=\frac{K_1\gamma}{2g}\frac{(A_0-A_{\mathrm{p}})^2}{{a_{\mathrm{x}}}^2}V^2 \tag{3-105}$$

对于支流,有

$$p_1-p_3=\frac{K_2\gamma}{2g}\left(\frac{A_{\mathrm{fj}}}{\Omega_1}\right)^2V^2 \tag{3-106}$$

从而有

$$p_3=\frac{K_1\gamma}{2g}\frac{(A_0-A_p)^2}{{a_x}^2}V^2-\frac{K_2\gamma}{2g}\left(\frac{A_{fj}}{\Omega_1}\right)^2V^2 \tag{3-107}$$

K_1 和 K_2 分别为主流和主流液压阻力系数。

(3)液压阻力方程。杆后坐时,液体压力对驻退杆作用的合力就是驻退机提供的液体阻力,取驻退杆为自由体,压力的作用如图 3-62 所示。其中 p_3 作用的投影面积为 A_{fj};p_1 除了作用于活塞工作面积 A_0 外,还作用在活塞腔内,在活塞腔内两方向作用的压力投影抵消后,p_1 的有效作用面积为 $A_0+A_{fj}-A_p$。故液压阻力为

$$\phi_0=p_1(A_0+A_{fj}-A_p)-p_3A_{fj}$$

或

$$\phi_0=p_1(A_0-A_p)+(p_1-p_3)A_{fj} \tag{3-108}$$

将式(3-105)、式(3-106)代入,得

$$\phi_0=\frac{K_1\gamma}{2g}\frac{(A_0-A_p)^3}{a_x^2}V^2+\frac{K_2\gamma}{2g}\frac{A_{fj}^3}{\Omega_1^2}V^2 \tag{3-109}$$

或

$$\phi_0=\frac{K_1\gamma}{2g}\left[\frac{(A_0-A_p)^3}{a_x^2}+\frac{K_2}{K_1}\frac{A_{fj}^3}{\Omega_1^2}\right]V^2 \tag{3-110}$$

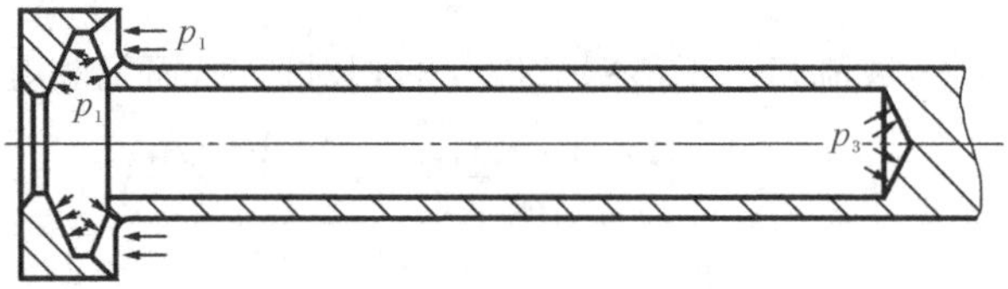

图 3-62　驻退杆受力图

式(3-110)就是图 3-61 所示节制杆驻退机杆后坐时的液压阻力方程。从式中可以看出,液压阻力 ϕ_0 是液流孔 a_x 及 V^2 的函数,有时把 ϕ_0 表示为

$$\phi_0=f(a_x)V^2$$

其中,

$$f(a_x)=\frac{K_1\gamma}{2g}\left[\frac{(A_0-A_p)^3}{a_x^2}+\frac{K_2}{K_1}\frac{A_{fj}^3}{\Omega_1^2}\right] \tag{3-111}$$

称为结构函数。在驻退机结构尺寸确定后,根据 δ_x-X 的规律,也即节制杆直径的变化规律即可设法求得液压阻力 ϕ_0 的变化规律。对于正面设计来说,可按照所要求的 ϕ_0 变化规律求得流液孔面积 a_x 的变化规律,从而完成节制杆外形的设计。

当考虑驻退活塞与驻退筒之间间隙时,可将间隙面积 a_0 折算进主流流液孔面积 a_x 中,折合面积 a_z 为

$$a_z=a_x+a_0\sqrt{\frac{K_1}{K'}}$$

式中:K'为间隙处液压阻力系数。

2. 内腔液体充满的情况确定

(1)内腔液体充满条件。前面所建立的节制杆式驻退机液压阻力方程,是在内腔始终充满液体的假设基础上得到的。另外,内腔始终充满液体是节制杆式驻退机复进时保证全程

制动的需要。可见，使所设计的驻退机在后坐全过程中，确实保证内腔充满液体是特别重要的。

所谓内腔液体充满条件，就是内腔不产生真空的条件，即内腔的液体压力 $p_3>0$。

由式(3-107)得

$$\frac{K_1\gamma}{2g}\frac{(A_0-A_p)^2}{a_x^2}V^2-\frac{K_2\gamma A_{fj}^2}{2g\,\Omega_1}>0$$

即

$$\frac{(A_0-A_p)^2}{a_x^2}-\frac{K_2}{K_1}\frac{A_{fj}^2}{\Omega_1^2}>0$$

从而

$$\Omega_1>\sqrt{\frac{K_2}{K_1}}\frac{A_{fj}}{A_0-A_p}a_x \tag{3-112}$$

(2)支流最小截面积 Ω_1 的位置确定。在驻退机液压阻力的形成和计算中，支流最小截面积 Ω_1 位置的确定十分重要。在现有火炮的节制杆式驻退机结构中，支流最小截面积 Ω_1 出现的位置一般有两种情况。

1)节制环孔直径小于节制杆活塞直径($d_p<d_1$)。在这种结构中，Ω_1 可能为下述三个面积(图 3-63)：一是节制杆最大截面积与驻退杆内腔的环形间隙(位置 1)，此时

$$\Omega_1=\frac{\pi}{4}(d_1^2-\delta_{max}^2)$$

式中：δ_{max}——节制杆最大直径。

二是调速筒上的斜孔总面积(位置 2)。

三是调速活瓣打开的环形面积或活瓣与驻退杆内腔的环形面积(位置 3)。

一般最难保证的是位置 1，故 Ω_1 多按此计算。为了得到保证充满条件所需的 Ω_1，d_1 和 d_p(δ_{max}与 d_p 名义尺寸相同)之间的间隙应足够大，一般可取

$$d_p=d_1-(4\sim6)\text{mm}$$

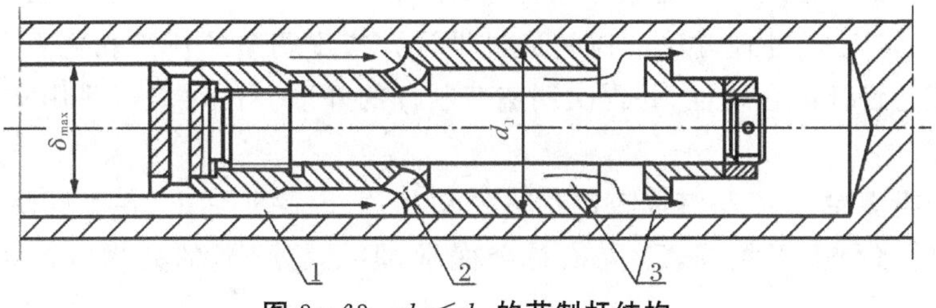

图 3-63　$d_p<d_1$ 的节制杆结构

2)节制环直径大于或等于节制杆活塞直径($d_p\geqslant d_1$)。

由于与情况 1)相对应的结构不便于分解结合，因此有的火炮上节制环直径 d_p 与节制杆最大直径 δ_{max}取相同的名义尺寸。这样，必然造成 d_1 和 δ_{max}二者之间的环形间隙很小，为保证节制杆内腔充满液体，在节制杆直径较小的部位钻孔(图 3-64)。此时，Ω_1 的位置出现在第一孔起始处的环形截面。

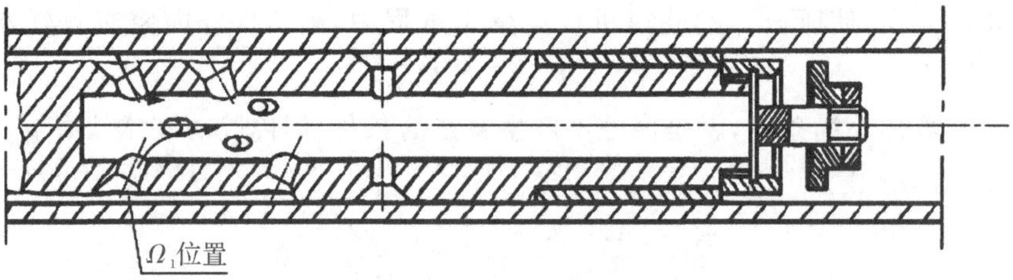

图 3-64 $d_p \geqslant d_1$ 的节制杆结构

(二)液压阻力系数的确定

在上述驻退机的经典设计理论中,将驻退机内液体的流动假设为一维不可压缩定常流动,运用伯努利方程建立驻退机工作腔和内腔压力的计算公式。在公式中引入了一个十分重要的系数——液压阻力系数 K。从形式上讲,液压阻力系数 K 反映的是液流的能量损失。然而实际上,由于驻退机内液体流动现象十分复杂,除了由于液体的黏性和湍流流动造成的能量损失之外,还有三维流动的影响、液体流经小孔的收缩现象、液体的可压缩性以及流动的非定常性等。因此,液压阻力系数 K 实际上是一个包含了所有理论模型所未考虑的各种因素综合影响的修正系数,是一个理论与实际的符合系数。严格来讲,液压阻力系数 K 实际上并非常数,它不但与驻退机的结构有关,而且在整个后坐过程中也是变化的。在利用经典设计理论设计火炮反后坐装置时,正确地选取或测定液压阻力系数 K 是十分重要的。

(1)正面问题计算中液压阻力系数 K 的确定原则。在驻退机正面设计时还没有驻退机的实物,不能实测 K_1 和 K_2。这时通常将其作为常数,参考现有火炮同类型驻退机所用的 K_1 和 K_2 取值。为了减少盲目性,在选取 K 时应遵循以下原则:

1)两驻退机的驻退液黏度必须一致;

2)两驻退机结构形式应尽量接近;

3)两驻退机液体压力计算公式应相同;

4)两驻退机的后坐速度尽量相近。

节制杆式驻退机的液压阻力系数通常为,$K_1=1.2\sim1.6$,$K_2=(2\sim4)K_1$。

(2)试验测定 K 的处理方法。在驻退机设计并初步调整了流液孔之后,必须通过实际测试检验流液孔设计的合理性,并再次调整节制杆的外形。这时应当采用实测的液压阻力系数 K 来计算。

由于液压阻力系数 K 与液体流动损失密切相关,因此实际上,在不同瞬间液体流动速度、液体流经的路程都不相同,K 应该是个变量,但目前习惯的处理方法仍是将 K 取为常数。

测定液压阻力系数,通常在不同液温下测出 p_1-X、p_3-X 和 $V-X$ 曲线,然后由下面的公式算得 K_1-X 和 K_2-X。

$$K_1=\frac{2g}{\gamma}\frac{a_x^2}{(A_0-A_p)^2}\frac{p_1}{V^2} \tag{3-113}$$

$$K_2=\frac{2g}{\gamma}\left(\frac{\Omega_1}{A_{fj}}\right)^2\frac{p_1-p_3}{V^2} \tag{3-114}$$

图 3－65 为某型 85 mm 加农炮的 K_1 和 K_2 曲线，从图中可以看出，K_1 和 K_2 对 X 不是常数，但习惯上为了计算时方便，采用积分平均或最小二乘法将它们处理为平均的液压阻力系数使用，可采用有条件的积分平均和最小二乘法。

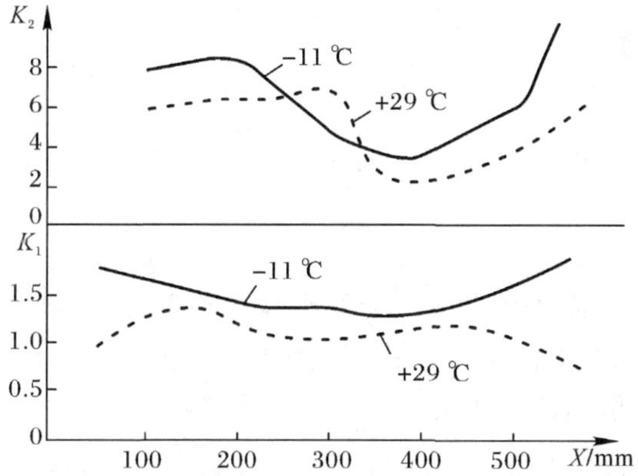

图 3－65　某型 85 mm 加农炮的液压阻力系数曲线

(1)有条件的积分平均。由于后坐起始和结束阶段液体压力变化剧烈，液压的测量误差较大，且在 $X\to 0$ 和 $X\to\lambda$ 时 $V\to 0$，式(3－113)和式(3－114)无法计算，因此实测曲线中常剔出两端部分而取中间的 $X_1\to X_2$ 段，然后按下式计算：

$$K=\frac{\int_{X_1}^{X_2}K(X)\mathrm{d}X}{X_2-X_1}\tag{3-115}$$

式中：$\int_{X_1}^{X_2}K(X)\mathrm{d}X$ 可用数值积分方法求得，也可将 $K-X$ 的离散值先拟合成某种便于计算的函数进行积分。

(2)最小二乘法。用最小二乘法计算平均液压阻力系数，可以通过使试验测得的液体压力值与按某个平均液压阻力系数计算所得的压力值之差的平方最小来确定，计算式为

$$K_1=\frac{\sum_{i=1}^{n}p_{1i}\frac{V^2}{a_{xi}^2}}{\frac{\gamma}{2g}(A_0-A_p)^2\sum_{i=1}^{n}\frac{V^4}{a_{xi}^4}}\tag{3-116}$$

$$K_2=\frac{\sum_{i=1}^{n}(p_{1i}-p_{3i})V_i^2}{\frac{\gamma}{2g}\left(\frac{A_{fj}}{\Omega_1}\right)^2\sum_{i=1}^{n}V_i^4}\tag{3-117}$$

式中：p_{1i}、p_{3i}、a_{xi}、V_i 分别为第 i 个取样点处实测的液体压力、流液孔面积和后坐速度值。

上述两种平均值处理方法，条件积分平均值使用时经反面问题计算其后坐长度 λ 与实验值比较接近，而最大后坐阻力有时相差较多，这是因为积分平均值主要保证了 $R-X$ 曲线下的做功面积相等，而不能保证曲线的各点重合。最小二乘法则相反，最大后坐阻力吻合较好，但后坐长度吻合较差。

由此可见，将液压阻力系数处理为常数是一种不完善的方法。随着计算机的应用，在后坐反面问题计算中，将液压阻力系数处理为变数已成为可能。目前国内将 K 处理为变数的

方法包括将 K 拟合为 X 的一元多次函数、将 K 拟合为 a_x 的一元多次函数、将 K 拟合为 a_x 和 V 的二元多次函数等。

(二)流液孔面积与节制杆外形确定

1. 流液孔面积计算

由式(3-109),得

$$a_x=\frac{(A_0-A_p)^{\frac{3}{2}}}{\sqrt{\frac{2g}{K_1\gamma}\frac{\phi_0}{V^2}-\frac{K_2}{K_1}\frac{A_{fj}^3}{\Omega_1^2}}} \tag{3-118}$$

此式即为计算流液孔面积的公式。当驻退机结构确定后,即 A_0、A_p、A_{fj} 和 Ω_1 等确定后,合理选定液压阻力系数 K_1 和 K_2,将所要求的 ϕ_0 规律及计算得到的驻退机后坐运动诸元代入式(3-118)即可解出流液孔面积 a_x-X 变化规律,如图 3-66 所示。

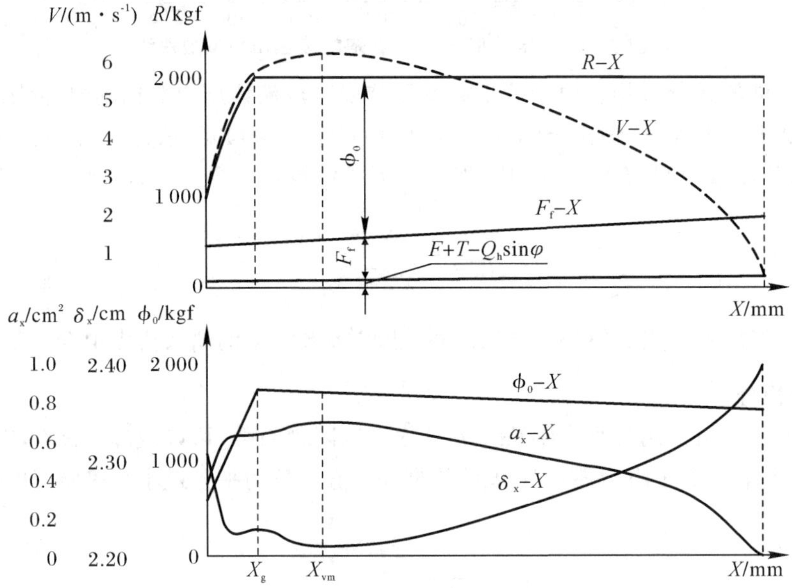

图 3-66　某驻退机流液孔面积和节制杆外径

2. 节制杆理论外形

由于

$$a_x=\frac{\pi}{4}(d_p^2-\delta_x^2)$$

因此节制杆外形尺寸 δ_x 为

$$\delta_x=\sqrt{d_p^2-\frac{4}{\pi}a_x}$$

某驻退机的节制杆理论外形 δ_x-X 如图 3-66 所示。

由正面问题计算得到的液流孔面积 a_x-X 和节制杆外形 δ_x-X 曲线只是理论规律,它不能直接用在驻退机上,还需要对其进行必要的调整,这时的调整称为初调整。在所设计的驻退机加工装配好之后,应进行射击试验,并根据试验结果对节制杆进行再调整。节制杆调整后均需进行反面问题计算，以检验节制杆调整的效果。

3. 节制杆外形调整

进行节制杆外形的初调整，主要是因为节制杆理论外形在实际应用时存在以下问题：

(1)对火炮实际射击条件的适应性差。节制杆的理论外形 δ_x-X 是在正常射击条件(常温、全装药、$\varphi=0°$)下设计出来的，当 $X\leqslant 0$ 及 $X\geqslant\lambda$ 时，由于 $V=0$，故 $a_x=0$。然而在实际射击时，射击条件不可能完全与设计的条件相同。如在高温和 $\varphi=\varphi_{max}$ 的条件下射击，则后坐长将比正常情况增加 10%左右。若仍用理论外形的节制杆，则必然出现后坐接近结束时 $V>0$，而 $a_x=0$，p_1 将急剧增高。这种现象称为"液力闭锁"。在这种情况下，驻退机和炮架受力陡增，将使稳定性破坏，甚至使零部件损坏。此外，由于零件轴向加工误差的存在，节制杆与节制环的相对位置在装配后可能出现一定的位置偏差。也就是说，对于理论外形的节制杆，即使射击条件不变，仍会出现 $V>0$，而 $a_x=0$ 的"液力闭锁"现象。因此必须对节制杆理论外形的起始段和终了段进行调整，使节制杆直径适当减小，工作段长度适当延长，以适应各种射击条件和轴向装配误差，避免"液力闭锁"现象的发生。

(2)理论外形加工工艺性差。理论设计的 δ_x-X 曲线在弹丸出炮口点附近变化很大，这样的节制杆外形不便于加工。通常在不影响驻退机性能的情况下，将节制杆的理论外形调整为几段锥度。

节制杆的理论外形的初调整，通常按以下方法进行：

1)起始段的调整原则是将 a_x 增大，并在轴向向外延伸，以避免起始段的液力闭锁。理论计算和试验都说明，起始段的 a_x 增大一些对整个后坐运动影响不大。原因是在弹丸膛内运动时期，$F_{pt}\gg R$，后坐阻力 R 在此时期内不是主要的，改变 R 对整个后坐运动的影响很小。节制杆起始段的调整应使外形尽量简单。一般从节制杆最细处按 δ_{min} 延伸，将起始段调整为圆柱形或圆锥形，如图 3-67 所示。考虑轴向装配误差，一般取 $\Delta l=10$ mm。

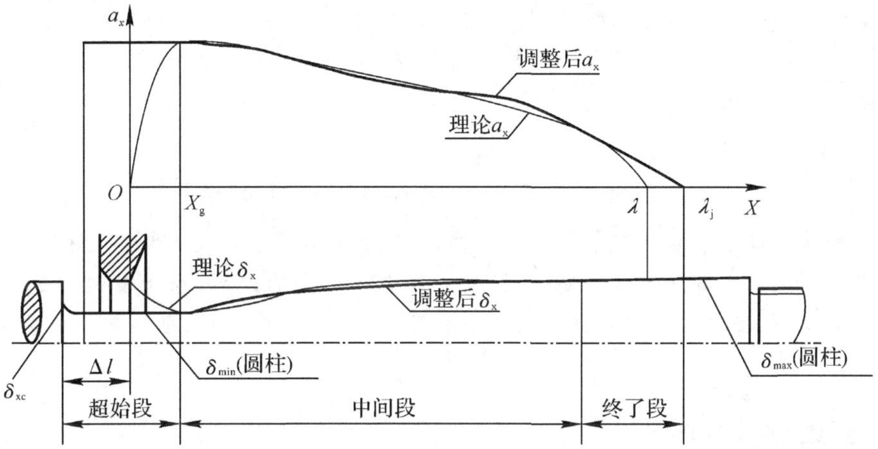

图 3-67　节制杆外形的调整

确定节制杆根部直径 δ_{xc}，应避免节制杆根部与节制环卡滞，一般 $\delta_{xc}\leqslant(d_p-2)$ mm。

2)终了段的调整原则是增大 a_x，并延伸到极限后坐长 λ_j。在调整结束段时，应综合考虑各种射击条件的变化。确定极限后坐长 λ_j，并保证在 $X=\lambda_j$ 时，$a_x>0$。一般取

$$\lambda_j=(1.08\sim1.20)\lambda$$

具体方法是从正常后坐长 λ 的最后 5%左右处作节制杆理论外形的切线，延长到 λ_j 处，使 δ_{xmax} 的名义尺寸与 d_p 相同，上下偏差均为负公差，或者在名义尺寸上使 $\delta_{xmax} < d_p$，以保证 $a_x > 0$。表 3-4 为部分火炮的后坐长度和工作腔压力值，仅供参考。

表 3-4　几种火炮的后坐长度和工作腔压力值

火炮名称	后坐长度 λ/mm	极限后坐长度 λ_j/mm	p_1/MPa
某型 37 mm 高射炮	150～180	185	13
某型 57 mm 高射炮	300～360	370	12
某型 85 mm 加农炮	580～660	675	12
某型 122 mm 榴弹炮	960～1 065	1 100	10
某型 122 mm 加农炮	790～930	950	22

3)中间段的调整原则是使外形工艺性良好，并尽量接近理论外形。

一般将此段调整为若干个锥度。为加工和测量方便，折点与定位基准的距离应取整数，折点处节制杆直径的尾数应按 0.1 mm 选取。

节制杆的初调整只考虑了克服液力闭锁和改善加工工艺问题，并没有考虑对液压阻力公式的近似性进行修正。因此，初调整后还需以射击试验来检验所得的后坐阻力变化规律和后坐运动规律，进一步调整节制杆外形，从而使 $\phi_0 - X$ 曲线趋于平缓。这就是节制杆外形的再调整。

△拓展阅读

驻退机后坐时两条流路产生阻力大小

通过数值计算可知，驻退机后坐时主流产生的液压阻力远远大于支流产生的液压阻力，甚至将支流产生的液压阻力忽略，对后坐运动影响都微乎其微。支流的存在是为复进制动做准备。主流流液孔是节制环和节制杆之间间隙，这也是大部分驻退机都被称为带节制杆式后坐制动器的驻退机的原因。

后坐制动器的关键部件——节制环

后坐制动漏口是节制杆和节制环之间的间隙，节制环内径不变，通过节制杆外径变化控制液压阻力大小。在液体反复冲刷作用下，流液孔有扩大的趋势，由于节制杆是钢制的，而节制环是铜制的，所以节制环长期使用内径会扩大，是一个易损件，使用到一定期限要进行检查和更换。

三、复进节制器原理

(一)复进时液压阻力

复进时液压阻力通常包括三部分：驻退机内复进节制器产生的液压阻力 ϕ_{ff}、驻退机内后坐制动漏口液体反向流动产生的液压阻力 ϕ_{0f} 和液体气压式复进机内复进机活瓣小孔产生的液压阻力 ϕ_{kf}。

1. ϕ_{0f}和 ϕ_{ff}公式

复进时的驻退机如图 3－68 所示。后坐时，应保证复进节制器腔的液体充满。当复进一开始，节制杆端部的活瓣立即关闭，节制腔中的液体在节制杆头部的活塞作用下，只能从驻退杆沟槽流入驻退机工作腔。这样，复进一开始就产生复进节制器的液压阻力 ϕ_{ff}。在驻退机的非工作腔真空消失以后，驻退机流液孔提供液压阻力 ϕ_{0f}。

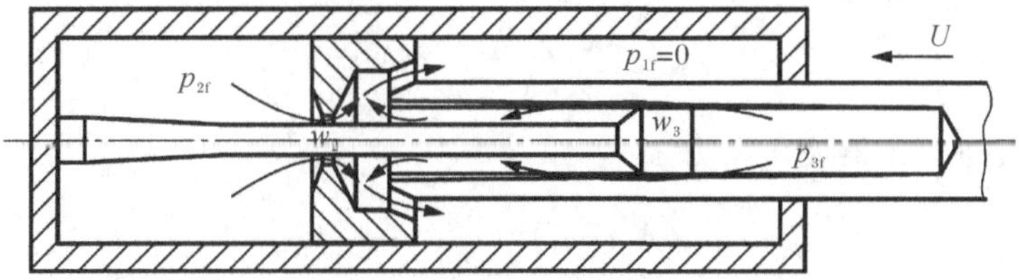

图 3－68　复进时液压阻力

研究复进时的液压阻力的方法与后坐时完全一样，假设也完全相同。以图 3－68 所示的沟槽式复进节制器为例，仍假设为杆后坐。

引入符号：

A_{0f}——复进时驻退机活塞工作面积；

$$A_{0f}=\frac{\pi}{4}(D_T^2-d_p^2)$$

D_T——驻退筒内径；

d_p——节制环内径；

d_1——驻退杆内径或驻退杆尾杆内径；

A_{fj}——复进节制器活塞工作面积；

$$A_{fj}=\frac{\pi}{4}d_1^2$$

a_f——复进节制器流液孔面积。

(1)ϕ_{0f}。液体由驻退机非工作腔经 a_x 流入工作腔的速度由以下连续流方程确定：

$$(A_{0f}+a_x)\mathrm{d}U=a_x w_2'$$

相对速度为

$$w_2'=\frac{A_{0f}+a_x}{a_x}U$$

绝对速度为

$$w_2=w_2'-U=\frac{A_{0f}}{a_x}U$$

由伯努利方程推论，得

$$p_{2f}=\frac{K_1\gamma}{2g}\left(\frac{A_{0f}}{a_x}\right)^2U^2 \tag{3-119}$$

由此可得复进时驻退机提供的液压阻力 ϕ_{0f}为

$$\phi_{0f}=p_{2f}A_{0f}=\frac{K_1\gamma A_{0f}^3}{2g\,a_x^2}U^2 \tag{3-120}$$

式中：K_1——液压阻力系数，通常 $K_1=1.4\sim1.6$。

(2)ϕ_{ff}。流经复进节制器流液孔 a_f 的液流速度 w_3,同样由连续流方程:

$$(A_{fj}+a_f)\mathrm{d}U=w_3a_f$$

绝对速度为

$$w_3=\frac{A_{fj}+a_f}{a_f}U$$

代入伯努利方程推论,得

$$p_{3f}=\frac{K_2\gamma}{2g}\left(\frac{A_{fj}+a_f}{a_f}\right)^2U^2 \tag{3-121}$$

从而得到复进节制器液压阻力 ϕ_{ff} 为

$$\phi_{ff}=p_{3f}(A_{fj}+a_f)=\frac{K_2\gamma}{2g}\frac{(A_{fj}+a_f)^3}{a_f^2}U^2 \tag{3-122}$$

式中:K_2——复进节制器液压系数,通常取 $K_2=(3\sim4)K_1$。

2. ϕ_{kf}公式

在复进机中设置复进节制活瓣,可以在复进制动过程中起到十分重要的作用。目前,一些大威力火炮普遍采用了复进节制活瓣。

如图 3-69 所示,后坐时,复进机活塞的运动使得液体推开活瓣,液体绕过活瓣经内筒上的通孔进入复进机外筒内腔,因此节制活瓣不提供液压阻力。复进时,复进机外筒内液体在气体压力的作用下,使活瓣关闭,液体只能从活瓣上的小孔流过,产生液压损失 Δp。和前面方法类似。

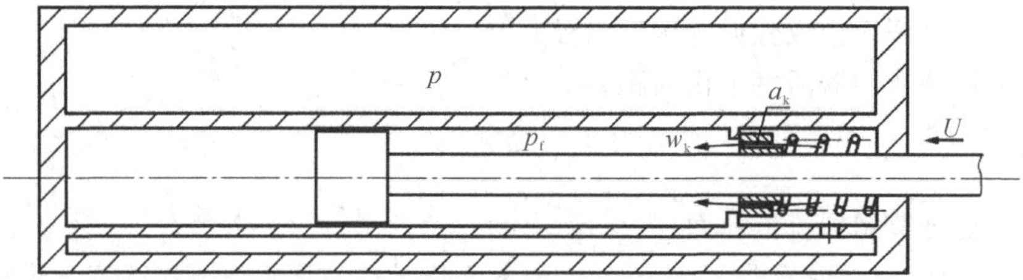

图 3-69 复进节制活瓣工作原理图

由液体连续流方程得

$$A_fU=a_kw_k$$

式中:A_f——复进机活塞工作面积;

a_k——活瓣上流液孔面积。

液体流经 a_k 的速度为

$$w_k=\frac{A_f}{a_k}U$$

由伯努利方程推论得

$$p-p_f=\frac{K_3\gamma}{2g}\left(\frac{A_f}{a_k}\right)^2U^2 \tag{3-123}$$

故

$$\phi_{kf}=A_f(p-p_f)=\frac{k_3\gamma A_f^3}{2g\,a_k^2}U^2 \tag{3-124}$$

式中：K_3——复进节制活瓣流液孔的液压阻力系数，可由实验测取 p、p_f 及 U 后求取积分平均值，或参考现有火炮相似结构的现有数据选取。

(二)沟槽和活瓣流液孔确定

1. 复进节制器沟槽

在复进制动图上，已经选定复进合力的变化规律，则有

$$r=F_{sh}-\phi_{0f}-\phi_{ff}-\phi_{kf}$$

由于驻退机流液孔的复进液压阻力 ϕ_{0f} 是已经确定的，复进节制活瓣提供的液压阻力 ϕ_{kf} 不便调整，复进合力 r 的变化规律只能依靠控制复进节制器流液孔面积 a_f 的变化来实现。根据上述的关系，就可获得各段的 ϕ_{ff}，并且由 r 计算出各段复进速度 U，这样就可以计算出任意点的 a_f 值。由式(3-122)得到

$$a_f=\frac{A_{fj}}{\sqrt{\frac{2g}{K_{2f}\gamma A_{fj}}\frac{\phi_{ff}}{U^2}}-1} \tag{3-125}$$

由此式求出复进行程上任意一点的 a_f，因而获得 $a_f-\xi$ 的变化关系。考虑到装配误差的影响和工艺制造的可能性，对流液孔面积进行调整。沟槽式复进节制器的沟槽宽度一般为 1 mm 的整数倍，深度为 0.1 mm 的整数倍。流液孔调整后再进行复进反面问题计算，以检验流液孔调整是否合理以及各种不同射击条件下工作的可靠性。

全长复进制动的火炮，必须保证复进节制腔液体充满，这在驻退机设计中应予以充分的注意。后坐时，要求驻退机复进节制器的活瓣应及时打开，由于火炮多次重复后坐和复进，该活瓣也相应多次打开和关闭，并且与调速筒发生撞击，所以在结构设计时应充分考虑其动作的确实可靠，以免活瓣产生变形而被导向杆卡死。为此，应尽量减小活瓣的开度，以减小活瓣开启后的冲击；也应尽量减小活瓣质量，并在活瓣后方设置一个弹簧，减小活瓣打开时的冲击，这也保证了后坐结束时活瓣的迅速关闭，以实现全长复进制动；还要注意保证复进节制器充满条件，使支流的最小面积得到满足。在结构中应注意尽量避免液流通路上的突然转折，尽量减小尖棱或断面的突变，以减少无法考虑的复杂因素。

通常复进节制沟槽的深度很浅，沟槽的制造公差对复进制动的影响十分敏感。目前大部分制式野战火炮均采用部分长度上流液孔面积为常数的复进节制器。这种结构可以在相当长的一段行程上使沟槽深度保持不变，只是在接近复进终了的那段沟槽深度改变。这样既可改善沟槽加工工艺性，又能保证野炮具有较理想的复进运动规律。图 3-70 所示就是这种结构的复进制动图。

这种复进制动图将整个复进过程分为三个阶段：

$0\sim\rho$：非工作腔真空消失以前，只有常数的复进节制器流液孔提供液压阻力 ϕ_{ff} 起复进节制作用。

$\rho\sim l$：非工作腔真空消失以后，不但有常数的复进节制器流液孔 a_{f0} 的制动，而且有驻退机流液孔 a_x 参与作用。它们共同提供复进液压阻力 $\phi_f=\phi_{0f}+\phi_{ff}$。

$l\sim\lambda$：复进末期，为了制动复进运动，以满足复进稳定性和无冲击的要求，复进节制器流液孔面积必须逐渐减小，该段的复进节制器流液孔面积是变化的。

针式复进节制器的针杆和尾杆内腔设计也是类似的。

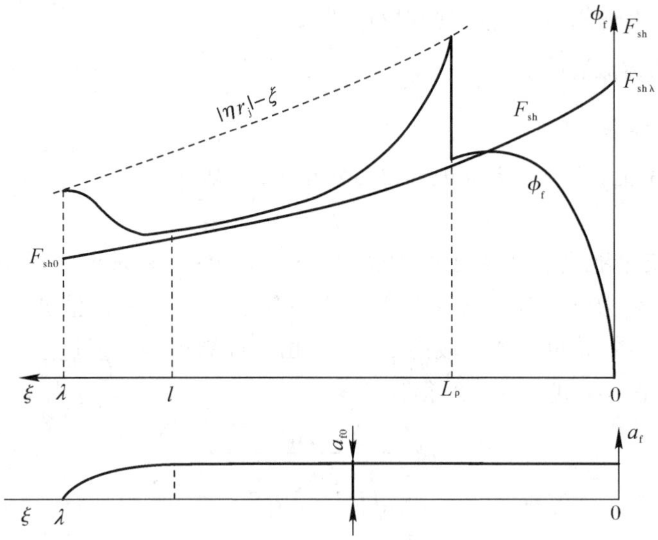

图 3-70　部分长度上常数流液孔的复进制动图

(三)复进节制活瓣

复进节制活瓣的主要作用是在复进的全程上提供一个复进制动的外加液压阻力，分担了复进节制器的负荷，给设计带来了许多好处。①由于复进速度 U 以及复进节制器的结构尺寸 A_{fj} 要远比后坐时的 V 及 A_0 小得多，因此如果要获得较大的液压阻力 ϕ_{ff}，必须将流液孔面积 a_f 做得非常小，对加工公差的灵敏程度大，加工要求相应较高，而由复进节制器活瓣分担一部分阻力以后降低了对 ϕ_{ff} 的要求，即可在其他条件不变情况下加大 a_f 而解决加工中的困难；②复进剩余能量的一部分由复进节制器活瓣阻力将其转化为热能，由复进机液体吸收和散发，相对降低了驻退机液体温升，有利于保证持续发射速度，并有利于确实复进到位；③对于大口径火炮，在后坐部分质量较大时，射角 φ 的变化对复进剩余能量影响较大，如果使复进节制器活瓣的流液孔面积做成随射角 φ 自动地或人工地变化，以改变液压阻力 ϕ_{kf} 的大小，就便于获得符合要求的复进运动规律。

复进节制活瓣流液孔面积 a_k 的确定原则，是在保证 ρ 点复进稳定性的条件下，使复进节制器常数流液孔面积 a_{f0} 尽可能大，并有一个合理的 a_k 值。

▲拓展阅读

沟槽式复进节制器

火炮复进时液压阻力由数个部位产生，为什么称为沟槽式复进节制器？

四、驻退机的温升

(一)驻退机温升的计算

驻退机是一种消耗后坐动能的装置。发射过程中，驻退机产生液压阻力，消耗后坐动能，将其转变成热能，这些热最终要散失到空气中去。但在持续射击中，这些热来不及完全散失，就要使驻退机内液体和金属部分温度升高。

下面讨论如何估算驻退机的温升量。

在一个发射循环中，驻退机在后坐过程中消耗了后坐动能 E 的大部分，其余部分被复进机储存起来，至于摇架滑板摩擦力、反后坐装置紧塞具摩擦力和重力分量的影响均甚小，可忽略。在复进过程中，复进机贮存的那部分能量转换为后坐部分动能(除克服摩擦外)，这些能量又被驻退机所消耗。因此，可以认为驻退机在一次射击循环中几乎消耗了全部后坐动能 $E=\frac{1}{2}m_h W_{max}^2(1-\eta_T)$。这些能量转化为热，若不考虑热散失，驻退机获得的热量 Q 就应与后坐动能相当。

但射击中是存在热散失的，且根据试验得知连续射击中热散失约占总能量的 10%～30%，即驻退机所得到的热量应为后坐动能的 70%～90%。若取热散失为 20%，则发射一发炮弹驻退机获得的热量为

$$Q=0.8\times\frac{E}{J}=0.4\times\frac{m_h W_{max}^2(1-\eta_T)}{J} \tag{3-126}$$

式中：J 为热功当量，$J=427\ \mathrm{kg\cdot m/kcal}$。

驻退机所得到的热量 Q，使液体和金属温度升高。假设每发射一发炮弹，驻退机温度平均升高 ΔT，且驻退机金属部分质量和液体质量分别为 m_g 和 m_i、比热分别为 C_g 和 C_i，则由比热的定义可得

$$Q=(C_i m_i+C_g m_g)\Delta T \tag{3-127}$$

将式(3-126)代入得

$$\Delta T=0.4\times\frac{m_h W_{max}^2(1-\eta_T)}{J(C_i m_i+C_g m_g)} \tag{3-128}$$

式(3-128)表明，每发射一发，驻退机的温升量不仅取决于后坐动能的大小，而且还取决于驻退机的热容量($C_i m_i+C_g m_g$)。驻退机的液体和金属部分质量越大，比热越大，驻退机的温升就越慢。在确定驻退机的结构尺寸时，除了考虑紧塞和强度以外，还要考虑驻退机的发热情况，通常每 10 kJ 自由后坐动能需要 1～1.5 L 的驻退液，表 3-5 为我国几种火炮的单发温升值。

表 3-5　几种火炮的温升值

火　炮	某型 85 mm 加农炮	某型 122 mm 榴弹炮	某型 122 mm 加农炮	某型 130 mm 加农炮
ΔT/ ℃	1.02	1.25	1.30	0.93

取标准温度 $T_0=15$ ℃，驻退液的极限温度通常为 $T_j=90\sim100$ ℃(极限温度常取驻退液的沸点)，最大允许温升 $\Delta T_{max}=T_j-T_0$，所以持续射击的发数可用下式计算：

$$n=\frac{\Delta T_{max}}{\Delta T}$$

对我国某型 130 mm 加农炮，持续射击发数为 60 发。

(二)驻退机温升的影响

温升对火炮后坐运动及反后坐装置结构的影响，可归纳如下：

(1)驻退机温度上升后，液体黏度减小，引起液压阻力减小，使火炮的受力及运动规律改变。

(2)液体温度升高、体积膨胀，致使驻退机容纳不下，造成复进不到位。特别是温度过高超过沸点以后，在后坐复进过程中因驻退机内存在真空，液体将大量气化，炮身快复进到位时在驻退机内形成较大压强的"空气垫"，使炮身复进不能到位。这是温升对后坐运动最明显的影响。

温升导致炮身复进不到位，会使次发射击的后坐起点后移，加之液体黏度减小，阻力相对减小，就会导致次发射击后坐总长度增加，而且阻力规律也失常。这样，就有可能使驻退机内压力在后坐末端过高，甚至出现机杆活塞与紧塞器相碰的严重问题。

(3)驻退机温度过高，还会导致紧塞元件失效。目前，牛皮紧塞元件工作温度不能超过100 ℃，橡胶紧塞元件工作温度不得超过 120 ℃。因此，射击过程中驻退机的温度不能超过一定的极限值 T_j。

(三)解决驻退机温升的措施

为了解决温升问题，保持驻退机工作正常，常采取以下措施：

(1)减小每发射一发的温升量 ΔT。对于射速较高的野炮及自动炮，应满足每发温升 $\Delta T \leqslant 1$ ℃。威力较大的中、大口径火炮或射速较低的火炮，应满足 $\Delta T \leqslant 2$ ℃。这主要是从结构上想办法：改善驻退机的散热条件，使热容易散出；增加液体量和机筒壁厚，即增加驻退机的热容量；减轻驻退机的工作负担，将复进制动任务分一部分给复进机，如在复进机内设置复进节制活瓣等。

(2)为解决液体的热膨胀问题，可采用不同的办法，一种是在驻退机内保留一定空间，一种是安装液量调节器。

(3)对结构已定的火炮，应严格遵守发射速度的规定，使驻退机的温度不致过高。如果因为连续射击，驻退机温升过高，造成复进不足，那么应按规定旋松通气螺(或注油孔螺塞)放出空气垫或待冷却后再射击。战斗结束后，待液体冷却下来要重新检查和补充液量。

△拓展阅读

越南战场上的U形管

对越自卫反击战中，我军几种大口径地面压制火炮发挥了重大作用，由于火炮连续射击，在战场上出现液量调节器的U形管大批量断裂的问题，后勤部门专门用直升机紧急运送一批U形管备件到前线才解决了燃眉之急。

第七节　驻退复进机原理

驻退复进机将驻退机和复进机集成在一起，可以减轻质量。本节着重介绍短节制杆式驻退复进机。目前，不少火炮采用短节制杆式驻退复进机作为反后坐装置，如美 M198 式155 mm 榴弹炮、国产某型 122 mm 榴弹炮、国产某型 85 mm 高射炮等都是这种结构，西方称为普特奥克斯式反后坐装置。各种短节制杆式驻退复进机具体结构可能有差异，但其特点和工作原理基本上是一致的，下面以某型 85 mm 高射炮的短节制杆式驻退复进机为典型来做介绍。

一、动作原理

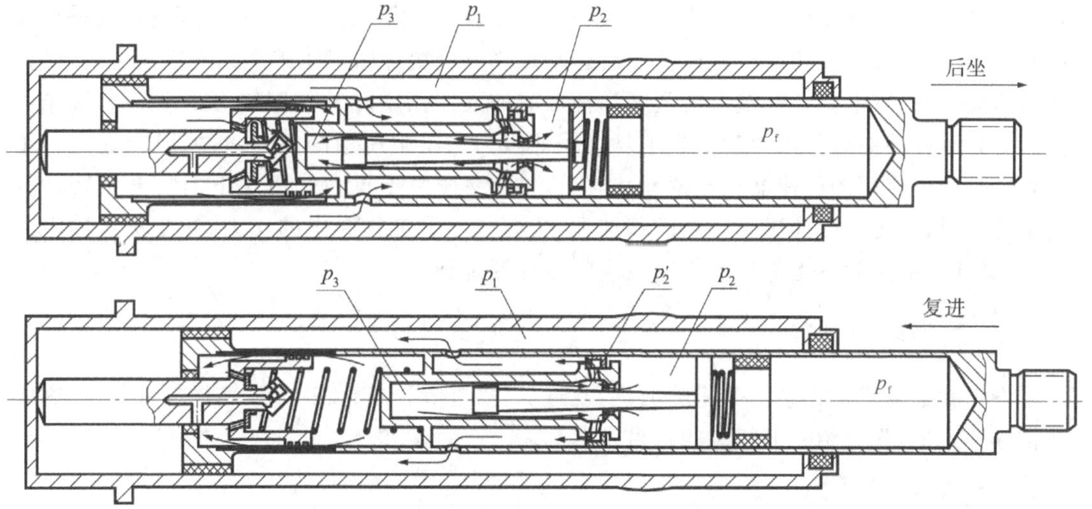

图 3－71　短节制杆式驻退复进机动作原理

图 3－71 所示结构将驻退机、复进机、复进缓冲器三部分都合在一个筒内，同时产生这三部分的作用。后坐时，火炮的后坐部分带动驻退杆运动，工作腔中的液体从驻退杆壁的孔进入容纳小活塞杆的驻退杆中腔，并且推动游动活塞环向后打开小活塞头上的斜孔进入小活塞杆内腔。然后和一般节制杆式驻退机一样，进入内腔的液体分成两股液流，主流经由短节制杆和节制环所形成的流液孔进入驻退杆后腔，推动短节制杆底座和游动活塞，压缩储气筒内的气体，储存复进能量。底座带动短节制杆相对于驻退杆运动而实现流液孔面积变化，支流则经短节制杆端部调速筒上的纵向槽进入小活塞杆前腔，与节制杆式驻退机一样，支流最小液流截面 Ω_1 做得足够大，所以能保证小活塞杆前腔始终充满液体。同样，从驻退杆中腔进入小活塞头的内腔时，由于斜孔足够大而不考虑液体流动在此孔处的压力降落，保持压力 p_1 不变，主流只在由活塞内腔流经短节制杆与节制环间的流液孔 a_x 时才有压力降$\Delta p_2 = p_1 - p_2$，为了推动节制杆底座和游动活塞，进入驻退杆后腔的液体压力必须克服游动活塞的摩擦力和惯性力，然后与储气腔的压力保持平衡，因此必须保证 $p_2 > p_f$。支流的液体则在流经最小截面 Ω_1 时，压力由 p_1 降落为 p_3，由 p_1、p_2、p_3、p_f 这些压力在相应的作用面积上对驻退杆形成了后坐部分的阻力。

复进时，驻退杆储气腔内气体膨胀，在压力 p_f 的作用下，克服摩擦阻力推动游动活塞和节制杆底座向前运动。迫使驻退杆后腔及小活塞杆前腔中的液体沿后坐时主流和支流的相反方向流回小活塞头的内腔。由于复进时驻退杆后腔内的液体压力 p_2 大于驻退杆中腔内的液体压力 p_1，因此活塞头上的游动活塞环被推向前移，盖住了活塞头上的斜孔，使活塞头内腔的液体只能沿活塞环上的复进节制用的小流液孔流回驻退杆中腔和驻退机的工作腔。流动中液体压力降落的顺序为 $p_f > p_2 > p_2' > p_1$ 以及 $p_3 > p_2' > p_1$。这些压力对驻退杆综合作用的结果，就形成了使后坐部分复进的力。

图 3－71 所示结构还带有复进缓冲器，用来弥补复进节制作用不足的影响，其动作原理是：在后坐开始不长的一段路程上，复进缓冲杆在弹簧作用下，相对于驻退杆向前运动，缓冲

杆活塞前方的液体分为两路，一路沿驻退杆壁上的槽流向缓冲活塞的后方，另一路经缓冲活塞头底部的孔推开活门流入复进缓冲器工作腔，直至缓冲活塞底部端面抵住缓冲杆前端为止，此后复进缓冲杆便随同驻退杆一起后坐。在复进结束段，复进缓冲杆顶到驻退复进机前壁时，复进缓冲杆开始相对于驻退杆向后运动。当复进缓冲器工作腔中的真空消失后，液体将活门关闭，只有沿驻退杆壁上变宽度沟槽形成的液体孔流回活塞前方，缓冲器工作腔中的液压对驻退杆的向后作用力就形成了复进缓冲阻力。图中所示的复进缓冲器中，还有一个高射角时产生作用的调速器。当射角大于 45°时，钢珠由于重力作用滚下而打开了缓冲杆的中间通道，使复进缓冲流液孔总面积加大，从而减小了工作腔中的压力，使复进缓冲阻力减少，保证大射角时后坐部分也能以适当的速度复进到位。

二、后坐阻力计算

由于驻退复进机在结构上将驻退机、复进机、复进节制器合在一起，结构尺寸较多，因此在推导公式前，先介绍一下相关的符号及名称。

(一)名称和符号

图 3-71 相关的符号及名称如下：

D_T——驻退复进机筒内径；

d'_T——驻退杆外径；

d_T——驻退杆内径(为便于装配，其储气腔后腔及中腔的直径均相同)

d_1——小活塞杆内腔直径；

d_p——节制环直径；

δ_x——短节制杆在与节制环构成流液孔 a_x 处的直径；

d_0——复进节制流液孔(游动活塞环上)直径；

$A_0=\frac{\pi}{4}(D_T^2-d_T'^2)$——驻退杆活塞工作面积；

$A_f=\frac{\pi}{4}d_T^2$——游动活塞工作面积；

$A_x=\frac{\pi}{4}\delta_x^2$——短节制杆在流液孔处的截面积；

$A_{fj}=\frac{\pi}{4}d_1^2$——活塞杆内腔截面积；

$a_x=\frac{\pi}{4}(d_p^2-\delta_x^2)=A_p-A_x$——后坐流液孔面积；

$a_{f0}=\frac{\pi}{4}d_0^2 n$——游动活塞环上复进节制流液孔面积，$n$ 为孔数；

Ω_1——支流的最小流液面积；

p_1——驻退复进机工作腔压力；

p_2——驻退杆中腔压力；

$\Delta p_2=p_1-p_2$——主流的压力降；

p_3——小活塞杆内腔的压力；

$\Delta p_3 = p_1 - p_3$——支流的压力降；

p_f——储气腔压力；

p_2'——复进时小活塞杆头内腔压力；

V——驻退杆运动速度(后坐时)；

V'——游动活塞相对于驻退杆的运动速度(后坐时)；

U——驻退杆运动速度(复进时)；

U'——游动活塞相对于驻退杆的运动速度(复进时)；

w_2——主流流经 a_x 时相对于节制环的速度；

w_3——支流流经 Ω_1 时相对于驻退杆的速度。

(二)各腔压力的关系

推导思路及基本假设与一般驻退机类似，只是主流不再是流入压力为零的非工作腔，而是由工作腔(压力 p_1)流入驻退杆后腔(压力 p_2)。

由于假设液体是不可压缩的，故当驻退杆后坐 X 距离时，有 A_0X 体积的液体被挤入驻退杆内腔，而原来腔内就由金属及液体所充满，我们又假设短节制杆向后运动时，小活塞杆内腔始终充满液体。这样，这部分液体就只有推动游动活塞压缩储气腔内的气体。很明显，游动活塞的移动距离 X'满足

$$A_f X' = A_0 X \text{ 或 } A_f \mathrm{d}X' = A_0 \mathrm{d}X$$

引入面积比或速度比的符号 H：

$$H = \frac{A_0}{A_f} = \frac{X'}{X} = \frac{\mathrm{d}X'}{\mathrm{d}X} = \frac{V'}{V} \tag{3-129}$$

即如果驻退机活塞工作面积 A_0 是游动活塞面积 A_f 的 H 倍时，那么短节制杆相对驻退杆的移动距离和速度就是后坐行程和速度的 H 倍。

当后坐行程为 $\mathrm{d}X$ 时，短节制杆移动 $\mathrm{d}X'$，支流流量按液流连续条件有

$$A_{fj} \mathrm{d}X' = \Omega_1 w_3 \mathrm{d}t$$

得

$$w_3 = \frac{A_{fj}}{\Omega_1} \frac{\mathrm{d}X'}{\mathrm{d}t} = \frac{A_{fj}}{\Omega_1} V'$$

或

$$w_3 = \frac{A_{ji}}{\Omega_1} HV \tag{3-130}$$

主流的流量为

$$A_0 \mathrm{d}X + (A_{fj} - A_x)\mathrm{d}X' - A_{fj}\mathrm{d}X' = A_0 \mathrm{d}X - A_x \mathrm{d}X'$$

由连续流条件

$$A_0 \mathrm{d}X - A_x \mathrm{d}X' = a_x w_2 \mathrm{d}t$$

得

$$w_2 = \frac{A_0 - HA_x}{a_x} V = \frac{A_f - A_x}{a_x} HV \tag{3-131}$$

由伯努利方程，对于主流有

$$\Delta p_2 = p_1 - p_2 = \frac{K_1 \gamma}{2g} w_2^2$$

即

$$\Delta p_2 = \frac{K_1 \gamma}{2g} \frac{(A_f - A_x)^2}{a_x^2} H^2 V^2 \tag{3-132}$$

对于支流则有

$$\Delta p_3 = p_1 - p_3 = \frac{K_2 \gamma}{2g} w_3^2$$

即

$$\Delta p_3 = \frac{K_2 \gamma A_{fj}^2}{2g\ \Omega_1^2} H^2 V^2 \tag{3-133}$$

式中：K_1、K_2 为主流及支流的液压阻力系数。

各腔压力计算公式则需通过对游动活塞的受力分析来进行推导。由图 3-72 所示的受力情况，运用动静法可得

$$p_2 (A_f - A_x) + p_3 A_{fj} - p_1 (A_{fj} - A_x) = p_f A_f + F_y + M_y \frac{d^2 X'}{dt^2}$$

式中：M_y——游动活塞及节制杆的质量；

F_y——游动活塞的摩擦阻力。

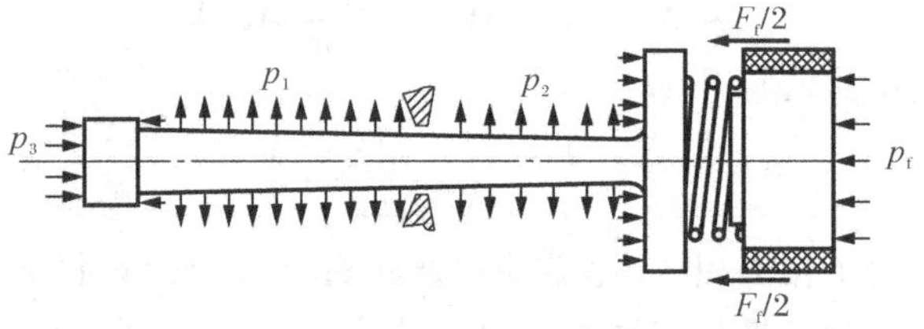

图 3-72　后坐时带短节制杆的游动活塞受力

在简化计算中可以将式中的惯性力 $M_y \frac{d^2 X'}{dt^2}$ 一项略去不计。F_y 在紧塞元件结构尺寸已定时，可写成

$$F_y = \nu_f A_f p_f$$

式中：ν_f——与紧塞元件类型及结构尺寸有关的相当摩擦系数。

上式简化得

$$p_1 A_f - \Delta p_2 (A_f - A_x) - \Delta p_3 A_{fj} = (1 + \nu_f) p_f A_f$$

或

$$p_1 = \Delta p_2 \frac{A_f - A_x}{A_f} + \Delta p_3 \frac{A_{fj}}{A_f} + (1 + \nu_f) p_f$$

将式(3-132)、(3-133)代入，得

$$p_1 = \frac{K_1 \gamma}{2g} \frac{(A_f - A_x)^3}{a_x^2} \frac{H^2}{A_f} V^2 + \frac{K_2 \gamma A_{fj}^3}{2g\ \Omega_1^2} \frac{H^2}{A_f} V^2 + (1 + \nu_f) p_f \tag{3-134}$$

同时也就得到

$$p_2 = -\frac{K_1 \gamma}{2g} \frac{(A_f - A_x)^2}{a_x^2} \frac{A_x}{A_f} H^2 V^2 + \frac{K_2 \gamma A_{fj}^3}{2g\ \Omega_1^2} \frac{H^2}{A_f} V^2 + (1 + \nu_f) p_f \tag{3-135}$$

$$p_3=\frac{K_1\gamma}{2g}\frac{(A_f-A_x)^3}{a_x^2}\frac{H^2}{A_f}V^2-\frac{K_2\gamma A_{fj}^2}{2g\,\Omega_1^2}\frac{(A_f-A_{fj})}{A_f}H^2V^2+(1+\nu_f)p_f \tag{3-136}$$

(三)后坐阻力计算

后坐时的总阻力主要是驻退杆所受的液压阻力以及其他摩擦阻力和重力分力的合力。驻退杆的受力见图 3-73,有

$$R=p_1A_0+p_3A_{fj}+p_2(A_f-A_p)-p_1(A_{fj}-A_p)-p_f(1+\nu_f)A_f+F+T-Q_h\sin\varphi \tag{3-137}$$

式中:F——驻退杆活塞及紧塞具的摩擦力,$F=F_1+F_2=F_C+\nu_0p_1A_0$;

F_C——紧塞绳的常数摩擦力;

ν_0——紧塞元件与压力有关的摩擦力的相当摩擦系数;

T——摇架滑板摩擦力,可近似认为 $T=fQ_h\cos\varphi$。

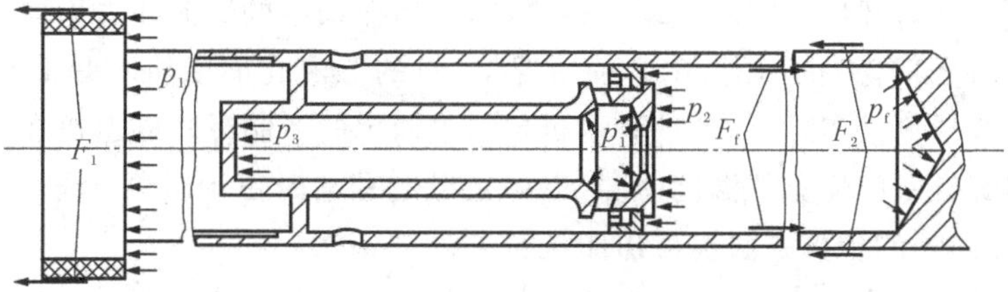

图 3-73　后坐时驻退杆受力

式(3-137)也可以写为

$$R=p_1(A_0+A_f)-\Delta p_2(A_f-A_p)-\Delta p_3A_{fj}-p_f(1+\nu_f)A_f+F+T-Q_h\sin\varphi$$

再将式(3-132)~式(3-134)代入并化简,得

$$R=\frac{K_1\gamma}{2g}\frac{(A_f-A_x)^3}{a_x^2}\frac{A_0+A_f}{A_f}H^2V^2+\frac{K_2\gamma A_{fj}^3}{2g\,\Omega_1^2}\frac{A_0+A_f}{A_f}H^2V^2+(A_0+A_f)(1+\nu_f)p_f-\frac{K_1\gamma}{2g}(A_f-A_p)\frac{(A_f-A_x)^2}{a_x^2}H^2V^2-\frac{K_2\gamma A_{fj}^3}{2g\,\Omega_1^2}H^2V^2-p_f(1+\nu_f)A_f+F-Q_h(f\cos\varphi-\sin\varphi)$$

或

$$R=\frac{K_1\gamma}{2g}\left(A_f-A_x+\frac{a_x}{H}\right)\frac{(A_f-A_x)^2}{a_x^2}H^3V^2+\frac{K_2\gamma A_{fj}^3}{2g\,\Omega_1^2}H^3V^2+(1+\nu_f)p_fA_f+F_C+v_0p_1A_f+Q_h(f\cos\varphi-\sin\varphi) \tag{3-138}$$

若将式(3-138)中右端前两项看作驻退机液压阻力,第三项看作复进机力,即

$$\phi_0=\frac{K_1\gamma}{2g}\left(A_f-A_x+\frac{a_x}{H}\right)\frac{(A_f-A_x)^2}{a_x^2}H^3V^2+\frac{K_2\gamma A_{fj}^3}{2g\,\Omega_1^2}H^3V^2 \tag{3-139}$$

$$F_f=(1+v_f)A_fp_f \tag{3-140}$$

则后坐阻力仍可写成我们过去所给的形式,即

$$R=\phi_0+F_f+F+T-Q_h\sin\varphi$$

有了后坐阻力的表达式,就可以和节制杆式驻退机一样,设计驻退机流液孔 a_x 和短节制杆截面 δ_x 的变化规律了。

三、复进合力计算

复进时,复进阻力基本公式的推导思路与后坐基本相同,因此下面只按其某些不同的特

点,做一些简单的介绍。

(一)各腔压力关系及公式

复进时,各腔的压力关系正如在本节动作原理中所述,有 $p_f>p_2>p_2'>p_1$ 及 $p_3>p_2'>p_1$ 的一系列压力降落(参见图 3-71)。但是为了简化计算,考虑到游动活塞环上复进节制流液孔面积 a_{f0} 远小于后坐流液孔面积 a_x,因此近似认为驻退杆后腔的液体进入小活塞内腔时没有降落,即近似认为 $p_2=p_2'$,而将流液孔 a_x 所产生的阻力因素计入主流的液压阻力系数中进行修正考虑。支流的流动则直接看作是在 p_2 与 p_3 的压力差下的流动。

此外,计算中的一个特点是对主流考虑游动活塞环与驻退杆内壁的环形间隙面积的影响,因为游动活塞环必须能灵活地在液体压力作用下移动,所以有较大的环形间隙,也即主流的流动有两条通路同时进行,即总面积为 a_{f0} 的游动活塞环上几个小孔及面积为 a_{fs} 的环形间隙。由于小孔与环形间隙的流动条件不同,两者流动中的液流损失不同,液压阻力系数 K_k(孔)及 K_s(环形间隙)也不同,在这种情况下,总的流液孔面积将不是简单的相加,而必须进行综合折合计算。实际上,各种驻退机包括最简单的节制杆式驻退机在内,活塞铜套与机筒内壁之间都有专门配置的温度间隙,以防止温度升高时由于材料膨胀系数不同而发生卡死,其流液孔面积的折算方法也可仿照进行。

这里介绍折合面积计算公式。由伯努利方程,主流的两条通路都是在压力降落 p_2-p_1 下流动的,故分别有

孔:

$$p_2-p_1=\frac{K_k\gamma}{2g}w_2^2$$

间隙:

$$p_2-p_1=\frac{K_s\gamma}{2g}w_s^2$$

于是得

$$w_s=\sqrt{\frac{K_k}{K_s}}w_2$$

又由主流的连续条件

$$A_fU'=a_{f0}w_2+a_{fs}w_s=\left(a_{f0}+\sqrt{\frac{K_k}{K_s}}a_{fs}\right)w_2$$

可以认为,主流是流经相当流液孔 a_f 流速为 w_2 的流动,有

$$a_f=a_{f0}+\sqrt{\frac{K_k}{K_s}}a_{fs} \tag{3-141}$$

式(3-141)右端第二项也常称为环形间隙的折合面积。

根据液流连续条件,即可分别求得主流及支流的流速 w_2 及 w_3 为

$$A_f\mathrm{d}\xi'=a_fw_2\mathrm{d}t \tag{3-142}$$

$$w_2=\frac{A_f}{a_f}\frac{\mathrm{d}\xi'}{\mathrm{d}t}=\frac{A_f}{a_f}HU$$

$$A_{fj}\mathrm{d}\xi'=\Omega_1w_3\mathrm{d}t$$

$$w_3=\frac{A_{fj}}{\Omega_1}\frac{d\xi'}{dt}=\frac{A_{fj}}{\Omega_1}HU \tag{3-143}$$

根据伯努利方程，即有

$$\Delta p_1=p_2-p_1=\frac{K_k\gamma}{2g}\frac{A_f^2}{\left(a_{fo}+\sqrt{\frac{K_k}{K_s}}a_{fs}\right)^2}H^2U^2 \tag{3-144}$$

$$\Delta p_2=p_3-p_2=\frac{K_1\gamma A_{fj}^2}{2g\,\Omega_1^2}H^2U^2 \tag{3-145}$$

同样根据游动活塞的受力，即可求出各腔压力的关系，略去游动活塞的惯性力，有

$$(1-v_f)p_fA_f=p_3A_{fj}+p_2(A_f-A_{fj})$$

即

$$(1-v_f)p_fA_f=\Delta p_2A_{fj}+\Delta p_1A_f+p_1A_f$$

整理并将式(3-144)、式(3-145)代入，得

$$p_1=(1-v_f)p_f-\frac{K_k\gamma A_f^2}{2g\,a_f^2}H^2U^2-\frac{K_1\gamma A_{fj}^3}{2g\,\Omega_1^2}\frac{H^2}{A_f}U^2 \tag{3-146}$$

及

$$p_2=(1-v_f)p_f-\frac{K_1\gamma A_{fj}^3}{2g\,\Omega_1^2}\frac{H^2}{A_f}U^2 \tag{3-147}$$

$$p_3=(1-v_f)p_f+\left(\frac{1}{A_{fj}}-\frac{1}{A_f}\right)\frac{K_1\gamma A_{fj}^3}{2g\,\Omega_1^2}H^2U^2 \tag{3-148}$$

(二)复进合力计算公式

对复进时驻退杆的受力分析如图3-74所示，结合重力分力及摩擦阻力，得到复进合力 r

$$r=-(1-v_f)p_fA_f+p_1A_0+p_3A_{fj}+p_2(A_f-A_{fj})-Q_h(f\cos\varphi+\sin\varphi)-F$$

式中：F——紧塞装置摩擦力，同前面一样，可写成 $F=F_1+F_2=F_c+v_0p_1A_0$。

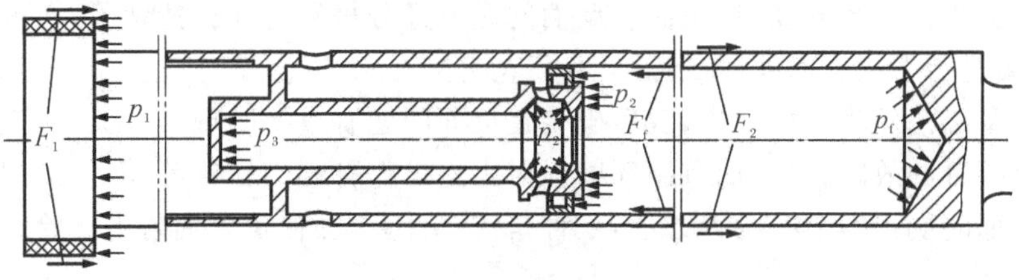

图3-74　复进时驻退杆受力

将式(3-146)、式(3-147)、式(3-148)代入并整理，得

$$r=(1-v_f)p_fA_0-\frac{K_k\gamma}{2g}\frac{A_f^2}{\left(a_{f0}+\sqrt{\frac{K_k}{K_s}}a_{fs}\right)^2}A_0H^2U^2-\frac{K_1\gamma A_{fj}^3}{2g\,\Omega_1^2}\frac{A_0}{A_f}H^2U^2-$$

$$Q_h(f\cos\varphi+\sin\varphi)-F \tag{3-149}$$

若记

$$F_{sh}=(1-v_f)p_fA_f-Q_h(f\cos\varphi+\sin\varphi)-F \tag{3-150}$$

$$\phi_f=\left(\frac{K_k\gamma A_f^3}{2g\,a_f^2}+\frac{K_2\gamma A_{fj}^3}{2g\,\Omega_1^2}\right)H^3U^2 \tag{3-151}$$

则

$$r = F_{sh} - \phi_f$$

同样，有了复进合力的表达式，设计复进制动流液孔面积 a_f 也就有了依据。此处不再展开叙述。

△拓展阅读

驻退复进机产生的力有那些?

驻退复进机将反后坐装置的三个基本组成部分集于一身，其在后坐时要产生液压阻力、复进机力、紧塞装置摩擦力；其在复进时要产生复进机力、液压阻力、紧塞装置摩擦力。在驻退复进机之外还有的力就是摇架滑板摩擦力和重力分量。

09 式 35 mm 高炮的浮动机属于驻退复进机

09 式 35 mm 高炮的浮动机是一个圆筒结构，里面有弹簧和各种液流小孔，弹簧承担复进机作用，液流小孔承担后坐制动器和复进节制器功能，也应该属于驻退复进机。

第八节　反面问题和试验分析

一、反面问题

反面问题是相对正面设计问题而言的。简单来讲，对确定的后坐阻力规律和复进合力规律确定反后坐装置的结构尺寸是正面问题；反过来，在火炮反后坐装置结构尺寸确定后，确定后坐和复进运动参数和力是反面问题。反面问题用于检验反后坐装置设计的可行性。实际上随着计算机技术的发展，正面和反面问题已经分得不是那么清楚了，在进行正面设计时，通常也要进行多次反面问题试算。

对于装备维修保障人员来讲，反后坐装置反面问题有重要的现实意义，对应火炮使用过程中反后坐装置的故障分析，如节制环磨损对火炮工作特性的影响等。

求解反面问题根本上有两种方法：一种是仿真计算，一种是火炮射击试验。

△拓展阅读

反面问题是带有历史痕迹的概念

之所以把正面和反面问题分得这么清楚，是因为计算机不发达的时代，进行计算十分费时费力。尤其是火炮后坐和复进运动计算，需要求解微分方程，计算量极大。在计算机十分普及的今天，正面和反面已经不是那么清楚了，例如：设计里面有优化设计这个概念，就是要进行许多次的反面计算来进行正面设计。

二、影响火炮后坐运动的主要因素

火炮实际射击时，各种因素如气温、装药量、液温、弹重以及结构尺寸的偏差等，都会对后坐运动产生不同影响。在这些影响因素中，装药量、温度（液温）和射角是三个主要因素。

（一）装药量的影响

在其他条件不变的情况下，装药量的多少决定了 F_{pt} 的大小，而 F_{pt} 是后坐运动的主动力和后坐能量的来源。因此，最大后坐阻力 R_{max} 和最大后坐长度 λ_{max} 必然出现在最大装药量射击时，反之，最小后坐阻力 R_{min} 和最小后坐长度 λ_{min} 必然出现在最小装药量射击时。

（二）温度（液温）的影响

温度的变化主要是指对液体气压式复进机的初压 p_{f0} 以及驻退机液温影响，并由于影响驻退液比重 γ 及液压阻力系数 K 而综合影响 ϕ_0。

温度升高时，复进机的初压 p_{f0} 相当于定容加热而升高，在连续射击后液温升高至 100 ℃时的初压与常温 15 ℃时初压之比为

$$\frac{(p_{f0})_{t=100\ ℃}}{(p_{f0})_{t=15\ ℃}}=\frac{(T)_{t=100\ ℃}}{(T)_{t=15\ ℃}}=\frac{273+100}{273+15}=1.30$$

即初压 p_{f0} 将增大 30%，同样方法可计算得当温度从 15 ℃降至 −40 ℃时，初压将减少 20%。随着 p_{f0} 的升高，在后坐时，整个 F_f-X 曲线也相应提高。

温度升高时，液体变稀，从而液体密度和黏度都下降，因此 $K\gamma$ 值随温度升高而下降，直接影响 ϕ_0 的变化。图 3-75 是某种火炮驻退液温度升高时实测的 ϕ_0-X 曲线。

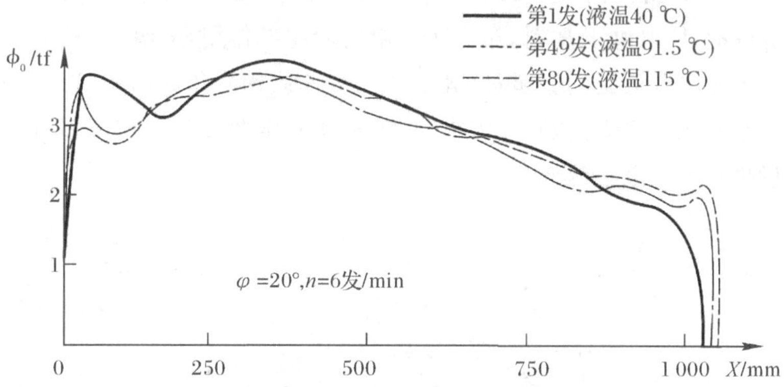

图 3-75　某种火炮驻退液温度升高时实测的 φ_0-X 曲线

从曲线可以看出，温度升高时，ϕ_0 在后坐前期降低，末期升高，相应的后坐长度有所增大。分析其原因在于：当温度升高时，$K\gamma$ 减小引起 ϕ_0 按比例下降，这是第一个因素，但是随着 ϕ_0 的下降，使后坐阻力也相应减小，于是由后坐运动方程可知后坐速度 V 将增大，而 V 的增大又会使 ϕ_0 升高，这是影响后坐运动的第二个因素。在后坐前期由于 $F_{pt}\gg R$，后坐速度主要由 F_{pt} 决定，R 对 V 的影响成分较小，也即第二个因素较小，故这一阶段 ϕ_0 下降。在后坐的末期，由于 $F_{pt}=0$，后坐速度完全由 R 决定，所以由于 ϕ_0 的减小将使 V 的增加比较明显，也即第二个因素成为主要因素，于是在达到某一点后，由于 V 的增大反过来使 ϕ_0 超过低温时的值，由于在较大的后坐行程上 R 是在减小的，因此在后期后坐速度增大，后坐动能增大，只有增大后坐行程才能使后期有所增加的 ϕ_0 及 R 有更大的做功面积，因此温度升高后，λ 也相应增大。

从图 3－75 中也可以看出，当火炮连续射击使驻退液温度达到 100 ℃以上时，液压阻力的规律并无明显变化，影响最大的是后坐长度的增大。

如前所述，温度升高时，会使复进机初压 p_{f0} 上升，我们知道 F_f-X 变化规律只随初压 p_{f0}、气体初容积 W_0 等变化而与后坐速度关系不大（只对多变指数有一定影响）。因此与驻退机温升的两个因素综合影响不同，当复进机温度升高，初压增大时，只是使 R 增大 λ 减小。而且事实证明复进机初压变化对后坐运动的影响还是很大的。如某型 85 mm 加农炮在 60 发急促射后，复进机温度由 32 ℃升至 60 ℃，使 p_{f0} 由 4.75 MPa 升高至 5.19 MPa，在其他条件不变的情况下，后坐长度由 $\lambda=635$ mm 减小为 615 mm。应该指出，这一影响与驻退机温升对后坐运动的影响刚好相反，即复进机温升可使 λ 有所减小，因此，在连续射击时，复进机温升的影响缓解了由于驻退机温升引起的后坐长度增加过快的趋势，对火炮提高射速和延长持续射击时间是有利的。

（三）射角的影响

由于 $R=\phi_0+F_f+F+Q_h(f\cos\varphi-\sin\varphi)$，因此射角增大，$R$ 减小。射角增大使后坐阻力 R 减小对后坐运动的影响与温度的影响相类似。当射角增大时，$Q_h(f\cos\varphi-\sin\varphi)$ 减小，从而使 R 减小而 V 增大；而另一方面又因液压阻力 ϕ_0 与 V^2 成正比而上升，使 R 又得到增大。在后坐开始阶段，V 的变化主要取决于 F_{pt}，所以 V 的变化不大，第一个影响起主导作用，R 减小；在后坐后期，V 取决于 R 时，第二个影响将起主导作用，R 增大。

某型 37 mm 高炮射角变化引起 $R-X$ 及 $V-X$ 曲线的变化如图 3－76 所示。图中同样可以看出，由于后坐开始阶段 $(R)_{\varphi\max}$ 较小，其阻力功必定要在后坐终了段加以补偿，因此，射角增大时，后坐长度 λ 也必然增长。

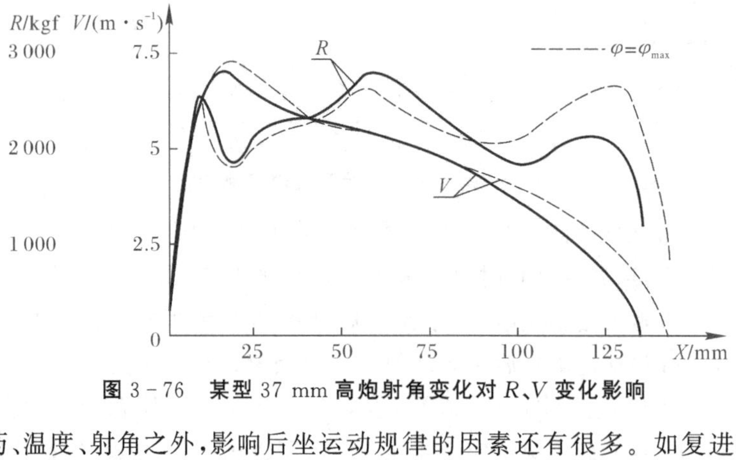

图 3－76　某型 37 mm 高炮射角变化对 R、V 变化影响

除了装药、温度、射角之外，影响后坐运动规律的因素还有很多。如复进机液量多于标准而气体初容积 W_0 减小将会与初压 p_{f0} 偏高时一样，使后坐长度缩短，反之则增长；驻退机零件磨损如机筒与活塞套的间隙增大或是节制环孔磨大，节制杆直径变小等均造成流液孔面积 a_x 增大，将使 ϕ_0 减小而增大后坐长度等。可以通过编制程序分析各种因素变化对相关力及后坐运动的影响，这对于使用和维修火炮反后坐装置有重要的指导意义。

拓展阅读

影响因素分析的重要性

从事火炮反后坐装置维修工作，要经常判断反后坐装置故障。定性分析火炮后坐运动影响因素对判断反后坐装置故障至关重要，是火炮维修工程师应该掌握的重要技能。

某火炮射击时出现后坐过短的故障，分析其可能原因

某火炮射击时出现后坐过短的故障，装药号没有问题的话，可能是因为温度过低，射角偏小，复进机初压过大，其他方面的原因可能包括反后坐装置机杆弯曲、机杆沾上沙尘，身管与摇架配合面有阻碍（沙尘或毛刺），后坐开闩时闩体零件运动有阻碍，驻退液变质等。

三、火炮极限射击条件

为保证火炮工作可靠，需要研究火炮各种极限情况下的后坐运动，根据影响后坐运动的三个主要因素可以得出火炮极限射击条件如下。

（一）最大后坐阻力 R_{max}

R_{max} 出现在最大装药量 $m_{\omega max}$、最小射角 φ_{min}（一般为 0°，变后坐时则为短后坐时的最小射角）、最低液温 t_{min}（一般取为－40 ℃）时。此条件用来检验火炮炮架的强度。为了消除土壤的缓冲作用，这一检验常在水泥炮位上进行。

（二）最大后坐长度 λ_{max}

λ_{max} 出现在最大装药量 $m_{\omega max}$、最大射角 φ_{max}（变后坐时则在长后坐的最大射角）、最高液温 t_{max} 时（连续射击时可达 100 ℃）。此条件用来检验火炮的极限后坐长度以及与后坐运动有关的部件纵向尺寸。

（三）最小后坐长度 λ_{min}

λ_{min} 出现在最小装药量 $m_{\omega min}$、最小射角 φ_{min}（变后坐时为短后坐的最小射角）及最低液温 t_{min} 时。此条件用来检验在后坐时期工作的自动机动作的可靠性。

（四）最小复进速度 U_{min}

出现在最小装药量 $m_{\omega min}$、最大射角 φ_{max} 和最低液温 t_{min} 时。此条件用来检验在复进时期工作的自动机的可靠性。

用极限射击条件检验火炮机构的动作和强度是以最恶劣的情况考核火炮性能的一种严格方法。有时，也可用反面问题计算来检验各种极限条件下的后坐运动规律。

拓展阅读

极限射击条件用于火炮性能试验

极限射击条件下火炮能够正常射击，那么火炮在各种条件下都能正常射击，故在过去的工厂鉴定试验、设计定型、生产定型中经常用到。现在部队实战化练兵也提出要探索装备极

限条件，从难从严摔打部队和装备，极限射击条件要注意不能损坏装备。

本书中的温度指的是液体温度

实际上温度包括环境温度、装药温度、液体温度。通常装药露天保存，火炮首发射击时，三个温度是相同的，但是随着火炮连续射击，液体温度要逐渐升高。装药温度升高的话，膛压增大，后坐阻力增大，后坐长度变长。

第九节　反后坐装置部分算例

一、炮膛合力曲线

已知某型火炮内弹道参数如下，试绘制炮膛合力曲线。

t=[0,3.7,4.62,5.26,5.77,6.18,6.60,6.86,7.15,7.42,7.68,8.78,9.80,10.65,11.45,12.20,12.92,13.6] ms

p=[300,1 930,2 625,3 015,3 230,3 340,3 370,3 350,3 310,3 240,3 165,2 765,2 420,1 922,1 575,1 332,1 149,1 020] kgf/cm^2

$\chi=-0.6$，$b=5\times10^{-3}$，$\varphi_1=1.02$，$\varphi=1.16$，$m_\omega=13$ kg，$m_q=33$ kg，$S=1.4\ dm^2$。

绘制出的炮膛合力曲线如图 3-77 所示。可以看出，由于炮口制退器效率较高，弹丸出炮口后，炮膛合力方向发生了变化，即由向膛底方向变为向炮口方向；后效期的时间大于弹丸膛内运动时间。

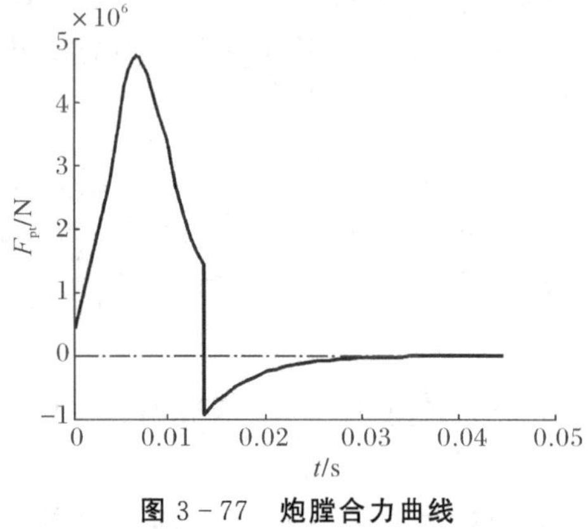

图 3-77　炮膛合力曲线

二、自由后坐速度曲线

已知火炮后坐部分质量为 2 700 kg，根据前面的炮膛合力曲线数据计算自由后坐速度曲线。

绘制出对应不同作用程度的炮口制退器的自由后坐速度曲线如图 3-78 所示，实线为没有炮口制退器的情况($\chi=1$)，虚线为炮口制退器作用效果偏小的情况($\chi=0.5$)，点线为炮口制退器效率较高的情况($\chi=-0.6$)。

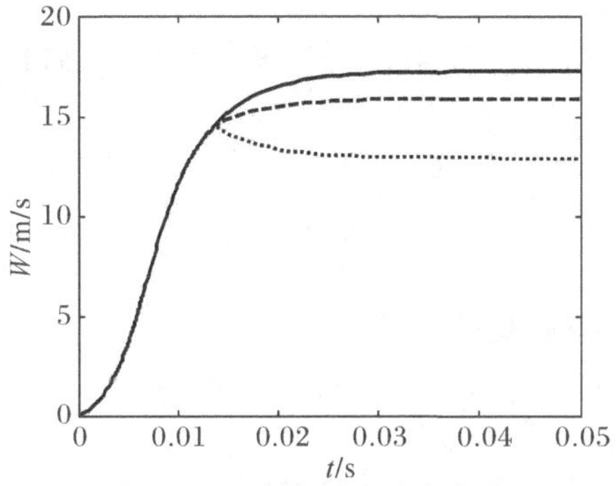

图 3-78　自由后坐速度曲线

三、液量检查表制作

已知某火炮液体气压式复进机参数如下:$W_0=8.5\ dm^3$,$W_y=13.4\pm0.3\ dm^3$,$A_f=50.56\ cm^2$,$l=250$ mm。试制作液量检查表。

制作的液量检查表如图 3-79 所示,为简化制作,液量检查表没有沿着$-45°$斜直线翻转,但是完全不影响使用,初压变化范围取 60～70 atm。

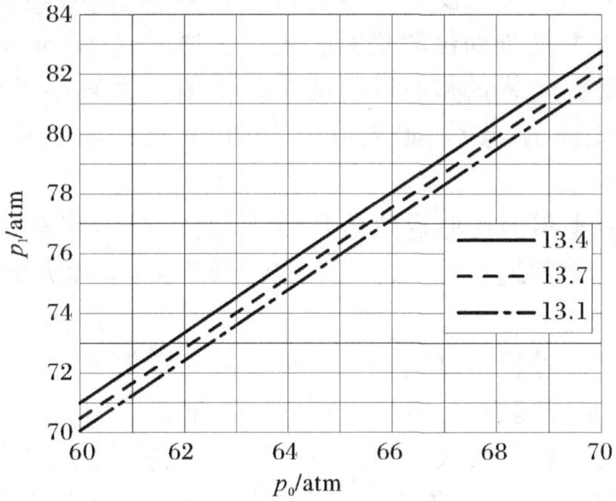

图 3-79　液量检查表

四、驻退后坐动力学分析

已知某型火炮反后坐装置数据如下,试计算位移和速度、后坐制动图、复进制动图、后坐和复进中的各种力。

后坐部分数据为:$m_h=2\ 700$ kg,$\varphi=45°$。

炮膛合力数据见前面算例。

复进机力数据为:

$W_0=8.4\ dm^3$,$A_f=50.56\ cm^2$,$p_0=65\ kgf/cm^2$,$n=1.3$,

$F_f=3.9\ (cm^2)p$(包括复进杆和复进活塞处,皮碗),

$K_3=1.5$,$a_k=1.66\ cm^2$(两个孔)。

驻退机力数据为:

$A_0=111.6\ \mathrm{cm}^2$，$A_{fj}=22.9\ \mathrm{cm}^2$，$A_{0f}=131\ \mathrm{cm}^2$，$\Omega_1=6.3\ \mathrm{cm}^2$，$K_1=1.5$，$K_2=3$，$\gamma=1.1\ \mathrm{kg/dm^3}$，$d_p=4.62\ \mathrm{cm}$，

xc=[0 5.5 59.5 239.5 334.5 464.5 584.5 644.5 744.5 864.5 954.5 1 500] mm，

deltac=[36.7 36.7 32.5 36.8 37.5 38.5 39.6 40.2 41.8 44.2 46 46] mm，

$F_z=156$ kgf(紧塞绳)，

$\lambda-\rho=0.65$ m(排除真空后复进长度)，

xfc=[2 000 903 693 663 647 620 520 450 380 360 340 318 240 215 0] mm，

afc=[0.226 0.226 0.226 0.442 0.56 0.60 0.735 0.747 0.7 0.663 0.598 0.528 0.370 0.292 0.141] cm^2。

摩擦力数据为：

$f=0.16$ (铜与钢)。

计算后坐和运动微分方程。求得某型地面火炮的动力学特性曲线如图 3-80～图 3-86所示。由图 3-80 可知，火炮后坐行程为 0.9 m，后坐复进总时间为 1.26 s，后坐时间为 0.16 s，复进时间为 1.1 s，复进时间是后坐时间的 6.8 倍，火炮后坐较快，复进极慢。

由图 3-81 可知，火炮后坐速度远大于复进速度，最大后坐速度为 14.04 m/s，最大复进速度为−1.24 m/s，火炮复进到位时仍有一定剩余速度 0.27 m/s。

由图 3-82 可知，反后坐装置和炮口制退器的作用大大减小了炮架受力，炮膛合力(实线)最大值为 487 tf，后坐阻力(虚线)最大值为 29.1 tf，反后坐装置和炮口制退器将炮架受力减小为原来的大约 1/17。

由图 3-83 可知，后坐阻力由驻退机液压阻力、复进机力和常数阻力组成，该工况下常数阻力为负值，后坐阻力中驻退机液压阻力所占比例最大，实际火炮的后坐制动图与理想后坐制动图有一定差别。

由图 3-84 可知，复进过程中复进合力呈现复杂的变化规律，先正后负，再正又负，这说明复进先加速、再减速、又加速、最后减速。图 3-85 解释了图 3-84 的变化规律，复进时阻力的组成中，常数阻力所占比例较大，三种液压阻力相比较，复进节制器产生液压阻力较大。

图 3-86 为后坐和复进过程中炮架受力，也即后坐阻力和复进合力的合并，可以看出后坐阻力远大于复进合力，两者连接处的下降是因为常数阻力换向所致；也可以看出该炮射击过程有后翻、前翻、再后翻、再前翻的趋势。

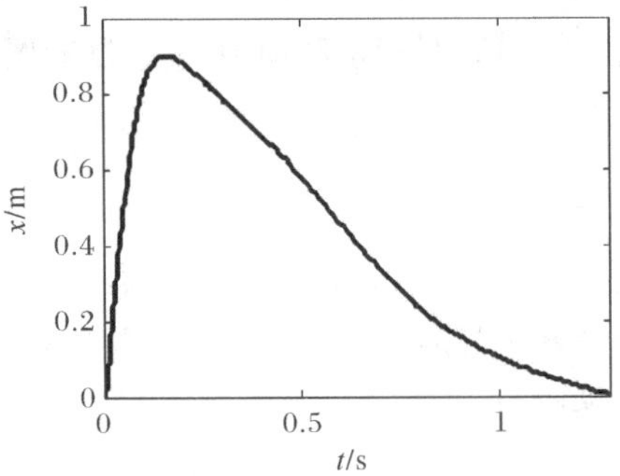

图 3-80 位移-时间曲线

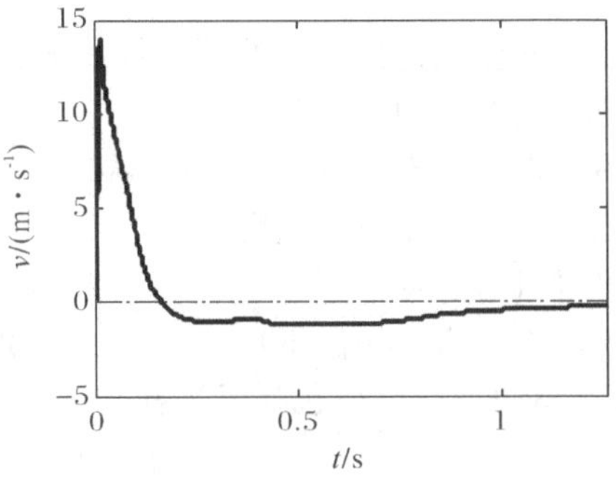

图 3-81 速度-时间曲线

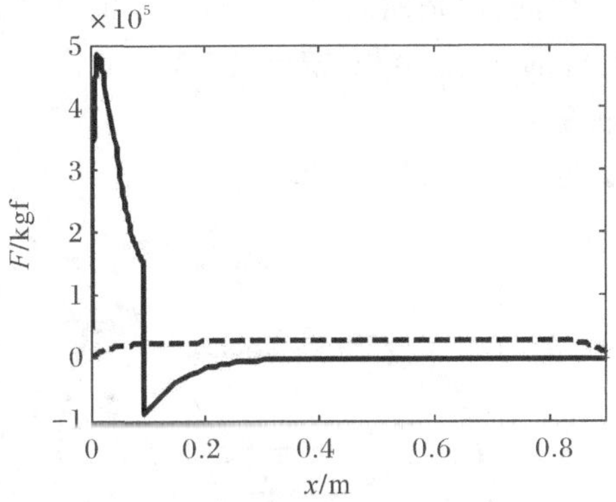

图 3-82　炮膛合力和后坐阻力

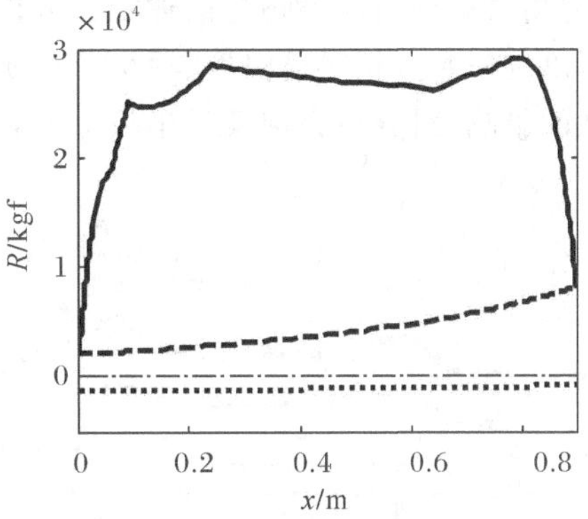

图 3-83　后坐阻力分解图

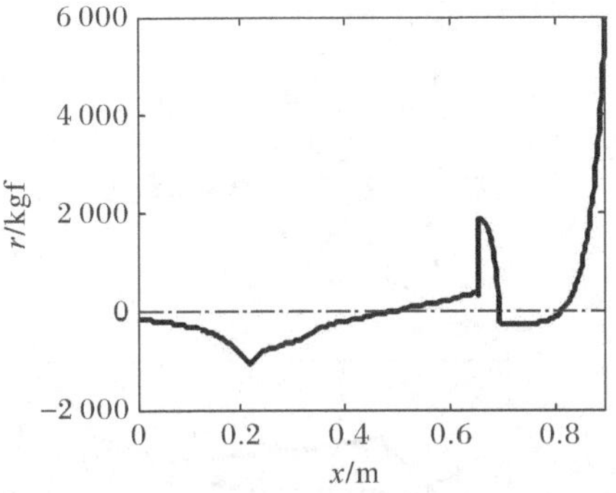

图 3-84　复进合力

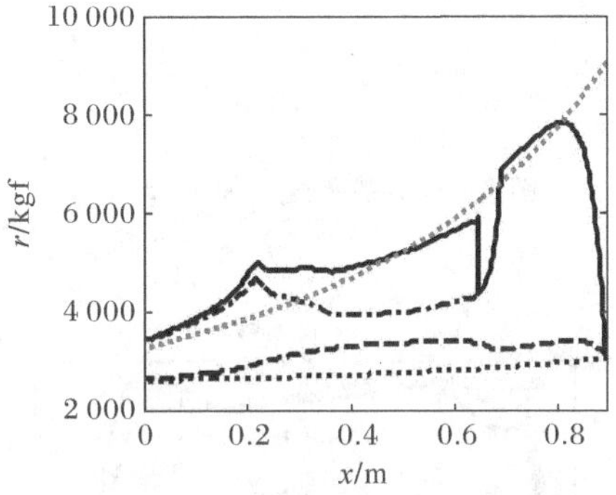

图 3-85　复进合力分解图

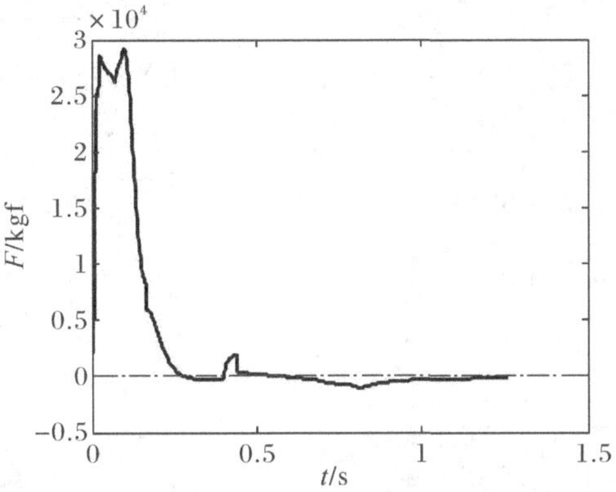

图 3-86　炮架受力

五、火炮后坐运动影响因素分析

在算例四基础上分析装药量、温度、射角、节制环内径变化等对后坐阻力和后坐长度的影响。

经测试得到 $K_1\gamma|_{-40\,℃}=2.1$，$K_1\gamma|_{15\,℃}=1.41$，$K_1\gamma|_{100\,℃}=1.25$；

装药量、药温对膛压曲线的影响，可近似用经验修正公式考虑；

液体温度和气体体积变化对气体压强影响近似按照理想气体状态方程考虑。

计算获得各因素变化对后坐运动影响曲线如图 3-87～图 3-95 所示，装药量、液体温度、射角对后坐特性影响与前述定性分析结果是一致的，但是曲线更为直观。借助计算机程序可以进一步分析环境温度、后坐部分质量、弹丸重量、药室容积、漏气、漏液等变化对后坐特性的影响，对分析火炮反后坐故障有较大参考价值。

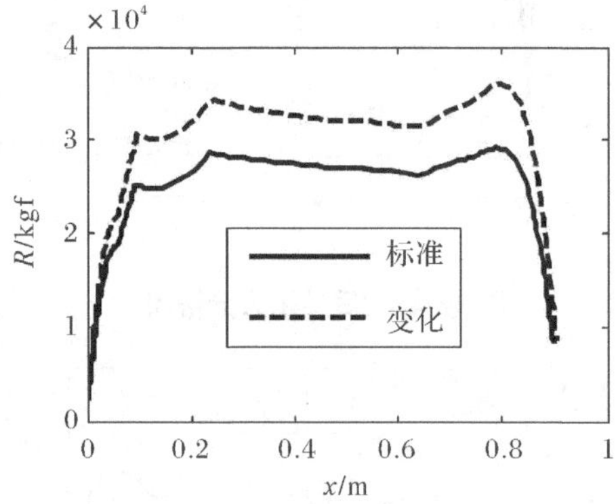

图 3-87　装药量增加 1 kg

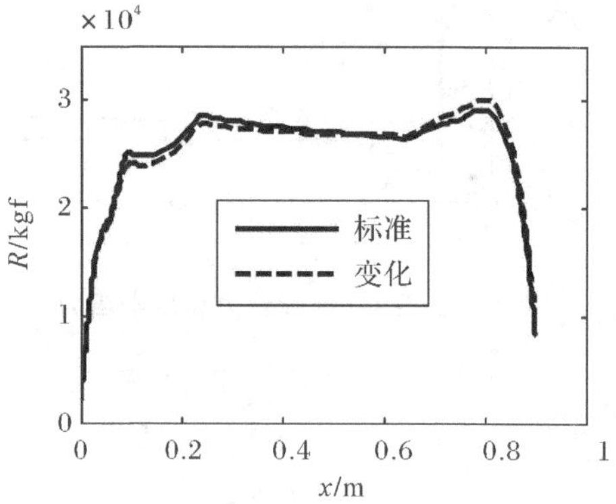

图 3-88　液体温度升高 50 ℃

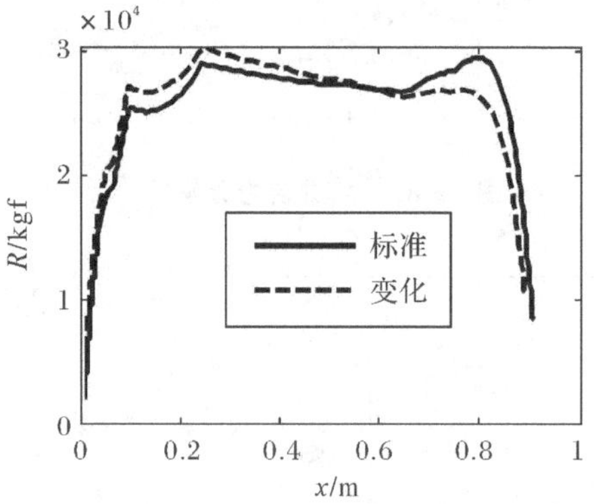

图 3-89　射角降低 45°

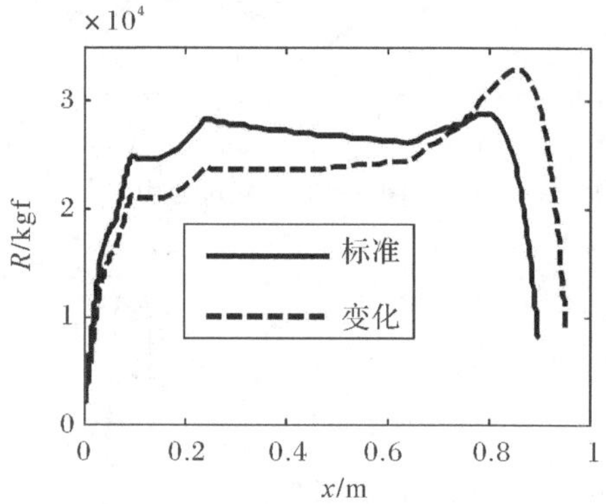

图 3-90　节制环内径增大 1 mm

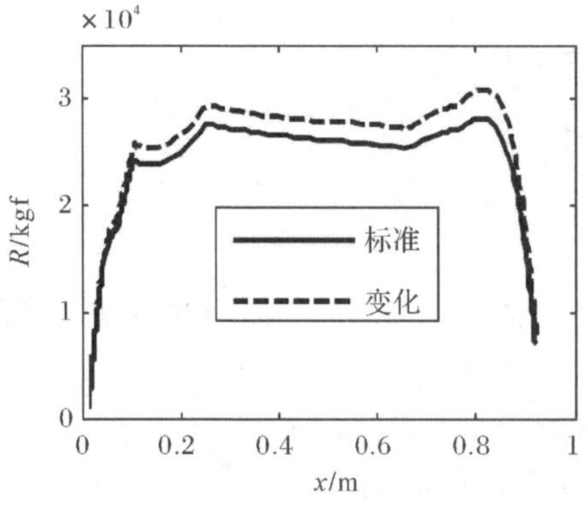

图 3-91　环境温度升高 15 ℃

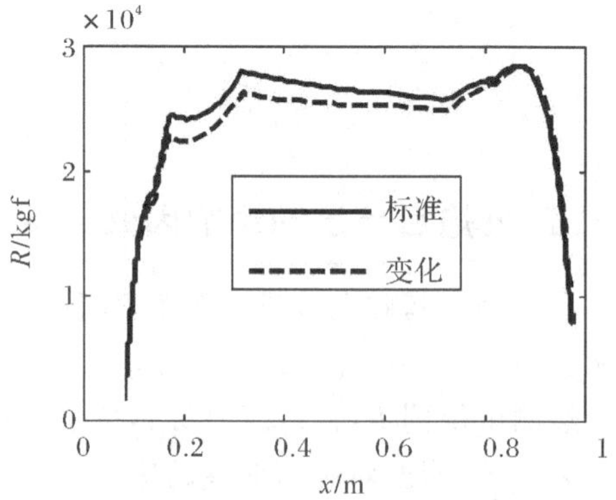

图 3-92　后坐部分质量增加 100 kg

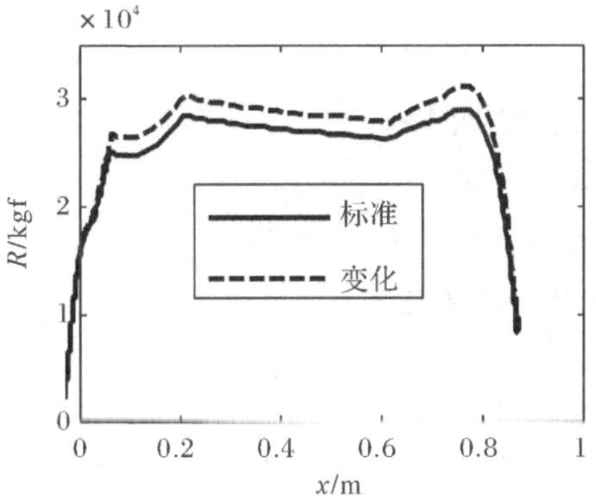

图 3-93　**弹丸重量增加** 3%

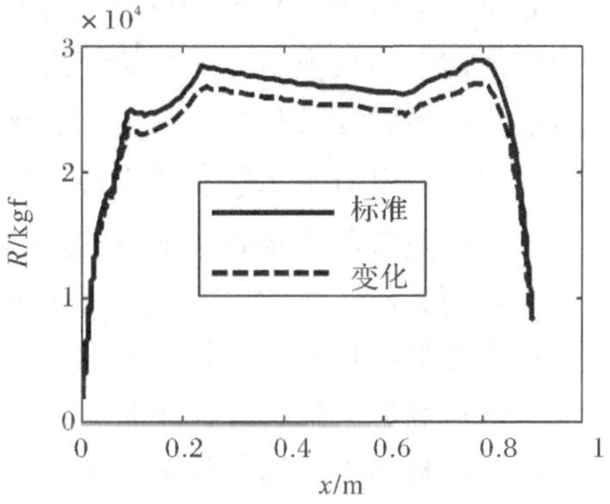

图 3-94　**药室容积增大** 3%

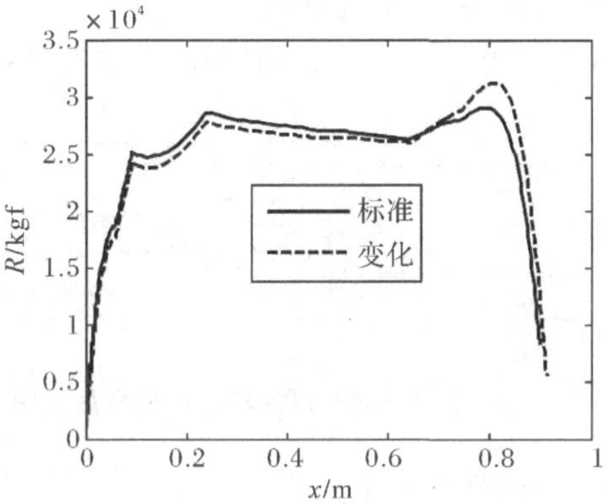

图 3-95　**漏气导致复进机初压下降** 20 atm

复　习　题

1. 反后坐装置的主要作用是什么？它包括哪三个基本组成部分？
2. 常见复进机类型包括哪几种？液体气压式复进机里面的气体为何种成分？
3. 火炮变后坐长度的目的是什么？后坐漏口面积增大，后坐长度如何变化？
4. 火炮连续射击驻退机内液体膨胀导致火炮不能复进到位，如何解决这一问题？
5. 驻退复进机包括哪几种类型？各举一火炮实例。
6. 简要说明复进机和驻退机的工作原理。
7. 写出后坐运动微分方程(后坐阻力不展开)。
8. 写出复进运动微分方程(复进合力不展开)。
9. 写出后坐阻力 R 的表达式。
10. 写出复进合力 r 的表达式。
11. 写出后坐时火炮的稳定条件。
12. 何谓后坐稳定极限角？火炮在任何射角下射击都不允许跳动吗？
13. 为什么加速复进时期火炮的静止稳定性有保证？
14. 通常复进时的液压阻力来自反后坐装置哪些部位？

15. 绘制炮膛合力曲线(炮口制退器效率很高)草图。

16. 何谓火炮后坐制动图? 绘制野战火炮后坐制动图草图。

17. 绘制炮膛合力和后坐阻力随后坐行程变化的曲线草图。

18. 绘制自由后坐速度曲线草图(炮口制退器效率很低)。

19. 写出炮口制退器效率 η_T 和冲量特征量 χ 的表达式。

20. 何谓火药气体作用系数? 写出 W_g、W_{max} 和 W_{KT} 的表达式。

21. 常见的炮口装置包括哪些类型?

22. 炮口制退器的主要作用是什么? 通常包括哪几种类型?

23. 复进机初力要满足哪两个条件?

24. 何谓复进机压缩比? 弹簧式和液气式复进机压缩比通常如何取值?

25. 说明液体气压式复进机的液量检查原理。

26. 推导最简单驻退机杆后坐(见图 3-96)时的液压阻力公式。

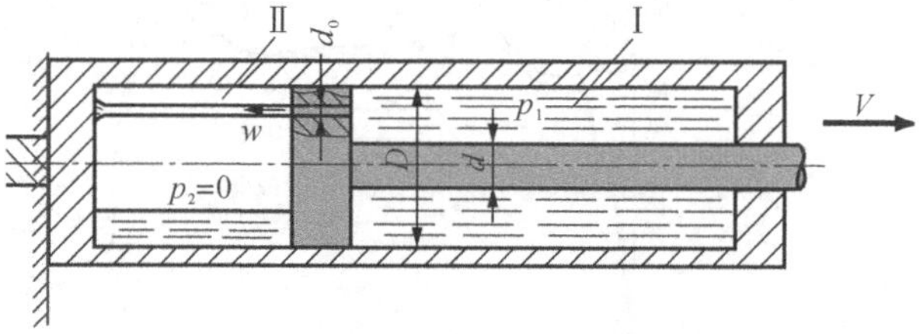

图 3-96 最简单驻退机杆后坐图

其中:$a_0=\frac{\pi}{4}d_0^2$,$A_0=\frac{\pi}{4}(D^2-d^2)$。

27. 推导最简单驻退机筒后坐(见图 3-97)时的液压阻力公式。

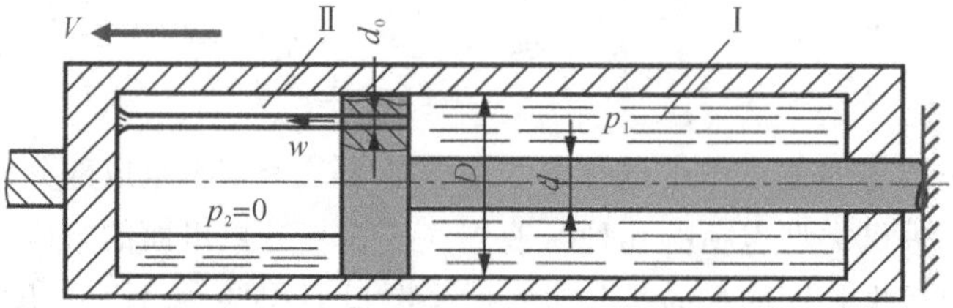

图 3-97 最简单驻退机筒后坐图

其中:$a_0=\frac{\pi}{4}d_0^2$,$A_0=\frac{\pi}{4}(D^2-d^2)$。

28. 某火炮 1 号装药平射时,后坐长度偏长,试分析可能导致这一结果的原因。

29. 试分别说明出现最大后坐长度和最大后坐阻力的火炮极限射击条件。

30. 试分别说明出现最小后坐长度和最小复进速度的火炮极限射击条件。

31. 目前,世界范围内高等级公路越来越多,因而车载火炮得到迅速发展,将大威力火炮装到轻型卡车底盘上,应着重考虑射击稳定性问题,解决这一问题可行的技术途径有哪些?

32. 火炮使用中如何减小冲击波和噪声对炮手的危害?

第四章　自动机原理

自动机是自动武器的核心机构，本章主要致力于自动机的运动规律分析，包括建立运动微分方程、确定方程中的参数、处理碰撞问题、计算相关作用力等内容。本章先进行自动机结构分析，介绍自动机的定义及常见自动机类型；之后是自动机动力学分析，包括构件在弹簧作用下运动、自动机运动微分方程、传速比和传动效率计算、构件间撞击及作用力、导气式自动机气室压强、典型自动机微分方程建立示例；接着介绍自动典型机构和特种发射原理；最后是自动机部分相关数值算例。

第一节　自动机结构分析

一、自动机定义

速射性是火炮和自动武器威力性能的一项重要指标，速射性一般通过射速来衡量，为了提高射速，火炮射击循环需要完成的一系列动作由人工操作向自动化方向发展。于是，根据火炮完成射击循环时的自动化程度不同，可以将火炮区分为自动火炮、半自动火炮和非自动火炮三种类型。自动火炮指能自动完成重新装填和发射下发炮弹的全部动作的火炮。这些动作构成了一般意义上的完整射击循环过程，包括击发、收回击针、开锁、开闩、抽筒、抛筒、供弹、输弹、关闩、闭锁、再次击发。与自动火炮相对应，若完整射击循环中部分动作自动完成，部分动作人工完成，则称为半自动火炮。若全部动作均由人工完成，则称为非自动火炮。

自动火炮之所以能够自动实现射击循环，是因为其中称为自动机的核心部分。火炮自动机（以下简称自动机）泛指自动完成重新装填和发射下发炮弹的全部动作，实现连发射击的各机构的组合。自动机一般包括炮身（身管、炮尾和炮口装置等）、炮闩（开锁、开闩、抽筒、抛筒、闭锁、关闩和击发等机构）、供输弹机构、反后坐装置和缓冲装置、发射机构、保险机构以及辅助机构等。自动机的这些组成部分一般依靠炮箱（或摇架）构成一个整体，并安装在炮架上。

二、自动机类型

根据利用能源的不同，火炮自动机分为内能源自动机（利用发射弹丸的火药燃气作为自动机工作动力）、外能源自动机（利用发射弹丸的火药燃气之外的能源，如电能等作为自动机工作动力）及混合能源自动机（部分利用内能源，而另一部分利用外能源作为自动机工作动力）。

根据工作原理的不同，火炮自动机又可分为后坐式自动机、导气式自动机、转膛式自动机、转管式自动机、链式自动机、双管联动式自动机等。

(一)后坐式自动机

后坐式自动机指利用射击时火炮的后坐部件的后坐能量带动自动机构工作而完成射击循环的自动机。根据后坐部件的不同，后坐式自动机又分为炮闩后坐式自动机和炮身后坐式自动机。

1. 炮闩后坐式自动机

炮闩后坐式自动机的炮身与炮箱为刚性连接，炮闩在炮箱中后坐和复进，并带动各机构工作。发射时，作用于药筒底的火药气体压力推动炮闩后坐，抽出药筒，并压缩炮闩复进簧以贮存能量。炮闩在其复进簧作用下作复进运动的同时，把炮弹推送入膛，如图 4-1 所示。这种自动机供弹机构的工作，通常利用外界能源，如弹匣或弹鼓中的弹簧能量，当然也可利用炮闩的能量。枪械中的这种自动机称为枪机后坐式自动机。

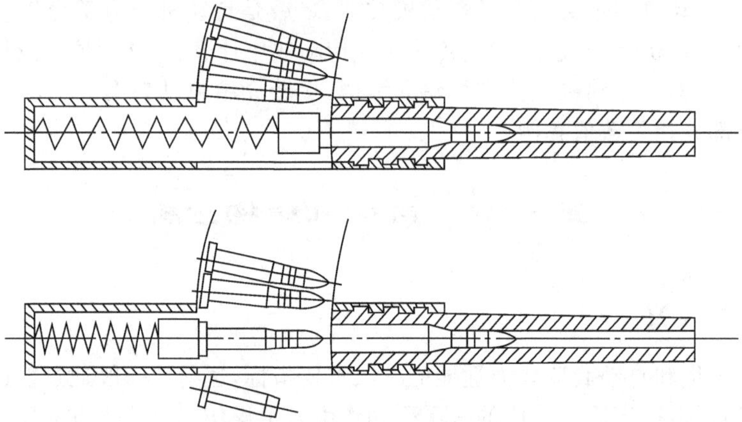

图 4-1　炮闩后坐式自动机

炮闩后坐式自动机根据炮闩运动的特点不同又可分为自由炮闩式自动机和半自由炮闩式自动机。自由炮闩式自动机具有自由的炮闩，发射时，炮闩不与身管相联锁，它主要依靠本身的惯性起封闭炮膛的作用。击发后，在火药气体推药筒向后的力上升到大于药筒与药室间的摩擦力和附加在炮闩上的阻力后，炮闩就开始后坐并抽筒，因此这种自动机抽筒时膛内压力较大，容易发生拉断药筒的故障。为了减小炮闩在后坐起始段的运动速度，就需要加大炮闩的质量。可见，具有笨重的炮闩是自由炮闩式自动机的特点。自由炮闩式自动机的优点是结构简单，理论射速高，缺点是抽筒条件差，故障多，炮闩重。采取某种机构来阻滞炮闩在后坐起始段运动的自动机称为半自由炮闩式自动机。炮闩后坐式自动机在现代火炮上很少采用，但是在枪械上应用还较为广泛。

2. 炮身后坐式自动机

炮身后坐式自动机又称管退式自动机，它是利用炮身后坐能量带动自动机构完成射击循环的自动机，按炮身后坐行程的不同，又分为炮身长后坐自动机和炮身短后坐自动机两种类型。

炮身长后坐自动机是指炮身与炮闩在闭锁状态一同后坐，其后坐行程略大于一个炮弹全长的自动机。在后坐结束后，炮闩被发射卡锁卡在后方位置，炮身在炮身复进机作用下复进，并完成开锁、开闩、抽筒动作。炮身复进终了前，解开发射卡锁，炮闩在炮闩复进机作用下推弹入膛，完成闭锁和击发，如图 4-2 所示。这种自动机的优点是后坐力小，结构简单，但是循环时间长，射速低，现在已很少采用。

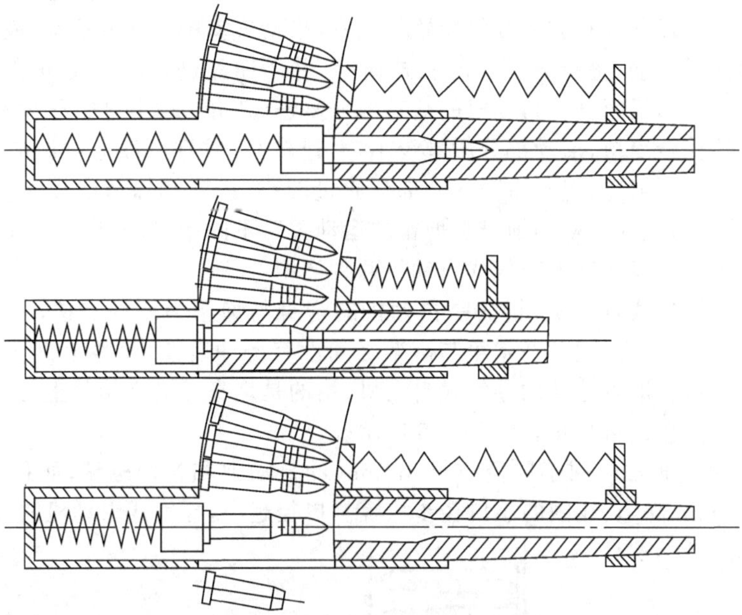

图 4-2　炮身长后坐式自动机

炮身短后坐自动机是指炮身与炮闩在闭锁状态下一同后坐一个较短行程（小于一个炮弹全长）后，利用专门加速机构（开闩机构）完成开锁、开闩和抽筒动作的自动机。炮身后坐到位后（行程小于一个炮弹全长），炮身在炮身复进机作用下复进。在加速机构作用下，炮闩完成开锁、开闩、抽筒后，被发射卡锁卡住。待供弹后，在炮闩复进机作用下，完成输弹、关闩、闭锁、击发动作，如图 4-3 所示。这种自动机的优点是可以控制开闩时机，后坐力较小，射速较高，但是结构较复杂，在中、小口径自动炮中应用较为广泛，如我国某型 37 mm 高炮和某型 57 mm 高炮都采用这种自动机。

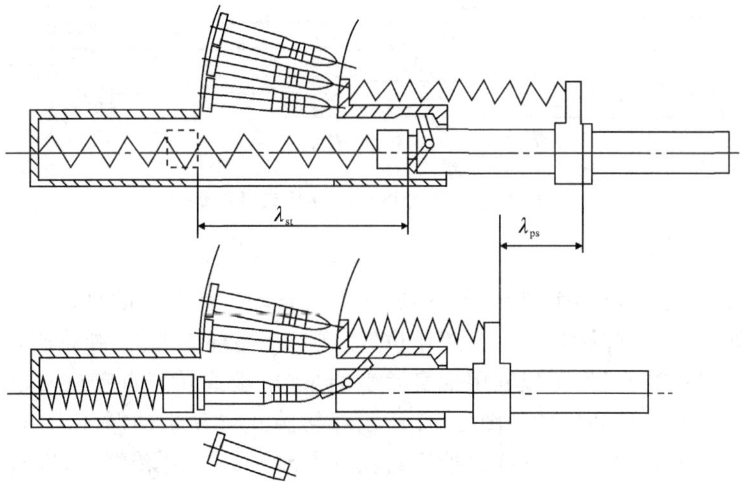

图 4-3　炮身短后坐式自动机

(二)导气式自动机

导气式自动机是指利用从身管炮膛导入气室的部分火药燃气能量带动自动机构工作而完成射击循环的自动机，又称气退式自动机。击发后，在弹丸越过身管壁上的导气孔后，高压的火药燃气就通过导气孔进入导气装置的气室，推动气室中的活塞运动，通过活塞杆使自动机活动部分向后运动，进行开锁、开闩、抽筒等，并压缩复进机贮存复进能量。后坐终了后，在复进机作用下，活塞杆及自动机的活动部分复进，并完成输弹、关闩、闭锁、击发等。导气式自动机结构比较简单，活动部分质量较小，射速较高，并且可以通过调节导气孔的位置和大小来大幅度调节射速，但是由于活动部分质量较小，速度和加速度较大，易产生剧烈撞击，并且导气孔处易烧蚀。根据炮身与炮箱的运动关系不同，导气式自动机又分为炮身不动的导气式自动机和炮身运动的导气式自动机两种类型。

炮身不动的导气式自动机，指的是自动机的炮身与炮箱为刚性连接，不能产生相对运动，但是为了减小后坐力，通常在炮箱与炮架之间设有缓冲装置，使整个自动机产生缓冲运动，如图 4-4 所示。炮身运动的导气式自动机，指的是炮身可沿炮箱后坐与复进，而炮箱与炮架之间为刚性连接的自动机，如图 4-5 所示。

导气式自动机通常应用于口径小于 37 mm 的自动炮和各种枪械，如我国某型 35 mm 高炮和某型 25 mm 高炮、我国的小口径步枪等。口径越小，导气式自动机的优点越显著。

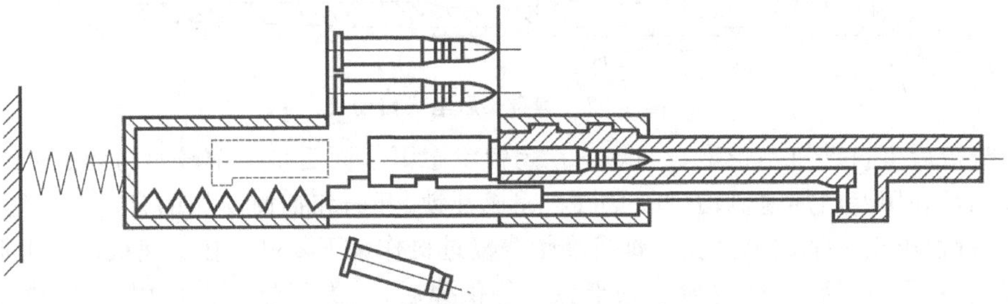

图 4-4 炮身不动的导气式自动机

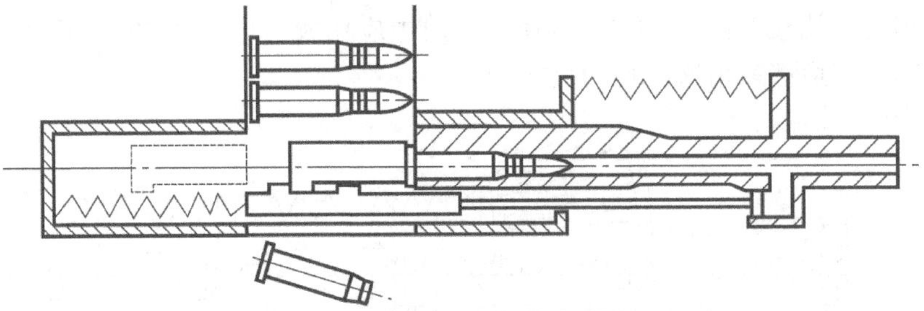

图 4-5 炮身运动的导气式自动机

(三)转膛式自动机

转膛式自动机是指以多个弹膛(药室)回转完成自动工作循环的自动机。在射击循环过程中，弹膛旋转，每一个弹膛处在一个工作位置，在一个循环周期内，弹膛旋转一个位置。弹膛的转动和供弹机构的工作可以利用炮身后坐能量(后坐式转膛自动机)，也可利用火药燃气的能量(导气式转膛自动机)，如图 4-6 所示。转膛式自动机的循环动作部分重合，射速高，但横向尺寸较大，弹膛与身管联接处容易漏气与烧蚀。相对转管式自动机，转膛式自动机具有体积小、质量轻等优点，近年来引起行业的重视，航炮、舰炮和高炮中均有这种类型自动机，如我国某新型轮式 35 mm 高炮。

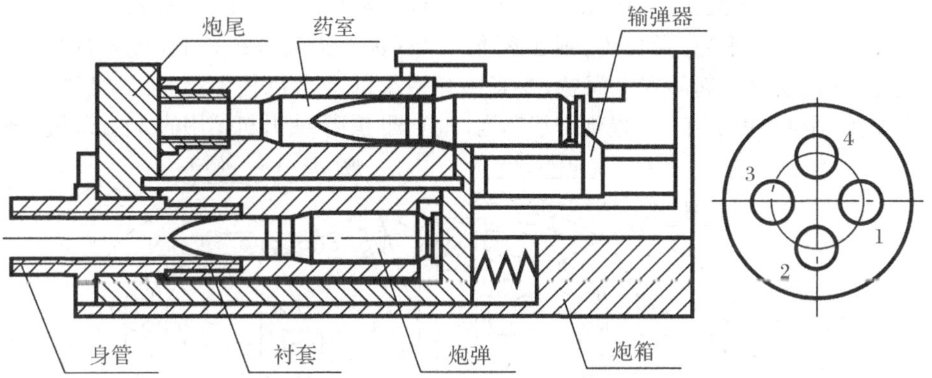

图 4－6　转膛式自动机

(四)转管式自动机

转管式自动机是指以多个身管回转完成自动工作循环的自动机。多根身管固连在一个回转的炮尾上，每根身管对应本身的炮闩，在射击循环过程中，每根身管处在一个工作位置，在一个循环周期内，身管旋转一个位置，如图 4－7 所示。转管式自动机多用电机或液压马达等外能源驱动，也有用内能源驱动的。转管自动机射速高且可以调节，故障率低，使用寿命较长，但是迟发火时有一定危险，需要一定的起动时间。转管式自动机近年来得到世界各国的高度重视，广泛应用于各种高射速小口径自动炮上，如航炮、舰炮甚至高炮。我国的 11 管 30 mm 舰炮被称作"万发炮"，广泛装备于我国的航母和大型军舰上。

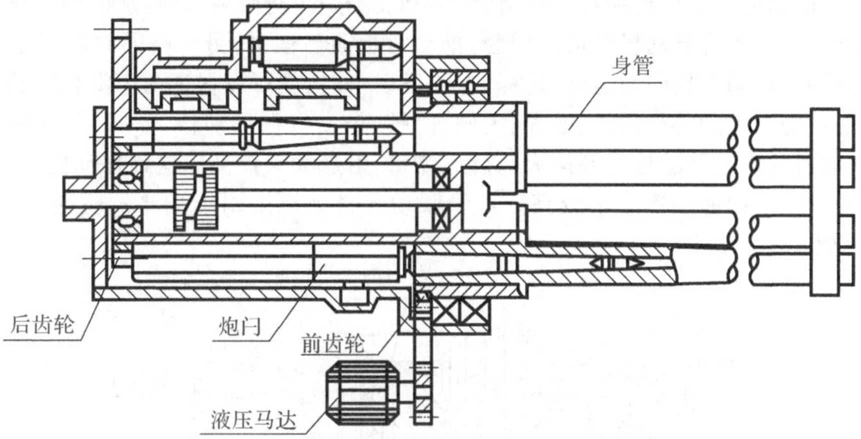

图 4－7　转管式自动机

(五)链式自动机

链式自动机是指利用外能源通过闭合链条带动闭锁机构工作，完成自动工作循环的自动机。链式自动机的核心是一根双排滚柱闭合链条与四个链轮组成的矩形传动转道，链条上固定一个 T 形炮闩滑块，与炮闩支架下部滑槽相配合。当链条转动带动炮闩滑块前后移动时，炮闩支架也同时被带动在纵向滑轨上作往复运动。炮闩支架到达前方时，迫使闩体沿炮闩支架上的曲线槽作旋转运动而闭锁炮膛。炮闩支架向前运动时，完成输弹、关闩、闭锁、击发动作；炮闩支架向后运动时，完成开锁、开闩、抽筒动作。炮闩驱动滑块横向左右移动时，将在炮闩支架T形槽内滑动，炮闩支架保持不动；炮闩支架在前面时的停留过程为击发短暂停留时间，炮闩支架在后面停留过程为供弹停留时间，如图4-8所示。链式自动机结构紧凑，质量小；运动平稳，无撞击，射击密集度好；易于实现射频控制，可靠性好，寿命长。但是要解决好迟发火引起的安全问题，要有供弹系统的动力机构和控制协调机构，射速不能过高。链式自动机多用于直升机航炮和战车炮，如美国“黑鹰”直升机使用的30 mm链式炮。

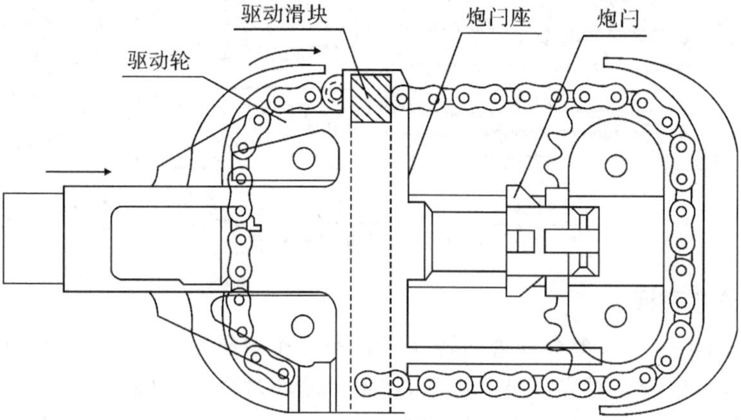

图4-8 链式自动机

（六）双管联动式自动机

双管联动式自动机是指两个身管互相利用膛内火药燃气的能量完成射击循环，实现轮番射击的自动机，又称盖斯特式自动机。两个活塞与各自滑板相连并安装在同一炮箱内，两个滑板又由联动臂及连杆连接在一起，协调运动。当一个身管射击时，从膛内导出两路火药燃气，一路作用在本身自动机的活塞前腔，推动滑板向后运动，另一路同时作用于另一自动机的活塞后腔，推动滑板向前运动，这样，在连发射击时，就可以保证两个滑板交替作前后运动，完成各自的开锁、开闩、抽筒、输弹、关闩、闭锁、击发等循环动作，如图4-9所示。双管联动式自动机的滑板复进也是利用火药燃气能量，射速大大提高。这种自动机结构紧凑，但是结构较复杂，对缓冲装置要求较高。双管联动式自动机多用于战斗机航炮，如我国某型23 mm航炮。

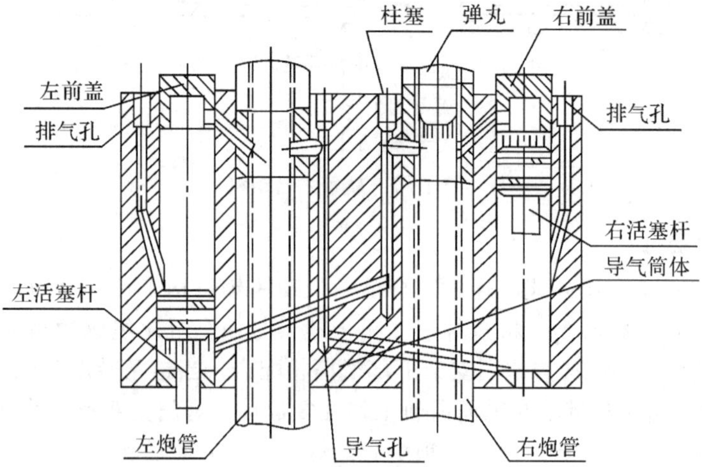

图4-9 双管联动式自动机

火炮自动机的发展，主要围绕提高射速、机动性（包括减轻质量、减小后坐力等）和可靠性进行，主要发展方向有：同一口径的火炮自动机具有多用途（可陆、海、空通用），火炮自动机以及弹药通用化和系列化；火炮自动机工作原理的多样化，现有工作原理的综合运用以及新原理、新结构的发明；新概念火炮自动机的技术突破；等等。

三、自动机循环图

自动机循环图是显示自动机运动规律的一种图表。它以图表或曲线的形式表示自动机各主要构件（炮身、炮闩、拨弹板等）的运动状态。自动机循环图通常有以下两种形式。

（1）以基础构件（主动构件）位移为自变量的循环图。这种循环图标出了工作构件（从动构件）工作时基础构件的位移。它表明自动机各机构的相互作用和工作顺序以及对基础构件位移的从属关系。

图 4－10 是我国某型 37 mm 高炮自动机以基础构件位移为自变量的循环图。在作图时，首先在横坐标轴上以一定的比例尺截取一线段，表示基础构件（炮身）的位移，而后以相同的比例尺与原点相隔一定距离，作横坐标轴的若干平行线，相应地表示自动机各机构工作阶段基础构件的位移。为了使图表明显，可在各行（即各平行线所占之行）的左端并列地注明机构的名称及运动特征段。图 4－11 为该型 37 mm 高炮自动机炮闩的循环图，它取曲臂（开关杠杆）为基础构件，以其转角 θ 为自变量。

运动特征段		基础构件—炮身（以其位移为自变量，mm） 0 —— 140
后坐运动	拨回击针	24 —— 61
	强制开闩	61.4 —— 95.5
	活动梭子上升	26 —— 121
复进运动	输弹器被卡住	25 —— 121.5
	活动梭子下降	26 —— 121
	压弹	42 —— 105
	升降输弹	•25

图 4－10　**某型** 37mm **高炮自动机位移循环图**

运动特征段		基础构件—曲臂（以其转角为自变量，°）
开闩运动	开关杠杆转角	0 —— 68
	开锁	0 —— 11.2
	拨回击针	4.14 —— 11.2
	强制开闩	11.2 —— 40.24
	惯性开闩	40.24 —— 68
	抽筒	•60
关闩运动	关闩	11.2 —— 61.35
	闭锁	0 —— 11.2
	解脱击发卡锁	3.30 —— 8

图 4－11　**某型** 37 mm **高炮自动机炮闩循环图**

以基础构件位移为自变量的循环图的不足之处是：它不能表明工作过程中各机构的位移与时间的关系；在基础构件停止运动后，某些工作构件可能仍在继续运动，这些工作构件的运动便不能再用基础构件的位移来表示。为了表示这些工作构件的运动，只能将某工作构件再看作基础构件，另外建立补充的循环图。譬如图 4－10 所示的循环图，就不能表示惯性开闩阶段闩体的运动及抽筒运动，更不能表示关闩、闭锁运动。为此，就要另行建立以曲臂（开关杠杆）转角 θ 为自变量的循环图（见图 4－11），以表明开闩、抽筒和关闩、闭锁等运动。枪械由于运动部件较少，采用这种循环图比较方便。

（2）以时间为自变量的循环图，如图 4－12 所示。实际上，它就是自动机各主要构件的位移和运动时间的关系曲线图。一般取纵坐标向上为 x，表示炮身等构件的后坐位移；向下为 y，表示闩体等构件的横向位移。取横坐标表示时间 t。由纵坐标可以看出各构件间位移间的关系；由横坐标可以看出各构件运动的顺序和时间上的关系。曲线的斜率则表示构件的速度。以时间为自变量的循环图可清楚地表示自动机的工作原理，因此广泛应用在各种火炮自动机中。

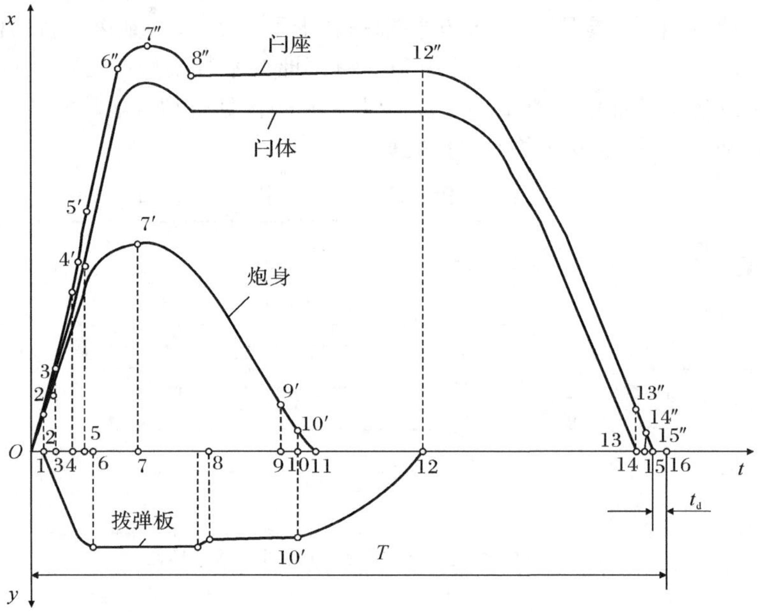

图 4－12　以时间为自变量的循环图

△拓展阅读

埋头弹火炮的摆膛式自动机

我国研制的 CS/AA5 埋头弹火炮系统采用新型自动机——摆膛式自动机，简化了供输弹系统，提高了可靠性。其弹膛与炮管成 90°炮弹从侧方入膛；而后弹膛旋转 90°与炮管对齐，进行发射；发射后弹膛反向旋转 90°与炮管垂直；下一发炮弹入膛将前一发弹壳从另一侧顶出。

自动机循环图——理解自动机构件运动情况的图表

由于自动机中部件很多，动作形式多样，存在时空上的协作性，用文字描述篇幅很长且不直观，因此用自动机循环图更容易理解。自动机循环图只是一种辅助图表，要深刻理解自动机动作情况，还需要深入了解自动机的构造和动作。

第二节　构件在弹簧作用下的运动

自动机中的很多构件是在弹簧作用下运动的，例如某些自动武器的输弹运动、击针击发底火运动等。在自动机中，应用最广泛的弹簧是圆柱螺旋弹簧。本节将研究自动机构件在弹簧作用下的运动规律，并假定弹簧的刚度系数为常数。

一、运动微分方程

构件在弹簧作用下的运动，最简单、最普遍的形式，是构件在一根弹簧作用下做直线运动。这种运动是质量为 m 的构件，在一个随构件位移 x 作线性变化的弹簧力 P 作用下的运动，这是一种简谐运动。

设构件质量为 m，运动开始时（$t=0$）具有初始速度 v_1，初始位移为 0，其上作用有弹簧初力 P_1 和不变阻力 R（构件重力在速度方向上的分力以及因重力引起的摩擦力）。运动到时间 t 时，速度为 v，位移为 x，弹簧力为 P。忽略弹簧本身质量和弹簧变形时的机械能损失，分别就弹簧受压和伸张两种情况建立构件的运动方程。

当构件压缩弹簧时，构件的运动和受力情况如图 4-13 所示。作用在构件上的弹簧力 $P=P_1+Cx$，其运动微分方程为

$$m\frac{\mathrm{d}v}{\mathrm{d}t}=-P-R=-P_1-Cx-R$$

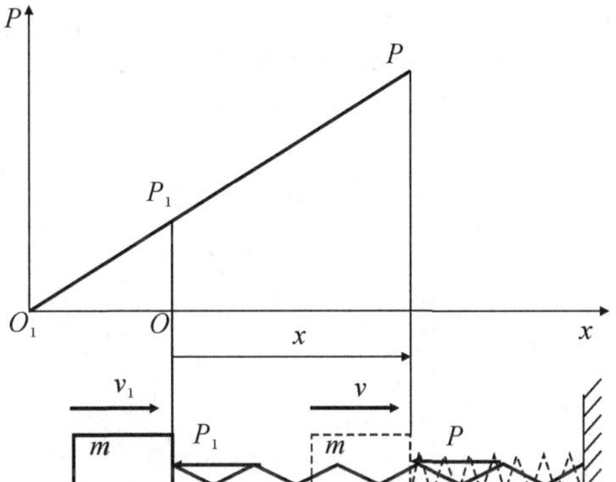

图 4-13　压缩弹簧时构件运动简图

当弹簧伸张时，构件的运动和受力情况如图 4-14 所示。作用在构件上弹簧力 $P=P_1-Cx$，其运动微分方程为

$$m\frac{\mathrm{d}v}{\mathrm{d}t}=P-R=P_1-Cx-R$$

综合以上两种情况，可得普遍式

$$m\frac{\mathrm{d}v}{\mathrm{d}t}=\pm P_1-Cx-R \tag{4-1}$$

式中：C——弹簧的刚度系数。

P_1 前面的"＋"号表示弹簧伸张，"－"号表示弹簧受压(以下类同)。

式(4-1)可以综合为

$$\frac{d^2x}{dt^2}+\frac{C}{m}x+\frac{\mp P_1+R}{m}=0 \tag{4-2}$$

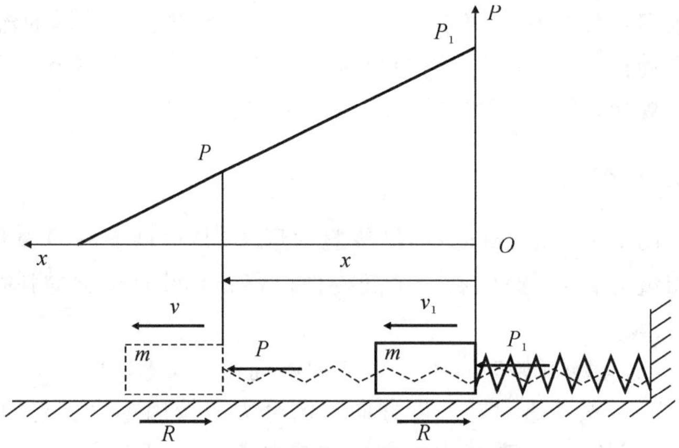

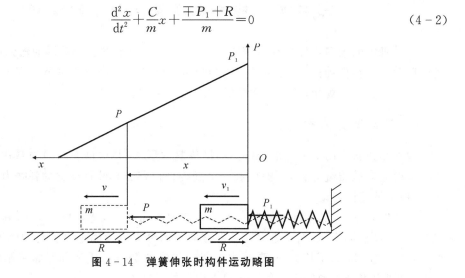

图 4-14　弹簧伸张时构件运动略图

二、方程的求解

(一)公式法

式(4-2)是常阻力的振动方程，也是二阶常系数非齐次线性方程，此方程的通解为

$$x(t)=a\sin(\omega t+\theta_1)-\frac{\mp P_1+R}{C} \tag{4-3}$$

微分可得

$$v(t)=a\omega\cos(\omega t+\theta_1) \tag{4-4}$$

式中：a——振幅；

ω——振动圆频率(1/s)，$\omega=\sqrt{\dfrac{C}{m}}$；

θ_1——初相角(rad)。

代入初始条件，可得

$$a=\sqrt{\frac{(\mp P_1+R)^2}{C^2}+\frac{v_1^2}{\omega^2}}$$

$$\theta_1=\arcsin\frac{\mp P_1+R}{aC}$$

(二)图解法

为了对弹簧作用下构件的运动有更清晰的概念，更直观、形象地了解构件位移 x、时间 t 和速度 v 之间的关系，常用图解法来表示其运动诸元之间的关系。由式(4-3)和式(4-4)可得

$$\left(x+\frac{\mp P_1+R}{C}\right)^2+\left(\frac{v}{\omega}\right)^2=a^2 \tag{4-5}$$

式(4－5)的图形为圆。此圆以 x 为横坐标，$\frac{v}{\omega}$ 为纵坐标，圆心为 $\left(-\frac{\mp P_1+R}{C},0\right)$，半径为 a。

压缩弹簧时，构件运动微分方程的图解如图 4－15 所示，弹簧伸张时的图解如图 4－16 所示。两图中 O_1 均为圆心，相当于构件在弹簧作用下运动的静平衡位置。$O(B_1)$ 为 $x=0$ 的原点，圆周上任一点 A 都可以看作动径 O_1A 的末端，O_1A_1 表示构件开始运动时（$t=0$，$x=0$，$\dot{x}=v_1$）动径的位置，$\theta=0$ 的直线与 O_1A_1 之间的夹角为初相角 θ_1（顺时针转动为正，反之为负）。A_1 的横坐标为 $\frac{\mp P_1+R}{C}$，纵坐标为 $\frac{v_1}{\omega}$。动径以圆频率 ω 为角速度，顺时针旋转，经过时间 t，到达 O_1A 位置。A 点的横坐标为 $x+\frac{\mp P_1+R}{C}$，可见，横坐标与构件位移 x 有关，纵坐标与构件速度 v 有关。利用这个图解，对直角三角形 $O_1A_1B_1$ 和 O_1AB 运用简单的几何、三角关系，就可以导出构件在弹簧作用下运动的各种计算公式。

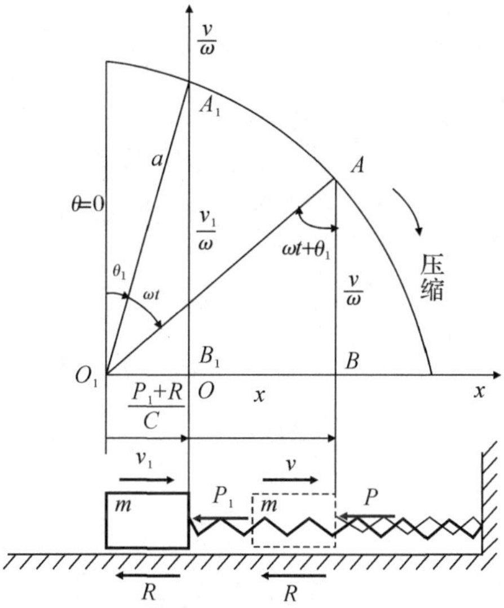

图 4－15　压缩弹簧时，构件运动微分方程的图解

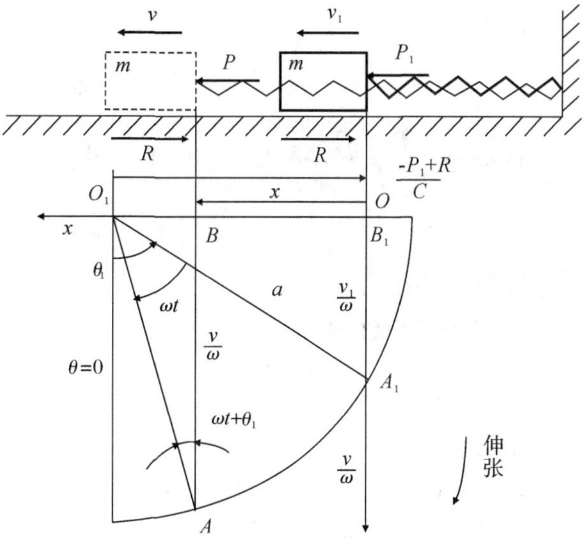

图 4－16　弹簧伸张时，构件运动微分方程的图解

【例 1】　质量为 m 的构件，以 v_1 的初始速度压缩弹簧，当速度为零时，求构件的行程 x 和所经历的时间 t。（求解弹簧式缓冲器的缓冲行程和缓冲时间就是这类问题）

根据题意作图，如图 4－17 所示。

因为 $v=0$，所以 O_1A 到达圆 x 轴。由图 4－17 可直接得出

$$x=O_1A-O_1B_1=a-\frac{P_1+R}{C}$$

式中：

$$a=\sqrt{(O_1B_1)^2+(A_1B_1)^2}=\sqrt{\left(\frac{P_1+R}{C}\right)^2+\left(\frac{v_1}{\omega}\right)^2}$$

$$\omega=\sqrt{\frac{C}{m}}$$

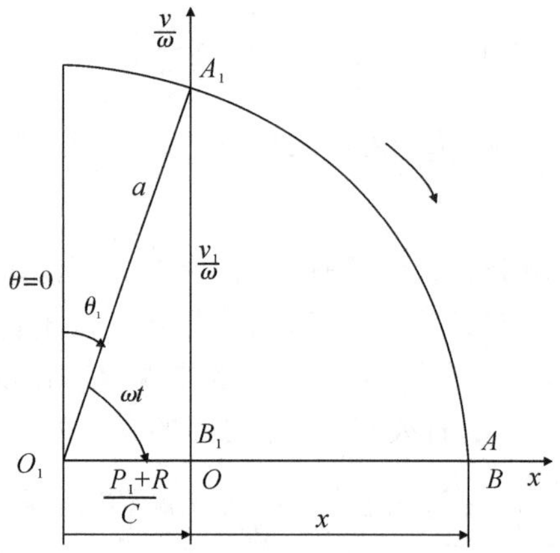

图 4-17　求缓冲行程和缓冲时间的图解

求相应的时间 t 可由 $\triangle O_1A_1B_1$ 得

$$a\cos\omega t=\frac{P_1+R}{C}$$

因此

$$t=\frac{1}{\omega}\arccos\frac{P_1+R}{aC}$$

将 $a=x+\frac{P_1+R}{C}$ 代入上式并整理，可得

$$t=\frac{1}{\omega}\arccos\frac{P_1+R}{P+R}$$

式中：$P=P_1+Cx$。

或者，由 $\triangle O_1A_1B_1$ 得

$$a\sin\omega t=\frac{v_1}{\omega}$$

于是

$$t=\frac{1}{\omega}\arcsin\frac{v_1}{a\omega}$$

【例 2】　质量为 m 的构件，在弹簧伸张作用下运动。当 $t=0$ 时，$x=0$，$v_1=0$，求构件在给定位移为 x 时的时间 t 和速度 v。（弹簧式输弹机的输弹运动，求输弹行程为 x 时的输弹时间和输弹速度，就是这类问题的实例）

根据题意作图，如图 4-18 所示。

因为当 $t=0$ 时，$v_1=0$，所以 A_1 与 B_1 重合在 x 轴上，初相角和振幅分别等于

$$\theta_1=-\frac{\pi}{2}$$

$$a=|O_1B_1|=\left|\frac{-P_1+R}{C}\right|=\frac{P_1-R}{C}$$

求 x 对应的时间 t，可由 $\triangle O_1AB$ 得

$$a\sin(\omega t+\theta_1)=O_1B=x+\frac{-P_1+R}{C}$$

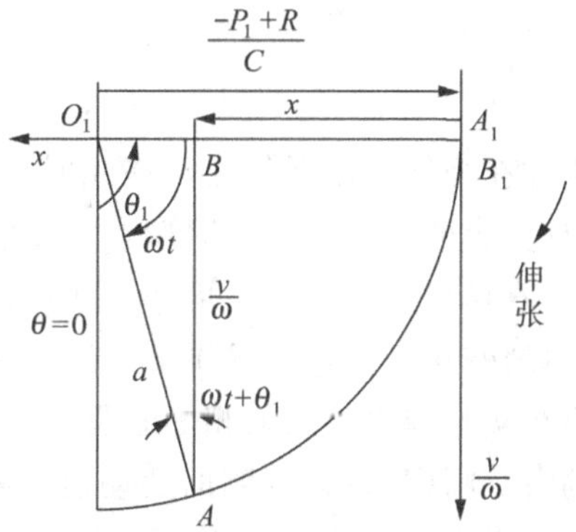

图 4-18　求输弹时间和输弹速度的图解

则

$$x=a\sin(\omega t+\theta_1)-\frac{-P_1+R}{C}$$

代入 $\theta_1=-\frac{\pi}{2}$，且 $\frac{P_1-R}{C}=a$，可整理为

$$x=a(1-\cos\omega t)$$

因此

$$t=\frac{1}{\omega}\arccos\left(1-\frac{x}{a}\right)$$

求构件速度，仍然可由 $\triangle O_1AB$ 得

$$a\cos(\omega t+\theta_1)=\frac{v}{\omega}$$

因此

$$v=a\omega\cos(\omega t-90°)=a\omega\sin\omega t$$

也可由位移 x 直接求出对应的速度。由 $\triangle O_1AB$ 可得

$$(BA)^2=(O_1A)^2-(O_1B)^2$$

即

$$\left(\frac{v}{\omega}\right)^2=a^2-\left(x+\frac{-P_1+R}{C}\right)^2$$

代入

$$a=\frac{P_1-R}{C}$$

整理可得

$$v=\sqrt{2\,\frac{P_1-R}{m}x-\omega^2x^2}$$

(三)数值解法

可以编制计算机程序利用龙格-库塔等方法求解式(4-2)所示的微分方程，得到构件位移和速度曲线，参见后面的算例。

三、解的修正

(一)考虑弹簧质量

应用上述理论公式计算构件在弹簧作用下的运动诸元时,因没有考虑弹簧本身质量也参加了运动所带来的影响,使计算出的时间偏短、速度偏大。实际计算时,一般是把弹簧的质量换算到运动构件上,将构件看作增加了若干质量(弹簧的相当质量),把弹簧看作没有质量的理想弹簧。从而,只要简单地修正运动构件的质量,就可以提高上述公式的计算精度。

根据弹簧相当质量的动能与实际弹簧的动能相等的原则导出弹簧的相当质量。

构件在弹簧作用下运动的每一瞬间,弹簧各圈的运动速度各不相同。与构件接触的一圈,其速度与构件速度相同;与固定支承部分接触的一圈处于静止状态,其速度为 0;中间各圈的速度认为沿弹簧全长按线性规律分布,如图 4-19 所示。

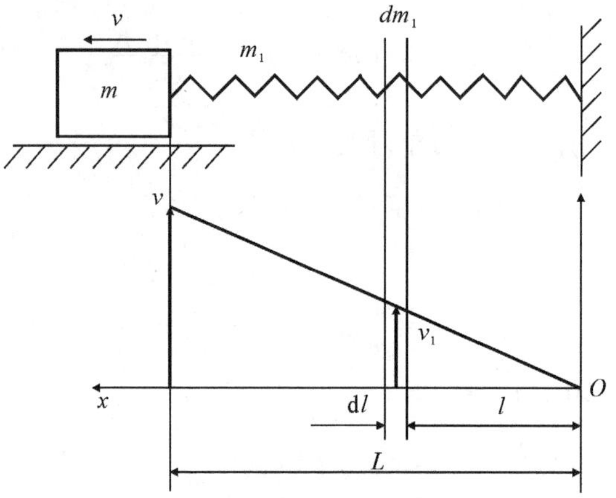

图 4-19 **弹簧圈速度分布图**

图中:m——构件的质量;

m_1——弹簧的质量;

dl——任取的弹簧微元长度;

dm_1——弹簧微元的质量;

v——构件某瞬时的速度;

v_1——弹簧微元的速度;

L——此瞬时弹簧的长度;

l——弹簧微元到固定端的距离。

弹簧圈微分段的动能为

$$\mathrm{d}E_1=\frac{v_1^2}{2}\mathrm{d}m_1 \tag{4-6}$$

根据弹簧圈速度沿弹簧全长线性规律分布的假设,有

$$v_1=\frac{l}{L}v \tag{4-7}$$

假设弹簧质量沿弹簧全长均匀分布,则弹簧圈微分段 dl 的质量为

$$dm_1=\frac{m_1}{L}dl \tag{4-8}$$

将式(4－7)、式(4－8)代入式(4－6)中，并积分，可得整个弹簧的动能为

$$E_{m1}=\int_0^L dE_1=\int_0^L \frac{1}{2}\left(\frac{l}{L}v\right)^2\frac{m_1}{L}dl=\frac{1}{2}\frac{m_1}{3}v^2$$

设弹簧的相当质量为 m'，根据弹簧相当质量的动能与实际弹簧动能相等的原则，有

$$\frac{1}{2}m'v^2=\frac{1}{2}\frac{m_1}{3}v^2$$

因此弹簧的相当质量

$$m'=\frac{m_1}{3}$$

构件和弹簧的总动能

$$E=E_m+E_{m1}=\frac{1}{2}mv^2+\frac{1}{2}\frac{m_1}{3}v^2=\frac{1}{2}\left(m+\frac{m_1}{3}\right)v^2$$

由上式可知，在计算弹簧作用下构件的运动诸元时，若要考虑弹簧质量参加运动的影响，只要把弹簧的相当质量($m_1/3$)附加到构件质量 m 上即可。

(二)考虑弹簧能量损耗

弹簧在变形时(压缩或伸张)要克服内摩擦，使一部分机械能转化为热能而损耗。刚度较小的单股簧变形时，机械能损失较少，可以不考虑。多股绳状簧在变形时，由于各股间的摩擦，会产生很大的机械能损失。弹簧刚度越大，机械能损失越大。刚度很大的缓冲簧变形时，通常要损失 25%～30%的机械能。因此，对于多股绳状簧，刚度很大的复进簧和缓冲簧，计算构件在其作用下运动时，应该考虑机械能的损失。此外，弹簧被压缩时，轴向要发生弯曲，弹簧与导向筒或导向杆互相接触，必然产生附加摩擦力；又由于构件质心往往不在弹簧轴线上，也会引起导轨约束对构件的附加摩擦力等都将损失一部分机械能。为了考虑能量损失对运动的影响，比较简单的方法是引入弹簧做功效率 η($\eta<1$)。

当弹簧伸张时，构件运动微分方程为

$$m\frac{dv}{dt}=P_1-Cx-R \tag{4-9}$$

等式两边同乘以 dx，得

$$m\frac{dv}{dt}dx=(P_1-Cx)dx-Rdx$$

考虑弹簧做功效率 η 后，方程为

$$m\frac{dv}{dt}dx=\eta(P_1-Cx)dx-Rdx$$

等式两边同除以 ηdx，得到

$$\frac{m}{\eta}\frac{dv}{dt}dx=P_1-Cx-\frac{R}{\eta} \tag{4-10}$$

比较式(4－9)和式(4－10)可以看出，将式(4－9)中的 m 换成 m/η、R 换成 R/η，就是式(4－10)。因此，将未考虑机械能损失的构件在弹簧伸张作用下运动的各公式中的 m 换成

$\frac{m}{\eta}$、R 换成$\frac{R}{\eta}$就等于考虑了弹簧做功时的机械能损失。

同样，当压缩弹簧时，构件运动微分方程为

$$m\frac{\mathrm{d}v}{\mathrm{d}t}=-P_1-Cx-R \tag{4-11}$$

等式两边同乘以 $\mathrm{d}x$，得

$$m\frac{\mathrm{d}v}{\mathrm{d}t}\mathrm{d}x=(-P_1-Cx)\mathrm{d}x-R\mathrm{d}x$$

考虑弹簧做功效率 η 后，方程为

$$m\frac{\mathrm{d}v}{\mathrm{d}t}\mathrm{d}x=(-P_1-Cx)\mathrm{d}x/\eta-R\mathrm{d}x$$

等式两边同乘上$\frac{\eta}{\mathrm{d}x}$，得到

$$m\eta\frac{\mathrm{d}v}{\mathrm{d}t}\mathrm{d}x=-P_1-Cx-R\eta \tag{4-12}$$

比较式(4-11)和式(4-12)可以看出，将式(4-11)中的 m 换成 $m\eta$、R 换成 $R\eta$，就是式(4-12)。因此，将未考虑机械能损失的构件压缩弹簧运动的各公式中的 m 换成 $m\eta$、R 换成 $R\eta$ 就等于考虑了弹簧做功时的机械能损失。

△拓展阅读

考虑弹簧能量损耗的记忆方法

考虑弹簧能量损耗时，公式的修正方法分弹簧压缩和弹簧伸张两种情况用 η 修正 m 和 R，容易混淆，可这样进行记忆。弹簧伸张时，长度变长，是为“增大”，而 η 是小于 1 的，因此把 m 换成$\frac{m}{\eta}$、R 换成$\frac{R}{\eta}$，相当于两者增大；弹簧压缩时，长度变短，是为“减小”，把 m 换成 $m\eta$、R 换成 $R\eta$，相当于两者“减小”。

弹簧阻尼器模型

在许多领域研究构件在弹簧作用下运动时，通常采用弹簧阻尼器模型，弹簧有刚度和阻尼两个参数，阻尼消耗能量，在某种意义上和考虑弹簧能量损耗的 η 有一定关联性。

第三节　自动机运动微分方程

要研究非理想约束条件下自动机各构件在基础构件带动下的连续传动运动，并建立基础构件的运动微分方程，必须简化自动机的运动情况。自动机各构件的弹性较小，对自动机各构件的影响极小。只有在研究机构和构件的微振和构件间的撞击时，才需要考虑构件的弹性。因此，在研究构件的运动规律时，可以把自动机各机构看作由刚性构件所组成。

自动机的各机构大都是平面机构，机构中各构件的运动，不外乎是平动、定轴转动和平面运动。因此，完全可以应用机械原理中有关平面机构的原理来分析自动机各机构的运动。

自动机各运动构件是以各种不同的传动形式联接起来的。例如，某自动机的拨弹机构如图 4－20 所示，导板在其复进簧作用下，带着炮闩（带有一发炮弹）复进，同时以导板上的滑槽通过凸齿带动拨弹齿拨动弹带。又如旋转闭锁式炮闩，在其复进簧作用下复进，如图 4－21所示，当闩体被身管尾端面挡住而停止前进时，闩座继续前进，通过滑轮、曲线槽使闩体旋转闭锁炮膛。

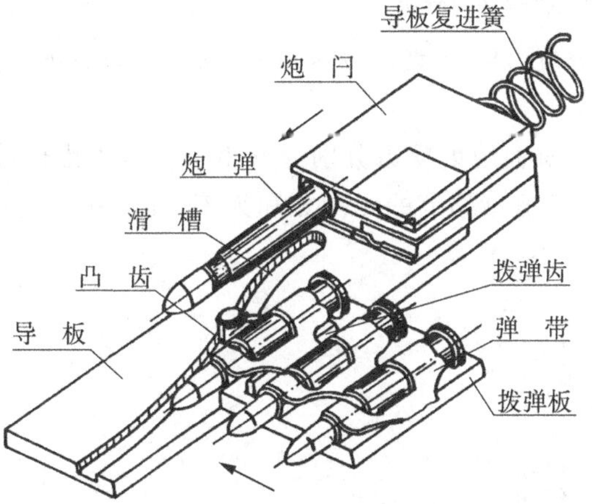

图 4－20　**拨弹机构的拨弹运动**

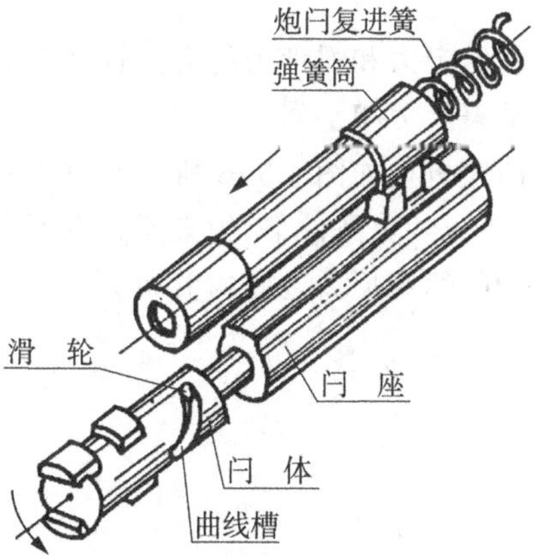

图 4－21　**旋转闭锁式炮闩的闭锁运动**

由以上两例可见，自动机各构件以一定的传动形式相联接，但各构件的地位和作用却不同。直接完成各部分自动动作的构件称为工作构件。带动某个机构各工作构件运动，完成自动动作的构件称为基础构件。不同形式的自动机有不同的基础构件，自动机的基础构件通常是炮身（炮身后坐式自动机）、导板（导气式自动机）和炮闩（炮闩后坐式自动机）。

在一般情况下，都是基础构件带动工作构件运动，因此基础构件又称主动构件，工作构件又称从动构件。

自动机的运动就是基础构件在后坐时依靠火药气体给予的能量，复进时依靠后坐时储存的能量克服工作构件的阻力，完成后坐和复进中各个自动动作的运动。基础构件的运动规律决定了各工作构件以至整个自动机的运动规律。确定了基础构件的运动诸元之后，工件构件的运动诸元就可随之确定。因此，首先要确定基础构件的运动规律，亦即要建立基础构件的运动微分方程（有时亦称为自动机运动微分方程）。这种处理问题的方法称为经典自动机运动分析方法。除此以外，也可以用多刚体动力学等方法来建立自动机系统的运动微分方程。

由于基础构件通过机械约束带动工作构件运动，工作构件也通过机械约束反过来影响基础构件的运动规律，因此，建立的运动微分方程应是考虑了工作构件影响的基础构件的运动微分方程。方程中，运动诸元应是基础构件的，并包括它与工作构件运动诸元的关系。这些关系包括位移、速度、加速度、力和能量等。

一、动力学普遍方程

滑块机构如图 4－22 所示，其质量为 m，给定力为 F，约束反力为 R，加速度为 a，在其上加上惯性力 ma，则给定力、阻力和惯性力三者平衡，即

$$F-ma=R \tag{4-13}$$

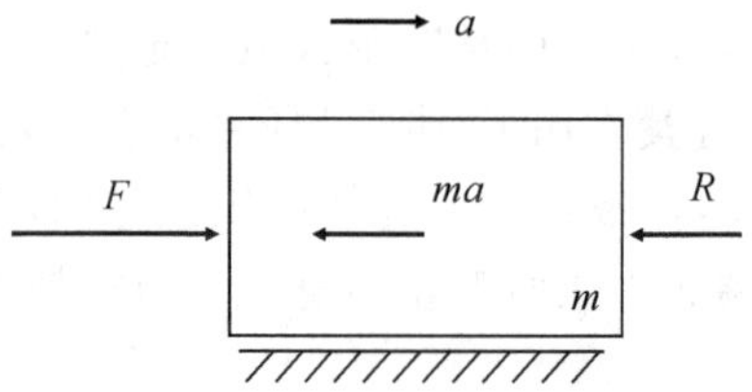

图 4-22　滑块机构受力分析

将给定力和惯性力的合力称为有效力,有效力用 R' 表示,$R'=F-ma$。可以看出,有效力与约束反力相平衡。

凸轮机构如图 4-23 所示,两构件运动方向上约束反力分别为 R 和 R_1,根据虚位移原理,在理想约束条件下,约束反力在系统的任何虚位移上的元功之和为零,即作用于构件 0 和 1 上的约束反力之间的关系为

$$R\delta x=R_1\delta x_1$$

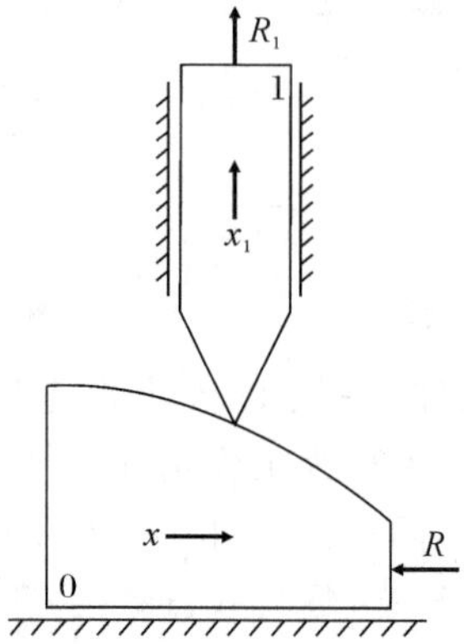

图 4-23　凸轮机构受力情况

在定常约束条件下,实位移是虚位移之一,因此有

$$R=R_1\frac{\mathrm{d}x_1}{\mathrm{d}x}$$

引入 0 构件到 1 构件的传速比 K_1 为

$$K_1=\frac{\mathrm{d}x_1}{\mathrm{d}x}=\frac{\dfrac{\mathrm{d}x_1}{\mathrm{d}t}}{\dfrac{\mathrm{d}x}{\mathrm{d}t}}=\frac{\dot{x}_1}{\dot{x}}$$

上式可改写为

$$R=R_1K_1$$

考虑到约束的非理想性,即传动中约束间有摩擦损耗,在上式中引入由 0 构件到 1 构件 1 的效率 η_1(或称能量传递系数),得

$$R=\frac{K_1}{\eta_1}R_1$$

各构件上有效力与约束反力相平衡,因而有

$$R'=\frac{K_1}{\eta_1}R_1' \tag{4-14}$$

这是由达朗贝尔原理和虚位移原理相结合而得到的动力学普遍方程，亦称达朗贝尔-拉格朗日方程。该方程是后面建立各种情况下自动机运动微分方程的基础。

二、炮箱不动时自动机运动微分方程

下面研究自动机工作时炮箱处于相对静止状态的自动机运动微分方程，区分基础构件平动，工作构件分别为平动、定轴转动、平面运动三种情况。

(一)基础构件平动、工作构件平动

以凸轮传动机构为例，如图4-24所示，传动机构由基础构件0、工作构件1和固定构件C组成。基础构件0和工作构件1受到固定构件C的约束作用(如导轨约束)保持平动形式，基础构件0和工作构件1之间通过表面接触传动。基础构件0和工作构件1分别受到外力F和F_1的作用。基础构件0和工作构件1的质量、位移、速度、加速度分别为m_0、x、$\dot{x}$、$\ddot{x}$和m_1、x_1、$\dot{x}_1$、$\ddot{x}_1$。

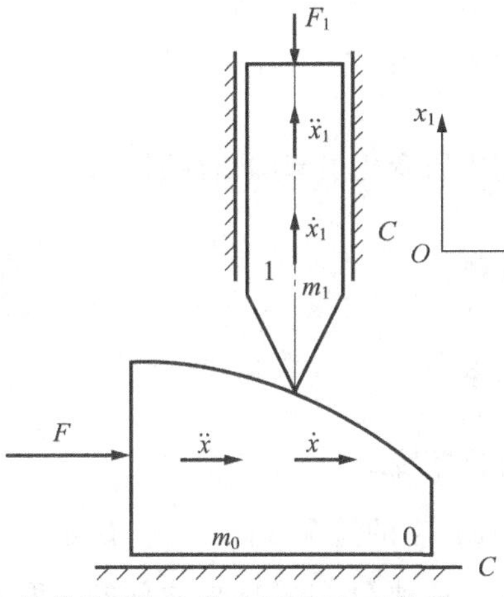

图4-24　简单凸轮机构传动原理(基础构件、工作构件均为平动)

对基础构件0和基础构件1分别列平衡方程，有

$$\begin{aligned} F-m_0\ddot{x}-R=0 \\ -F_1-m_1\ddot{x}_1+R_1=0 \end{aligned} \tag{4-15}$$

式中：R和R_1分别为作用在基础构件0和工作构件1上的约束反力的合力在其速度方向上的分量。

方程可变化为

$$\begin{aligned} R=F-m_0\ddot{x} \\ R_1=F_1+m_1\ddot{x}_1 \end{aligned} \tag{4-16}$$

由式(4-16)可知，R和R_1分别表示阻力和推力，因此，$(F-m_0\ddot{x})$和$(F_1+m_1\ddot{x}_1)$分别表示推力和阻力，一般称为有效推力和有效阻力，分别使用R'和R_1'表示。将两个有效力代入自动机动力学普遍方程，得

$$m_0\ddot{x}+\frac{K_1}{\eta_1}m_1\ddot{x}_1=F-\frac{K_1}{\eta_1}F_1 \tag{4-17}$$

基础构件 0 和工作构件 1 的加速度存在如下关系：

$$\ddot{x}_1=\frac{\mathrm{d}(\dot{x}_1)}{\mathrm{d}t}=\frac{\mathrm{d}(K_1\dot{x})}{\mathrm{d}t}=K_1\ddot{x}+\dot{x}\frac{\mathrm{d}K_1}{\mathrm{d}t}=K_1\ddot{x}+\dot{x}\frac{\mathrm{d}K_1}{\mathrm{d}x}\frac{\mathrm{d}x}{\mathrm{d}t}=K_1\ddot{x}+\dot{x}^2\frac{\mathrm{d}K_1}{\mathrm{d}x} \quad (4-18)$$

将式(4－18)代入式(4－17)，整理后得到基础构件和工作构件均为平动的自动机运动微分方程的一般形式为

$$\left(m_0+\frac{K_1^2}{\eta_1}m_1\right)\ddot{x}+\frac{K_1}{\eta_1}m_1\frac{\mathrm{d}K_1}{\mathrm{d}x}\dot{x}^2=F-\frac{K_1}{\eta_1}F_1 \quad (4-19)$$

式中：$\frac{K_1^2}{\eta_1}m_1$——工作构件相当质量；

$\frac{K_1}{\eta_1}F$——工件构件相当力；

$m_0+\frac{K_1^2}{\eta_1}m_1$——基础构件相当质量；

$F-\frac{K_1}{\eta_1}F_1$——基础构件相当力；

$\frac{K_1}{\eta_1}m_1\frac{\mathrm{d}K_1}{\mathrm{d}x}\dot{x}^2$——由于传速比的变化引起的惯性阻力；

$\frac{K_1}{\eta_1}$——力换算系数；

$\frac{K_1^2}{\eta_1}$——质量换算系数。

(二)基础构件平动、工作构件定轴转动

基础构件平动、工作构件定轴转动的情况如图 4－25 所示。工作构件 1 对转轴 O_1 和质心 C_1 的转动惯量分别为 J_1 和 J_{C1}，转轴 O_1 与质心 C_1 之间的长度为 l_1，l_1 与 x 轴之间的夹角为 φ_1。

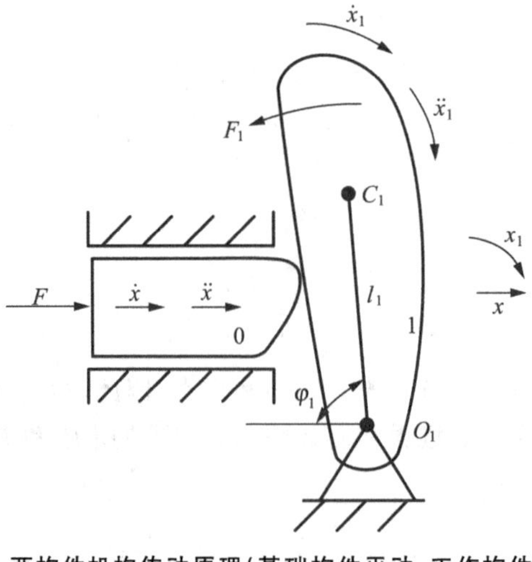

图 4－25　两构件机构传动原理(基础构件平动、工作构件定轴转动)

如图 4－26 所示，工作构件 1 在转动过程中的惯性力系包括作用于质心 C_1 的法向惯性力 $G_1^n=m_1 l_1 \dot{x}_1^2$ 和切向惯性力 $G_1^\tau=m_1 l_1 \ddot{x}_1$，以及对质心 C_1 的主矩 $M_{C1}=J_{C1}\ddot{x}_1$。选取转轴 O_1 为简化中心，惯性力系向转轴 O_1 的简化结果为：惯性力系的主矢不变，包括作用于转轴 O_1 的法向惯性力 $G_1^n=m_1 l_1 \dot{x}_1^2$ 和切向惯性力 $G_1^\tau=m_1 l_1 \ddot{x}_1$，主矩发生变化，对转轴 O_1 的主矩 $M_1=M_{C1}+G_1^\tau l_1=J_{C1}\ddot{x}_1+m_1 l_1^2 \ddot{x}_1=J_1\ddot{x}_1$。

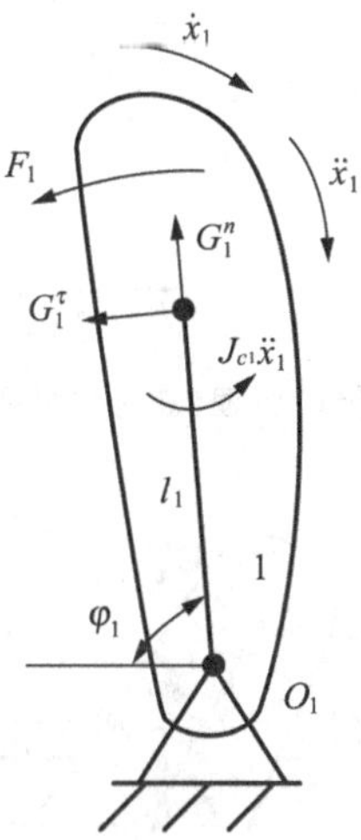

图 4－26　工作构件上的惯性力系

这样一来，有效推力为

$$R'=F-m_0\ddot{x}$$

由于转轴 O_1 的轴颈很小，惯性力系主矢对转轴 O_1 的摩擦力矩可忽略不计，因此，有效阻力矩为

$$M_1'=F_1+J_1\ddot{x}_1$$

代入自动机动力学普遍方程，整理后得

$$\left(m_0+\frac{K_1^2}{\eta_1}J_1\right)\ddot{x}+\frac{K_1}{\eta_1}J_1\frac{\mathrm{d}K_1}{\mathrm{d}x}\dot{x}^2=F-\frac{K_1}{\eta_1}F_1 \qquad (4-20)$$

将式(4－19)与式(4－20)进行比较，可以看出：对于定轴转动工作构件，其转动惯量 J_1、传速比 K_1、给定力距 F_1 与平动工作构件之质量 m_1、传速比 K_1、给定阻力 F_1 一一对应，其他各项则完全相同。如果采用广义的写法，那么两式是一致的。

(三)基础构件平动、工作构件平面运动

基础构件平动、工作构件平面运动的情况如图 4－27 所示。如图 4－28 所示，工作构件 1 在平面运动过程中的惯性力系包括作用于质心 C_1 的法向惯性力 $G_1^n=m_1 l_1 \dot{x}_1^2$、切向惯性力 $G_1^\tau=m_1 l_1 \ddot{x}_1$ 和牵连惯性力 $G_1^e=m_1\ddot{x}$，以及对质心 C_1 的主矩 $M_{C1}=J_{C1}\ddot{x}_1$。

选取转轴 O_1 为简化中心，惯性力系向转轴 O_1 的简化结果为：惯性力系的主矢不变，包

括作用于转轴 O_1 的法向惯性力 $G_1^n = m_1 l_1 \dot{x}_1^2$、切向惯性力 $G_1^\tau = m_1 l_1 \ddot{x}_1$ 和牵连惯性力 $G_1^e = m_1 \ddot{x}$，惯性力系的主矩发生变化，对转轴 O_1 的主矩为

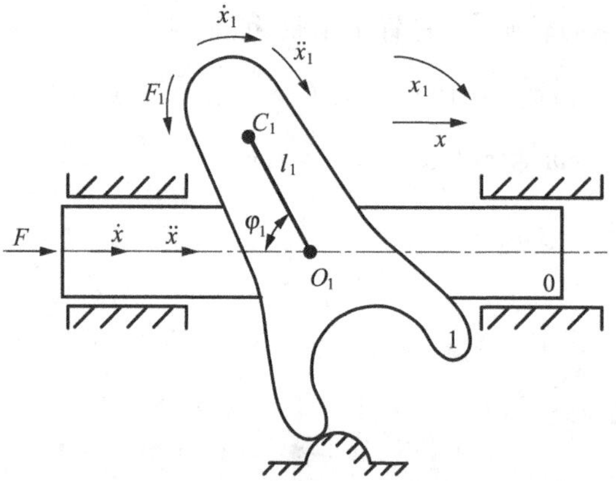

图 4-27　两构件机构传动原理(基础构件平动，工作构件平面运动)

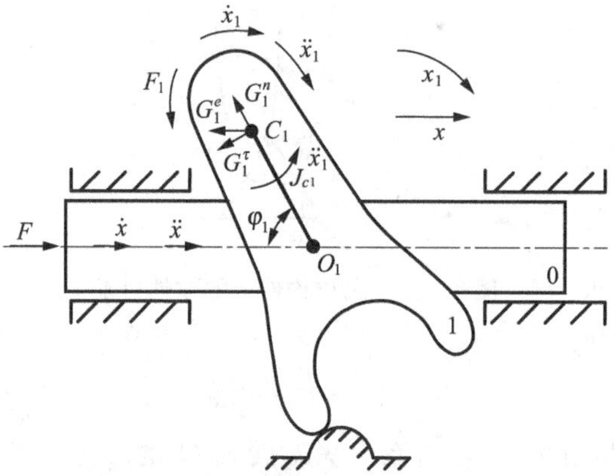

图 4-28　工作构件上的惯性力系

$$M_1 = M_{C1} + G_1^\tau l_1 + G_1^e l_1 \sin\varphi_1 = J_1 \ddot{x}_1 + m_1 \ddot{x} l_1 \sin\varphi_1$$

同样，不计惯性力系主矢对转轴 O_1 的摩擦力矩，有效阻力矩为

$$M_1' = F_1 + J_1 \ddot{x}_1 + m_1 \ddot{x} l_1 \sin\varphi_1$$

有效推力为

$$R' = F - m_0 \ddot{x} - G_{1x} - fG_{1y}$$

式中：G_{1x} 和 G_{1y} 分别为惯性力系主矢的水平和垂直分量。

$$G_{1x} = G_1^e + G_1^n \cos\varphi_1 + G_1^\tau \sin\varphi_1$$

$$G_{1y} = G_1^n \sin\varphi_1 - G_1^\tau \cos\varphi_1$$

代入自动机动力学普遍方程后并化简整理得

$$\left(m_0 + m_1 + \frac{K_1^2}{\eta_1} J_1 + \frac{K_1}{\eta_1} m_1 \lambda_1 + m_1 \alpha_1 K_1\right) \ddot{x} +$$

$$\left[\left(\frac{K_1}{\eta_1} J_1 + m_1 \alpha_1\right) \frac{\mathrm{d}K_1}{\mathrm{d}x} + m_1 \beta_1 K_1^2\right] \dot{x}^2 = F - \frac{K_1}{\eta_1} F_1 \qquad (4-21)$$

式中：$\alpha_1=l_1(\sin\varphi_1-f\cos\varphi_1)$；$\beta_1=l_1(\cos\varphi_1+f\sin\varphi_1)$；$\lambda_1=l_1\sin\varphi_1$。

若 $l_1=0$，即质心 C_1 与转轴 O_1 重合，则 $\lambda_1=0$，$\alpha_1=0$，$\beta_1=0$。这样，式(4-21)就改写为

$$\left(m_0+m_1+\frac{K_1^2}{\eta_1}J_1\right)\ddot{x}+\frac{K_1}{\eta_1}J_1\frac{\mathrm{d}K_1}{\mathrm{d}x}\dot{x}^2=F-\frac{K_1}{\eta_1}F_1 \tag{4-22}$$

将式(4-22)与工作构件作定轴转动时的式(4-20)相比较，基础构件的质量增加了 m_1，其他各项均相同。在处理实际问题时，如果 m_1 相对于 m_0 较小，且 l_1 亦很小时，那么可取 $l_1=0$，再将 m_1 包含在 m_0 之中，这样一来，问题就简单得多了。

三、炮箱运动时自动机运动微分方程

为了减小作用于炮架的力，通常要为自动机设置缓冲器，这样一来，自动机的炮箱就沿炮架上的导轨作平移缓冲运动，而自动机的基础构件则相对于炮箱作平移运动。因此，研究自动机的运动时，至少要研究三个构件的运动：基础构件、工作构件和联接自动机各构件的炮箱的运动。

自动机的工作是由基础构件带动若干工作构件工作完成各种自动动作的，当炮箱运动时，基础构件的运动就与炮箱的运动有关联。因此，在建立自动机运动微分方程时，应考虑到炮箱运动对基础构件及工作构件运动的影响，即建立考虑到炮箱运动的基础构件相对于炮箱的运动微分方程和考虑到各机构运动的全自动机运动微分方程，或称两个自由度的自动机运动微分方程。

（一）炮箱平动、基础构件和工作构件相对炮箱平动

工作原理如图 4-29 所示，符号约定如下：

ξ、$\dot{\xi}$、$\ddot{\xi}$——炮箱的位移、速度、加速度；

x、$\dot{x}$、$\ddot{x}$——基础构件 0 相对于炮箱的位移、速度、加速度；

x_1、$\dot{x}_1$、$\ddot{x}_1$——工作构件 1 相对于炮箱的位移、速度、加速度；

φ_1——$\dot{x}_1$ 与水平线的夹角；

m_0、m_1——基础构件 0 和工作构件 1 的质量；

M——炮箱的质量。

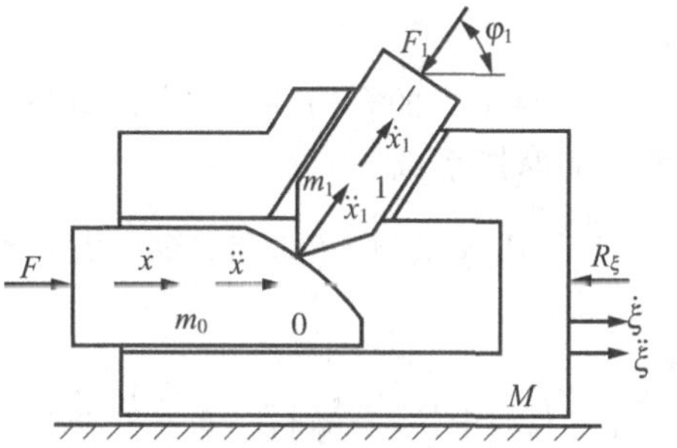

图 4-29 工作构件相对炮箱平动工作原理

先建立基础构件相对于炮箱的运动微分方程。根据达朗贝尔原理，在系统的每个构件

的质心上，作为外力假想地加上由于炮箱的加速度（牵连加速度）$\ddot{\xi}$ 引起的惯性力，从而两个自由度的系统就可以转化为一个自由度的系统。给定力系和惯性力系如图 4-30 所示。这时，有效推力

$$R'=F-m_0(\ddot{x}+\ddot{\xi})$$

有效阻力

$$R_1'=F_1+m_1\ddot{x}_1+m_1\ddot{\xi}(\cos\varphi_1-f\sin\varphi_1)$$

式中的最后一项 $fm_1\ddot{\xi}\sin\varphi_1$ 是作用于构件 1 运动方向的摩擦力，其前冠以负号表示由于牵连惯性力 $m_1\ddot{\xi}$ 的作用，引起构件 1 与炮箱的贴合面有分离之势，这会减小该贴合面的摩擦力。代入自动机动力学普遍方程得到基础构件相对于炮箱的运动微分方程为

$$m_0\ddot{x}+\left(m_0+\frac{K_1}{\eta_1}m_1\delta_1\right)\ddot{\xi}+\frac{K_1}{\eta_1}m_1\ddot{x}_1=F-\frac{K_1}{\eta_1}F_1 \tag{4-23}$$

式中：δ_1 是结构参数，$\delta_1=\cos\varphi_1-f\sin\varphi_1$。

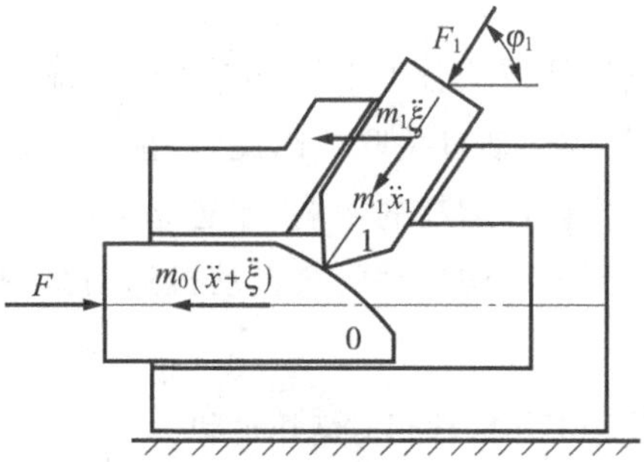

图 4-30 惯性力系简化结果

下面建立整个自动机的运动微分方程。就整个自动机而言，将系统各构件相对于炮箱的加速度引起的惯性力，作为外力假想地加于各构件的质心后，则可看作各构件与炮箱无相对运动。由此，作用于整个自动机的外力为：对自动机的给定力的合力和各构件的由相对于炮箱的加速度引起的惯性力。整个自动机的运动微分方程为

$$(M+m_0+m_1)\ddot{\xi}=F_\xi-m_0\ddot{x}-(F_1+m_1\ddot{x}_1)(\cos\varphi_1+f_T\sin\varphi_1)$$

整理后为

$$m_0\ddot{x}+(M+m_0+m_1)\ddot{\xi}+(F_1+m_1\ddot{x}_1)\delta_1'=F_\xi \tag{4-24}$$

式中：$\delta_1'=\cos\varphi_1+f_T\sin\varphi_1$；

F_ξ——作用于整个自动机的给定力的合力在 ξ 方向的分量，$F_\xi=F-R_\xi$；

f_T——炮箱与炮架导轨间的摩擦系数。

将关系式 $\ddot{x}_1=K_1\ddot{x}+\dot{x}^2\dfrac{dK_1}{dx}$ 代入式（4-23）和式（4-24），经整理后得到简单凸轮机构的运动微分方程组为

$$\begin{cases}\left(m_0+\dfrac{K_1^2}{\eta_1}m_1\right)\ddot{x}+\left(m_0+\dfrac{K_1}{\eta_1}m_1\delta_1\right)\ddot{\xi}=F-\dfrac{K_1}{\eta_1}F_1-\dfrac{K_1}{\eta_1}m_1\dfrac{dK_1}{dx}\dot{x}^2\\(m_0+K_1m_1\delta'_1)\ddot{x}+(M+m_0+m_1)\ddot{\xi}=F_\xi-\left(F_1+m_1\dfrac{dK_1}{dx}\dot{x}^2\right)\delta_1'\end{cases}$$

写成矩阵形式就是

$$\begin{bmatrix} m_{11} & m_{12} \\ m_{21} & m_{22} \end{bmatrix} \begin{Bmatrix} \ddot{x} \\ \ddot{\xi} \end{Bmatrix} = \begin{Bmatrix} F_x \\ F_\xi \end{Bmatrix} \tag{4-25}$$

(二)炮箱平动、基础构件平动、工作构件相对炮箱定轴转动

图 4-31 为炮箱平动、基础构件平动、工作构件绕基础构件上的定轴转动的机构工作原理图。工作构件 1 为平面运动构件,图中所有符号同前。

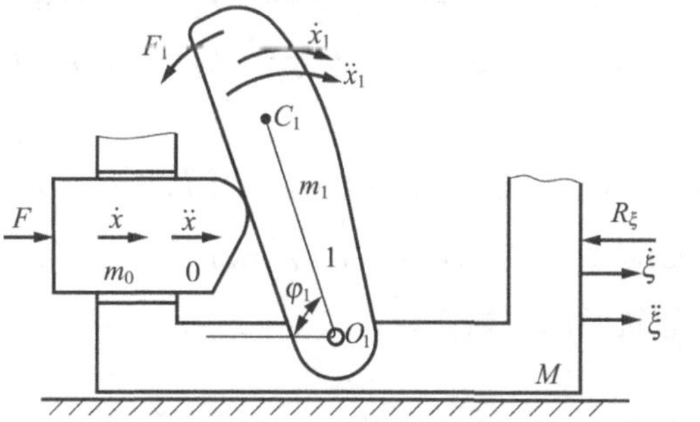

图 4-31　工作构件相对炮箱定轴转动工作原理

先建立基础构件相对于炮箱的运动微分方程,方法同前,把两个自由度的系统转化为一个自由度的系统。给定力系和惯性力系的简化结果如图 4-32 所示。对构件 1,选转轴 O_1 为基点,惯性力系向点 O_1 简化的结果是:惯性力系的主矢为

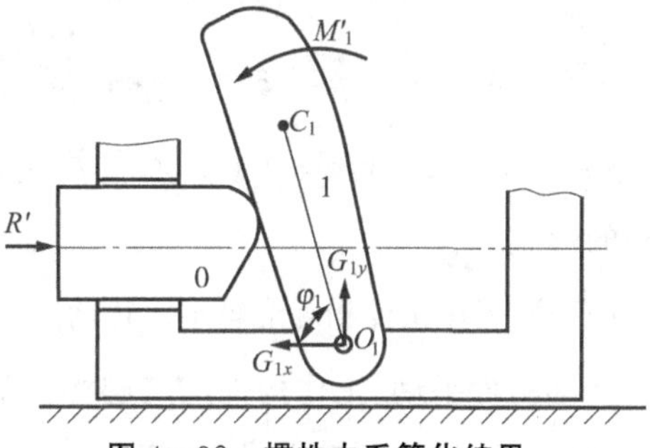

图 4-32　惯性力系简化结果

$$G_{1x} = G_1^e + G_1^n \cos\varphi_1 + G_1^\tau \sin\varphi_1$$

$$G_{1y} = G_1^n \sin\varphi_1 - G_1^\tau \cos\varphi_1$$

惯性力系的主矩为

$$M_1 = J_1 \ddot{x}_1 + m_1 \ddot{\xi} l_1 \sin\varphi_1$$

式中:$G_1^e = m_1 \ddot{\xi}$;$G_1^\tau = m_1 l_1 \ddot{x}_1$;$G_1^n = m_1 l_1 \dot{x}_1^2$;

G_1^e——构件 1 的牵连惯性力;

G_1^τ——构件 1 相对于炮箱的切向惯性力;

G_1^n——构件 1 相对于炮箱的法向惯性力。

由此可知,有效推力为

$$R' = F - m_0(\ddot{x} + \ddot{\xi})$$

不计对转轴的摩擦力矩，则有效阻力矩为

$$M_1'=F_1+M_1=F_1+J_1\ddot{x}_1+m_1\ddot{\xi}l_1\sin\varphi_1$$

根据动力学普遍方程，得到基础构件相对于炮箱的运动微分方程为

$$m_0\ddot{x}+\left(m_0+\frac{K_1}{\eta_1}m_1\lambda_1\right)\ddot{\xi}+\frac{K_1}{\eta_1}J_1\ddot{x}_1=F-\frac{K_1}{\eta_1}F_1 \tag{4-26}$$

式中：$\lambda_1=l_1\sin\varphi_1$。

在建立整个自动机的运动微分方程时，方法同前，得整个自动机的运动微分方程为

$$(M+m_0+m_1)\ddot{\xi}=F_\xi-m_0\ddot{x}-(G_{1x}+G_1^e)-f_\mathrm{T}G_{1y}$$

整理后为

$$m_0\ddot{x}+(M+m_0+m_1)\ddot{\xi}+m_1(\alpha'\ddot{x}_1+\beta_1'\dot{x}_1^2)=F_\xi \tag{4-27}$$

式中：$\alpha_1'=l_1(\sin\varphi_1-f_\mathrm{T}\cos\varphi_1)$；$\beta_1'=l_1(\cos\varphi_1+f_\mathrm{T}\sin\varphi_1)$；

f_T——炮箱与炮架导轨间的摩擦系数；

其他符号同前。

将关系式 $\dot{x}_1=K_1\dot{x}$ 和 $\ddot{x}_1=K_1\ddot{x}+\dot{x}^2\dfrac{\mathrm{d}K_1}{\mathrm{d}x}$ 代入式(4-26)和式(4-27)，得到运动微分方程组

$$\left(m_0+\frac{K_1^2}{\eta_1}J_1\right)\ddot{x}+\left(m_0+\frac{K_1}{\eta_1}m_1\lambda_1\right)\ddot{\xi}=F-\frac{K_1}{\eta_1}F_1-\frac{K_1}{\eta_1}J_1\frac{\mathrm{d}K_1}{\mathrm{d}x}\dot{x}^2$$

$$(m_0+m_1K_1\alpha_1')\ddot{x}+(M+m_0+m_1)\ddot{\xi}=F_\xi-m_1\left(\alpha_1'\frac{\mathrm{d}K_1}{\mathrm{d}x}+K_1^2\beta'_1\right)\dot{x}^2$$

式中：$\lambda_1=l_1\sin\varphi_1$；$\alpha_1'=l_1(\sin\varphi_1-f_\mathrm{T}\cos\varphi_1)$；$\beta_1'=l_1(\cos\varphi_1+f_\mathrm{T}\sin\varphi_1)$。

同样可写成式(4-25)的形式。

(三)炮箱平动、基础构件平动、工作构件相对炮箱平面转动

图 4-33 为炮箱平动、基础构件平动、工作构件绕基础构件上的定轴转动的机构工作原理图。工作构件 1 为平面运动构件，图中所有符号同前。

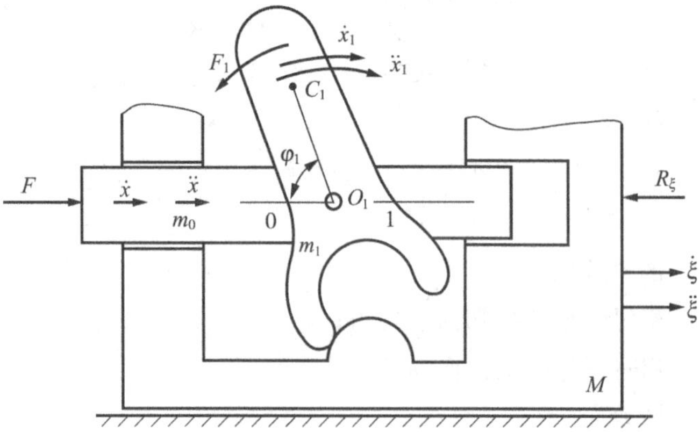

图 4-33　工作构件相对炮箱平面运动工作原理图

先建立基础构件相对于炮箱的运动微分方程。把两个自由度的系统转化为一个自由度的系统。给定力系和惯性力系的简化结果如图 4-34 所示。

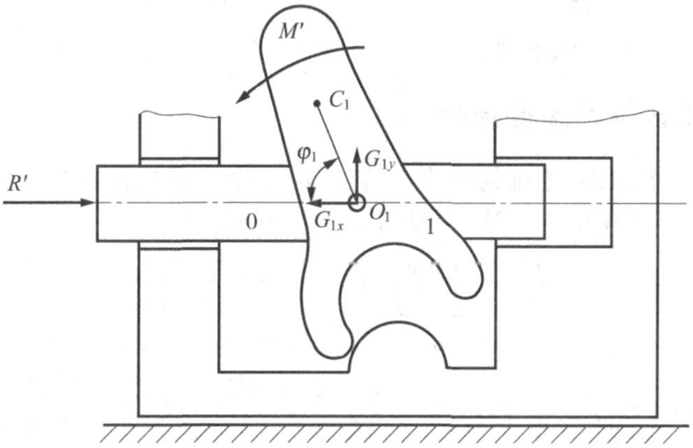

图 4-34　惯性力系简化图

对构件 1 选转轴 O_1 为基点，惯性力系 O_1 向点简化的结果是：惯性力系的主矢为

$$G_{1x}=G_1^e+G_1^n\cos\varphi_1+G_1^\tau\sin\varphi_1$$

$$G_{1y}=G_1^n\sin\varphi_1-G_1^\tau\cos\varphi_1$$

惯性力系的主矩为

$$M_1=J_1\ddot{x}_1+m_1(\ddot{x}+\ddot{\xi})\lambda_1$$

式中：$G_1^e=m_1(\ddot{x}+\ddot{\xi})$；$G_1^\tau=m_1l_1\ddot{x}_1$；$G_1^n=m_1l_1\dot{x}_1^2$；$\lambda_1=l_1\sin\varphi_1$。

由此知，有效推力为

$$R'=F-m_0(\ddot{x}+\ddot{\xi})-G_{1x}-fG_{1y}$$

不计对转轴的摩擦力矩，则有效阻力矩为

$$M'_1=F_1+M_1$$

由自动机动力学普遍方程，得到基础构件相对于炮箱的运动微分方程为

$$\left(m_0+m_1+\frac{K_1}{\eta_1}m_1\lambda_1\right)(\ddot{x}+\ddot{\xi})+\left(\frac{K_1}{\eta_1}J_1+m_1\alpha_1\right)\ddot{x}_1+m_1\beta_1\dot{x}_1^2=F-\frac{K_1}{\eta_1}F_1 \quad (4-28)$$

式中：$\alpha_1=l_1(\sin\varphi_1-f\cos\varphi_1)$；$\beta_1=l_1(\cos\varphi_1+f\sin\varphi_1)$；

f——基础构件与炮箱间的摩擦系数。

再建立整个自动机的运动微分方程，方法同前，得整个自动机的运动微分方程为

$$(M+m_0+m_1)\ddot{\xi}=F_\xi-m_0\ddot{x}-(G_{1x}-m_1\ddot{\xi})-f_TG_{1y}$$

整理后为

$$(m_0+m_1)\ddot{x}+(M+m_0+m_1)\ddot{\xi}+m_1(\alpha'_1\ddot{x}_1+\beta'_1\dot{x}_1^2)=F_\xi \quad (4-29)$$

将关系式 $\dot{x}_1=K_1\dot{x}$ 和 $\ddot{x}_1=K_1\ddot{x}+\dot{x}^2\dfrac{\mathrm{d}K_1}{\mathrm{d}x}$代入式(4-28)、式(4-29)整理后的运动微分方程组为

$$\left[m_0+\frac{K_1^2}{\eta_1}J_1+m_1\left(1+\frac{K_1}{\eta_1}\lambda_1+K_1\alpha_1\right)\right]\ddot{x}+\left(m_0+m_1+\frac{K_1}{\eta_1}m_1\lambda_1\right)\ddot{\xi}=$$

$$F-\frac{K_1}{\eta_1}F_1-\left[\frac{K_1}{\eta_1}J_1\frac{\mathrm{d}K_1}{\mathrm{d}x}+m_1\left(\alpha_1\frac{\mathrm{d}K_1}{\mathrm{d}x}+K_1^2\beta_1\right)\right]\dot{x}^2$$

$$(m_0+m_1+m_1K_1\alpha_1')\ddot{x}+(M+m_0+m_1)\ddot{\xi}=F_\xi-m_1\left(\alpha_1'\frac{dK_1}{dx}+K_1^2\beta_1'\right)\dot{x}^2$$

式中的符号 α_1、β_1、α_1'、β_1'同前。

还是可写成式(4-25)的形式。

四、自动机工作中的摩擦损耗

设系统有 $n+1$ 个构件,基础构件为 0 构件,有 n 个工作构件,这些工作构件中既有平动又有定轴转动构件。采用广义写法,自动机动力学方程为

$$m_0\ddot{x}+\sum_{i=1}^{n}\frac{K_i}{\eta_i}m_i\ddot{x}_i=F-\sum_{i=1}^{n}\frac{K_i}{\eta_i}F_i \tag{4-30}$$

或

$$\left(m_0+\sum_{i=1}^{n}\frac{K_i^2}{\eta_i}m_i v\right)\ddot{x}+\sum_{i=1}^{n}\frac{K_i}{\eta_i}m_i\frac{dK_i}{dx}\dot{x}^2=F-\sum_{i=1}^{n}\frac{K_i}{\eta_i}F_i \tag{4-31}$$

式(4-30)可以改写成

$$m_0\frac{dv}{dt}+\sum_{i=1}^{n}\frac{K_i}{\eta_i}m_i\frac{dv_i}{dt}=F-\sum_{i=1}^{n}\frac{K_i}{\eta_i}F_i$$

各项乘以 dx,注意到 $dx_i=K_i dx$,于是有

$$m_0\frac{dv}{dt}dx+\sum_{i=1}^{n}\frac{1}{\eta_i}m_i\frac{dv_i}{dt}dx_i=Fdx-\sum_{i=1}^{n}\frac{1}{\eta_i}F_i dx_i$$

整理后,可改写为

$$m_0\frac{dv}{dt}dx+\sum_{i=1}^{n}m_i\frac{dv_i}{dt}dx_i+\sum_{i=1}^{n}\left(\frac{1}{\eta_i}-1\right)m_i\frac{dv_i}{dt}dx_i+\sum_{i=1}^{n}\left(\frac{1}{\eta_i}-1\right)F_i dx_i=Fdx-\sum_{i=1}^{n}F_i dx_i \tag{4-32}$$

根据能量守恒定律,给定力系所做元功应等于系统功能微分增量与摩擦损耗元功之和。这可用普遍的能量守恒表达式表示为

$$dT+dW=dA \tag{4-33}$$

式中:dA——给定力系所做元功;

dT——系统动能微分增量;

dW——摩擦损耗元功。

比较式(4-32)和式(4-33)可知

$$dT=m_0\frac{dv}{dt}dx+\sum_{i=1}^{n}m_i\frac{dv_i}{dt}dx_i$$

$$dA=Fdx-\sum_{i=1}^{n}F_i dx_i$$

由此可以推出

$$dW=\sum_{i=1}^{n}\left(\frac{1}{\eta_i}-1\right)m_i\frac{dv_i}{dt}dx_i+\sum_{i=1}^{n}\left(\frac{1}{\eta_i}-1\right)F_i dx_i$$

分析 dW 的表达式可以看出:$\sum_{i=1}^{n}\left(\frac{1}{\eta_i}-1\right)m_i\frac{dv_i}{dt}dx_i$ 是诸惯性力的作用所产生的摩擦损耗功;而 $\sum_{i=1}^{n}\left(\frac{1}{\eta_i}-1\right)F_i dx_i$ 则是诸给定力的作用所产生的摩擦损耗功。

自动机微分方程究竟是怎样表示能量的传递呢？这由式(4－32)看出。基础构件给定力做功 $F\mathrm{d}x$(相当于输入功)，分配为4部分：克服基础构件本身的惯性力作元功 $m_0\dfrac{\mathrm{d}v}{\mathrm{d}t}\mathrm{d}x$，转化为本身的动能增量；通过构件间约束传递到诸构件，克服诸构件的惯性力作元功 $\sum\limits_{i=1}^{n} m_\mathrm{i}\dfrac{\mathrm{d}v_\mathrm{i}}{\mathrm{d}t}\mathrm{d}x_\mathrm{i}$，并转化为诸构件的动能增量；传递到诸构件，克服诸给定力(阻力)做功 $\sum\limits_{i=1}^{n} F_i\mathrm{d}x_i$(相当于输出功)；损耗于摩擦的功为 $\sum\limits_{i=1}^{n}\left(\dfrac{1}{\eta_\mathrm{i}}-1\right)m_\mathrm{i}\dfrac{\mathrm{d}v_\mathrm{i}}{\mathrm{d}t}\mathrm{d}x_\mathrm{i}$ 和 $\sum\limits_{i=1}^{n}\left(\dfrac{1}{\eta_\mathrm{i}}-1\right)F_\mathrm{i}\mathrm{d}x_\mathrm{i}$。

在理想约束条件下，$\eta_\mathrm{i}=1$，这时 $\mathrm{d}W=0$。可见自动机微分方程中的效率 η_i 反映了摩擦损耗。

▲拓展阅读

广义的概念

线位移和角位移都属于位移，线速度和角速度都属于速度、线加速度和角加速度都属于加速度，力和力矩都属于力。

自动机运动微分方程

本书介绍的建立微分方程的方法是一种经典动力学方法，结合常见自动机的运动特点，如平面运动、基础构件带动工作构件运动等，把工作构件折算到基础构件上建立的以基础构件位移为自变量的方程，其优点是方程形式较为简单，缺点是推导传速比和传动效率十分复杂。

除了本书的方法，还可以用多体力学理论、牛顿力学或者分析力学理论建立微分方程。

第四节　自动机构件间的传速比和传动效率

为建立自动机运动微分方程，必须确定方程中涉及的传速比和传动效率。通常，传动效率是伴随着力换算系数的计算一并进行的。

一、传速比的计算

由基础构件0到工作构件1的传速比为

$$K_1=\frac{\mathrm{d}x_1}{\mathrm{d}x}=\frac{v_1}{v}$$

式中：$\mathrm{d}x$——基础构件0的微分位移；

$\mathrm{d}x_1$——工作构件1的微分位移。

研究三个构件的机构：基础构件0及两个顺序为 p 和 q 的工作构件。当主动构件的微分位移为 $\mathrm{d}x$ 时，这些从动构件具有相应微分位移为 $\mathrm{d}x_\mathrm{p}$ 和 $\mathrm{d}x_\mathrm{q}$。由传速比的定义，可以写出

$$K_\mathrm{p}=\frac{\mathrm{d}x_\mathrm{p}}{\mathrm{d}x}$$

$$K_\mathrm{pq}=\frac{\mathrm{d}x_\mathrm{q}}{\mathrm{d}x_\mathrm{p}}$$

因此，得

$$\begin{cases} K_q = \dfrac{dx_q}{dx} = K_p K_{pq} \\ K_{qp} = \dfrac{1}{K_{pq}} \\ K_{q0} = \dfrac{1}{K_q} \end{cases}$$

也就是说,传速比满足“可乘”和“可倒”的关系。

(一)传速比计算方法

确定传速比可以用极速度图(速度多边形)法和微分法。极速度图法物理意义明确,执行过程程式化,在工程实践中得到广泛应用。相比较而言,微分法只适用于传动构件几何外形以及传动机构均非常简单的少数情况。

1. 极速度图法

以如图 4-35 所示的简单凸轮机构为例说明极速度图法的基本原理。构件 A 为基础构件,构件 B 为工作构件,构件 A 和 B 的位移分别为 x 和 y,对应的速度为 v_A 和 v_B。基础构件 A 传动到工作构件 B 的传速比为

$$K_{AB} = \frac{dy}{dx} = \frac{v_B}{v_A}$$

由速度合成定理可知,工作构件 B 相对于惯性参照系(地面)的绝对速度 $\vec{v}_B$ 等于基础构件 A 相对于惯性参照系(地面)的绝对速度 $\vec{v}_A$ 与工作构件 B 相对于基础构件 A 的相对速度 $\vec{v}_{BA}$ 的矢量和,即

$$\vec{v}_B = \vec{v}_A + \vec{v}_{BA} \tag{4-34}$$

式中:$\vec{v}_A$、$\vec{v}_B$ 和 $\vec{v}_{BA}$ 方向分别为水平向右、竖直向上和沿构件 A、B 接触点切线方向向上。

由于式(4-34)中三个速度矢量方向均已知,若任取一线段表示基础构件 A 的速度大小,则可以得到一个描述式(4-34)的矢量三角形,其大小随这一任取线段的长短发生变化,但各个矢量三角形几何相似,对应基础构件和工作构件速度的三角形的边的长度之比保持不变。这就是极速度图法的基本思想。具体实施过程如下:

(1)任取一点 p 作为极速度图的极点[见图 4-35(b)];

(2)过点 p 沿 $\vec{v}_A$ 方向(水平向右)任取一定长度的线段 pa 表示 $\vec{v}_A$;

(3)过点 a 平行于构件 A、B 接触点切线作一条直线;

(4)过点 p 沿 $\vec{v}_B$ 方向(竖直向上)作一条直线;

(5)过点 p 沿 $\vec{v}_B$ 方向的直线与过点 a 平行于构件 A、B 接触点切线的直线相交于点 b,$\triangle pab$ 即为极速度图。

明显地,在 $\triangle pab$ 中:

$$\vec{pb} = \vec{pa} + \vec{ab} \tag{4-35}$$

因此,点 p、a 和 b 分别表示惯性参照系(地面)、基础构件 A 和工作构件 B;线段 pa、pb 和 ab 分别表示 $\vec{v}_A$、$\vec{v}_B$ 和 $\vec{v}_{BA}$。于是,由基础构件 A 传动到工作构件 B 的传速比为

$$K_{AB} = \frac{v_B}{v_A} = \frac{pb}{pa}$$

从极速度图上量取 pb 和 pa 的长度，并求其比值，即得简单凸轮机构在该时刻的传速比。

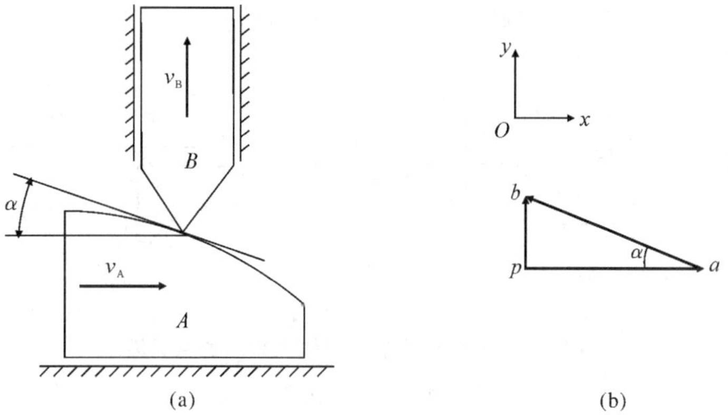

图 4-35　简单凸轮机构传动原理及极速度图

(a)传动原理；(b)极速度图

2. 微分法

从极速度图上还可以看出

$$K_{AB}=\frac{pb}{pa}=\tan\alpha \tag{4-36}$$

式中：α 为过构件 A、B 接触点的切线与水平线之间的夹角，其正切值等于凸轮理论轮廓曲线 $y=f(x)$ 对 x 的导数，因此，若已知凸轮理论轮廓曲线表达式，则

$$K_{AB}=y'=f'(x) \tag{4-37}$$

这就是微分法求传速比的基本原理。由此可见，在工作构件位移 y 与基础构件位移 x 之间函数关系已知的条件下，相对于极速度图法，使用微分法求传速比要简单很多。但是，对于绝大多数情况，构件之间的传动关系复杂，难以确定工作构件位移与基础构件位移之间的函数关系。

(二)传速比计算实例

1. 纵动式旋转闭锁炮闩杠杆卡板式开闩机构

某型 57 mm 高炮采用纵动式旋转闭锁式炮闩(见图 4-21)和杠杆卡板式开闩机构(见图 4-36)，用极速度图法求解从炮身到加速臂、闩座、闩体的传速比解析表达式。

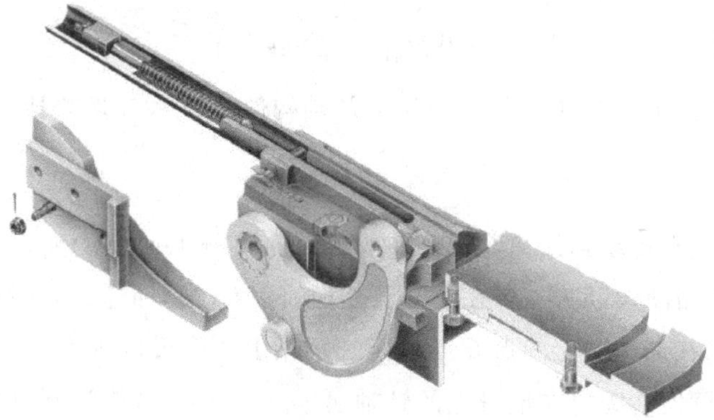

图 4-36　杠杆卡板式开闩机构

(1)闭锁时由闩座(炮闩支架)传动到闩体的传速比。在闭锁时,闩座做平移直线运动,闩体则只做旋转运动,其结构原理图如图 4-37(a)所示。

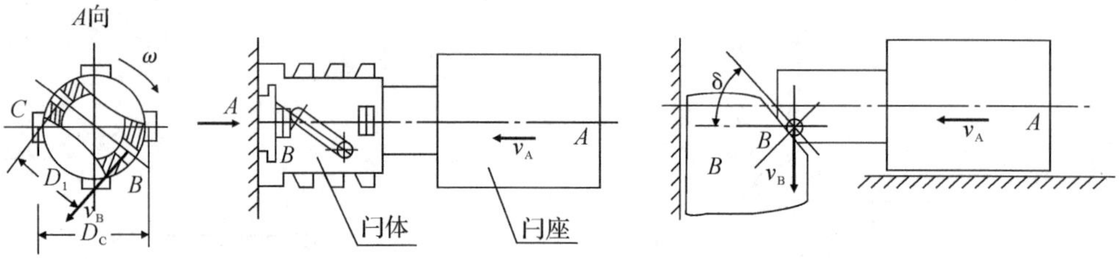

(a) (b)

图 4-37 纵动式旋转闭锁式炮闩的原理图

(a)闭锁原理;(b)闩体在曲线槽中径展开

图中:A 为基础构件(闩座),B 为工作构件(闩体),开闭锁曲线槽在闩体上;

C——工作构件 B 上的点,取在闭锁齿的中径上;

B——工作构件与基础构件相联接的理论轮廓接触点;

r_1、r_C——点 B、C 对其转轴的半径;

$D_1=2r_1$——曲线槽的中径;

$D_C=2r_C$——闭锁齿的中径。

将工作构件 B 在其曲线槽的中径上展开,则将构件 B 的旋转运动转换为平移运动,如图 4-37(b)所示。

设:dx——基础构件的微分位移;

ds_1——点 B 的微分位移;

ds——点 C 的微分位移;

δ——展开的曲线槽理论轮廓曲线上点 B 处的倾角。

这样,从构件 A 传动到构件 B 的点 B 处的传速比为

$$K_1=\frac{v_B}{v_A}=\frac{ds_1}{dx}=\tan\delta \tag{4-38}$$

从构件 A 传动到构件 B 上的点 C 处的传速比为

$$K=\frac{ds}{dx}=\frac{r_C}{r_1}\tan\delta \tag{4-39}$$

若将传速比取为工作构件 B 的角速度与基础构件 A 的线速度之比,则有

$$K_a=\frac{1}{r_1}\tan\delta \tag{4-40}$$

(2)开闩时由炮身传动到加速臂和闩座的传速比。图 4-38(a)所示为纵动式炮闩的杠杆卡板式开闩机构略图,其动作是,在后坐开始时,闩座 B 和加速臂 CAD 与炮身 A 一起以相同速度 v_A 后坐,在加速臂上的点 C 与固定在摇架上的卡板接触后,点 C 即沿卡板理论轮廓滑动,同时加速臂便绕固定在炮身上的转轴 A 回转,点 D 迫使闩座以速度 v_B 加速后坐,从而进行开锁开闩。

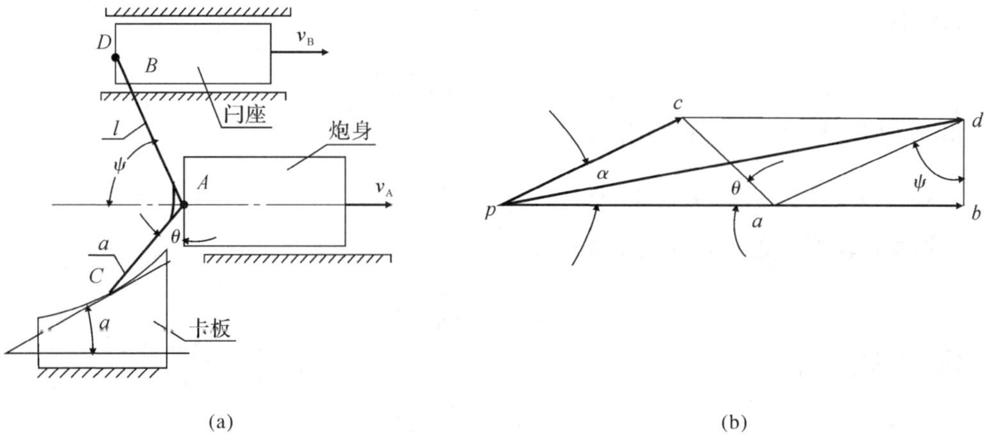

图 4-38　纵动式炮闩的杠杆卡板式开闩机构略图

图中：l——加速臂长臂 AD 的长度；

ψ——加速臂长臂 AD 与工作构件速度 v_B 方向的夹角；

a——加速臂短臂 AC 的长度；

θ——加速臂短臂 AC 与基础构件速度 v_A 垂直方向的夹角；

α——卡板与加速臂点 C 接触处的点的倾角。

作极速度图。任取一点 p 为极速度图的极点，如图 4-38(b)所示，沿 $\vec{v}_A$ 方向取方便的长度 pa 代表 $\vec{v}_A$，下面依次求点 C、D、B 等的速度。$\vec{v}_C=\vec{v}_A+\vec{v}_{CA}$，其中 $\vec{v}_C$ 的方向为沿卡板 C 点的切线方向，而 $\vec{v}_{CA}$ 垂直于 CA。过 p 点作 C 点速度的方向线 pc，过 a 点作线 ac 垂直于 CA，与 pc 相交于 c 点，则 pc 代表 $\vec{v}_C$。$\vec{v}_D=\vec{v}_C+\vec{v}_{DC}$，$\vec{v}_D=\vec{v}_A+\vec{v}_{DA}$。其中的 $\vec{v}_C$、$\vec{v}_A$ 大小和方向均为已知，而 $\vec{v}_{DC}$ 垂直于 DC，$\vec{v}_{DA}$ 垂直于 DA。过 C 点作 cd 线垂直于 CD，过 a 点作 ad 线垂直于 AD，此两线相交于 d 点，连接 pd，则 pd 代表 $\vec{v}_D$。$\vec{v}_B=\vec{v}_D+\vec{v}_{BD}$，其中 $\vec{v}_D$ 的大小和方向为已知，$\vec{v}_B$ 的方向亦为已知，而 $\vec{v}_{BD}$ 的方向则沿 D 与 B 接触点的相对运动方向，即垂直于 $\vec{v}_B$ 的方向。过 d 点作 db 垂直于 $\vec{v}_B$ 方向，与过 p 点所作 $\vec{v}_B$ 的方向线 pb 相交于 b 点，则 pb 代表 $\vec{v}_B$。

从作极速度的过程中可以看出，$\triangle ADC$ 和 $\triangle adc$ 相似，只是后者的位置沿加速臂旋转的方向转了90°。把图形 adc 称为加速臂图形 ADC 的速度影像，$\triangle adc$ 与 $\triangle ADC$ 各点对应。过 p 点作与图形 adc 上任一点的连线，则此连线即代表图形 ADC 上对应点的速度。

从炮身传动到闩座的传速比为

$$K=\frac{v_B}{v_A}=\frac{pb}{pa}$$

从极速度图可以看出

$$K=\frac{pa+ab}{pa}=1+\frac{ab}{pa}$$

而 $ab=ad\sin\psi$，$ad=ac\dfrac{l}{a}$，$ac=pa\dfrac{\sin\alpha}{\sin(\alpha+\theta)}$。

由此得

$$ab=pa\frac{l}{a}\frac{\sin\alpha\sin\psi}{\sin(\alpha+\theta)}$$

因此，从炮身传动到闩座的传速比为

$$K=1+\frac{l}{a}\frac{\sin\alpha\sin\psi}{\sin(\alpha+\theta)} \tag{4-41}$$

从炮身传动到加速臂的传速比为

$$K_a=\frac{1}{a}\frac{ac}{pa}$$

代入数值

$$K_a=\frac{\sin\alpha}{a\sin(\alpha+\theta)} \tag{4-42}$$

(3)开锁时由炮身传动到闩体的传速比。图 4-39(a)所示为纵动式旋转闭锁式炮闩的杠杆卡板式开闩机构开锁时机构略图。图中，闩体 B 已在其曲线槽中径上展开，求从炮身 A 传动到闩体 B 的传速比。

机构的动作是，后坐时炮身 A 和闩体 B 以相同的速度 v_A 一起后坐，当闩座 E 的滑轮与闩体 B 的曲线槽相作用时，迫使闩体 B 以相对于炮身 A 的速度 v_{BA} 作旋转运动，从而进行开锁。图中：A、B、C、D、E 为所研究的各点；δ、l、ψ、a、α、θ 等各符号的含义同前。

作极速度图如图 4-39(b)所示。在研究开锁运动时，所关心的是闩体相对于炮身的运动，因此这里只求闩体相对于炮身运动的传速比，即闩体相对于炮身的速度 v_{BA} 和炮身速度 v_A 的比值为

$$K=\frac{v_{BA}}{v_A}=\frac{ab}{pa}$$

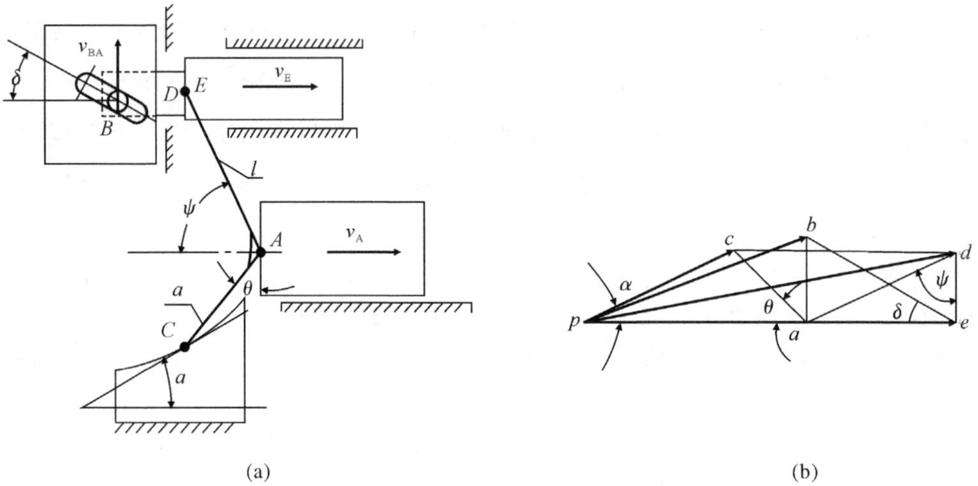

图 4-39　纵动式旋转闭锁式炮闩的杠杆卡板式开闩机构略图(开锁时)

从极速度图中可以看出

$$ab=ae\tan\delta, ae=pa\frac{l}{a}\frac{\sin\alpha\sin\psi}{\sin(\alpha+\theta)}$$

故传速比的解析式为

$$K=\frac{l}{a}\frac{\sin\alpha\sin\psi}{\sin(\alpha+\theta)}\tan\delta \tag{4-43}$$

若取传速比为闩体旋转角速度与炮身速度之比，则传速比的解析式为

$$K_{a}=\frac{1}{r_1}\frac{l}{a}\frac{\sin\alpha\sin\psi}{\sin(\alpha+\theta)}\tan\delta \tag{4-44}$$

式中：r_1 为闩体曲线槽的中径之半。

2. 横动式楔式炮闩杠杆卡板式开闩机构

图 4-40(a)所示为横动式楔式炮闩的杠杆卡板式开闩机构的略图。求从炮身传动到闩体和传动到开闩杠杆(曲柄和曲臂)的传速比解析表达式。

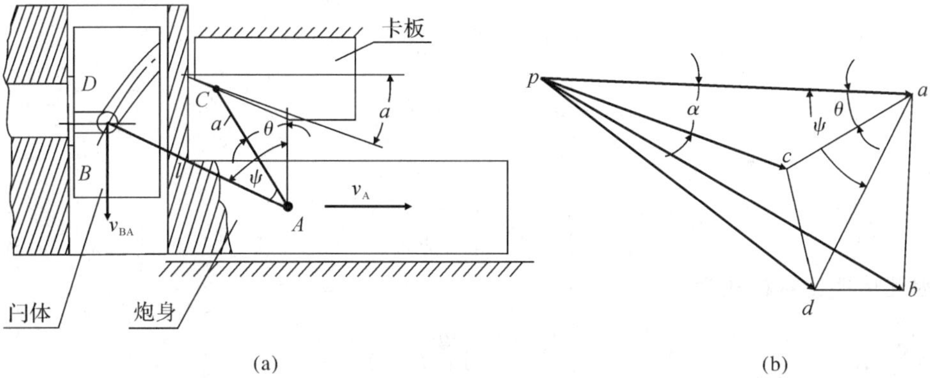

图 4-40　横动式楔式炮闩的杠杆卡板式开闩机构略图

机构的动作是，在后坐时闩体 B 和炮身 A 先以相同速度 v_A 后坐，在炮尾上曲柄的点 C 与摇架上的开闩卡板接触后，点 C 即沿卡板理论轮廓曲线滑动，此时曲柄和曲臂便绕固定在炮尾上的轴 A 回转，点 D 迫使闩体 B 以相对于炮身 A 的速度 v_{BA} 向下运动，从而进行开闩。

图中：l——曲臂(长臂)AB 的长度；

ψ——曲臂 AB 与速度 v_{BA} 方向的夹角；

a——曲柄(短臂)AC 的长度；

θ——曲柄 AC 与速度 v_A 垂直方向的夹角；

α——卡板与曲柄上点 C 相接触点的倾角。

下面作极速度图。任取一点 p 为极速度图的极点，如图 4-40(b)所示，沿 $\vec{v}_A$ 方向取方便的长度 pa 代表 $\vec{v}_A$。下面依次求点 C、D、B 的速度。$\vec{v}_C=\vec{v}_A+\vec{v}_{CA}$，其中速度 $\vec{v}_C$ 的方向沿卡板 C 点的切线方向；而 $\vec{v}_{CA}$ 垂直于 CA。过 p 点作 C 点速度的方向线 pc，过点 a 作线 ac 垂直于 CA，与 pc 相交于 c 点，则 pc 代表 $\vec{v}_C$。$\vec{v}_D=\vec{v}_C+\vec{v}_{DC}$，$\vec{v}_D=\vec{v}_A+\vec{v}_{DA}$，其中 $\vec{v}_C$、$\vec{v}_A$ 的大小和方向均为已知，而 $\vec{v}_{DC}$ 垂直于 DC，$\vec{v}_{DA}$ 垂直于 DA，过点 c 作 cd 线垂直于 CD，过点 a 作 ad 线垂直于 DA，并与 cd 线相交于 d 点，连 pd 线则 pd 代表 $\vec{v}_D$。$\vec{v}_B=\vec{v}_D+\vec{v}_{BD}$，$\vec{v}_B=\vec{v}_A+\vec{v}_{BA}$，其中 $\vec{v}_D$、$\vec{v}_A$ 的大小和方向均为已知，而 $\vec{v}_{BD}$ 则沿 D 与闩体 B 接触点的相对滑动方向，而 $\vec{v}_{BA}$ 的方向就是闩体向下运动的方向(若忽略闭锁支撑面倾角 γ，即为垂直于 $\vec{v}_A$ 的方向)，过

d 点作 B、D 接触点的相对滑动方向的平行线 db，过 a 点作 ab 垂直于 pa，并与 db 相交于 b 点，连 pb 线则 pb 代表 $\vec{v}_B$，ab 代表 $\vec{v}_{BA}$。极速度图中之△abc 与结构图中的△ABC 相似，前者是后者的速度影像。

在研究楔式炮闩的开闩和抽筒等运动时，只需研究闩体相对于炮身的运动，所以只求闩体相对于炮身运动的传速比，即闩体相对于炮身的速度与炮身速度的比值为

$$K=\frac{v_{BA}}{v_A}=\frac{ab}{pa}$$

从极速度图可以看出

$$ab=ad\sin\psi$$

$$ad=ac\,\frac{l}{a}$$

$$ac=pa\,\frac{\sin\alpha}{\sin(\alpha+\theta)}$$

由此得

$$ab=pa\,\frac{l}{a}\frac{\sin\alpha\sin\psi}{\sin(\alpha+\theta)}$$

因此传速比解析式为

$$K=\frac{l}{a}\frac{\sin\alpha\sin\psi}{\sin(\alpha+\theta)} \tag{4-45}$$

炮身传动到开闩杠杆的传速比，取为曲臂角速度与炮身速度之比，则传速比的解析式为

$$K_a=\frac{\sin\alpha}{a\sin(\alpha+\theta)} \tag{4-46}$$

3. 纵动式楔式炮闩凸轮开闩机构

图 4-41(a)所示为纵动式炮闩凸轮式开闩(加速)机构略图。求从炮身 A 传动到闩座 B 的传速比解析式，及炮身传动到加速臂的传速比的解析式。

机构动作是，炮身 A 后坐时通过与安装在炮箱上的加速臂的作用，使闩座 B 与炮身 A 产生相对运动，从而实现开锁、开闩。

图中：A、C、B、D 为所研究的各点；

r_C——加速臂短臂 OC 的长度(变量)；

α——炮身凸轮与加速臂的接触点 C 的切线与炮身速度 v_A 方向的夹角；

θ——加速臂短臂 OC 与铅垂线的夹角；

r_D——加速臂长臂 OD 的长度(变量)；

β——加速臂凸轮与闩座接触点 D 的切线与闩座速度 v_B 方向的夹角；

φ——加速臂长臂 OD 与铅垂线的夹角。

作极速度图如图 4-41(b)所示。

从极速度图可以看出，从炮身传动到闩座的传速比为

$$K=\frac{v_B}{v_A}=\frac{pb}{pa}$$

而

$$pb=pd\,\frac{\sin(\beta-\varphi)}{\sin\beta}$$

$$pd=pc\,\frac{r_D}{r_C}$$

$$pc=pa\,\frac{\sin\alpha}{\sin(\alpha-\theta)}$$

由此得

$$pb=pa\,\frac{r_D}{r_C}\frac{\sin\alpha\sin(\beta-\varphi)}{\sin\beta\sin(\alpha-\theta)}$$

故从炮身 A 传动到闩座的传速比的解析式为

$$K=\frac{r_D}{r_C}\frac{\sin\alpha\sin(\beta-\varphi)}{\sin\beta\sin(\alpha-\theta)} \tag{4-47}$$

从炮身传动到加速臂的传速比的解析式为

$$K_a=\frac{1}{r_C}\frac{\sin\alpha}{\sin(\alpha-\theta)} \tag{4-48}$$

从以上所述可见，应用极速度图可以方便地求出机构的传速比解析式。有了这些解析式后，就可求出给定基础构件位移 x 的传速比 K 的数值。为此，还需建立基础构件位移 x 与结构参数 α、θ、ψ 或 α、β、φ、θ 的函数关系式，然后，以 x 为自变量求出对应的各 α、θ、ψ 或 α、β、φ、θ 值，将这些值代入传速比 K 的解析式，即可求出以位移 x 为自变量的 $K=K(x)$ 值。

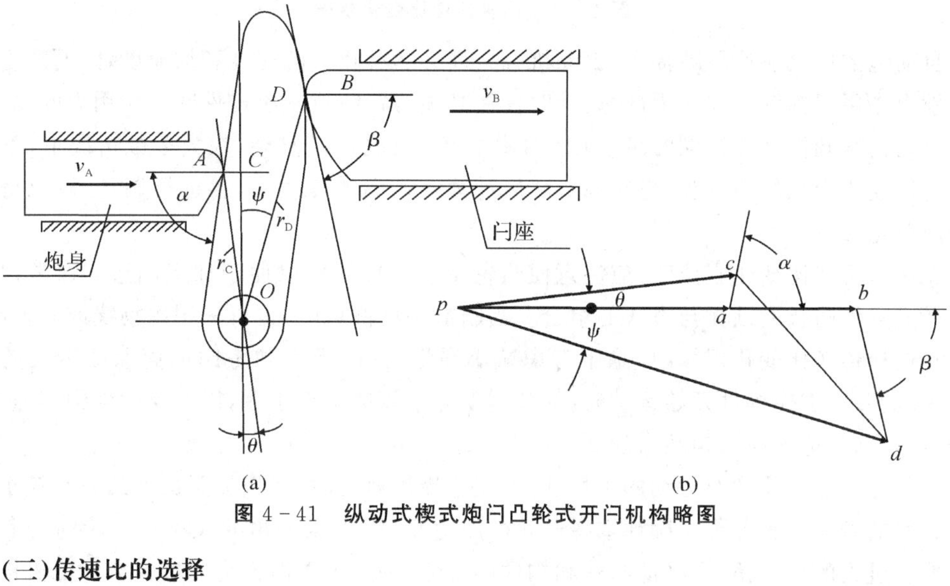

图 4-41　纵动式楔式炮闩凸轮式开闩机构略图

(三)传速比的选择

以上介绍了分析自动机凸轮机构时确定传速比的方法。下面，简要地说明设计凸轮机构时，选择传速比的一些注意事项。

选择传速比变化规律时，应具体分析机构的工作要求。通常是预先给定工作构件的行程(如拨弹板的工作行程、开闩机构炮闩的强制开闩行程)，或是预先给定工作构件工作结束时的最大速度(如拨弹板拨弹到位时的速度、强制开闩结束时的炮闩速度)。在基础构件运动大致相同的情况下,工作构件可以不同的运动变化规律实现这些要求。因此,要适当选择工作构件的运动变化规律,合理分配各机构从基础构件获得的能量,以保证有较高的理论射速,并使构件间有较小而且均匀的约束反力,以保证不超出零件强度的限制。这些要求往往是相互矛盾的,因此,设计时应全面分析,根据具体情况进行恰当处理。

例如图 4-42 所示的两种不同的拨弹运动规律 $v_1=v_1(t)$ 和 $v_2=v_2(t)$。若忽略工作构件运动规律不同对基础构件运动的影响,则可认为拨弹板按这两种不同的运动规律,在相等的时间内,走完了相等的拨弹行程(图上曲线下面的面积相等)。第一种速度变化规律有较小的末速,因此,它所吸收的动能较小。但在运动之初,速度由零突然上升到最大值,因此构件有较大的惯性力。第二种速度变化规律速度均匀上升,有较小的加速度,因此构件有较小的惯性力,但却有较大的末速,亦即拨弹时将消耗较多的动能。

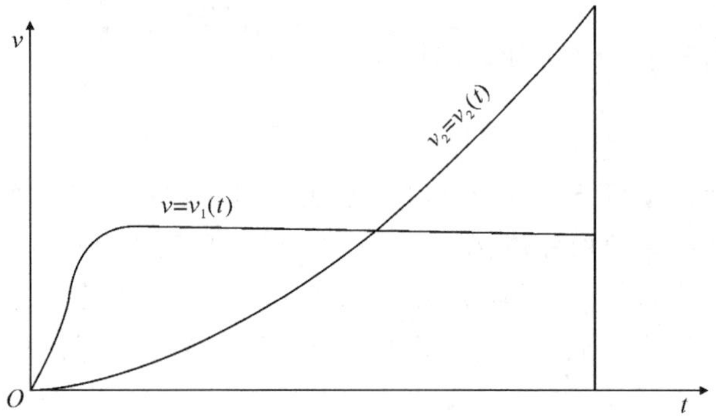

图 4-42　两种传速比变化规律

自动炮的理论射速不断提高,自动机各构件必然有较大的速度和加速度,因而产生较大的惯性力作用于构件之间。因此,设计时往往必须特别注意减小构件间的作用力问题。

自动机基础构件往往同时带动几个工作构件,情况比较复杂,在大多数情况下,都采取先给定传速比变化规律(或凸轮轮廓),然后计算构件间的作用力,再进行调整,以取得较满意的凸轮轮廓。

在选择传速比变化规律时,应注意使凸轮轮廓外形简单以便于加工制造。通常把凸轮轮廓做成直线圆弧或圆弧与直线的组合。当制造条件许可时,也可采用抛物线或其他曲线。

在选择传速比变化规律时,除了考虑减小惯性力外,还必须考虑如何保证运动的平稳性。这就要求:工作构件开始运动时,使其速度等于零或接近于零,以避免发生剧烈撞击;在运动过程中,传速比应均匀地增加。

除了考虑零件强度及运动的平稳性外,在选择传速比时,还应注意保证凸轮有较小的磨损和较好的寿命。为此要正确地选择凸轮的压力角,因为压力角的大小对凸轮的寿命有很大影响。过大的压力角,会降低凸轮和构件的寿命,并且由于摩擦力的增大会降低机构的传动效率。

由机械原理知,压力角就是凸轮轮廓曲线接触点的法线与从动构件该点速度方向间的夹角。

对于常见的基础构件与工作构件运动相互垂直的简单凸轮机构。压力角 γ 等于凸轮轮廓曲线的切线对基础构件运动方向的倾角 α,其正切就是传速比 K,即

$$\tan\gamma=\tan\alpha=K$$

根据一般机械的实践经验，在工作过程中：对于直动从动件，压力角 γ 不宜超过 30°；对于摆动从动件压力角 γ 不宜超过 45°。在火炮自动机的机构设计中，有时最大压力角可稍取大些。某型 37 mm 高射炮自动机的压弹机曲线槽的最大压力角（直动从动件）$\gamma_{max}=31°50'$；某型 37 mm 高射炮自动机开闩卡板在开闩过程中的压力角（摆动从动件），以开始开闩时为最大，$\gamma_{max}==53°17'$；某型 57 mm 高射炮自动机开闩卡板在开锁和开闩过程中的压力角（摆动从动件），以开始开锁时为最大，$\gamma_{max}=44°45'$。

二、传动效率和力换算系数的计算

由基础构件 0 传动到工作构件 1 的效率的表达式为

$$\eta_1=\frac{R_1'\mathrm{d}x_1}{R'\mathrm{d}x}=\frac{R_1'}{R'}K_1$$

效率是有效阻力的元功与有效推力的元功的比值。其中，R' 和 R'_1 是广义力，它们可能是力，也可能是力矩。效率满足“可乘”关系，通常不满足“可倒”关系。

效率 η 和力换算系数 K/η 均为机构的结构参量，但效率 η 反映机构由于考虑构件间的约束反力中的摩擦力引起的能量损耗，而力换算系数 K/η 则反映工作构件和基础构件间的受力关系。在对自动机进行运动分析时，有了力换算系数才能解运动微分方程；在设计新自动机时，通过提高机构的效率值，以减小构件运动阻力和减少其磨损。在解微分方程时，并不单独使用效率 η，而是使用力换算系数 K/η 和质量换算系数 K^2/η，因此，下面着重研究力换算系数的求法。

（一）力换算系数计算方法

由于 $\dfrac{K_1}{\eta_1}=\dfrac{R'}{R_1'}$，如果通过静力学分析方法能够得到有效推力和有效阻力的表达式，即可求得力换算系数，进而求出传动效率。这样一来，求力换算系数的问题，就简化为求解普通的静力学问题。

（二）力换算系数计算实例

1. 简单凸轮机构

简单凸轮机构如图 4-43 所示（已解除约束）。有效推力 R_A' 作用于基础构件 A；有效阻力 R_B' 作用于工作构件 B；R_A' 与 v_A 同向，R_B' 与 v_B 反向。忽略力的作用位置的影响及约束反力分布的不均匀。有效力、约束反力的合力都通过二构件的接触点，即为平面共点力系。

图中除了常用的符号 v_A、v_B、R_A'、R_B' 等外。还采用了下列符号：

R——构件 A、B 间的法向约束反力；

N_1、N_2——不动构件对构件的法向约束力；

f——摩擦系数；

α——凸轮轮廓曲线的切线对 v_A 方向的倾角。

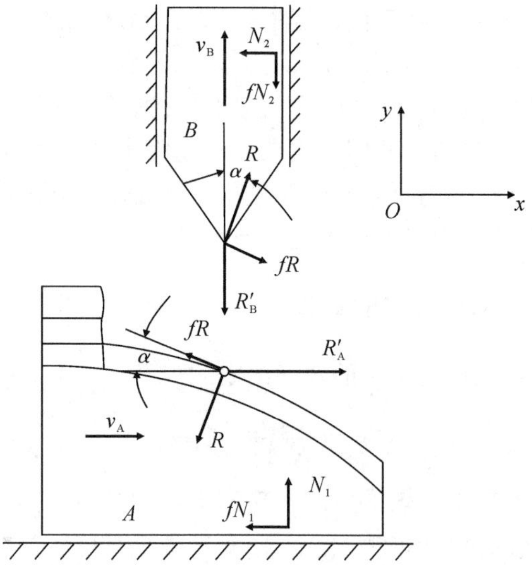

图 4-43　简单凸轮机构的受力分析

以各构件为示力对象列出力的平衡方程。

对构件 B

$$N_2 = R(\sin\alpha + f\cos\alpha)$$

$$R'_B = R(\cos\alpha - f\sin\alpha) - fN_2$$

代入 N_2 可得

$$R'_B = R(\cos\alpha - 2f\sin\alpha - f^2\cos\alpha)$$

对构件 A

$$N_1 = R(\cos\alpha - f\sin\alpha)$$

$$R'_A = R(\sin\alpha + f\cos\alpha) + fN_1$$

代入 N_1 可得

$$R'_A = R(\sin\alpha + 2f\cos\alpha - f^2\sin\alpha)$$

于是

$$\frac{R'_A}{R'_B} = \frac{\tan\alpha + 2f - f^2\tan\alpha}{1 - 2f\tan\alpha - f^2}$$

力换算系数的表达式为

$$\frac{K}{\eta} = \frac{\tan\alpha + 2f - f^2\tan\alpha}{1 - 2f\tan\alpha - f^2} \tag{4-49}$$

式中：$K = \tan\alpha$，故

$$\eta = \frac{1 - 2f\tan\alpha - f^2}{1 + 2f\operatorname{c}\tan\alpha - f^2} \tag{4-50}$$

由式(4-49)可以看出，力换算系数仅与机构的结构参数及摩擦系数有关。当 $f=0$ 时，效率$\eta=1$，因此，由式(4-49)可得传速比为

$$K=\left(\frac{R_A'}{R_B'}\right)_{f=0}=\tan\alpha \tag{4-51}$$

而质量换算系数的表达式为

$$\frac{K^2}{\eta}=\frac{R_A'}{R_B'}\left(\frac{R_A'}{R_B'}\right)_{f=0}=\frac{\tan\alpha+2f-f^2\tan\alpha}{1-2f\tan\alpha-f^2}\tan\alpha$$

综上可知，不管机构多么复杂，从受力分析入手，只要求出机构的力换算系数的表达式，就可方便地求出机构传速比和质量换算系数的表达式。

2. 纵动式旋转闭锁炮闩

(1)求闭锁时闩座 A 传动到闩体 B 的力换算系数。图 4-44 为纵动式旋转闭锁式炮闩在闭锁时的受力分析图。其中图 4-44(a)为结构示意图，在闭锁时，闩座 A 向左作平移运动，闩体抽筒钩前端面抵在不动的炮身上，因此闩体只作旋转运动；图 4-44(b)为闩座的受力分析图；图 4-44(c)为闩体在其曲线槽中径 D_1 展开面上的受力图(仅画出一半)，δ 为曲线槽理论轮廓曲线在展开面上的倾角，N_3 为炮身对闩体的轴向反作用力；图 4-44(d)(e)为闩座和闩体在 A 向和 B 向视图上的受力情况，D_2 为抽筒钩前端面的中径，q 为闩座滑槽间的距离。

分别列出各构件的力的平衡方程，对构件 B，如图 4-44(c)(e)所示。

$$N_3=R(\sin\delta+f\cos\delta)$$

$$N_2=R(\cos\delta-f\sin\delta)$$

有效阻力矩 $M_B'=N_2\dfrac{D_1}{2}-fN_3\dfrac{D_2}{2}$。

将 N_2、N_3 代入上式，整理后得

$$M_B'=\frac{D_1}{2}R(\cos\delta-f\sin\delta-f_1\sin\delta-ff_1\cos\delta)$$

式中：$f_1=f\dfrac{D_2}{D_1}$(称为相当摩擦系数)。

对构件 A，如图 4-44(b)(d)所示。

有效推力

$$R_A'=R(\sin\delta+f\cos\delta)+fN_4$$

$$N_4q=N_2D_1$$

将 N_2 代入，则

$$N_4=\frac{D_1}{q}R(\cos\delta-f\sin\delta)$$

将 N_4 代入，经整理后得

$$R_A'=R(\sin\delta+f\cos\delta+f_2\cos\delta-ff_2\sin\delta)$$

式中：$f_2=f\dfrac{D_1}{q}$。

因此得力换算系数为

$$\frac{K_a}{\eta}=\frac{R'_A}{M'_B}=\frac{1}{r_1}\ \frac{\tan\delta+f+f_2-ff_2\tan\delta}{1-(f+f_2)\tan\delta-ff_2} \tag{4-52}$$

式中：$r_1=D_1/2$。

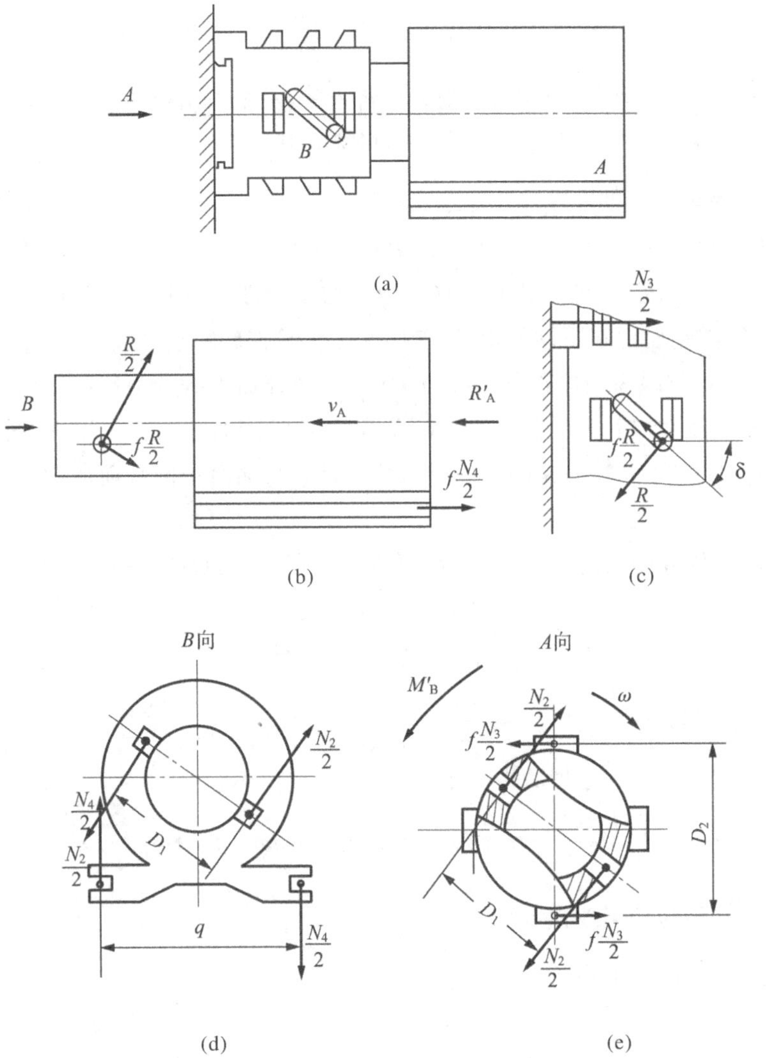

图 4-44　纵动式旋转闭锁式炮闩闭锁时的受力分析

(2)求开闩时由炮身传动到加速臂和传动到闩座的力换算系数。图 4-45 为纵动式炮闩的杠杆卡板式开闩机构开闩时的受力分析图(已解除约束)。图中：图 4-45(a)为沿摇架后坐的炮身(构件 0)的受力分析图；图 4-45(b)为沿摇架后坐的闩座(构件 2)的受力分析图；图 4-45(c)(e)为随炮身一起后坐并绕固定在炮身上的轴 O 回转的加速臂(构件 1)的受力分析图，其中，l 为长臂长，ψ 为长臂与闩座速度 v_2 方向的夹角，a 为短臂长，θ 为短臂与炮身速度 v 垂直方向的夹角；图 4-45(d)为固定在不动构件(摇架)上的卡板的受力分析图。

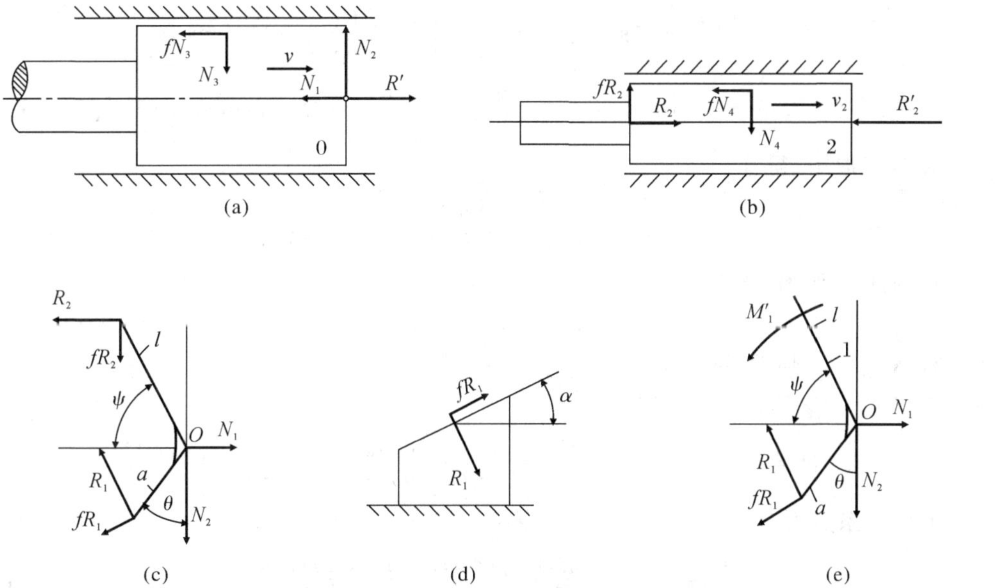

图 4-45　纵动式炮闩杠杆卡板式开闩机构的受力分析(开闩时)

先求由炮身传动到加速臂的力换算系数。以构件 0 和 1 为对象,列出力的平衡方程。

对构件 1,如图 4-45(e)所示,有

$$N_1 = R_1(\sin\alpha - f\cos\alpha)$$

$$N_2 = R_1(\cos\alpha - f\sin\alpha)$$

对 O 点取矩,得

$$M_1' = aR_1[\sin(\alpha+\theta) + f\cos(\alpha+\theta)]$$

对构件 0,如图 4-45(a)所示,有

$$N_3 = N_2$$

$$R' = N_1 + fN_3$$

将 N_1、N_2 代入,整理后得

$$R' = R_1(\sin\alpha + 2f\cos\alpha - f^2\sin\alpha)$$

从炮身传动到加速臂的力换算系数

$$\frac{K_1}{\eta_1} = \frac{R'}{M_1'} = \frac{1}{a}\frac{\sin\alpha + 2f\cos\alpha - f^2\sin\alpha}{\sin(\alpha+\theta) + f\cos(\alpha+\theta)} \tag{4-53}$$

下面求由炮身传动到闩座的力换算系数。分别以构件 0、构件 1、构件 2 为对象列出力的平衡方程。

对构件 2,如图 4-45(b)所示。

$$N_4 = fR_2$$

$$R_2' = R_2 - fN_4$$

将 N_4 代入,得

$$R_2' = R_2(1 - f^2)$$

对构件 1,如图 4-45(c)所示,有

$$N_1=R_2+R_1(\sin\alpha+f\cos\alpha)=R_2\left[1+\frac{R_1}{R_2}(\sin\alpha+f\cos\alpha)\right]$$

$$N_2=R_1(\cos\alpha-f\sin\alpha)-fR_2=R_2\left[\frac{R_1}{R_2}(\cos\alpha-f\sin\alpha)-f\right]$$

对 O 点取矩，得

$$\frac{R_1}{R_2}=\frac{l}{a}\frac{\sin\psi+f\cos\psi}{\sin(\alpha+\theta)+f\cos(\alpha+\theta)}$$

对构件 0，如图 4－45(a)所示，有

$$N_3=N_2,R'=N_1+fN_3$$

将 N_3 代入，则 $R'=N_1+fN_2$。

再将 N_1、N_2 等代入，整理后得

$$R'=R_2\left[1-f^2+\frac{l}{a}\frac{(\sin\psi+f\cos\psi)(\sin\alpha+2f\cos\alpha-f^2\sin\alpha)}{\sin(\alpha+\theta)+f\cos(\alpha+\theta)}\right]$$

力换算系数为

$$\frac{K_2}{\eta_2}=\frac{R'}{R_2'}=1+\frac{l}{a}\frac{(\sin\psi+f\cos\psi)(\sin\alpha+2f\cos\alpha-f^2\sin\alpha)}{(1-f^2)[\sin(\alpha+\theta)+f\cos(\alpha+\theta)]} \tag{4-54}$$

或

$$\frac{K_2}{\eta_2}=1+\frac{l(\sin\psi+f\cos\psi)}{1-f^2}\frac{K_1}{\eta_1} \tag{4-55}$$

从炮身传动到闩座的传速比为

$$K_2=1+\frac{l}{a}\frac{\sin\alpha\sin\psi}{\sin(\alpha+\theta)} \tag{4-56}$$

若杠杆(加速臂)的长臂 l 与短臂 a 的夹角为90°，则 $\psi=0$。因此，力换算系数的表达式(4－54)可改写为

$$\frac{K_2}{\eta_2}=1+\frac{l}{a}\frac{(\tan\theta+f)(\tan\alpha+2f-f^2\tan\alpha)}{(1-f^2)(\tan\alpha+\tan\theta+f-f\tan\alpha\tan\theta)} \tag{4-57}$$

(3)求开锁时，由炮身传动到闩体的力换算系数。图 4－46 为纵动式旋转闭锁式炮闩的杠杆卡板式开闩机构在开锁时的受力分析图。图中：图 4－46(a)(c)为沿摇架加速后坐的闩座(构件 2)的受力分析图；图 4－46(b)(d)为随炮身一起后坐并相对于炮身旋转的闩体(构件 3)的受力分析图，图 4－46(b)是闩体沿闩体曲线槽中径 D_1 展开面上的受力分析(只画出一半)。其中 N_8 是开锁时炮身闭锁齿对闩体闭锁齿的反作用力，δ 为曲线槽在沿中径 D_1 展开面上的倾角；D_2 为闭锁齿的中径；图 4－46(e)为加速臂(构件 1)的受力分析图；图 4－46(f)为炮身(构件 0)的受力分析图；图 4－46(g)为卡板的受力分析图。

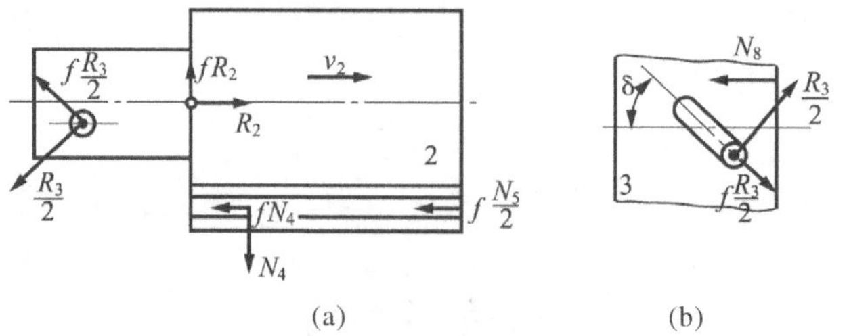

4－46　纵动式旋转闭锁式炮闩杠杆卡板式开锁时的受力分析

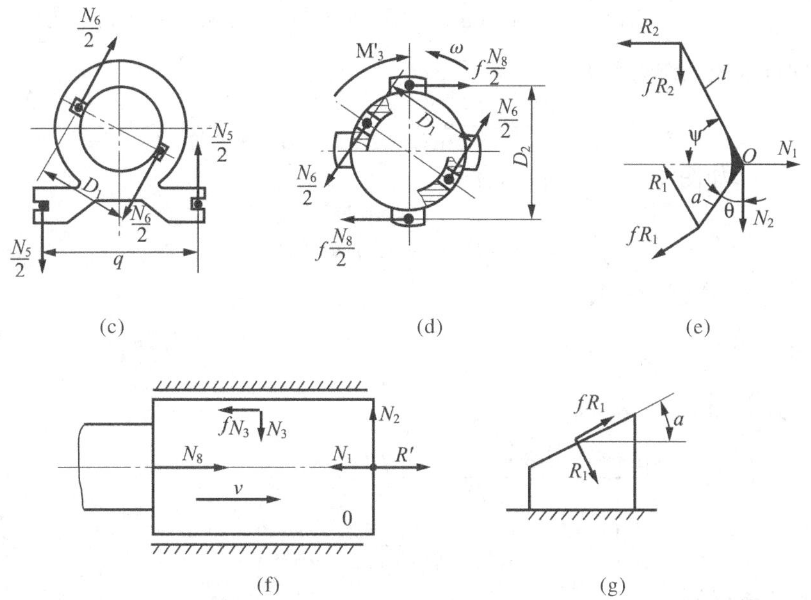

续图 4-46　纵动式旋转闭锁式炮闩杠杆卡板式开锁时的受力分析

分别列出各构件的力的平衡方程。

对构件 3，如图 4-46(b)(d)，有

$$N_6 = R_3(\cos\delta - f\sin\delta)$$

$$N_8 = R_3(\sin\delta + f\cos\delta)$$

$$M_3' = N_6\frac{D_1}{2} - fN_8\frac{D_2}{2}$$

将 N_6、N_8 代入，整理后得

$$M_3' = R_3(\cos\delta - f\sin\delta - f_1\sin\delta - ff_1\cos\delta)r_1$$

式中：$r_1 = \frac{D_1}{2}$；$f_1 = f\frac{D_2}{D_1}$。

对构件 2，如图 4-46(a)(c)所示，有

$$N_5 q = N_6 D_1$$

$$N_4 = fR_2$$

$$R_2 = fN_4 + fN_6 + R_3(\sin\delta + f\cos\delta)$$

将 N_6 代入，则

$$N_5 = R_3(\cos\delta - f\sin\delta)\frac{D_1}{q}$$

将 N_4、N_5 代入，经整理后得

$$R_2 = \frac{R_3(\sin\delta + f\cos\delta + f_2\cos\delta - ff_2\sin\delta)}{1-f^2}$$

式中：$f_2 = f\frac{D_1}{q}$。

对构件 1，如图 4-46(e)所示，有

$$N_1 = R_2 + R_1(\sin\alpha + f\cos\alpha) = R_2\left[1 + \frac{R_1}{R_2}(\sin\alpha + f\cos\alpha)\right]$$

$$N_2=R_1(\cos\alpha-f\sin\alpha)-fR_2=R_2\left[\frac{R_1}{R_2}(\cos\alpha-f\sin\alpha)-f\right]$$

对 O 点取矩，整理后得

$$\frac{R_1}{R_2}=\frac{l}{a}\frac{\sin\psi+f\cos\psi}{\sin(\alpha+\theta)+f\cos(\alpha+\theta)}$$

对构件 0，如图 4-46(f)所示，有

$$N_3=N_2$$

$$R'=N_1+fN_3-N_8$$

将 N_1、N_3、N_8 代入，得

$$R'=R_2\left[1+\frac{R_1}{R_2}(\sin\alpha+2f\cos\alpha-f^2\sin\alpha)-f^2\right]-R_3(\sin\delta+f\cos\delta)$$

将比值$\frac{R_1}{R_2}$和 R_2 代入，得

$$R'=\frac{R_3(\sin\delta+f\cos\delta+f_2\cos\delta-ff_2\sin\delta)}{1-f^2}$$

$$\left[1+\frac{l}{a}\frac{(\sin\psi+f\cos\psi)(\sin\alpha+2f\cos\alpha-f^2\sin\alpha)}{\sin(\alpha+\theta)+f\cos(\alpha+\theta)}-f^2\right]-R_3(\sin\delta+\cos\delta)$$

力换算系数为

$$\frac{K_3}{\eta_3}=\frac{R'}{M_3'}=\frac{(\tan\delta+f+f_2-ff_2\tan\delta)\frac{K_2}{\eta_2}-(\tan\delta+f)}{r_1(1-f\tan\delta-f_1\tan\delta-ff_1)} \tag{4-58}$$

3. 横动式楔式炮闩杠杆卡板式开闩机构

图 4-47 为横动式楔式炮闩的杠杆卡板式开闩机构开闩时的受力分析图(已解除约束)。图中：图 4-47(a)(f)为沿摇架后坐的炮身(构件 0)的受力分析图；图 4-47(b)(c)为随炮身一起后坐并绕固定在炮身上的轴 O 回转的开闩杠杆(曲臂、曲柄，构件 1)的受力分析图；图 4-47(d)为随炮身一起后坐的闩体(构件 2)在垂直于炮身运动方向运动时的受力分析图；图 4-47(e)为固定在不动构件(摇架)上的卡板的受力分析图。求后坐开闩时，由炮身传动到开闩杠杆及传动到闩体的力换算系数。

先求由炮身传动到开闩杠杆的力换算系数。以构件 1 和构件 0 为对象列出力的平衡方程。

对构件 1，如图 4-47(b)所示，有

$$N_1=R_1(\sin\alpha+f\cos\alpha)$$

$$N_2=R_1(\cos\alpha-f\sin\alpha)$$

$$M_1'=aR_1[\sin(\alpha+\theta)+f\cos(\alpha+\theta)]$$

对构件 0，如图 4-47(f)，有

$$N_3=N_2,R'=N_1+fN_3$$

将 N_1、N_3 等代入，整理后得

$$R'=R_1(\sin\alpha+2f\cos\alpha-f^2\sin\alpha)$$

从炮身传动到开闩杠杆的力换算系数为

$$\frac{K_1}{\eta_1}=\frac{R'}{M_1'}=\frac{1}{a}\frac{\sin\alpha+2f\cos\alpha-f^2\sin\alpha}{\sin(\alpha+\theta)+f\cos(\alpha+\theta)} \tag{4-59}$$

下面求出炮身传动到闩体的力换算系数。分别列出各构件的力的平衡方程。

对构件 2，如图 4-47(d)所示，有

$$N_4=fR_2$$

$$R_2'=R_2-fN_4$$

将 N_4 代入，则

$$R_2'=R_2(1-f^2)$$

对构件 1，如图 4-47(c)所示，有

$$N_1=R_2\left[\frac{R_1}{R_2}(\sin\alpha+f\cos\alpha)-f\right]$$

$$N_2=R_2\left[\frac{R_1}{R_2}(\cos\alpha-f\sin\alpha)-1\right]$$

对 O 点取矩，得

$$\frac{R_1}{R_2}=\frac{l}{a}\frac{\sin\psi+f\cos\psi}{\sin(\alpha+\theta)+f\cos(\alpha+\theta)}$$

对构件 0，如图 4-47(a)所示，有

$$N_3=N_2+fN_4,R'=N_1+N_4+fN_3$$

将 N_1、N_3、N_4 等代入，整理后得

$$R'=R_2\left[\frac{l}{a}\frac{(\sin\psi+f\cos\psi)(\sin\alpha+2f\cos\alpha-f^2\sin\alpha)}{\sin(\alpha+\theta)+f\cos(\alpha+\theta)}-f(1-f^2)\right]$$

比值为

$$\frac{R'}{R_2'}=\frac{l}{a}\frac{(\sin\psi+f\cos\psi)(\sin\alpha+2f\cos\alpha-f^2\sin\alpha)}{(1-f^2)[\sin(\alpha+\theta)+f\cos(\alpha+\theta)]}-f$$

比值的最后一项 f 较前项要小得多，故略去。

这样一来，从炮身传动到闩体的力换算系数为

$$\frac{K_2}{\eta_2}=\frac{l}{a}\frac{(\sin\psi+f\cos\psi)(\sin\alpha+2f\cos\alpha-f^2\sin\alpha)}{(1-f^2)[\sin(\alpha+\theta)+f\cos(\alpha+\theta)]} \tag{4-60}$$

或

$$\frac{K_2}{\eta_2}=\frac{l(\sin\psi+f\cos\psi)}{1-f^2}\frac{K_1}{\eta_1}$$

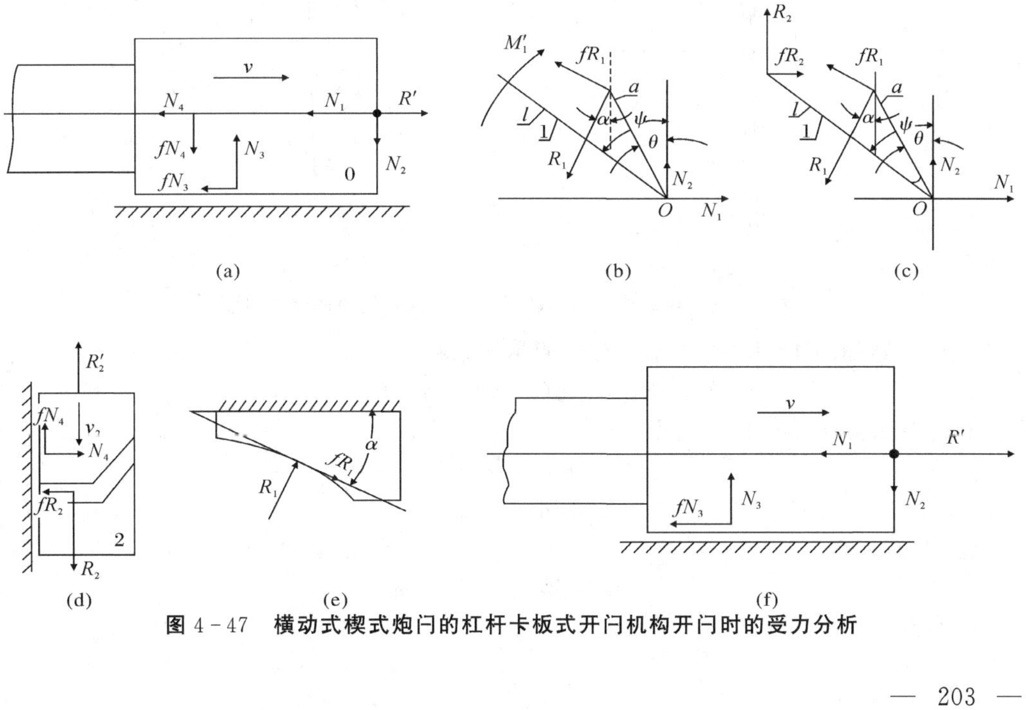

图 4-47　横动式楔式炮闩的杠杆卡板式开闩机构开闩时的受力分析

4. 纵动式炮闩凸轮式开闩机构

图 4-48 为纵动式炮闩的凸轮式开闩机构开闩时的受力分析图(已解除约束)。图中:图 4-48(a)为沿炮箱后坐的炮身(构件 0)的受力分析图;图 4-48(b)(d)为绕炮箱上的轴 O 回转的加速臂(构件 1)的受力分析图;图 4-48(c)为沿炮箱后坐的炮闩(构件 2)的受力分析图。求开闩时,由炮身传动到加速臂及传动到炮闩的力换算系数。

先求由炮身传动到加速臂的力换算系数。以构件 0 和构件 1 为示力对象列出力的平衡方程。

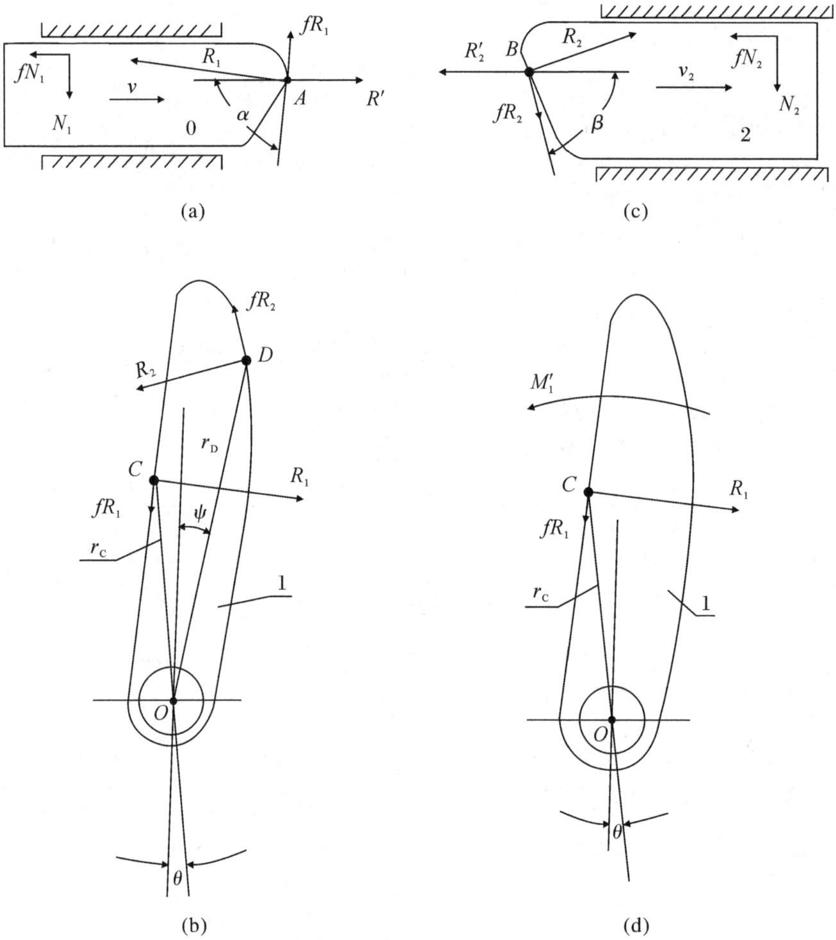

图 4-48 纵动式炮闩凸轮式开闩机构开闩时的受力分析

对构件 1,如图 4-48(d)所示。对 O 点取矩,得

$$M_1'=R_1 r_C[\sin(\alpha-\theta)-f\cos(\alpha-\theta)]$$

对构件 0,如图 4-48(a)所示,有

$$N_1=R_1(\cos\alpha+f\sin\alpha)$$

$$R'=R_1(\sin\alpha-f\cos\alpha)+fN_1$$

将 N_1 代入得

$$R'=R_1(1+f^2)\sin\alpha$$

比值为

$$\frac{R'}{M_1'}=\frac{1}{r_C}\frac{(1+f^2)\sin\alpha}{\sin(\alpha-\theta)-f\cos(\alpha-\theta)}$$

因此，力换算系数为

$$\frac{K_1}{\eta_1}=\frac{1}{r_C}\frac{(1+f^2)\sin\alpha}{\sin(\alpha-\theta)-f\cos(\alpha-\theta)} \tag{4-61}$$

再求由炮身传动到炮闩的力换算系数。以各构件为示力对象，列出力的平衡方程。

对构件2，如图4-48(c)所示，有

$$N_2=R_2(\cos\beta-f\sin\beta)$$

$$R_2'-R_2(\sin\beta+f\cos\beta)-fN_2$$

将 N_2 代入，得

$$R_2'=R_2(1+f^2)\sin\beta$$

对构件1，如图4-48(b)所示，对 O 点取矩，得

$$\frac{R_1}{R_2}=\frac{r_D}{r_C}\frac{\sin(\beta-\varphi)+f\cos(\beta-\varphi)}{\sin(\alpha-\theta)-f\cos(\alpha-\theta)}$$

对构件0，如图4-48(a)所示，同前

$$R'=R_1(1+f^2)\sin\alpha$$

比值为

$$\frac{R'}{R_2'}=\frac{r_D}{r_C}\frac{\sin\alpha[\sin(\beta-\varphi)+f\cos(\beta-\varphi)]}{\sin\beta[\sin(\alpha-\theta)-f\cos(\alpha-\theta)]}$$

从炮身传动到炮闩的力换算系数为

$$\frac{K_2}{\eta_2}=\frac{r_D}{r_C}\frac{\sin\alpha[\sin(\beta-\varphi)+f\cos(\beta-\varphi)]}{\sin\beta[\sin(\alpha-\theta)-f\cos(\alpha-\theta)]} \tag{4-62}$$

或

$$\frac{K_2}{\eta_2}=r_D\frac{\sin(\beta-\varphi)+f\cos(\beta-\varphi)}{(1+f^2)\sin\beta}\frac{K_1}{\eta_1} \tag{4-63}$$

若炮闩不沿炮箱后坐，而是沿炮身的炮尾（节套）后坐，则约束反力 N_2、fN_2 亦将作用于炮身，这时对炮身来说，由于 N_2、fN_2 和 N_1、fN_1 的方向均为垂直和水平方向，所以 R' 的表达式将不改变。因此，力换算系数的表达式不会改变。

从以上所研究的求机构力换算系数的各例可以看出，求力换算系数实际是求比值 $\frac{R'}{R_i'}$，也就是解有效力和约束反力的平衡问题。因此，只要熟练地掌握解有效力和约束反力的平衡问题，不管多么复杂的机构，都可求出其力换算系数。

应该指出，求出了力换算系数，就可方便地求出传速比，而不必用极速度图或其他方法再求传速比。但是，用极速度图法求传速比，比较直观而且概念清楚，不易出错。因此，为了避免差错，应当用极速度图法求出传速比，以便对比验证。有了力换算系数和传速比，就可进而求出质量换算系数。力换算系数、传速比、质量换算系数，是解自动机运动微分方程所必需的三个参量。这些参量是结构参量，因此，机构确定之后，在解运动微分方程之前，就可把这些参量求出。求这些参量时，求力换算系数是基础。

在研究效率 η 和力换算系数 $\frac{K}{\eta}$ 时，对于平动构件，曾采用了简化假设，即有效力、约束反力为平面共点力系。而未考虑构件质心的位置（惯性力的位置），即未考虑由于给定力和惯

性力不在一直线上所产生的力偶，也未考虑由于有效力和约束反力的合力不在一直线上所产生的力偶等。而这些力偶将使构件倾斜，从而产生附加摩擦力。但是，由于自动机工作时的摩擦系数不易精确确定，一般都根据经验选取，所以，未考虑附加摩擦力所产生的误差，已包括在择取摩擦系数之中了。因此，上述简化假设是合理的，导出的力换算系数公式，能满足工程设计的要求。

三、逆传动

一般情况下，都是基础构件带动工作构件运动，因此基础构件又称主动构件，工作构件又称从动构件，这叫作正传动。但是，在一定的条件下，在运动的某一阶段，基础构件可变为从动构件，这时，工作构件则变为主动构件，并将对基础构件的运动起推动作用。这种情况下，各构件的运动方向虽然未变，但工作构件却把原由基础构件吸收的动能，反传给基础构件，这就叫逆传动。由正传动转为逆传动，叫作传动换向。

（一）逆传动的条件

若构件 A、B 间约束为单面约束，在运动过程中，当从构件 A 传动到构件 B 的传速比减小或构件 A 的速度突然减小时，构件 B 就因惯性而自然脱离构件 A，这不会出现逆传动。若构件 A、B 间为双面约束，则 A、B 间将以另一约束面相作用，这就会出现逆传动。因此，双面约束是传动换向，出现逆传动的必要条件。

图 4－49 是出现逆传动时，构件 A、B 的受力分析图（已解除约束）。与正传动相比较可知，构件 A、B 间的约束反力 R 换了向。力 R 换向，作用在构件 A、B 上的约束反力的合力换向，则有效力换向，传动换向。因此，传动构件间约束反力换向，是传动换向、出现逆传动的充分条件。

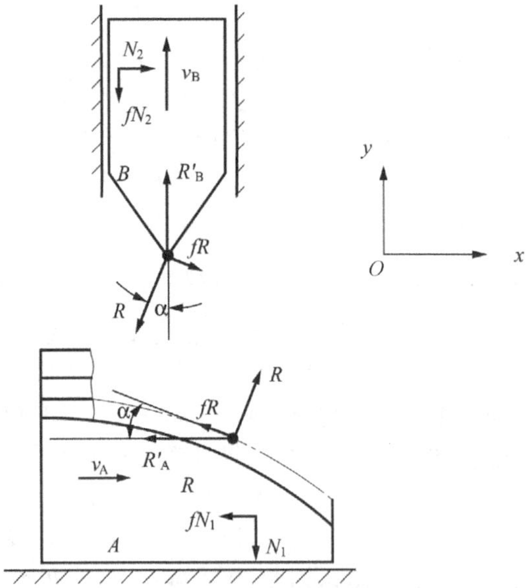

图 4－49　简单凸轮机构逆传动时的受力分析

（二）逆传动的换向时机

因为运动是连续的，力 R 换向要经过零点，所以，当 $R=0$，传动构件互不作用时就是传动换向的时机。

当 $R=0$ 的瞬间，构件 A，B 的运动互不影响，因此有各自的运动方程

$$m_A \frac{dv_A}{dt}=F_A \tag{4-64}$$

$$m_B \frac{dv_B}{dt}=-F_B \tag{4-65}$$

或

$$m_B\left(K \frac{dv_A}{dt}+v_A^2 \frac{dK}{dx}\right)=-F_B \tag{4-66}$$

由此可见，要精确地确定传动换向时机（在单面约束的情况下，就是工作构件脱离基础构件，二者开始互不作用的时机），须知构件运动加速度$\frac{dv_A}{dt}$、$\frac{dv_B}{dt}$和给定力的合力 F_A、F_B 等4个量对基础构件位移 x 的函数。但是，在运动分析之前，$\frac{dv_A}{dt}$、$\frac{dv_B}{dt}$都是未知的，而 F_A、F_B 中有的力也不是基础构件位移 x 的函数，故运动分析之前也是未知的，因此，很难预先确定传动换向时机。确定传动换向时机，只能是在解基础构件 A 的运动微分方程的过程中，用求得的$\frac{dv_A}{dt}$、$\frac{dv_B}{dt}$和 F_A、F_B 代入式(4-65)或(4-66)来探求。但是，有两种特殊情况，在运动分析之前，可预先确定传动换向时机。

(1)当传速比 K 为常数时，因为$\frac{dv_B}{dt}=K \frac{dv_A}{dt}$，所以由式(4-64)和式(4-65)可得

$$-\frac{F_B}{F_A}=\frac{m_B}{m_A}K$$

因此，当作用在构件 A、B 上的给定力 F_A、F_B 同时为推力或阻力（一般是阻力），且为基础构件位移 x 的函数，并已知时，则 F_B 的绝对值在满足

$$|F_B|=\left|\frac{m_B}{m_A}K\cdot F_A\right|$$

的瞬间，就是传动换向的时机。

(2)当传速比 K 不为常数，且曲线 $K=K(x)$有如图 4-50 所示的形式。一般说来，在 $K(x)$达其最大值 K_{max}之前，工作构件 B 的速度连续增加，亦即动能连续增加；在 $K(x)$达到最大值 K_{max}之后，则其速度、动能均骤然下降，亦即工作构件 B 要输出动能，在双面约束时，将改变约束工作面、改变约束反力 R 的方向，这时工作构件 B 的能量将通过约束反传给基础构件 A。因此，在 $K=K(x)$有如图 4-50 所示的情况下，常近似地取 $K=K_{max}$时的基础构件位移 x_{max} 作为传动换向的位置。当 $x<x_{max}$时，运动为正传动；当 $x>x_{max}$时，运动为逆传动。

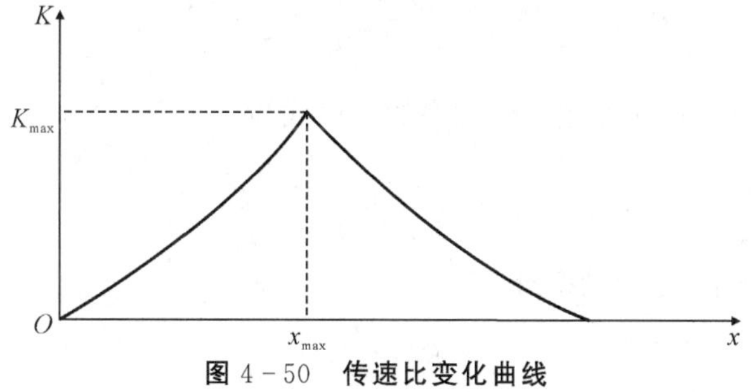

图 4-50 传速比变化曲线

(三)逆传动的处理

研究逆传动的效率问题。当图 4-49 所示的简单凸轮机构逆传动时,B 到 A 的传速比应为正传动时 A 到 B 的传速比 K 的倒数,即

$$K'=\frac{v_A}{v_B}=\frac{dx}{dy}=\frac{1}{K}$$

这时,从动构件(此处为基础构件 A)的有效阻力为 R'_A,而主动构件(此处为工作构件 B)的有效推力为 R'_B。按前述效率定义可知,逆传动效率即由构件 B 传动到构件 A 的效率 η_B 的表达式为

$$\eta_B=\frac{R'_A dx}{R'_B dy}=\frac{R'_A}{R'_B}K'$$

由构件 B 传动到构件 A 的力换算系数的表达式为

$$\frac{K'}{\eta'}=\frac{R'_B}{R'_A} \tag{4-67}$$

由于传动换向时,有效力、法向约束反力换了向,而运动速度和摩擦力未换向,因此正、逆传动效率并不互为倒数。而应由力系平衡方程,求逆传动时的比值 R'_B/R'_A 和 η_B。由图 4-49知,对构件 A,有

$$N_1=R(\cos\alpha+f\sin\alpha)$$

$$R'_A=R(\sin\alpha-f\cos\alpha)-fN_1$$

代入 N_1 可得

$$R'_A=R(\sin\alpha-f\cos\alpha-f^2\sin\alpha)$$

对构件 B

$$N_2=R(\sin\alpha-f\cos\alpha)$$

$$R'_B=R(\cos\alpha+f\sin\alpha)+fN_2$$

代入 N_2 可得

$$R'_B=R(\cos\alpha+2f\sin\alpha-f^2\cos\alpha)$$

故比值为

$$\frac{R'_B}{R'_A}=\frac{\mathrm{ctan}\alpha+f-f^2\mathrm{ctan}\alpha}{1-2f\mathrm{ctan}\alpha-f^2}$$

式中:f、α 的含义同前。

由此得逆传动的力换算系数为

$$\frac{K'}{\eta_B}=\frac{\mathrm{ctan}\alpha+2f-f^2\mathrm{ctan}\alpha}{1-2f\mathrm{ctan}\alpha-f^2}$$

代入 $K'=\dfrac{1}{K}=\mathrm{ctan}\alpha$,则得逆传动效率的表达式为

$$\eta_B=\frac{1-2f\mathrm{ctan}\alpha-f^2}{1+2f\tan\alpha-f^2} \tag{4-68}$$

在正传动的情况下,有运动微分方程

$$R'_A=\frac{K}{\eta}R'_B \tag{4-69}$$

当工作构件 B 转化为主动构件时，可以由式(4－67)导出以工作构件 B 为主动构件的运动微分方程为

$$R'_A = K\eta_B R'_B \tag{4-70}$$

为了运算方便，在传动换向后，一般仍以基础构件的运动诸元为依据，故应设法推导出当工作构件为主动构件时，基础构件的运动微分方程，并使其与正传动时的运动微分方程具有相同的形式。构件运动方向不变，且其坐标方向也不改变，故在传动换向前后有效力都应以下式表示

$$R'_A = F_A - m_A \frac{dv_A}{dt}$$

$$R'_B = F_B + m_B \frac{dv_B}{dt}$$

因为所研究的运动微分方程，都以基础构件运动诸元为依据，所以 R'_B都应同样地转化到基础构件上，比较式(4－69)和(4－70)可见，传动换向前后的运动微分方程的差别，仅在于 η 和 η_B 在方程中的位置是上下颠倒的。引入逆传动效率的倒数为

$$\eta'_B = \frac{1}{\eta_B}$$

并代入式(4－70)，就得到与式(4－69)相同的形式：

$$R'_A = \frac{K}{\eta'_B} R'_B \tag{4-71}$$

由式(4－69)和(4－71)可知，无论是正传动还是逆传动，基础构件的运动微分方程具有相同的形式。因此，在解基础构件的运动微分方程的过程中，在传动换向时不用改变方程，只须将逆传动效率的倒数 $\eta'_B = 1/\eta_B$ 看作正传动效率 η 代入原基础构件的运动微分方程即可。这就是解逆传动时基础构件的运动微分方程的方法。因此问题就转为如何求 η'_B了。

由式(4－68)可得

$$\eta'_B = \frac{1}{\eta_B} = \frac{1+2f\tan\alpha - f^2}{1-2f\text{ctan}\alpha - f^2} \tag{4-72}$$

比较式(4－72)和传动换向前的正传动效率表达式可见，只须改变正传动效率 η 表达式中含 f 项的符号，就可得到逆传动效率的倒数 η'_B的表达式(这正是有效力和法向约束反力换向，而摩擦力未换向的结果)。

有时也把 η'_B称为效率，但其数值大于 1(因 $\eta_B < 1$)。它的实际含义是表示，考虑了摩擦损耗后，工作构件 B 对基础构件 A 的能量输入。

综上所述，对于双面约束的，基础构件与工作构件运动方向相互垂直的简单凸轮机构，不论凸轮轮廓曲线在那个构件上(A 或 B)，在解基础构件 A 的运动微分方程时，均可按下列表达式计算力换算系数和效率：在 $K=K(x)$ 达到最大值前，基础构件 A 为主动构件，表达式为

$$\frac{K}{\eta} = \frac{\tan\alpha + 2f - f^2\tan\alpha}{1-2f\tan\alpha - f^2}$$

$$\eta = \frac{1-2f\tan\alpha - f^2}{1+2f\text{ctan}\alpha - f^2}$$

在 $K=K(x)$ 达到最大值 K_{max}之后，工作构件 B 为主动构件，出现逆传动，改变正传动

力换算系数和效率表达式中含 f 项的符号，得表达式

$$\frac{K}{\eta_B'}=\frac{\tan\alpha-2f-f^2\tan\alpha}{1+2f\tan\alpha-f^2}$$

$$\eta_B'=\frac{1+2f\tan\alpha-f^2}{1-2f\operatorname{ctan}\alpha-f^2}$$

无论是简单凸轮机构，还是其他形式较复杂的凸轮机构，综合以上论述，可得如下结论：双面约束是传动换向，出现逆传动的必要条件；传动构件间改变约束工作面，约束反力换向是传动换向，出现逆传动的充分条件；在判明出现逆传动后，可不改变基础构件的运动微分方程，并继续求解，但必须把正传动的力换算系数、质量换算系数表达式中含 f 项的符号改变，作为逆传动阶段的力换算系数、质量换算系数的表达式。

△拓展阅读

极速度图法

可以看出极速度图法，实际上是理论力学中的速度的合成与分解方法。

力换算系数计算方法

可以看出，力换算系数计算就是对构件进行静力学分析，在速度方向上写出有效力的表达式，有效力与约束反力相平衡，约束反力和摩擦系数有关，最终获得的力换算系数就是有效力之比，与结构参数和摩擦系数有关。当摩擦系数为 0 时，传动效率为 1，力换算系数就成了传速比。

逆传动发生条件的理解

假定在平坦地面上，手推着一小车东西前进，手推车就是正传动；小车动起来后，如果不用力了，但是手还是抓着小车，那么小车就会拉着手向前走，这就是逆传动。

逆传动发生的必要条件是双面约束，也就是手要抓住车辆，手可推车，车可拉手；如果只是用手掌推车，那么车就不能拉着手前进，不可能发生逆传动。

逆传动发生的充要条件是约束反力换向，也就是从手推车转变为车拉手，这就必然发生了逆传动。

第五节　自动机构件间撞击及作用力

一、构件间撞击

前面研究的是自动机基础构件运动的渐变状态，即基础构件的相当质量和相当力随运动时间连续地变化，在微小时间间隔内基础构件的动量只发生微小变化。但是，自动机各机构的运动是断续的，当机构或构件加入或退出运动时，基础构件的运动将发生突变。这表现在某些运动特征点上，基础构件的位移连续变化，但速度则可能是不连续地变化。在某些运

动特征点上，当出现基础构件的位移做连续变化，而速度做不连续变化，即速度发生突变时，称这种现象为撞击(碰撞)。

在研究自动机的运动时，必然会遇到各种撞击。例如：在加速(开闩)机构开始工作和完成开锁、开闩时，在压弹(供弹)机构工作时，在抛筒和推弹时，在后坐(活动)部分到达后方和前方位置时，都要发生撞击。

撞击瞬间，由于基础构件的相当质量突变引起其加速度突变；由于构件间动能急剧传递，使基础构件在撞击前后运动速度发生突变；由于基础构件位移随时间连续变化，但因速度、加速度突变，位移随时间变化的曲线将发生转折。

例如纵动式旋转闭锁式炮闩(见图 4－51)，闩体原随炮身后坐，闩座加速后坐进行开锁，当开锁毕(闩体旋转到位)，炮身带动的闩座将撞击闩体，使其随其闩座一起加速后坐进行开闩、抽筒。撞击的结果，使闩体的速度由与炮身相同的速度突然增加到与闩座相同的速度；同时，闩体对闩座作用一个反冲量，并通过开闩机构传到炮身，因此，炮身和闩座的速度要相应地突然减小。

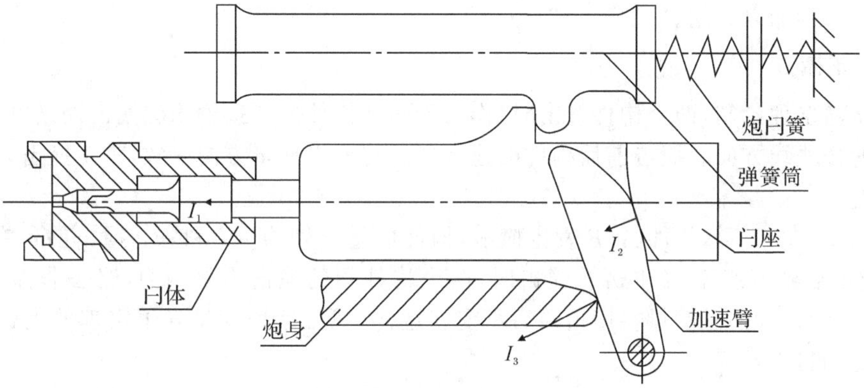

图 4－51　开闩时的撞击

图 4－51 中所示弹簧筒，因与闩座之间是单面约束，此约束面不能传递闩体传来的冲量，所以闩座撞击闩体时，弹簧筒以惯性脱离闩座，并不参与撞击。

设闩座为构件 1，闩体为构件 2。在撞击瞬间，从炮身传动到闩体的传速比和效率，分别由 1 突变为从炮身传动到闩座的传速比 K_1 和效率 η_1，而闩体的相当质量由 m_2 变为$\dfrac{K_1^2}{\eta_1}m_2$，因此运动方程要发生断续变化，方程不再连续。

撞击时，基础构件(炮身)运动规律变化如图 4－52 所示。

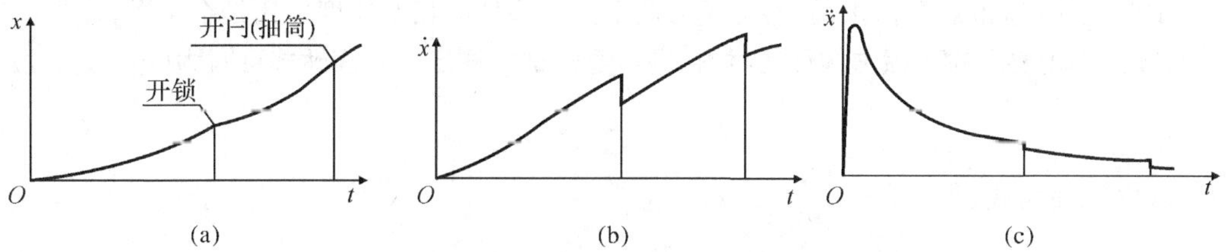

图 4－52　闩座开始加速时和开闩时炮身运动诸元的变化

图 4－52(a)表示，撞击时基础构件的位移-时间曲线保持连续，但曲线的斜率发生突变；

图 4-52(b)表示，在撞击反冲量作用下，基础构件的速度突然减小；

图 4-52(c)表示，由于基础构件的相当质量增大，而使其加速度突然减小。

由此可见，在计算自动机各构件运动诸元时，在发生撞击的点，除应注意改变运动微分方程的各项外，还一定要计算撞击对运动的影响，即计算出改变了的运动微分方程的运动诸元起始值，以便继续解改变了的运动微分方程。

构件间的撞击过程大致可以分为两个阶段：变形阶段和恢复阶段。变形阶段从相撞的两个构件开始接触开始，到沿接触面公法线方向具有相对速度为止。相撞构件因惯性而相互挤压，从而引起变形。此后，构件借其弹性部分或全部地恢复原形，直至两个构件脱离接触为止，这一阶段称为恢复阶段。此后，两个构件按其脱离接触瞬间的速度继续运动。

撞击过程的持续时间非常短，往往只有千分之几秒甚至万分之几秒。但在这极短的时间内，速度的变化却为有限值。由此可知，撞击构件间的作用力(撞击力)特别大，撞击时，作用于构件的外力远小于撞击力，故计算撞击时，外力(或冲量)都略去不计。

为了研究方便起见，把自动机构件间的撞击分为三种类型：正撞击、斜撞击和多构件撞击。下面分别加以介绍。

(一)正撞击

根据撞击理论知，两个构件撞击时，作用于两个构件撞击接触面的撞击冲量方向为撞击接触面的公法线方向。撞击前后构件的速度方向与撞击冲量方向一致，是正撞击，若不一致是斜撞击。

如图 4-53 所示，构件 A、B 发生撞击，构件质量分别为 m_A 和 m_B，撞击前各有速度 v_A 和 v_B，撞击后各有速度 v_A'和 v_B'。撞击时，两个构件间的撞击力是内力，略去非撞击力的外力，则可认为构件的总动量在撞击前后不变。这样，就可运用动量守恒定理的表达式，将撞击前后的动量表示为

$$m_A v_A + m_B v_B = m_A v_A' + m_B v_B' \tag{4-73}$$

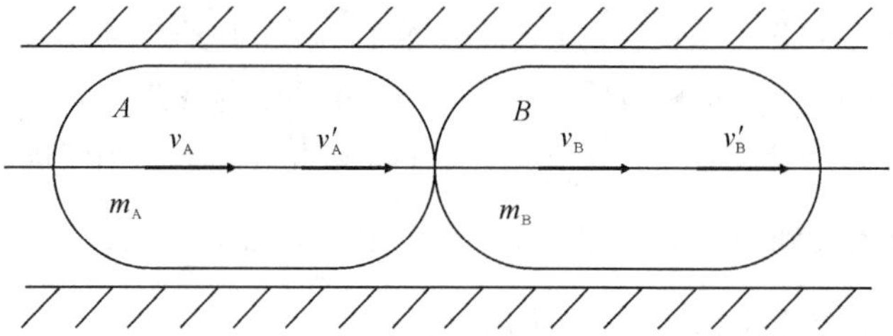

图 4-53　正撞击

试验证明，撞击后和撞击前，在冲量方向上两个构件的相对速度之比是个常数，称为恢复系数，其大小主要取决于撞击构件的材料性质，通过试验测定。其表达式可写为($v_A > v_B$ 时)

$$b = \frac{v_B' - v_A'}{v_A - v_B} \tag{4-74}$$

联立上面两式，得

$$v_A' = v_A - \frac{m_B}{m_A + m_B}(1+b)(v_A - v_B) \tag{4-75}$$

$$v_B' = v_B + \frac{m_A}{m_A + m_B}(1+b)(v_A - v_B) \tag{4-76}$$

完全塑性撞击的恢复系数 $b=0$，撞击后变形完全不恢复，两个构件不能分开，而有相同的速度

$$v_A'=v_B'=\frac{m_A v_A+m_B v_B}{m_A+m_B}$$

完全弹性撞击的恢复系数 $b=1$，撞击后变形完全恢复，其速度各为

$$v_A'=v_A-\frac{2m_B}{m_A+m_B}(v_A-v_B)$$

$$v_B'=v_B+\frac{2m_A}{m_A+m_B}(v_A-v_B)$$

通常，$0<b<1$。对自动机的钢制零件间的撞击，可取 $b=0.3\sim0.55$。

除绝对弹性的撞击外，撞击总是伴随有动能的损耗。撞击损耗的动能 ΔE 应为撞击前后系统总动能之差，或撞击前后构件 A 的动能减少量与构件 B 的动能增量之差，即

$$\Delta E=\frac{1}{2}m_A(v_A^2-v_A'^2)-\frac{1}{2}m_B(v_B'^2-v_B^2)$$

将 v_A' 和 v_B' 代入此式，整理后可得

$$\Delta E=\frac{1}{2}\frac{m_A m_B}{m_A+m_B}(1-b^2)(v_A-v_B)^2 \tag{4-77}$$

由式(4－77)可以看出：完全塑性撞击时，能量损耗最大；完全弹性撞击时，没有能量损耗。

上述正撞击公式，可运用来研究自动机各构件间的正撞击。但在运用时，应考虑构件撞击时的具体情况，选取适当的恢复系数，以求计算结果符合实际情况。

例如炮闩后坐撞击炮箱的情况，可以按两种假设进行计算。

若假设撞击时炮箱牢牢固定，可取 $m_B=\infty$，$v_B=v_B'=0$，如图 4－54(a)所示，则炮闩返回速度为

$$v_A'=-bv_A$$

若假设撞击时炮箱是自由的，其质量为 m_B，撞击前速度 $v_B=0$，如图 4－54(b)所示，则炮闩返回速度为

$$v_A'=v_A-\frac{m_B(1+b)}{m_A+m_B}v_A=-\frac{b-\dfrac{m_A}{m_B}}{1+\dfrac{m_A}{m_B}}v_A$$

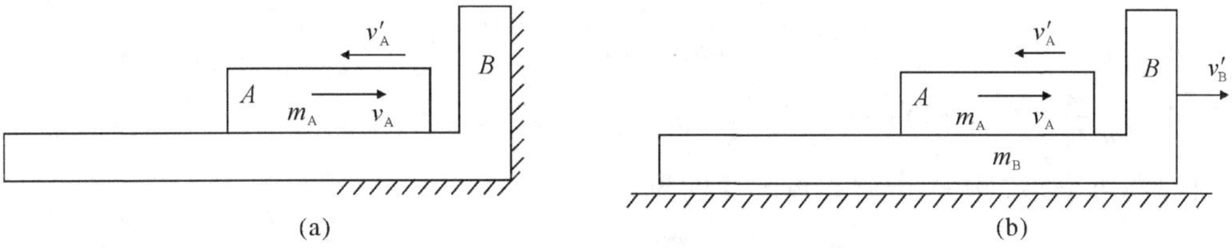

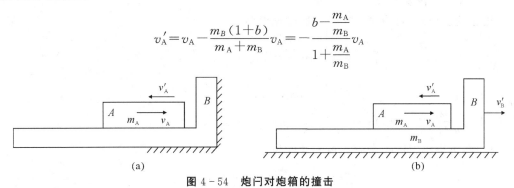

图 4－54　炮闩对炮箱的撞击

若取 $\frac{m_A}{m_B}=0.15$，$b=0.14$，则按第一种假设，$v_A'=-0.4v_A$；若按第二种假设，则 $v_A'=-0.217v_A$。

实际上，炮箱固定在炮架上并非完全刚性，而是存在一定间隙。因此，计算时采取第二种假设较为合理。

再例如，倾斜闭锁式炮闩开闩时，导板（或称传动框）对闩体的撞击，如图 4-55 所示。撞击后，若构件间构成刚性连接，则取 $b=0$ 进行计算。若构件间是双面约束，而约束面间又存在间隙，则会产生连续反复撞击，这时就应考虑 $b=0$ 的假设是否合理。可以看出，闩体与导板之间虽为双面约束，但其间有间隙，因此，撞击后闩体并不与导板形成刚性连接一起运动，而是闩体速度大于导板速度，如图 4-55(a)所示；在间隙消失后，闩体反过来撞击导板，使闩体速度下降，导板速度上升，如图 4-55(b)所示；于是又产生导板再次撞击闩体，如图 4-55(c)所示。如此反复，在极短的时间间隔内，会连续发生多次反复撞击。

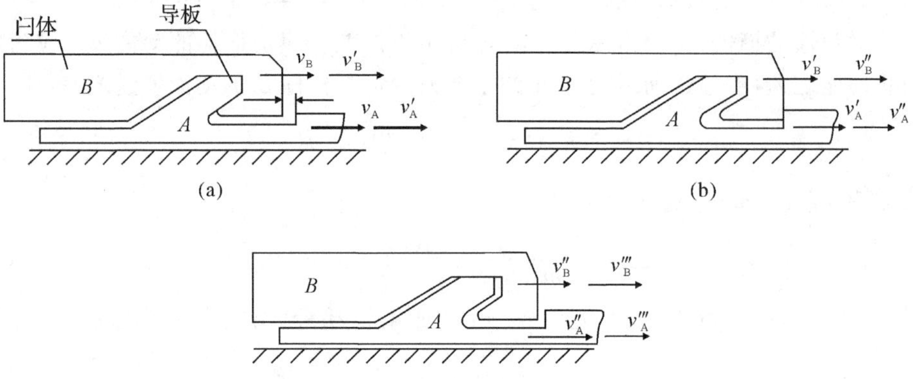

(c)

图 4-55 导板、闩体间反复撞击

考虑到闩体与导板间的相对位移很小，故可认为其间多次反复撞击是在极短的时间内完成的，且在此时间内，二者共同的绝对位移也极小。因此，也不考虑一般外力（如复进簧力）的影响，并设

m_A、m_B——导板、闩体的质量；

v_A、v_B——第一次撞击前导板、闩体的速度，$v_B=0$；

$v_A^{(i)}$、$v_B^{(i)}$——第 i 次撞击后导板、闩体的速度；

b——恢复系数。

由正撞击公式，可得第一次撞击后的速度为

$$v_A'=v_A\left[1-\frac{m_B}{m_A+m_B}(1+b)\right]=v_A(1-A)$$

$$v_B'=v_A\frac{m_A}{m_A+m_B}(1+b)=v_A B$$

式中：$A=\dfrac{m_B}{m_A+m_B}(1+b)$；$B=\dfrac{m_A}{m_A+m_B}(1+b)$。

同理，可得第二次撞击后导板的速度为

$$v_A''=v_A'+\frac{m_B}{m_A+m_B}(1+b)(v_B'-v_A')$$

代入 v_A'和 v_B'可得

$$v_A''=v_A(1-A)+\frac{m_B}{m_A+m_B}(1+b)[v_A B-\mathrm{v}_A(1-\mathrm{A})]$$

整理后可得

$$v''_A=v'_A(1-A+Ab)$$

同理可得第二次撞击后闩体的速度为

$$v''_B=v'_B-\frac{m_A}{m_A+m_B}(1+b)(v'_B-v'_A)$$

代入 v'_A 和 v'_B，整理后可得

$$v''_B=v_A(B-Bb)$$

同理可得第三次撞击后的速度为

$$v'''_A=v_A(1-A+Ab-Ab^2)$$

$$v'''_B=v_A(B-Bb+Bb^2)$$

同理可推知第 n 次撞击后的速度为

$$v_A^{(n)}=v_A\{1-A[1-b+b^2-b^3+\cdots+(-b)^{n-1}]\}$$

$$v_B^{(n)}=v_AB[1-b+b^2-b^3+\cdots+(-b)^{n-1}]$$

设导板与闩体连续反复撞击无穷多次，则得

$$v_A^{(\infty)}=v_A\left(1-\frac{A}{1+b}\right)$$

$$v_B^{(\infty)}=v_A\frac{B}{1+b}$$

将 A、B 代入上两式，可得

$$v_A^{(\infty)}=v_B^{(\infty)}=\frac{m_A}{m_A+m_B}v_A$$

此式亦可由正撞击公式取 $b=0$ 而得出。这表明，双面约束间产生的连续反复撞击，可以按绝对塑性撞击($b=0$)进行计算。实际上，反复撞击也不过三、五次，二者的速度就接近一致了。这是由于 b 值的高次方数值很小，三、五次后的撞击，对运动影响已不大，故可略去。总之，在双面约束间的连续反复撞击，只要撞击过程中构件的绝对位移很小，或外力在这位移中做功远小于构件动能，则 $b=0$ 的假设是足够准确的。这个结论，无论是正撞击，还是斜撞击、多构件撞击都适用。

(二)斜撞击

以图 4-56 所示的简单凸轮机构为例分析斜撞击。构件 0、1 发生斜撞击，构件质量分别为 m_0 和 m_1，撞击前后各有速度 v 和 v_1、v' 和 v'_1。需要注意的是，K_1 和 η_1 分别表示撞击位置由构件 0 传动到构件 1 的传速比和效率。明显地，构件 0、1 发生撞击的条件为

$$K_1v>v_1 \text{ 或 } v>\frac{v_1}{K_1}$$

撞击后有

$$v'_1\geqslant K_1v_1$$

对凸轮机构有

$$R'=F-m_0\frac{\mathrm{d}v}{\mathrm{d}t}$$

$$R'_1=F_1+m_1\frac{\mathrm{d}v_1}{\mathrm{d}t}$$

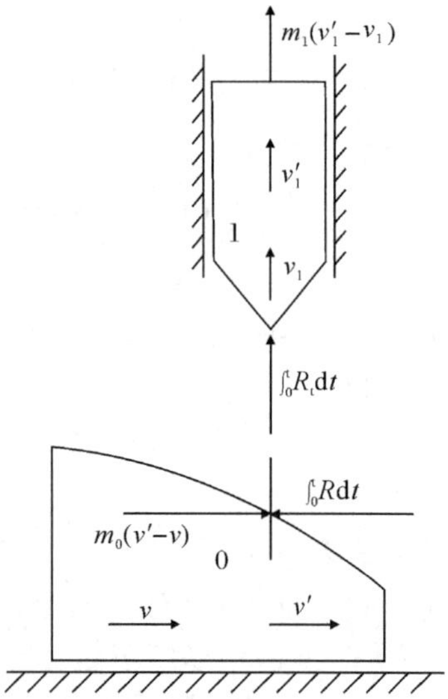

图 4-56 简单凸轮机构撞击时的动量与冲量

代入动力学普遍方程 $R'=\frac{K_1}{\eta_1}R_1'$，并移项得

$$m_0\frac{dv}{dt}+\frac{K_1}{\eta_1}m_1\frac{dv_1}{dt}=F-\frac{K_1}{\eta_1}F_1$$

忽略一般作用力的冲量，在极短的撞击时间 τ 内对上式进行积分

$$m_0\int_v^{v'}dv+m_1\int_{v_1}^{v_1'}\frac{K_1}{\eta_1}dv_1=\int_0^\tau Fdt-\int_0^\tau\frac{K_1}{\eta_1}F_1dt=0$$

整理得

$$m_0(v-v')=\frac{K_1}{\eta_1}m_1(v_1'-v_1)$$

或者

$$m_0(v-v')=\frac{K_1^2}{\eta_1}m_1\left(\frac{v_1'}{K_1}-\frac{v_1}{K_1}\right) \tag{4-78}$$

对于斜撞击，法向恢复系数 b 定义为撞击前后撞击构件在撞击点公法线上相对速度的比值，即

$$b=\frac{\frac{v_1'}{K_1}-v'}{v-\frac{v_1}{K_1}} \tag{4-79}$$

与式(4-73)和(4-74)比较可知，斜撞击可换算为 v 方向上的正撞击，从动构件(被撞构件)在 v 方向上的相当速度为 $\frac{v_1}{K_1}$，而其相当质量为 $\frac{K_1^2}{\eta_1}m_1$。

由正撞击公式直接列出斜撞击公式为

$$v'=v-\frac{\frac{K_1^2}{\eta_1}m_1}{m_0+\frac{K_1^2}{\eta_1}m_1}(1+b)\left(v-\frac{v_1}{K_1}\right)$$

$$\frac{v_1'}{K_1}=\frac{v_1}{K_1}+\frac{m_0}{m_0+\frac{K_1^2}{\eta_1}m_1}(1+b)\left(v-\frac{v_1}{K_1}\right)$$

把斜撞击公式中的质量、速度和传速比理解为广义的，则斜撞击适用于对定轴回转构件的撞击。

例如炮闩复进加速时的撞击，如图 4-57 所示。设炮身质量为 m_0，带一发炮弹的炮闩质量为 m_1，炮身到炮闩的传速比为 K_1，效率为 η_1 且 $\eta_1=1$。求炮闩复进加速后，炮身和炮闩的复进速度 v' 和 v_1'。

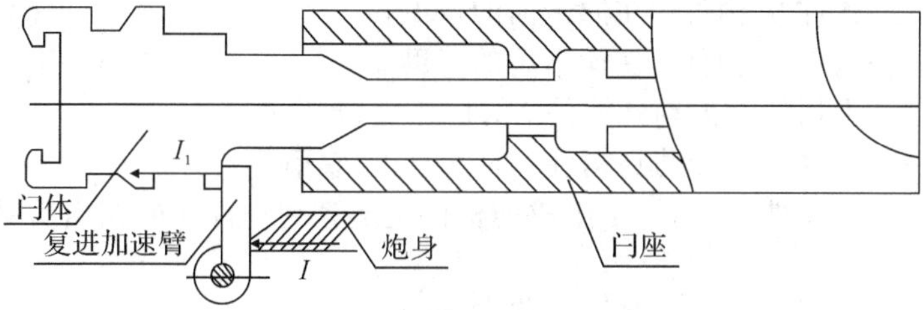

图 4-57　炮闩复进加速时撞击

由于复进加速臂质量很小，可略去不计，而把它看作无质量的刚性构件。因此可把炮闩复进加速看作炮身通过杠杆（加速臂）对炮闩的撞击。炮身在撞击前的速度为 v，炮闩在撞击前的速度 $v_1=0$。

由斜撞击公式可知，撞击后炮身的复进速度为

$$v'=v-\frac{K_1^2m_1}{m_0+K_1^2m_1}(1+b)v=\frac{m_0-K_1^2m_1b}{m_0+K_1^2m_1}v$$

撞击后炮闩的复进速度为

$$v_1'=\frac{m_0(1+b)K_1}{m_0+K_1^2m_1}v$$

设 $\frac{m_1}{m_0}=0.1, K_1=2, b=0.5$，则有

$$v'=\frac{1-K_1^2\frac{m_1}{m_0}b}{1+K_1^2\frac{m_1}{m_0}}v=\frac{1-2^2\times0.1\times0.5}{1+2^2\times0.1}v=0.571v$$

$$v_1'=\frac{(1+b)K_1}{1+K_1^2\frac{m_1}{m_0}}v=\frac{(1+0.5)\times2}{1+2^2\times0.1}v=2.14v$$

由此可以看出，炮闩复进加速时的撞击，使炮闩得到很大的复进初速，缩短了炮闩复进的时间，因而可以提高理论射速。此外，撞击使炮身速度大为降低，起到了复进制动作用。

（三）多构件撞击

如图 4-58 所示，整个传动机构由 $n+1$ 个（编号从 0 到 n）构件组成，由构件 $0\sim k-1$ 组成的构件组被构件 0 带动，通过构件 $k-1$ 和 k 间的约束，撞击由构件 $k\sim n$ 组成的另一组构件。

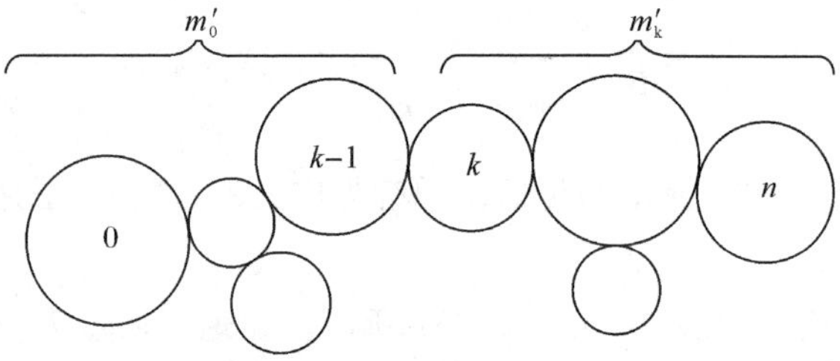

图 4-58　多构件撞击示意图

令：m_0、m_i——构件 0、构件 i 的质量；

v、v_i——构件 0、构件 i 在撞击前的速度；

v'、v_i'——构件 0、构件 i 在撞击后的速度；

K_i、η_i——由构件 0 传动到构件 i 的传速比、效率；

K_{ki}、η_{ki}——由构件 k 传动到构件 i 的传速比、效率；

m_0'——由构件 0 到 $k-1$ 组成的构件组换算到构件 0 的相当质量；

$$m_0'=m_0+\sum_{i=1}^{k-1}\frac{K_i^2}{\eta_i}m_i$$

m_k'——由构件 k 到 n 组成的构件组换算到构件 k 的相当质量；

$$m_k'=m_k+\sum_{i=k+1}^{n}\frac{K_{ki}^2}{\eta_{ki}}m_i$$

这里的质量、速度、传速比是广义的，因此适用于定轴回转构件。

以全系统为对象，在构件 0 速度方向上的动量守恒表达式为

$$m_0(v-v')=\sum_{i=1}^{n}\frac{K_i}{\eta_i}m_i(v_i'-v_i) \tag{4-80}$$

式(4-80)可写为

$$m_0(v-v')=\sum_{i=1}^{k-1}\frac{K_i}{\eta_i}m_i(v_i'-v_i)+\sum_{i=k}^{n}\frac{K_i}{\eta_i}m_i(v_i'-v_i) \tag{4-81}$$

假设撞击前与撞击后，两组构件均保持正常传动关系，撞击后构件 $0\sim k-1$ 间不分离，构件 $k\sim n$ 间也不分离，但构件 $k-1$ 与 k 间允许分离。因此，由构件 0 到 $k-1$ 组成的一组构件，撞击前与撞击后关系式 $v_i=K_iv$，$v_i'=K_iv'$ $(i=1,2,\cdots,k-1)$ 成立；由构件 k 到 n 组成的一组构件，撞击前与撞击后关系式 $v_i=K_{ki}v_k$，$v_i'=K_{ki}v_k'$ $(i=k+1,k+2,\cdots,n)$ 也成立。在撞击位置，$K_{ki}=K_i/K_k$。

代入式(4-81)整理后得

$$\left(m_0+\sum_{i=1}^{k-1}\frac{K_i^2}{\eta_i}m_i\right)(v-v')=\frac{K_k^2}{\eta_k}\left(m_k+\sum_{i=k+1}^{n}\frac{K_{ki}^2}{\eta_{ki}}m_i\right)\left(\frac{v_k'}{K_k}-\frac{v_k}{K_k}\right) \tag{4-82}$$

或

$$m_0'(v-v')=\frac{K_k^2}{\eta_k}m_k'\left(\frac{v_k'}{K_k}-\frac{v_k}{K_k}\right) \tag{4-83}$$

撞击发生在构件 $k-1$ 与 k 之间，恢复系数

$$b=\frac{\dfrac{v_k'}{K_{k-1k}}-v_{k-1}'}{v_{k-1}-\dfrac{v_k}{K_{k-1k}}} \tag{4-84}$$

将 $v_{k-1}=K_{k-1}v$，$v'_{k-1}=K_{k-1}v'$代入，整理后得

$$b=\frac{\dfrac{v'_k}{K_k}-v'}{v-\dfrac{v_k}{K_k}} \tag{4-85}$$

比较式(4-83)和(4-85)及比较式(4-78)和(4-79)可知，多构件撞击相当于构件0和构件 k 间的斜撞击，构件0的相当质量为 m'_0，构件 k 的相当质量为 m'_k，构件 k 在构件0速度方向上的相当速度为 $\dfrac{v_k}{K_k}$。因此，可运用斜撞击公式得到多构件撞击后构件0和构件 k 的速度公式。

$$v'=v-\frac{\dfrac{K_k^2}{\eta_k}m'_k}{m'_0+\dfrac{K_k^2}{\eta_k}m'_k}(1+b)\left(v-\frac{v_k}{K_k}\right)$$

$$\frac{v'_k}{K_k}=\frac{v_k}{K_k}+\frac{m'_0}{m'_0+\dfrac{K_k^2}{\eta_k}m'_k}(1+b)\left(v-\frac{v_k}{K_k}\right)$$

例如开闩时的撞击，如图4-51所示。

设炮身、闩座、闩体(含药筒)的质量分别为 m_0、m_1、m_2，由于加速臂的质量较小，故不计其质量及对转轴的转动惯量；在撞击位置，炮身传动到闩座的传速比和效率为 K_1、η_1；撞击前炮身的速度为 v，闩体的速度为 v_2，且 $v_2=v$。求开锁毕开闩时炮身带动闩座撞击闩体后，炮身、炮闩的速度 v'和 v'_1。

解：撞击发生在闩座与闩体的约束面间，因系双面约束，故取 $b=0$，在撞击位置炮身传动到闩体的传速比、效率亦为 K_1，η_1。由斜撞击公式可得撞击后炮身的速度为

$$v'=\frac{\left(m_0+\dfrac{K_1^2}{\eta_1}m_1\right)v+\dfrac{K_1^2}{\eta_1}m_2\dfrac{v_2}{K_1}}{m_0+\dfrac{K_1^2}{\eta_1}m_1+\dfrac{K_1^2}{\eta_1}m_2}$$

由于 $v_2=v$，故

$$v'=\frac{m_0+\dfrac{K_1^2}{\eta_1}m_1+\dfrac{K_1}{\eta_1}m_2}{m_0+\dfrac{K_1^2}{\eta_1}(m_1+m_2)}v$$

撞击后，闩体与闩座连成一体，具有相同的速度，即炮闩速度。撞击后炮闩速度为

$$v'_1=K_1v'$$

拓展阅读

撞击的处理方法

可以看出，多构件撞击可以转化为两个构件的斜撞击；斜撞击可转换为两个构件的正撞击。因此正撞击的解是基础。撞击引起构件速度突变，但是位移还是连续的。

撞击的处理方法

撞击除了恢复系数方法外，在一些软件中还经常使用弹簧阻尼器模型的撞击力方法，把构件看作弹簧阻尼器，刚度极大，当构件互相接触撞击时，产生极大的撞击力，彼此推开。

二、构件间作用力

为了计算自动机各主要构件的强度，必须知道作用于其上的力。作用于构件的给定力是已知的，因此，剩下的问题就是要求出作用于构件间的约束反力（包括摩擦力）。

对整个自动机来说，构件间的约束反力，是自动机各构件在给定力、惯性力作用下，产生在构件间的内力。由于作用在基础构件上的给定力（如火药气体压力）往往很大，所以约束反力往往也是很大的。因此，在计算自动机工作时，作用于后坐部分的阻力及自动机作用在炮箱（摇架）上的合力（沿炮身轴向的分量），都应考虑自动机各构件作用在后坐部分或炮箱上的约束反力。

再者，自动机工作时，作用于后坐部分的后坐阻力及自动机作用在摇架（炮箱或炮架）上的合力是计算炮架强度及火炮稳定性的重要起始数据，因此必须予以研究。

在这一节将利用构件间约束反力的一般表达式，引出作用在后坐部分的阻力及自动机作用于炮箱上的轴向合力的表达式。

（一）自动机构件间约束反力的确定

1. 简单凸轮机构间约束反力

以图 4-59 所示的简单凸轮机构为例，介绍求取构件间作用力的方法。图 4-59 中作用于构件 0、1 的有效力为 R'、R_1'；作用于构件 0、1 的约束反力的合力为 R、R_1；R_1^0、R_0^1 为构件 1 对 0 和构件 0 对 1 的约束反力（包括该点的摩擦力），二者互为反作用力；N_1、N_2 为不动构件 C 对构件 0、1 的法向约束反力；f、ρ 为摩擦系数和摩擦角；α 为凸轮理论轮廓曲线的切线对 v 方向的倾角。

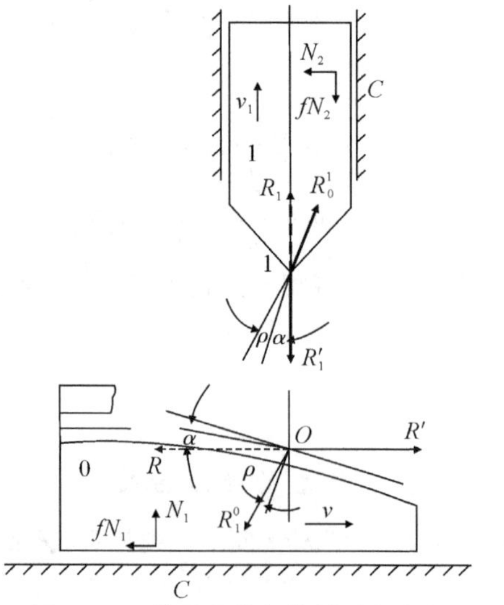

图 4-59 简单凸轮机构的受力分析

分别以构件 0、1、C 为示力对象，在图 4－60 中作出了构件 0、1、C 的力多边形图，图中的虚线表示约束反力的合力。

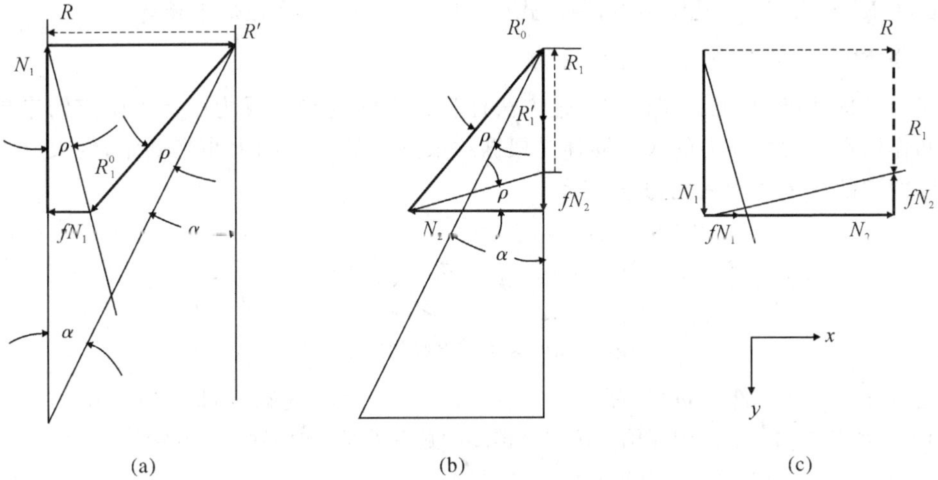

图 4－60　构件 0、1、C 的力多边形

取构件 0 为示力对象，如图 4－60(a)所示。作用在构件 0 上的约束反力有 R_1^0、N_1 和 fN_1。

$$N_1=R_1^0\cos(\alpha+\rho)$$

$$R=R_1^0\sin(\alpha+\rho)+fN_1$$

将 N_1 代入上式可得

$$R=R_1^0\left[\sin(\alpha+\rho)+f\cos(\alpha+\rho)\right]$$

由此可得约束反力的表达式为

$$R_1^0=\frac{R}{\sin(\alpha+\rho)+f\cos(\alpha+\rho)}$$

将 $R=R'=F-m_0\dfrac{\mathrm{d}v}{\mathrm{d}t}$ 代入上式可得

$$R_1^0=\frac{F-m_0\dfrac{\mathrm{d}v}{\mathrm{d}t}}{\sin(\alpha+\rho)+f\cos(\alpha+\rho)} \tag{4-86}$$

取构件 1 为示力对象，如图 4－60(b)所示。作用在构件 1 上的约束反力有 R_0^1、N_2 和 fN_2。

$$N_2=R_0^1\sin(\alpha+\rho)$$

作用在构件 1 上的约束反力的合力为

$$R_1=R_0^1\cos(\alpha+\rho)-fN_2$$

将 N_2 代入上式可得

$$R_1=R_0^1\left[\cos(\alpha+\rho)-f\sin(\alpha+\rho)\right]$$

由此可得约束反力的表达式为

$$R_0^1=\frac{R_1}{\cos(\alpha+\rho)-f\sin(\alpha+\rho)} \tag{4-87}$$

取构件 C 为示力对象，如图 4-60(c)所示，构件 0、1 作用在不动构件 C 上的约束反力(N_1，fN_1，N_2，fN_2)的反作用力的合力，在 x 方向和 y 方向上的分量，分别与 R、R_1 等值、反向。

由于 R_1^0 与 R_0^1 互为反作用力，因此式(4-86)与(4-87)在数值上相等。

2. 多构件传动时构件间约束反力

对于多构件传动，也可同样用上述方法计算构件间的约束反力。首先确定约束反力的方向和作用点。约束反力的大小同样是根据约束反力的合力的大小来确定；约束反力的合力则以构件的给定力和惯性力来表示。

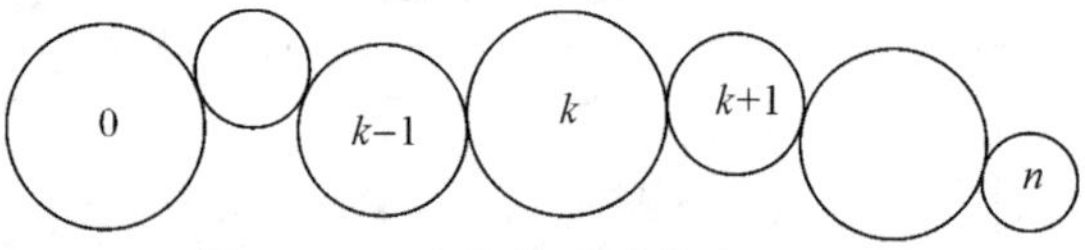

图 4-61　多构件串联传动示意图

设有 $n+1$ 个构件串联成的机构，如图 4-61 所示，基础构件 0 通过中间构件 1～($n-1$)带动工作构件 n。中间构件按串联传动的顺序编号，如构件 k 带动构件 $k+1$ 等。并设：

m_0、m_i——基础构件 0 和构件 i 的质量；

v、v_i——基础构件 0 和构件 i 的速度；

K_i、η_i——基础构件 0 传动到构件 i 的传速比和效率；

F、F_i——作用在基础构件 0 和构件 i 上的给定力的合力各在其所作用的构件的速度方向的分量，F 为推力，F_i 为阻力；

$R_{k+1,k}$——由构件 $k+1$ 和 k 间约束作用所引起的，作用在构件 k 上的约束反力的合力；

$R_{k-1,k}$——由构件 $k-1$ 和 k 间约束反力作用所引起的，作用在构件 k 上的约束反力的合力；

R_{k-1}^k、R_{k+1}^k——构件 $k-1$ 和 $k+1$ 作用在构件 k 上的约束反力(包括摩擦力)。

对于任一构件 k，它将承受构件 $k-1$ 和 $k+1$ 两个约束所引起的约束反力的合力 $R_{k-1,k}$ 和 $R_{k+1,k}$。其中，$R_{k-1,k}$ 是推力，而 $R_{k+1,k}$ 是阻力。

先来确定 $R_{k+1,k}$，取由 0 至 k 的一组构件为示力对象，如图 4-62 所示，并把 $R_{k+1,k}$ 看作外力。将外力 F_k 和 $R_{k+1,k}$ 作为作用在构件 k 上的阻力，可列出基础构件运动微分方程为

$$\left(m_0+\sum_{i=1}^{k}\frac{K_i^2}{\eta_i}m_i\right)\frac{dv}{dt}+\sum_{i=1}^{k}\frac{K_i}{\eta_i}m_i\frac{dK_i}{dx}v^2=F-\sum_{i=1}^{k-1}\frac{K_i}{\eta_i}F_i-\frac{K_k}{\eta_k}(F_k+R_{k+1,k})$$

或

$$\left(m_0+\sum_{i=1}^{k}\frac{K_i^2}{\eta_i}m_i\right)\frac{dv}{dt}+\sum_{i=1}^{k}\frac{K_i}{\eta_i}m_i\frac{dK_i}{dx}v^2=F-\sum_{i=1}^{k}\frac{K_i}{\eta_i}F_i-\frac{K_k}{\eta_k}R_{k+1,k}$$

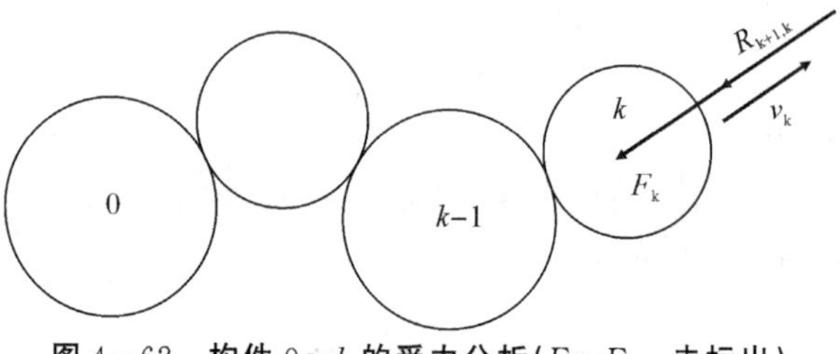

图 4-62　构件 0～k 的受力分析(F～F_{k-1} 未标出)

移项整理后可得

$$R_{k+1,k}=\frac{\eta_k}{K_k}\left[F-\sum_{i=1}^{n}F_i-\left(m_0+\sum_{i=1}^{k}\frac{K_i^2}{\eta_i}m_i\right)\frac{dv}{dt}-\sum_{i=1}^{k}\frac{K_i}{\eta_i}m_i\frac{dK_i}{dx}v^2\right] \tag{4-88}$$

若取全机构为示力对象，还可导出 $R_{k+1,k}$ 的另一种表达式。这时，基础构件的运动微方程为

$$\left(m_0+\sum_{i=1}^{n}\frac{K_i^2}{\eta_i}m_i\right)\frac{dv}{dt}+\sum_{i=1}^{n}\frac{K_i}{\eta_i}m_i\frac{dK_i}{dx}v^2=F-\sum_{i=1}^{n}\frac{K_i}{\eta_i}F_i$$

把 $0\sim k$，$(k+1)\sim n$ 分开写为

$$\left(m_0+\sum_{i=1}^{k}\frac{K_i^2}{\eta_i}m_i\right)\frac{dv}{dt}+\sum_{i=k+1}^{n}\frac{K_i^2}{\eta_i}m_i\frac{dv}{dt}+\sum_{i=1}^{k}\frac{K_i}{\eta_i}m_i\frac{dK_i}{dx}v^2+$$
$$\sum_{i=k+1}^{n}\frac{K_i}{\eta_i}m_i\frac{dK_i}{dx}v^2=F-\sum_{i=1}^{k}\frac{K_i}{\eta_i}F_i-\sum_{i=k+1}^{n}\frac{K_i}{\eta_i}F_i$$

整理后可得

$$F-\sum_{i=1}^{k}\frac{K_i}{\eta_i}F_i-\left(m_0+\sum_{i=1}^{k}\frac{K_i^2}{\eta_i}m_i\right)\frac{dv}{dt}-\sum_{i=1}^{k}\frac{K_i}{\eta_i}m_i\frac{dK_i}{dx}v^2$$
$$=\sum_{i=k+1}^{n}\frac{K_i}{\eta_i}F_i+\sum_{i=k+1}^{n}\frac{K_i^2}{\eta_i}m_i\frac{dv}{dt}+\sum_{i=k+1}^{n}\frac{K_i}{\eta_i}m_i\frac{dK_i}{dx}v^2$$

与式(4－88)比较可知，上式左端与式(4－88)右端方括号内各项相同，故

$$R_{k+1,k}=\frac{\eta_k}{K_k}\left(\sum_{i=k+1}^{n}\frac{K_i}{\eta_i}F_i+\sum_{i=k+1}^{n}\frac{K_i^2}{\eta_i}m_i\frac{dv}{dt}+\sum_{i=k+1}^{n}\frac{K_i}{\eta_i}m_i\frac{dK_i}{dx}v^2\right) \tag{4-89}$$

式(4－88)和式(4－89)都是 $R_{k+1,k}$ 常用的表达式。

若取 $k=0$，则得作用在基础构件 0 上的约束反力的合力，即对基础构件 0 的阻力公式为

$$R_{1,0}=\sum_{i=1}^{n}\frac{K_i}{\eta_i}F_i+\sum_{i=1}^{n}\frac{K_i^2}{\eta_i}m_i\frac{dv}{dt}+\sum_{i=1}^{n}\frac{K_i}{\eta_i}m_i\frac{dK_i}{dx}v^2 \tag{4-90}$$

下面确定 $R_{k-1,k}$，取构件 k 为示力对象，如图 4－63 所示。这时，$R_{k-1,k}$ 和 $R_{k+1,k}$ 都应看作外力，构件 k 的运动微分方程为

$$m_k\frac{dv_k}{dt}=R_{k-1,k}-R_{k+1,k}-F_k$$

故

$$R_{k-1,k}-R_{k+1,k}=m_k\frac{dv_k}{dt}+F_k$$

或

$$R_{k-1,k}-R_{k+1,k}=m_k\left(K_k\frac{dv}{dt}+\frac{dK_k}{dx}v^2\right)+F_k$$

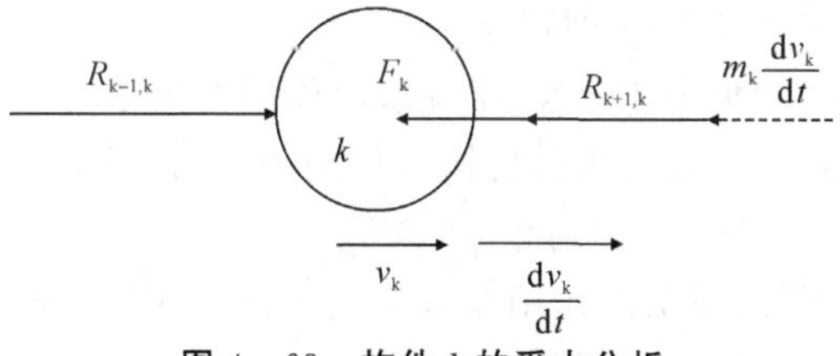

图 4－63　构件 k 的受力分析

上式右端各项乘以$\frac{\eta_k K_k}{K_k \eta_k}$,并整理后可得

$$R_{k-1,k}-R_{k+1,k}=\frac{\eta_k}{K_k}\left[\frac{K_k}{\eta_k}F_k+\frac{K_k^2}{\eta_k}m_k\frac{dv}{dt}+\frac{K_k}{\eta_k}m_k\frac{dK_k}{dx}v^2\right]$$

即

$$R_{k-1,k}=\frac{\eta_k}{K_k}\left[\frac{K_k}{\eta_k}F_k+\frac{K_k^2}{\eta_k}m_k\frac{dv}{dt}+\frac{K_k}{\eta_k}m_k\frac{dK_k}{dx}v^2\right]+R_{k+1,k}$$

将式(4-89)中的$R_{k+1,k}$值代入上式,即得

$$R_{k-1,k}=\frac{\eta_k}{K_k}\left[\sum_{i=k}^{n}\frac{K_i}{\eta_i}F_i+\sum_{i=k}^{n}\frac{K_i^2}{\eta_i}m_i\frac{dv}{dt}+\sum_{i=k}^{n}\frac{K_i}{\eta_i}m_i\frac{dK_i}{dx}v^2\right] \tag{4-91}$$

有了约束反力的合力$R_{k+1,k}$和$R_{k-1,k}$,就很容易求出约束反力R_{k+1}^{k}和R_{k-1}^{k}。

(二)作用在后坐部分上的后坐阻力

后坐部分后坐时,在没有自动机工作时,后坐阻力为

$$R=F_f+\phi_0+R_f$$

式中:R_f——后坐时作用在后坐部分上的摩擦阻力(来自摇架和反后坐装置紧塞具)。

为了简便起见,取射角$\varphi=0°$,重力分量为0。

在炮身带动自动机构工作时,炮身是自动机的基础构件,因此对炮身来说,除了上述阻力外,还有自动机各工作构件作用在基础构件(炮身)上的阻力。

前面推导的式(4-90)是取一组串联传动构件为对象求出的对基础构件的阻力式。但因并联传动时,对基础构件的阻力可叠加,故该式也适用于同时有并联和串联的情况。因此,对基础构件的阻力通式为

$$T=\sum_{i=1}^{n}\frac{K_i}{\eta_i}F_i+\sum_{i=1}^{n}\frac{K_i^2}{\eta_i}m_i\frac{dv}{dt}+\sum_{i=1}^{n}\frac{K_i}{\eta_i}m_i\frac{dK_i}{dx}v^2 \tag{4-92}$$

此时,阻力T是被基础构件带动的全部工作构件传到基础构件上的阻力的合力(在炮身速度方向上)。因此,构件$1\sim n$应是全部工作构件。

由此可见,在自动机工作时,作用在炮身上的后坐阻力为

$$R=F_f+\phi_0+R_f+T$$

即

$$R=F_f+\phi_0+R_f+\sum_{i=1}^{n}\frac{K_i}{\eta_i}F_i+\sum_{i=1}^{n}\frac{K_i^2}{\eta_i}m_i\frac{dv}{dt}+\sum_{i=1}^{n}\frac{K_i}{\eta_i}m_i\frac{dK_i}{dx}v^2 \tag{4-93}$$

若已知炮身后坐加速度之值,则可直接求出后坐阻力值为

$$R=F_{pt}-m_h\frac{dv}{dt} \tag{4-94}$$

(三)作用在摇架(炮箱或炮架)上的合力

为了计算炮架的强度和火炮稳定性,必须求出作用在摇架上的力。此力包括复进簧力、驻退机力、炮闩液压缓冲器力、自动机各机构的作用力等,此外还有撞击力。此处着重研究x方向(后坐速度方向)上的分力R_x(射角$\varphi=0°$)。

根据达朗贝尔原理可知,发射时作用在炮架上的合力R_x应等于炮膛合力F_{pt}和x方向(速度方向)各运动构件(炮身、炮闩等)的惯性力的合力。

对于采用横动式炮闩的自动机(如某型 37 mm 高射炮自动机),有

$$R_x = F_{pt} - m_h \frac{dv}{dt} \tag{4-95}$$

式中:m_h——炮身(包括闩体在内的后坐部分)的质量;

$\frac{dv}{dt}$——炮身的后坐加速度。

对于采用纵动式炮闩的自动机(如某型 57 mm 高射炮自动机),有

$$R_x - F_{pt} - m_h \frac{dv}{dt} - m_1 \frac{dv_1}{dt} \tag{4-96}$$

式中:　m_h——炮身(除炮闩之外的后坐部分)的质量;

m_1——炮闩的质量;

$\frac{dv}{dt}$、$\frac{dv_1}{dt}$——炮身、炮闩的后坐加速度。

当炮闩随炮身后坐时,有

$$R_x = F_{pt} - (m_h + m_1)\frac{dv}{dt}$$

在炮闩加速后坐时期,有

$$R_x = F_{pt} - m_h \frac{dv}{dt} - m_1 \left(K_1 \frac{dv}{dt} + \frac{dK_1}{dx} v^2 \right)$$

式中:K_1——炮身传动到炮闩的传速比。

在开闩完毕后,在炮身与炮闩各自单独后坐时期,有

$$R_x = -m_h \frac{dv}{dt} - m_1 \frac{dv_1}{dt}$$

在这时期,炮身、炮闩均为减速运动,因此$\frac{dv}{dt}$、$\frac{dv_1}{dt}$为负值。

在火炮复进时期,作用在摇架(炮箱或炮架)上的合力 R_x 应等于 x 方向各运动构件(炮身、炮闩等)的惯性力的合力。

△拓展阅读

构件间作用力和构件总约束反力

可知构件间作用力是构件正常传动情况下构件间约束反力,通常包括正压力和摩擦力。构件间约束反力会引起其他一些约束反力,如轨道产生的约束反力,所有的约束反力构成总约束反力。总约束反力与构件有效力相平衡。

火炮后坐部分上的后坐阻力

一种思路是以后坐部分为分析对象,在炮膛合力和后坐阻力作用下产生后坐加速度,后坐加速度已知的话,即可导出后坐阻力;另一种思路是从后坐阻力的成因出发进行分析,包括驻退机液压阻力、复进机力、摩擦阻力、工作构件产生阻力。

三、导气式自动机气室压力

炮身短后坐式自动机和导气式自动机是常见的自动机类型。炮身短后坐式自动机的主动力为炮膛合力，导气式自动机的主动力为气室内火药气体对活塞的作用力。炮膛合力的计算方法已经介绍过，下面介绍气室压力的计算方法。

(一)气室压力影响因素

导气式自动机在枪械和小口径自动炮中得到广泛应用。试验结果表明，在身管壁上开导气孔后对膛内火药气体压力并无太大影响，身管壁上开与不开导气孔，弹丸初速相差约1%，这样的误差完全处于工程可接受范围。

导气式自动机的核心部组件是导气装置，其一般结构形式如图 4-64 所示，由导气孔、气室、导气箍、活塞以及活塞筒组成。

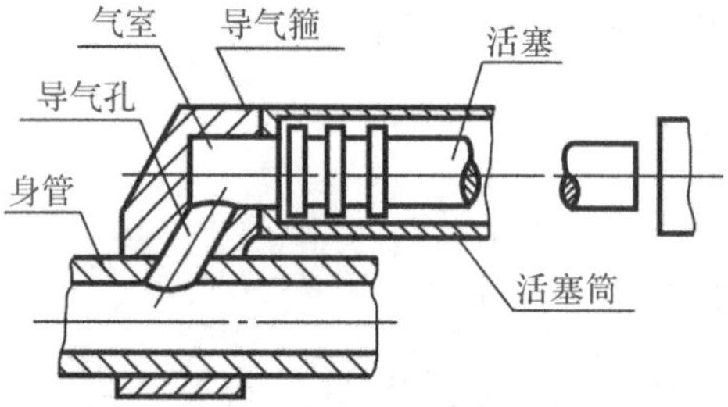

图 4-64　导气装置一般结构组成

根据气室结构不同，导气装置一般区分为闭式气室和开式气室两种形式。如图 4-65 所示，闭式气室呈圆筒形，筒体较长，活塞在气室筒内运动，气室筒同时作为活塞运动的导向筒。由于活塞外径与气室筒内径之间的间隙较小，所以闭式气室对火药气体的密封作用较好，能够充分利用火药气体的能量。

如图 4-66 所示，开式气室较闭式气室短小，工作时，火药气体冲击活塞运动，活塞移出气室，因此要为活塞杆设置专门的辅助导向装置。另外，由于活塞很快获得较大的动能，因此，撞击作用明显，而且活塞运动初期的加速度大于闭式气室。

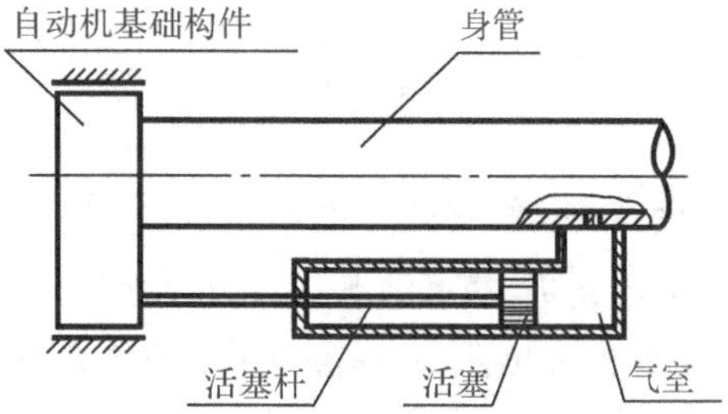

图 4-65　闭式气室的导气装置结构

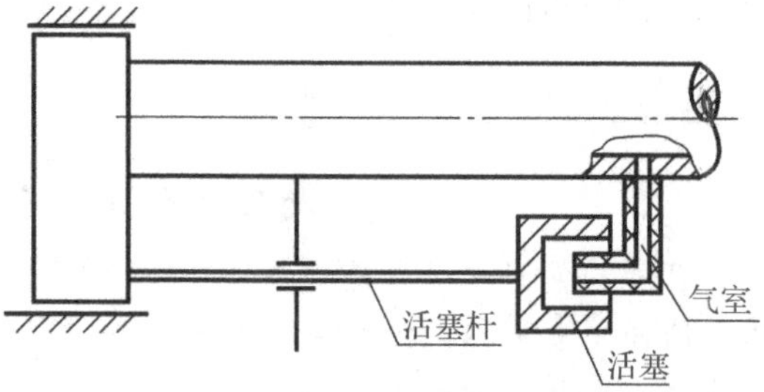

图 4-66　开式气室的导气装置结构

开式气室的活塞在运动过程中，活塞和活塞杆将产生振动。如图 4-67 所示，为了避免活塞因振动而与气室端面相撞，必须在活塞内孔与气室外圆之间留有较大的径向间隙 Δ。另外，为了避免由于火药气体残渣逐渐增多致使活塞复进不到位，在轴向也须留有较大间隙 h。由于 Δ 和 h 等较大几何间隙存在，开式气室对火药气体密封性差，充分利用火药气体能量方面不如闭式气室。但开式气室方便更换身管以及清洗气室和导向表面，因此，在步兵自动武器中得到广泛应用。

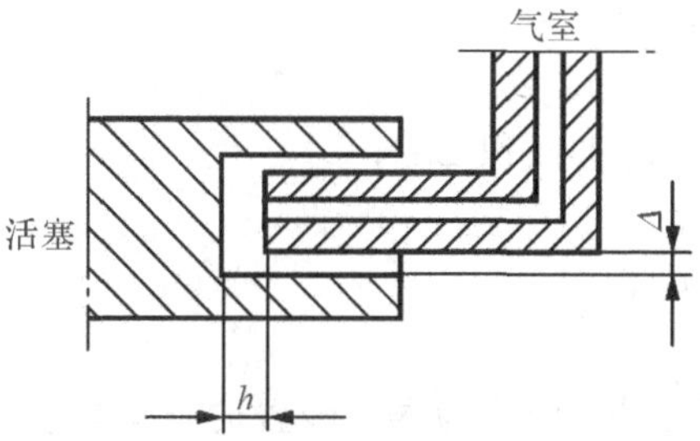

图 4－67　活塞与气室的间隙

根据火药气体对活塞作用的性质不同，导气装置又可分为以下三种类型。

(1)静力作用式。火药气体经导气孔进入气室后通过静力膨胀平稳地作用于活塞，使之做功，对活塞没有动力作用。闭式气室属于这一类型。

(2)动力作用式。如图 4－68 所示，导气孔出口正对活塞工作面，气流直接冲击活塞工作面，火药气体对活塞主要是动力作用。为了增加气流对活塞的冲击力，甚至将导气孔出口做成喷管形式。由于活塞与气室内壁的间隙较大，冲击活塞的气流能自由地排至大气，因此，气室内的压力不会过度升高。

(3)动力静力式。如图 4－69 所示，兼备动力和静力作用式某些特点的导气装置称为动力静力式。开式气室属于这一类型。

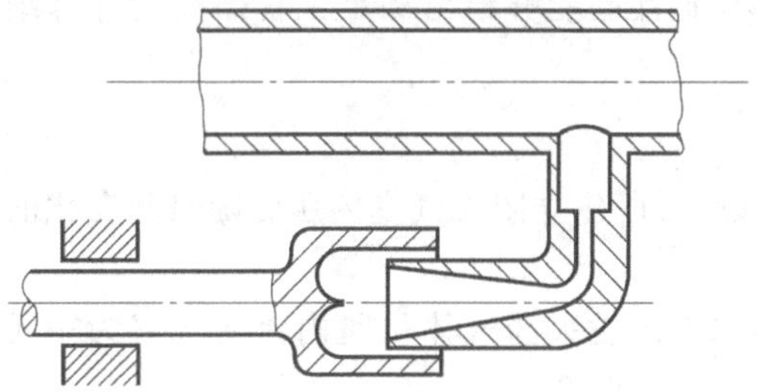

图 4－68　动力作用式

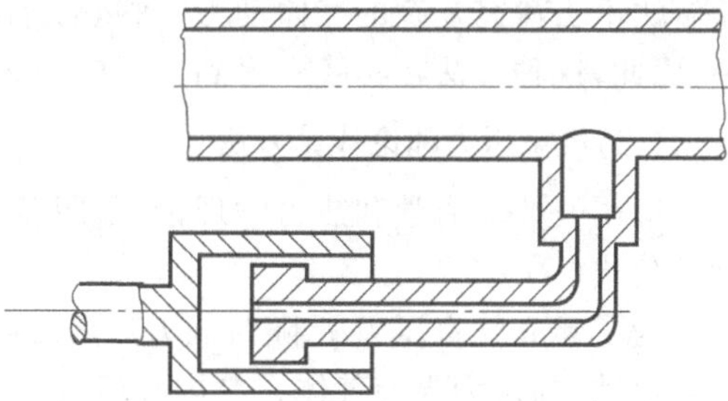

图 4－69　动力静力式

为了保证导气式自动机在不同工作条件下(如温度变化、自动机零件磨损、存有污垢以及导气孔烧蚀等)能有稳定的理论射速，一般情况下，导气装置均设置气量调节器，以调节进入气室的火药气体对活塞的作用强度。由于调节工作通常是在野战条件下进行的，所以气量调节器必须考虑以下基本要求。

(1)直接用手或用最简单的工具就能方便调节；

(2)调节方法要简单易行；

(3)不应因调节而使气流影响气室的正常工作状态。

另外，调节装置不能使用螺纹与气道直接连接，因为通过螺纹泄露的火药气体会使金属表面氧化，影响以后的调节工作。

火药气体经导气孔流入气室时将产生一个反作用力，使身管发生弯曲和振动，设计时应考虑这一影响，一些自动炮采用在径向布置两个相对的导气孔来避免这一影响。

在膛内火药气体压力变化规律一定的条件下，气室内火药气体对活塞作用强度主要取决于下列因素：

(1)导气孔在身管上的位置 l_{ϕ}；

(2)导气孔的最小横断面积 S_{ϕ}；

(3)活塞的横断面积 S_h；

(4)活塞与气室壁间隙的环形面积 ΔS_h；

(5)气室的初始容积 W_0；

(6)自动机运动部分的质量 m_0；

(7)散热条件。

以上前 5 项因素起主导作用,应作为导气装置的基本参量。改变以上诸因素可以调节气室内火药气体对活塞的作用强度,此外,还可以采用从气室内排出一部分火药气体到大气中的办法。如我国某型 35 mm 高炮的导气装置,气室前方开有通至大气的小孔,以减弱火药气体对活塞的作用强度。

确定气室内压力变化规律的方法概括起来可以分成以下两类。一类是应用气体动力学和热力学理论,建立气室压力变化规律的理论公式,称为理论计算法。理论计算法得到的微分和代数方程组非常复杂,只能使用数值方法求解。另一类是经验解法。它是在试验和理论计算的基础上,给出经验公式进行近似计算。常用的经验解法包括马蒙托夫法和布拉温法。

从研究的角度,由于理论计算法能够从更深层次揭示气室压力变化规律,因此,随着计算机性能的不断提高,这种方法将会得到更多实际应用和进一步发展。但从工程的角度,经验解法不去深究复杂的气体动力学和热力学理论,而且也能够给出满足工程需要的计算结果,因此,这种方法在实践中得到广泛应用。

(二)气室压力理论计算方法

应用气体动力学和热力学理论,采用若干假设,可以建立闭式气室内压力随时间变化的理论公式。

为了建立气室压力 p_q 随时间 t 变化的理论公式,假设火药气体从膛内流向气室为一元定常流动,并认为火药气体在膛内和流入气室后均为滞止焓。

闭式气室导气装置的工作机理如图 4-70 所示。导气装置某一工作时间 $\mathrm{d}t$ 内,假设从炮膛经导气孔流入气室的热量为 $\mathrm{d}Q$。同一时间内,从活塞与气室壁的环形间隙 ΔS_h 漏失的热量为 $\mathrm{d}Q_1$,通过气室筒壁散失的热量为 $\mathrm{d}Q_s$,火药气体推动活塞做功为 $\mathrm{d}A$,气室火药气体内能增量为 $\mathrm{d}E$。

根据热力学第一定律:

$$\mathrm{d}Q=\mathrm{d}Q_1+\mathrm{d}Q_s+\mathrm{d}A+\mathrm{d}E \tag{4-97}$$

假设在 t 时刻,膛内火药气体的绝对温度为 T,火药气体从膛内经导气孔流入气室的秒流量为 G,于是,$\mathrm{d}t$ 时间内流入气室的热量为

$$\mathrm{d}Q=C_p TG\mathrm{d}t \tag{4-98}$$

式中:C_p——火药气体的定压比热。

同理,从活塞与气室壁的环形间隙 ΔS_h 漏失的热量为

$$\mathrm{d}Q_1=C_p T_q G_q \mathrm{d}t \tag{4-99}$$

式中:T_q——气室内火药气体的绝对温度;

G_q——气室内火药气体经间隙 ΔS_h 流入大气中的秒流量。

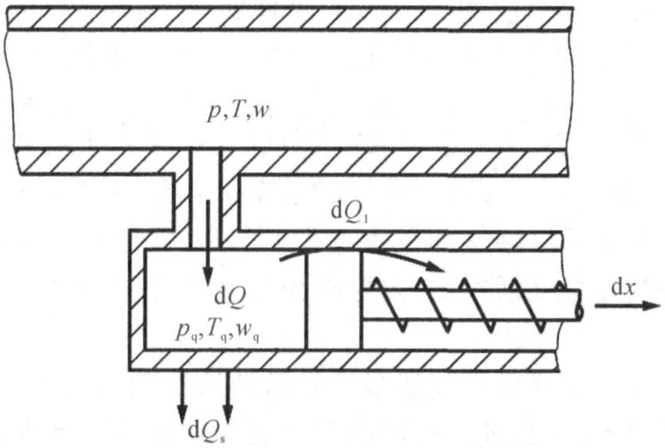

图 4-70　导气装置工作原理图

气室内火药气体与气室筒壁之间的温度差造成部分热量 dQ_s 通过气室壁散失，单位时间内散失的热量与气室和筒壁的接触面积(散热面积)S_q、气体与筒壁间的温度差以及单位面积上撞击气体的质量数成正比，于是，dt 时间内通过气室筒壁散失的热量为

$$dQ_s = a\rho(T_q - T_b)S_q dt \tag{4-100}$$

式中：a——由实验测定的传热系数；

ρ——气室内火药气体的密度；

T_b——筒壁的平均绝对温度。

由于密度 ρ 与比容 w 互为倒数，且考虑气体状态方程：

$$pw = RT \tag{4-101}$$

通过气室壁散失的热量可以表示为

$$dQ_s = a\frac{p_q S_q}{R}\left(1 - \frac{RT_b}{p_q w_q}\right)dt \tag{4-102}$$

式中：R——气体常数；

w_q——气室内火药气体的比容。

dt 时间内火药气体推动活塞做功为

$$dA = p_q S_h dx \tag{4-103}$$

式中：x——活塞位移。

气室内火药气体内能 E 可以表示为单位质量气体的内能 e 与气体质量 m_q 的乘积 $E = em_q$，气体质量为

$$m_q = \rho W = \frac{W}{w_q}$$

式中：W——气室内火药气体的体积。

$$dE = d(em_q) = d\left(e\frac{W}{w_q}\right) \tag{4-104}$$

根据气体动力学可知 $e = C_v T_q$，C_v 为火药气体的定容比热。于是有

$$dE = d\left(C_v T_q \frac{p_q W}{RT_q}\right) = d\left(C_v \frac{p_q W}{R}\right) = \frac{C_v}{R}d(p_q W) \tag{4-105}$$

将式(4-98)、式(4-99)、式(4-102)、式(4-103)、(4-105)代入式(4-97)，有

$$C_p TG dt = C_p T_q G_q dt + a\frac{p_q S_q}{R}\left(1 - \frac{RT_b}{p_q w_q}\right)dt + p_q S_h dx + \frac{C_v}{R}d(p_q W) \tag{4-106}$$

由气体状态方程，使用 pw/R 和 $p_q w_q/R$ 代替式(4-106)中的 T 和 T_q，由迈耶公式 $C_p - C_v = R$，比热比 $k = C_p/C_v$，将其代入式(4-106)，整理后可得

$$\frac{dp_q}{dt} = \frac{k}{W}pwG - \frac{k}{W}p_q w_q G_q - \frac{k-1}{RW}aS_q\left(1 - \frac{RT_b}{p_q w_q}\right)p_q - \frac{k-1}{W}p_q S_h \frac{dx}{dt} \tag{4-107}$$

式(4-107)本质上是气室内火药气体的能量守恒方程，右端第1项是单位时间内从膛内流入气室的能量，第2项是从活塞与气室壁间隙 ΔS_h 漏掉的能量，第3项是通过筒壁热散失的能量，第4项是气体推动活塞做功，左端为气室压力随时间的变化率，它来自气室内能的增量。

要求解该方程，需建立包括随导气活塞一起运动的自动机基础构件运动微分方程在内的微分方程组，采用数值解，求出任一时间的气室压力和自动机运动诸元。

(三)气室压力经验公式

两种经验公式均假设：气室压力(单位面积压力)全冲量 I_{k0} 与弹丸通过导气孔后膛内压力(单位面积压力)全冲量 I_0 之比为一常数，该常数称为比冲量效率 η_k，取决于导气装置的结构参数。

$$\eta_k = \frac{I_{k0}}{I_0} \tag{4-108}$$

I_0 及 I_{k0} 的物理意义如图4-71所示。

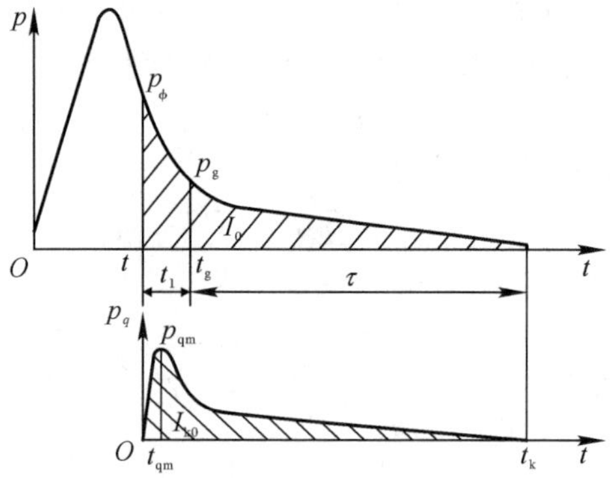

图4-71　I_0 及 I_{k0} 的物理意义

1. 马蒙托夫经验公式

马蒙托夫认为对比冲量效率 η_k 的影响较大的参数是导气孔的最小横截面积、活塞面积、活塞与气室壁间间隙的环形面积、活塞与随之运动的自动机活动部分的质量、气室的初始容积，并给出了公式

$$p_q = p_{qm} z e^{1-z} \tag{4-109}$$

或者

$$p_q = p_{qm} e z e^{-z} \tag{4-110}$$

式中：p_{qm}——气室最大压力；

e——自然对数的底；

z——相对时间，$z = t/t_{qm}$；

t——由火药气体开始进入气室瞬间算起的时间；

t_{qm}——对应于气室最大压力 p_{qm} 的时间。

其 p_q-t 曲线如图 4－72 所示。

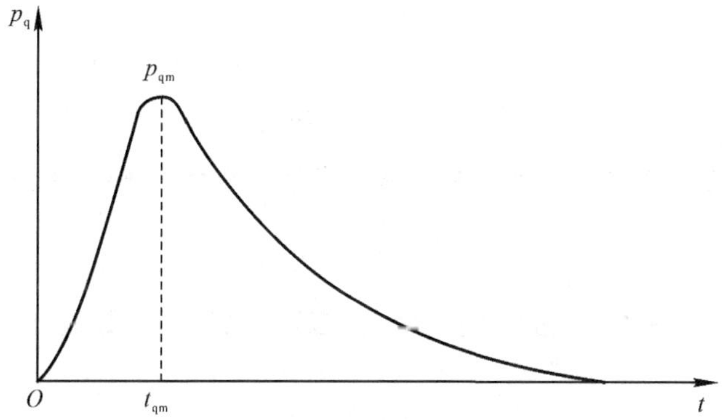

图 4－72　气室内压力变化曲线

2. 布拉温经验公式

布拉温认为影响比冲量效率的参量主要是导气孔最小横截面积与活塞面积之比、基础构件质量与活塞面积之比，并给出了公式

$$p_q = p_\phi e^{-\frac{t}{B}}(1-e^{-\alpha\frac{t}{B}}) \tag{4-111}$$

其中：p_ϕ——弹丸通过导气孔瞬间膛内火药气体压力；

B——取决于膛内压力变化规律的系数；

α——为取决于导气装置结构参数的系数。

弹丸通过导气孔后膛内压力的变化规律表示为

$$p = p_\phi e^{-\frac{t}{B}} \tag{4-112}$$

气室及膛内压力变化规律如图 4－73 所示。

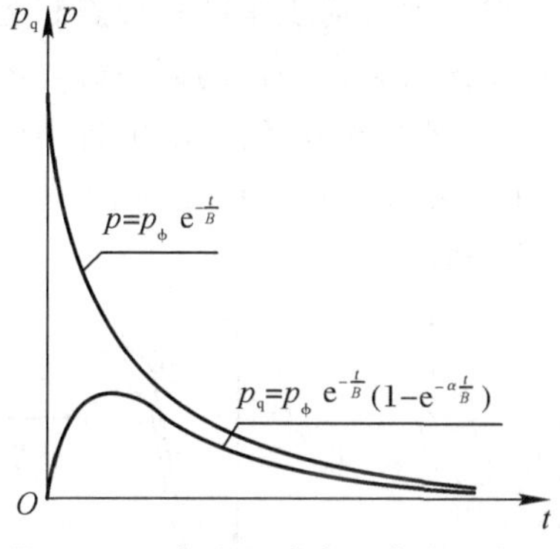

图 4－73　气室及膛内压力变化曲线

当 α 值变化时，气室压力曲线为一族曲线，这些曲线被式(4－112)所表示的弹丸通过导气孔后的膛内压力曲线所限制。

当 $\alpha=0$ 时，$p_q=0$；α 值越大，$e^{-\alpha\frac{t}{B}}$ 越小，曲线越高；当 α 接近∞时，$p_q=p_\phi e^{-\frac{t}{B}}$。

一般，当 $\alpha>40$ 时，就认为 $p_q=p_\phi e^{-\frac{t}{B}}$，即膛内火药气体全部流到气室中。当然这与实际是不符合的。

应强调指出的是，布拉温用式(4－112)表示的膛内压力曲线，仅用来限制气室压力的变化范围，而不能用此式来计算膛内压力，因为它不能代表弹丸经导气孔后膛内压力的实际变化规律。

△拓展阅读

气室压力计算

可以看出气室压力理论计算要用到气体动力学和热力学理论，十分复杂，工程上用经验公式更方便一些。

第六节　自动机运动微分方程建立示例

一、运动特征点和运动特征段

在自动机的每一工作循环过程中，都要自动完成击发、开锁、开闩、抽筒、供弹、闭锁等各种动作，这些动作有的是单独进行的，有的是几个动作同时进行的。这就是说，各工作构件是在不同的工作阶段与自动机的基础构件相联系、相作用的。在自动机基础构件运动过程中，在工作构件参与运动的起、止点，自动机的运动条件将发生突变，这些点称为运动特征点。自动机的整个循环过程，按运动特征点可划分成若干运动特征段。在运动特征点，可能是某种撞击；在运动特征段，则是一般的连续运动。自动机的运动微分方程，就应按各运动特征段建立。

在运动特征段内，或为基础构件在火药气体作用下带动工作构件运动，或为在弹簧作用下的构件运动，这些运动都可用一定的运动微分方程表示出来。

在分析自动机的结构和原理时，应特别注意正确地找出运动特征点及划分运动特征段。

自动机的循环图，就是清楚地表示自动机运动特征点和运动特征段的一种图表。因此，建立自动机运动微分方程前，必须先绘制自动机的概略循环图。

图 4－74 是某高炮自动机的概略循环图，它表示了自动机的主要运动特征段，可以帮助人们正确地建立自动机的运动微分方程。在利用这些方程求出精确的运动诸元后，就可进一步做出精确循环图，如图 4－75 所示。

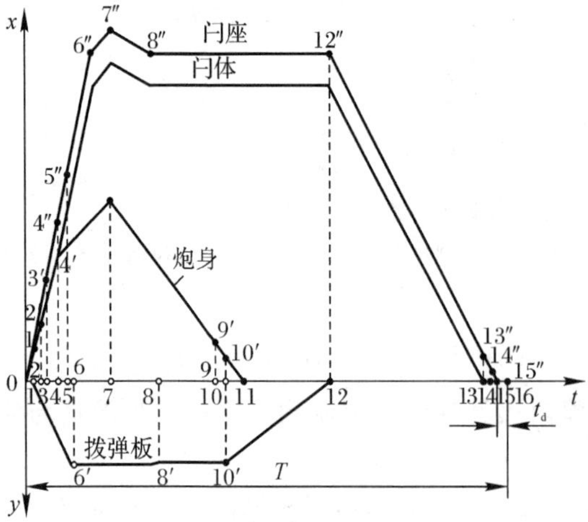

图 4－74　某高炮自动机概略循环图

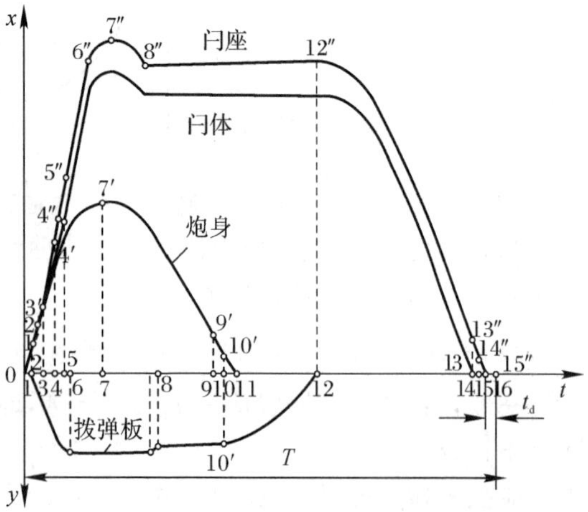

图 4－75　某高炮自动机精确循环图

二、自动机动作分析

图 4-74 所示的高炮自动机的特点是，炮闩停留在后方位置，待炮身复进到位和压弹完毕后，才能复进。

在 0～1 所示时间内，炮身与处于闭锁状态的炮闩一起后坐，并未带动其他机构工作。点 1 所示瞬间，供弹机构的拨弹板开始空回、压缩拨弹弹簧，直到点 6 所示瞬间停止运动。

点 2 所示瞬间加速（开闩）机构开始工作，使闩座与炮身产生相对位移。在点 2～3 所示时间内，闩座相对于闩体移动，但闩体不旋转。在点 3～4 所示时间内，开锁（闩体旋转），点 4 所示瞬间开锁完毕，并进行开闩、抽筒。

在点 4～5 所示时间内，加速机构使炮闩带着药筒加速后坐，于点 5 所示瞬间加速结束（本自动机的点 5 与点 6 基本重合，但在循环图上为了清晰起见有意地分开了）。此后，炮闩和炮身互不相关地各自后坐。炮闩后坐时，压缩其复进簧，并在点 6″～7″被液压缓冲器制动，然后稍向前运动卡在自动发射卡锁上（点 8″）以等待压弹。点 7 所示瞬间，炮身停止后坐。此后炮身开始复进，直到点 11 所示瞬间为止。

供弹机构在点 10 所示瞬间开始工作，其拨弹板在弹簧作用下拨动后续炮弹，把位于进弹口的当前炮弹压到输弹线上，并为炮闩的抽筒钩抓住，同时将射击后的药筒从抽筒钩中推出。

拨弹运动终了时（点 12），拨弹板解脱自动发射卡锁。之后，炮闩便在其复进簧作用下带着当前炮弹开始复进（输弹），将炮弹送入药室。门体在点 13 瞬间撞在身管上停止复进。在点 13～14 所示时间内闩座继续复进，同时使闩体旋转闭锁。点 14 瞬间闩体旋转闭锁完毕。在点 14～15 所示时间内闩座继续复进。点 15 瞬间闩座复进到位，其上的击针撞击底火，完成击发动作。15～16 所示时间，表示点燃装药的时间。随后，自动机开始下一个工作循环。

三、自动机运动微分方程建立思路

按循环图划分的运动特征段，分别建立运动微分方程。

在点 0～1 所示时间内，炮身和炮闩一起后坐，后坐部分承受炮膛合力和后坐阻力，据此可建立运动微分方程。本阶段结束时，炮身的位移为 74.4 mm。

在点 1～2 所示时间内，炮身继续后坐，拨弹板向待拨弹位置移动，也即炮身和炮闩带动拨弹板运动，拨弹板上作用有拨弹弹簧力，据此可建立运动微分方程。

点 2 时刻加速机构开始工作（炮身的位移为 117.1 mm），炮身通过加速臂撞击闩座，使炮身和炮闩的速度发生突变，这里要进行碰撞处理（拨弹板可认为不参与撞击），计算出碰撞后的炮身和炮闩的速度作为下一时刻的速度初值。

在点 2～3 所示时间里，供弹机构的拨弹板继续向待拨弹位置移动，加速机构使闩座与炮身产生相对运动，而闩座滑轮开始时是沿闩体螺旋槽的直线段移动，故闩体并不旋转。这个过程是炮身带动闩座和拨弹板运动，闩座上作用有炮闩复进簧力，据此可建立微分方程，本阶段结束时，炮身的位移为 131.8 mm。点 3 瞬间，闩座滑轮从闩体螺旋槽直线段移动到螺旋槽曲线段，闩体在点 3 瞬间将开始旋转。由于闩体螺旋槽之直线段与曲线段之连接为平滑过渡，因此在点 3 瞬间不产生撞击。

在点 3～4 所示时间里，供弹机构的拨弹板继续向待拨弹位置移动；炮身通过加速臂继续加速闩座，而闩座滑轮则在闩体螺旋槽曲线段移动，从而使闩体旋转开锁。该过程，炮身带动闩座、拨弹板和闩体运动，闩体上作用有回转阻力矩，据此可建立微分方程。开闩完毕结束时炮身位移为 233.1 mm。

点 4 瞬间，闩体旋转完毕与闩座接合在一起，这种结合具有撞击的性质，是炮身带动闩座去撞击闩体(包括药筒)。在撞击瞬间，闩体与炮身具有相同的速度，撞击后，闩体则与闩座结合在一起具有共同的速度(炮闩速度)。这里要进行多构件撞击处理(拨弹板可认为不参与撞击)，求得撞击后炮身和炮闩的速度作为下一时刻的速度初值。

在点 4～5 所示时间里，炮身带动拨弹板、结合在一起的闩座和闩体运动，可据此建立微分方程。

在点 5 瞬间，加速臂与闩座脱离接触，炮闩开始惯性后坐；拨弹板在点 6 瞬间运动到位，本自动机点 5 和点 6 是重合的，此时炮身后坐位移为 296.4 mm。

在点 6～7 所示时间里，炮身继续后坐，而不再带动其他机构工作，直至后坐停止，可据此建立微分方程。点 7 炮身后坐到位，炮身位移为 349 mm。

此后，炮身复进，其运动可按反后坐装置中炮身复进的公式进行计算。

在点 10 瞬间，拨弹板在拨弹弹簧作用下开始运动。拨弹板走完空行程后，拨弹板与待拨炮弹间发生撞击，之后，拨弹板和被它拨动的炮弹(包括弹夹)，在弹簧作用下运动，直至拨弹板运动到位(点 12)为止。

在点 5 瞬间，炮闩开始惯性后坐，直至其动能耗尽为止(点 7″)。在从点 5″至 6″之间，炮闩后坐，并压缩其复进簧，在点 6″至 7″的时间里，炮闩的运动受液压缓冲器的制动。在点 7″至 8″的时间里，炮闩在复进簧作用下复进，在点 8″瞬间炮闩被自动发射卡锁卡住。

在点 12 瞬间，炮闩带着当前炮弹在复进簧作用下开始复进(输弹)，于点 13 瞬间输弹到位。在点 13～14 所示时间里，闩座继续复进，而闩体则旋转闭锁。在闭锁阶段，闩座复进，而闩体则以抽筒钩抵在不动的身管闩室端面上作旋转运动。此特征段闩座的运动，可用闩座为基础构件的运动微分方程来表示。

在点 14～15 所示时间里，闩座继续复进，直至复进到位撞击底火为止(点 15)。

以上均为构件在弹簧作用下的运动微分方程。

火炮自动机构微分方程的建立解决了自动机构连续运动状态的动力学描述问题；撞击处理解决了自动机构突变运动状态的动力学描述问题。动力学分析的目的在于确定自动机运动诸元及受力的变化规律，而机构的受力取决于运动状态，因此，火炮自动机动力学分析的最终目的是要确定自动机构运动诸元的变化规律，也即自动机精确循环图。

△拓展阅读

自动机微分方程

要得到自动机精确循环图，首先应绘制概略循环图，区分运动特征点，划分运动特征段。分析每一运动特征段内的运动特点，建立对应的微分方程；分析运动特征点是否产生碰撞，碰撞产生的话需要对构件速度进行处理；构件的整个运动过程由许多段运动过程前后连接组成，碰撞点的话还要对诸元进行处理。

自动机运动微分方程远比大口径地面火炮的后坐复进运动微分方程要复杂得多，构件多、方程多。

第七节　自动机典型机构

一、闭锁机构

发射时，使炮闩与炮尾、身管成为暂时刚性连接的机构称为闭锁机构。闭锁机构的主要作用是关闭炮膛防止火药燃气外泄并承受火药气体作用于膛底的合力。

(一)闭锁机构类型

1. 炮闩纵动式

对于纵动式炮门，炮闩的运动方向与炮膛轴线方向一致，采用炮闩纵动式闭锁机构。根据闭锁过程的不同，炮闩纵动式闭锁机构又分为回转闭锁机构、卡铁闭锁机构、倾斜闭锁机构等。在自动炮中，纵动式炮闩应用很广泛，它还起输弹机的作用，有时还用来带动供弹机构工作。

(1)回转闭锁机构。如图 4－76 所示，炮闩关闩到位后，依靠闩体或闩座上的螺旋槽或凸轮槽使闩体相对闩座旋转，闩体上的闭锁凸齿与炮尾上的闭锁凹槽扣合，完成闭锁。击发后，火药燃气的作用力，通过药筒、闩体上闭锁凸齿传递给炮尾上的闭锁凹槽，再通过炮尾传递给炮箱。这种机构受力对称、作用可靠、结构紧凑、强度高，但机械加工比较困难。如我国某型 57 mm 高炮就采用这种机构。

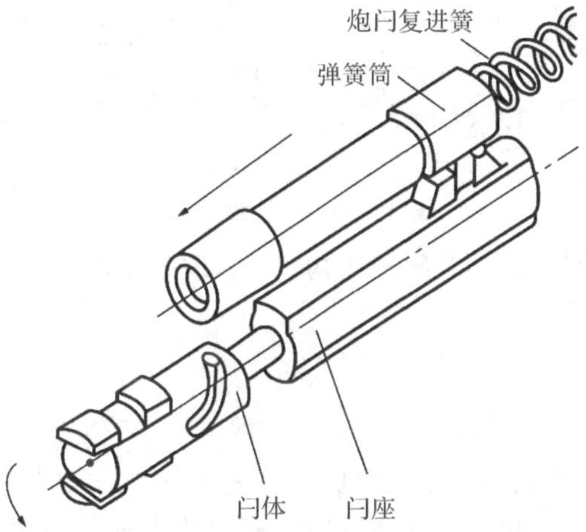

图 4－76　回转闭锁机构

(2)卡铁闭锁机构。如图 4－77 所示，炮闩关闩到位后，闩体上的闭锁卡铁或楔铁在闩座等构件作用下，完成张开、横向移动、摆动或旋转等动作，卡铁或楔铁的一部分进入炮尾相应凹槽处，与炮尾凹陷部分啮合，完成闭锁。击发后，火药燃气的作用力，通过药筒、闩体上闭锁卡铁或楔铁传递给炮尾上的闭锁凹槽，再通过炮尾传递给炮箱。这种闭锁机构的结构形式很多，结构简单，闭锁可靠，机械加工容易，但是支承接触面压力大，易磨损，影响零件寿命和射击精度。如我国某型 35 mm 高炮就采用这种机构。

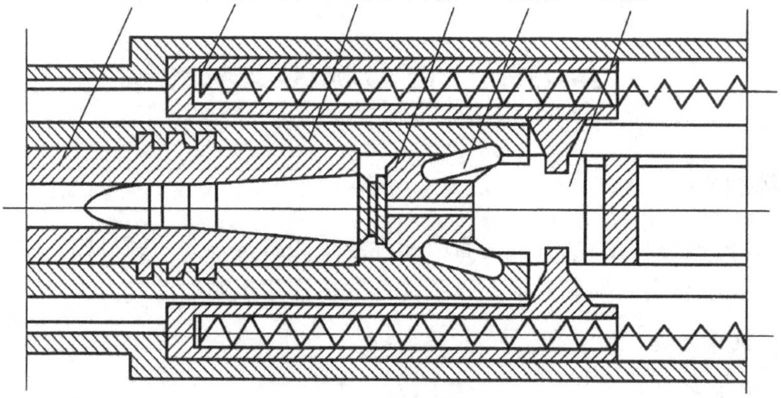

图 4－77　卡铁闭锁机构

(3)倾斜闭锁机构。如图 4－78 所示，炮闩关闩到位后，在闩座作用下，闩体相对运动导槽倾斜一定角度，并以其后端面的下部支撑在炮尾的垫板上，完成闭锁。击发后，火药燃气的作用力，通过药筒、闩体直接传递给炮尾上的垫板，再通过炮尾传递给炮箱。这种闭锁机构结构更简单，加工容易，但是受力不对称，闭锁支承面小，支承接触面压力大，易磨损，影响零件寿命和射击精度。

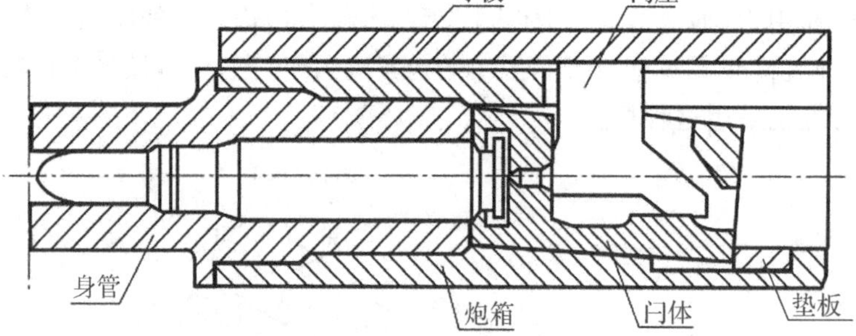

图 4－78　倾斜闭锁机构

此外，还有节套闭锁机构、凸轮闭锁机构、杠杆闭锁机构、惯性闭锁机构、无药筒闭锁机构等，但都应用较少。

2.炮闩横动式

对于横动式炮闩，炮闩的运动方向与炮膛轴线方向(近似)相垂直，采用炮闩横动式闭锁机构，如图 4－79 所示。楔式闩体是这种机构的主要构件。关闩到位后，利用楔式闩体的楔角、曲柄、凸枪、杠杆、齿条等机构施加在炮闩上横向的力进行闭锁和开锁。击发后，火药燃气的作用力，通过药筒、闩体直接传递给炮尾，再通过炮尾传递给炮箱。这种机构的强度好，受力均匀。但是这种炮闩不能完成输弹动作，必须设专门的输弹机构，使得结构较复杂。这种闭锁机构在自动炮中应用很广，我国某型 25 mm 高炮和某型 37 mm 高炮就属于这种类型。

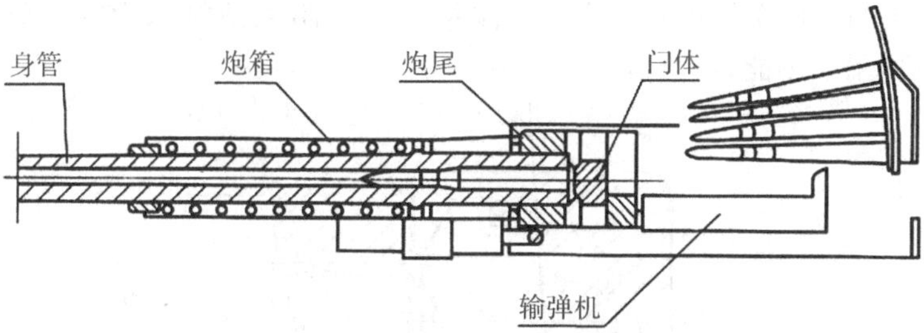

图 4－79　**炮闩横动式闭锁机构**

对地面火炮来说，经常说楔式炮闩(横动式闭锁)和螺式炮闩(纵动式闭锁)，炮闩与相应炮尾配合完成闭锁，如图 4－80 和图 4－81 所示。楔式炮闩的闩体为楔形，垂直于炮膛轴线作直线运动，以进行闭锁、开锁等动作。按闩体运动方向分为横楔式(在水平面左右运动)和立楔式(在垂直面上下运动)两种。

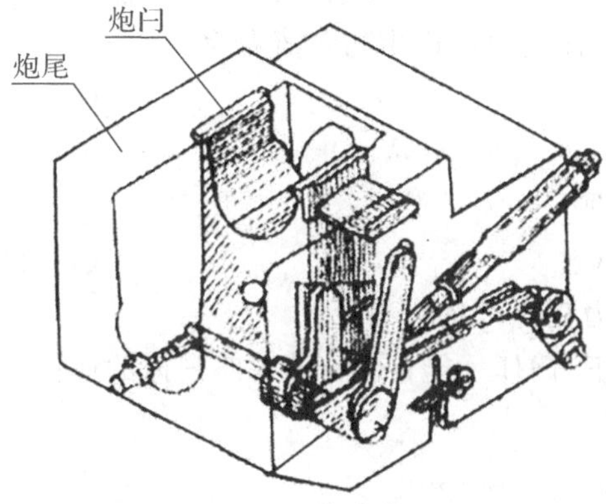

图 4－80　**楔式炮闩**

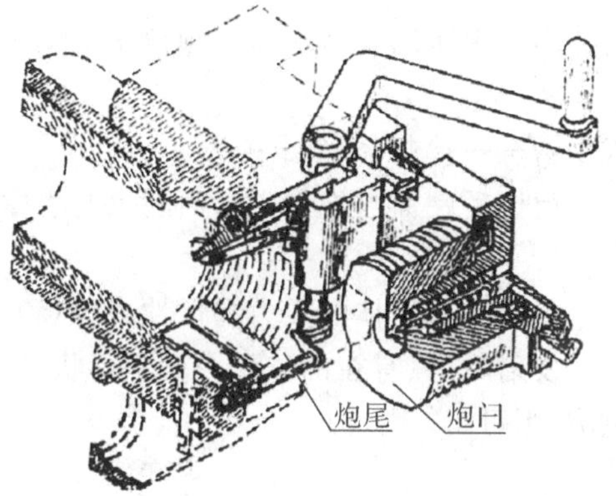

图 4－81　**螺式炮闩**

楔式炮闩和螺式炮闩比较如下：

(1)楔式炮闩比螺式炮闩开关闩动作简单、迅速；便于快速装填，易实现自动化；闩体打开后所占空间小，对战斗室狭小的坦克炮和自行炮有利。

(2)楔式炮闩与炮尾闩室平面接触，运动时不易产生卡滞现象，故障较少；螺式炮闩与闩室为螺纹连接，连接处易磨损，故障较多；相对螺式炮闩，楔式炮闩的制造工艺更简单，维修也更为方便。

(3)发射时，楔式炮闩一般都与药筒配合以密封火药燃气，对药包装填的炮弹，则需要使用闭气炮闩。螺式炮闩则对于各种装填方式的炮弹都适用，尤其在大口径火炮用药包装填时，螺式炮闩便于安装紧塞装置，闭气可靠，结构相对简单。

(4)螺式炮闩比楔式炮闩质量轻 30%～35%，楔式炮闩对应的炮尾结构尺寸大。

总而言之，对中小口径的加农炮、坦克炮和高炮等速射火炮，应用楔式炮闩比较适宜；对大口径火炮，尤其是药包装填的火炮，宜采用螺式炮闩。我国大口径火炮一般采用立楔式炮闩，而欧美国家大口径火炮则一般采用螺式炮闩。

(二)闭锁倾角

对于炮闩横动式闭锁机构，为了闭锁和开锁容易、减小闭锁支承面与闩体镜面的磨损，通常闭锁支承面与炮膛轴线的垂直面有一倾角 γ，称为闭锁倾角，如图 4-82 所示。其要保证在火药气体作用下不能自行开锁。

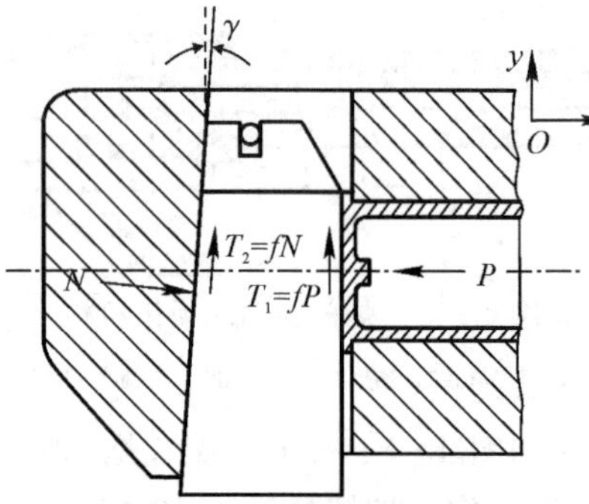

图 4-82　发射时炮闩的受力

发射时炮闩的受力如图 4-82 所示。闩体上主要受到火药气体压力 P 和炮尾反力 N 的作用。由于闩体后端面有倾角 γ，闩体镜面与药筒底部间产生的摩擦力为

$$T_1=fP \tag{4-113}$$

式中：f——摩擦系数。

门体后端面与炮尾支承面间也产生摩擦力，即

$$T_2=fN \tag{4-114}$$

另外还有闩体的重力和惯性力，但和上述各力相比可忽略不计。

发射时，只有在闩体受力呈平衡状态的情况下，门体才能自锁。若忽略闩体的惯性力和重力，则可得

$$\sum F_x=P-N\cos\gamma-T_2\sin\gamma=0$$

$$\sum F_y=T_1-N\sin\gamma-T_2\cos\gamma=0$$

整理后可得

$$\sum F_x=P-N(\cos\gamma+f\sin\gamma)=0$$

$$\sum F_y=fP-N(\sin\gamma-f\cos\gamma)=0$$

由 $\sum F_x=0$ 得，$P=N(\cos\gamma+f\sin\gamma)$。

代入 $\sum F_y=0$ 得，$fN(\cos\gamma-f\sin\gamma)-N(\sin\gamma-f\cos\gamma)=0$。

消去 N，并略去带有 f^2 的项(因 f 很小，f^2 更小)，则有

$$2f\cos\gamma=\sin\gamma$$

即

$$2f=\tan\gamma$$

对于小角度的正切函数可用该角的弧度值近似代替，则

$$2f=\gamma$$

因此，闩体的自锁条件可表示为

$$\gamma\leqslant 2f \tag{4-115}$$

式中：γ 是弧度值，闩体自锁条件是：倾角的弧度值应小于或等于摩擦系数的 2 倍。

闩体制成楔形主要是为了开关门方便，在便于开关门的条件下，倾角 γ 不能过大，否则将影响门体的自锁。一般倾角取 $1°10'\sim2°20'$左右。摩擦系数的大小取决于炮门涂油情况和负荷的动力性。经测定，在静力载荷作用下涂炮油时，$f\approx0.05$，但在发射时动力载荷作用下，摩擦系数减小，$f\approx0.01$。

用同样的方法对发射时螺式炮闩的螺纹角分析，如图 4－83 所示，可得到与式(4－115)同样的结论。其中，f 为闩体闭锁齿与身管齿弧间的摩擦系数。

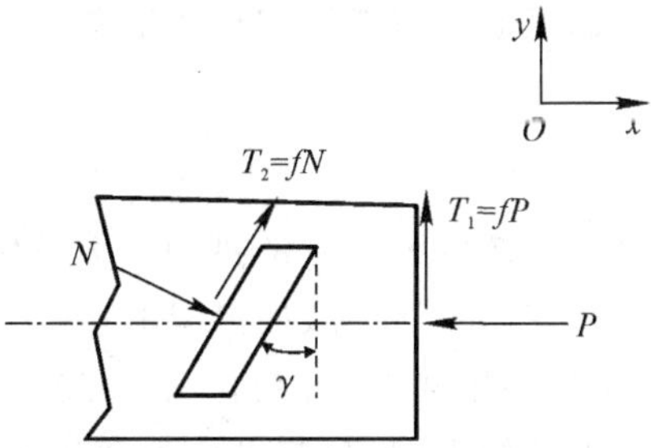

图 4－83　发射时螺式闩体受力图

(三)开关闩机构

开关闩机构用于解脱和形成闭锁。

1. 开闩机构

开闩机构是使炮闩与身管产生相对运动的机构。对纵动式炮闩而言，产生相对运动，意味着对炮闩加速，故纵动式炮闩开闩机构又称为加速机构。

开闩机构的作用是使闩体从身管尾端移开一定距离，以便进行抽筒和输弹。对纵动式炮闩，闩体从身管尾端移开的距离略大于一个弹长；对横动式炮门，闩体从身管尾端移开的距离略大于一个弹底直径。通常闩体移动的距离可分为强制运动段和惯性运动段。开始开闩时，自动机通过开闩机构强制使闩体相对身管运动，直到闩体达到最大速度，此后，闩体及随其运动的构件依靠惯性克服阻力运动，直到移动到其极限位置。

2. 关闩机构

发射时，炮闩依靠关闩机构完成关闩和闭锁动作。横动式炮闩的关闩机构由关闩弹簧、杠杆和曲臂等组成；纵动式炮闩的关闩机构同时完成输弹动作，它的主要零件是输弹弹簧(炮闩复进簧)。

关闩装置的动作原理是构件在弹簧作用下的运动。炮闩的最大速度通常发生在关闩终了。

二、供输弹机构

自动炮所用炮弹，都是定装式炮弹，供输弹机构所需完成的动作就是将炮弹从弹箱或炮弹储存器中送到炮膛中。

供输弹过程中炮弹必须经过三个严格确定的位置，即药室、输弹出发位置和进弹口。药室是指输弹到位时，炮弹所占据的位置。输弹出发位置是指在等待输弹入膛时炮弹所占据的位置。进弹口是指炮弹在等待压向输弹出发位置时所占据的位置。

上述三个位置将供输弹过程分为相应三个阶段，即拨弹、压弹和输弹。拨弹是指把炮弹前移一个炮弹节距，并依次将当前一发炮弹拨到进弹口的运动过程。压弹是指把进弹口上的炮弹压到输弹出发位置的运动过程。输弹是指把输弹出发位置的炮弹输人药室的运动过程。有时又把拨弹和压弹合称为供弹。在舰炮上，一般要将炮弹由炮基座下方的舱室向上提升到拨弹口或进弹口，该过程称为扬弹。

完成相应动作就有相应机构，完成拨弹的机构称为拨弹机，完成压弹的机构称为压弹机，完成供弹的机构称为供弹机，完成输弹的机构称为输弹机，供弹机和输弹机合称为供输弹机构。

(一)供弹方式

自动炮的供弹方式主要分为无链供弹与有链供弹。无链供弹又可分为弹夹供弹、弹鼓(舱)供弹、弹槽供弹、传送带供弹、智能式供弹(如机械手)等。

目前，小口径自动炮广泛采用弹链供弹，如我国某型 25 mm 高炮、某型自行 35 mm 高炮。弹链是由弹节组成的。根据结构不同，弹节可分为开口式弹节和封闭式弹节。开口式弹节依靠弹节的大半个圆弧夹持炮弹，剩余的小半个圆弧开口用于炮弹从弹节上向前推出或向侧方挤出。这种弹节经射击使用后容易产生塑性变形，一般使用 5～8 次就需更换。封闭式弹节依靠弹节的整个圆弧夹持炮弹，炮弹只允许从弹节后方抽出，这就限制了封闭式弹节的广泛应用。从弹链上取出炮弹所需的最大力称为脱链力，封闭式弹节脱链力较小，开口式弹节脱链力较大。脱链力应满足一定要求，脱链力过小容易引起窜弹，脱链力过大需消耗较大自动机能量，降低射速，影响强度。弹链上的炮弹数量可以在较大范围内变化，因而便于实现较长的连射，自动机的轮廓尺寸比较小，但是更换弹链的时间较长，将炮弹装人弹链和弹箱较麻烦。

大口径自动炮广泛采用弹夹供弹，如我国某型 57 mm 高炮、某型 37 mm 高炮、某型牵引式 35 mm 高炮。为了便于操作，一般每夹炮弹质量不超过 30 kg，因此弹夹上的炮弹数量是极其有限的。为了保证能连续射击，需要人工及时地供给炮弹，因此容易产生“卡弹”等故障，还会因炮手来不及供给炮弹而造成停射。

弹鼓(舱)供弹广泛应用于手枪和步枪上。弹鼓(舱)内炮弹的容量比较大，因此可以实现较长的连射。弹鼓(舱)供弹主要是采用外能源供弹，结构比较简单，故障率小，更换弹鼓(舱)容易。

弹槽供弹、传送带供弹、智能式供弹(机械手)主要用于中大口径自动炮。

(二)供弹机构

供弹机是自动机中比较复杂的机构，结构形式多种多样。按能量来源的不同可把供弹机构分为两类，即内能源供弹机构(火药燃气能量)和外能源供弹机构(外部能量)。

根据工作原理的不同，供弹机构分为三类，即直接供弹机构、阶层供弹机构和推式供弹机构。

直接供弹机构在拨弹和压弹过程中，炮弹轴线始终在过炮膛轴线的一个平面内运动，如图 4－84 所示。直接供弹机构的拨弹和压弹同时进行。直接供弹机构的结构比较简单，但自动机的横向尺寸较大，炮闩要停留在后方等待压弹，影响射速的提高，一般用于无链供弹。

如我国某型 37 mm 高炮、某型 57 mm 高炮、某型牵引式 35 mm 高炮均采用直接供弹机构。

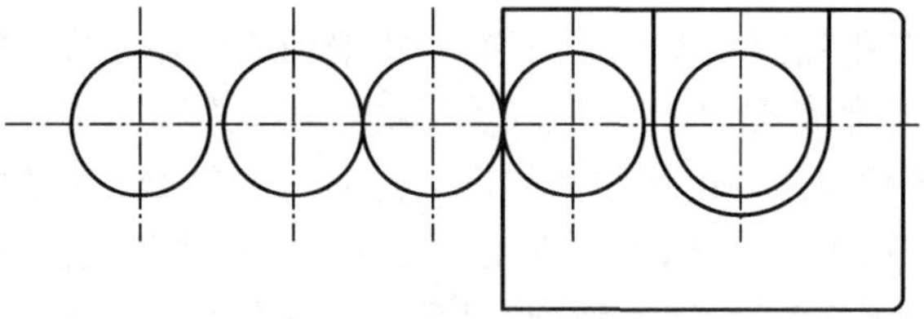

图 4-84　直接供弹机构简图

阶层供弹机构在拨弹和压弹过程中，炮弹轴线不在同一平面内运动，如图 4-85 所示。阶层供弹机构的拨弹和压弹明显分为两个阶段。阶层供弹机构的结构比较紧凑，占用的空间较小，容易实现左右供弹互换，但结构比较复杂。阶层供弹机构一般用于弹链供弹。

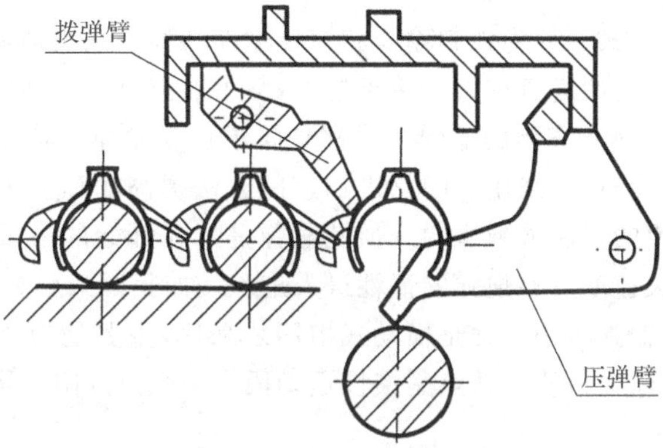

图 4-85　阶层供弹机构简图

在拨弹到位后，推弹臂（或炮闩）从进弹口（输弹出发位置）直接将炮弹向前推送，同时借助于导向面的作用使炮弹倾斜进入药室，这种供弹机构称为推式供弹机构，如图 4-86 所示。推式供弹机构把压弹和输弹两个动作合二为一，没有明显的压弹过程与输弹过程之分。推式供弹机构结构比较简单，占用的空间较小，推弹臂（或炮闩）不必在后方停留，但推弹行程较长。如我国某型自行 35 mm 高炮即采用推式供弹机构。

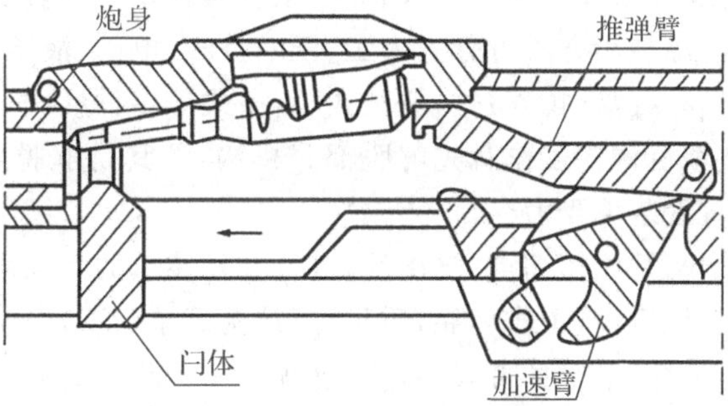

图 4-86　推式供弹机构简图

根据供弹路数的不同可把供弹机构分为三类，即单路供弹机构、双路供弹机构和多路供弹机构。单路供弹机构自动炮为对付不同目标，常采用不同种类的炮弹通过弹链混合排列的方法。

(三)输弹机构

输弹机构的作用是把输弹出发位置的炮弹,沿输弹线可靠地推入炮膛。

输弹机构的结构有弹簧式、液体气压式、气压式、链式等。小口径自动炮大都采用弹簧式输弹机构,对于纵动式炮闩则由炮闩和炮闩复进簧完成输弹机构的工作。弹簧式输弹机的优点是结构比较简单,工作可靠,维护方便。其缺点是质量较大。对于中口径自动炮或者当周围条件许可时(如舰炮、航炮或车载炮)可采用液体气压式输弹机构。对有压缩空气气源条件的,可以采用压缩空气为气源的气压式输弹机。链式输弹机构是利用电动机带动一条输送链进行输弹。链条只能单向弯曲,收回时可以收入链盒内;整个输弹机构横向移动,以免妨碍炮身后坐及抽筒。链式输弹机构具有结构简单,占用空间小的特点,适合于空间受限的自动炮使用。

输弹机构的输弹方式可分为强制输弹和惯性输弹两种。强制输弹是指从输弹出发位置到进入炮膛的全行程上,始终有推力作用于炮弹,整个输弹过程是强制进行的。如我国某型57 mm 高炮、某型 100 mm 高炮的输弹方式都是属于强制输弹。其优点是工作可靠。当利用纵动式炮闩完成输弹时,可采用炮闩复进加速的方法提高输弹的平均速度。当采用横动式炮闩时,要设计专用的强制输弹机构。惯性输弹是指在开始的一段输弹行程上有推力作用于炮弹,在达到最大速度后靠炮弹的惯性进人炮膛。如我国某型 37 mm 高炮就采取了惯性输弹的方式。惯性输弹机构通常是横动式炮闩才采用,主要是为了避免输弹机构与炮闩运动产生干涉。惯性输弹机构的缺点是惯性运动段容易受意外阻力影响,可靠性较差。

三、其他机构

(一)首发装填机构

首发装填机构是指在自动机不发射的情况下,利用外能源(如人力、压缩空气、电机、液压或专用的火药弹燃气等)进行首次开闩,使自动机处于待发射状态的机构,也称为首发开闩机构。使用内能源工作的自动机必须设置首发装填机构,尤其是航炮一般都是远距离操纵,要求能自动进行首发装填和排除故障,因此必须设有自动首发装填机构。

首发装填机构按能源利用方式可分为人工、压缩空气、电动、液压及火药弹等几类。

人工首发装填机构有绞盘(拉索)式、握把式、齿条式等多种形式。由于人工工作的力量受限,一般人工首发装填机构在工作时先解脱部分机构,尤其是解脱作用力较大的机构(如复进机),以减小人工首发装填受力。

目前大多数的航炮都是用压缩空气(冷气)进行首发装填的。采用压缩空气作为首发装填能源的优点是机构动作迅速,工作可靠,质量轻,结构简单紧凑,但压缩空气装置对密封性要求较高,密封胶圈易损坏,给维护带来一定的麻烦。

用火药弹装置代替压缩空气的首发装填机构更具有其优越性,它使机构进一步简化,质量也更小,但装弹次数却受到限制。

(二)发射机构

发射机构是控制自动机实现发射和停止射击的机构。

发射机构按动力来源不同分为人力式(机械式)发射机构、电源开关式发射机构等。人力式发射机构有手动拉火式、手动(脚踏板)传动式等。图 4-87 为手动拉火式发射机构。

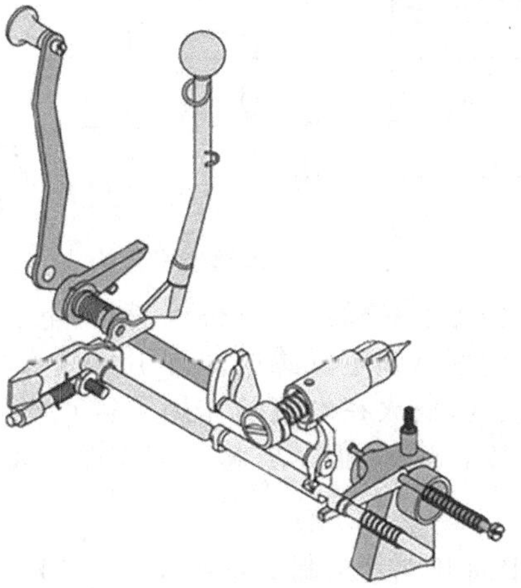

图 4-87　手动拉火式发射机构

发射机构按控制对象分为控制炮闩(或输弹器)式、控制击发机构式等。

控制炮闩式发射机构,由发射卡锁(扣机)控制炮闩(或输弹器),发射时解脱发射卡锁,开始进行输弹等自动动作。在有电源设备的自动炮上,发射卡锁一般由电磁铁直接控制,可以缩短传动环节。对没有电源条件的自动炮,一般用手动或脚踏板,通过较长的传动环节,往往是采用杠杆系统,来解脱发射卡锁。为了适应不同使用条件,有的自动炮同时设有电动和手动两种发射机构。

控制击发机构式发射机构,通常设置在炮闩或炮尾内,直接控制击发机构,发射时直接解脱击针或击锤。控制击发机构式发射机构的操作,在有条件时可以采用电源开关式控制,在没有条件时一般采用手动拉火式控制。

对于机械底火,发射机构可用机械式发射机构,也可用电源开关式发射机构;对于电底火,只能使用电源开关式发射机构。

(三)击发机构

击发是发射过程中引燃发射药的动作过程。一般也将击发看作自动机射击循环的起点。把能量传给炮弹的底火,使其引燃发射药的机构称为击发机构。

根据作用原理不同,击发机构分为撞击引燃法和电流引燃法两种。击发的能量来自对底火撞击的动能,称为撞击引燃法(也称机械引燃法);利用电流通过底火内点火药中的导体使其产生高温而引燃点火药,称为电流引燃法。

撞击引燃法击发机构又分为击针式击发机构(击发能量直接作用于击针,如图 4-88 所示)和击锤式击发机构(击发能量通过击锤作用于击针,如图 4-89 所示)。

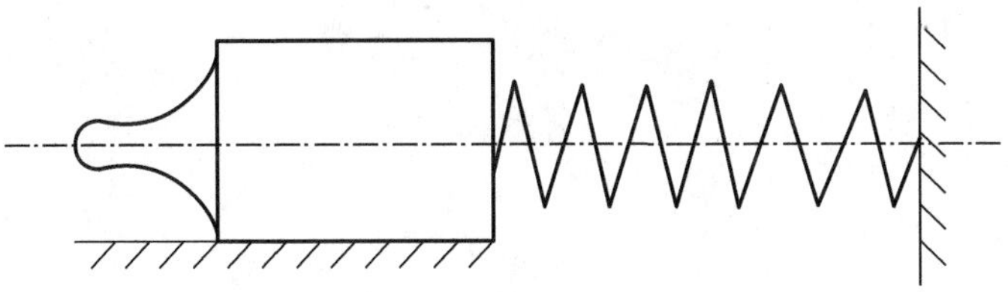

图 4-88　击针簧式击针击发机构

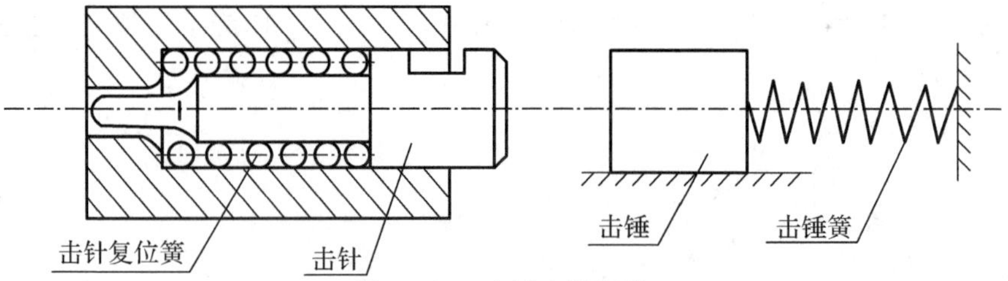

图 4-89 击锤击发机构

电流引燃法击发机构又分为电热丝式击发机构(利用电流使底火中电热丝加热引燃底火)和电磁感应式击发机构(利用高频电磁感应原理引燃底火)。在输弹入膛并完全闭锁炮膛后,电底火的击发线路被接通,底火在电流的作用下被点燃,进而引燃发射药。电流引燃法的击发机构和发射机构都比较简单,但是电路的可靠性不如机械式高,易受环境干扰。

(四)抽筒机构

将发射后的药筒从药室中抽出,并把它抛到炮箱外的机构称为抽筒机构。对于纵动式炮闩,通常由闩体上的抽筒钩完成抽筒任务,对于横动式或起落式炮闩则需要设置专门的抽筒机构。

抽筒机构按抽筒机构安装位置不同可分为安装在闩体上的抽筒机构和与闩体分开的抽筒机构。

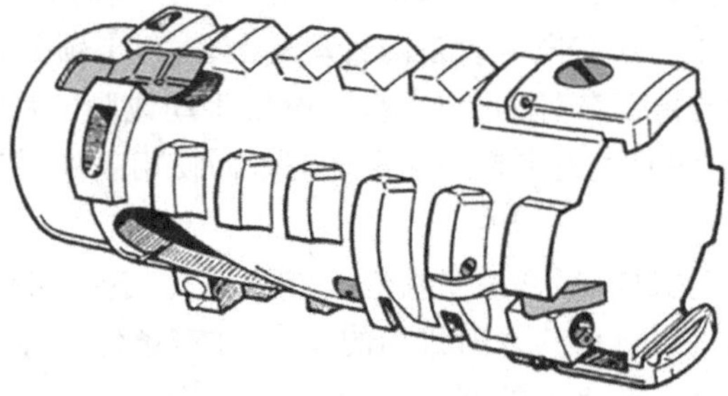

图 4-90 带抽筒钩的闩体

纵动式炮闩的自动机,当采用直接供弹或阶层供弹时,通常采用安装在闩体上的抽筒机构,即在闩体上安装刚性抽筒钩,在闩体相对于炮身向后运动时进行抽筒,如图 4-90 所示。此种抽筒机构结构最简单,抽筒时受力对称,可靠性强,应用很广泛。

横动式炮闩必须设置专门的抽筒机构,用它来完成抽筒和抛筒任务,这种抽筒机构的主体是抽筒子。抽筒子按抽筒作用的性质不同,可分为撞击作用式抽筒子和平稳作用式抽筒子两种;按结构不同又可分为杠杆式抽筒子和凸轮式抽筒子两种。图 4-91 为撞击作用式(杠杆式)抽筒子。

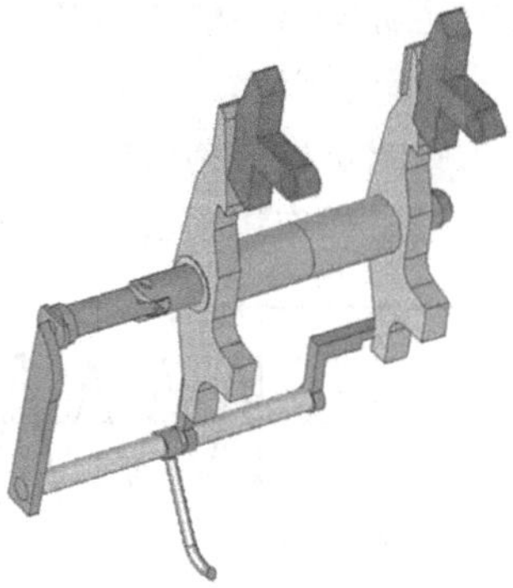

图 4-91 撞击作用式抽筒子

△拓展阅读

典型自动机机构类型

对于一种自动武器，人们除了关注其自动机类型外，也关注其闭锁机构类型、供输弹机构类型。如某型牵引式 35 mm 高炮，采用导气式自动机、卡板式闭锁机构、弹夹供弹；某型履带式 35 mm 高炮，采用导气式自动机、卡板式闭锁机构、弹链供弹；某型 5.8 mm 步枪采用导气式自动机、枪机旋转式闭锁机构、弹匣供弹。

枪械的闭锁方式

枪械的闭锁方式和火炮类似，如鱼鳃撑板式（卡铁闭锁式）、枪机回转式（炮闩回转闭锁时）、枪机偏移式（倾斜闭锁机构）、枪管起落式等。

第八节　特种发射原理

一、前冲发射火炮

火炮通常是在复进到位之后击发，然后进行后坐复进循环。当火炮在复进过程中击发时，火药燃气压力首先要阻止复进，然后才产生后坐。这种火炮在复进过程中击发，利用复进动量部分抵消火药燃气对后坐部分的作用冲量，从而大幅度减少后坐阻力。这种发射原理称为复进击发原理。

对非自动的大口径火炮，要实现复进击发，在击发前必须将炮身拉到后方位置，先解脱炮身使其前冲（复进），再在炮身前冲过程中击发，因此非自动的大口径火炮中又称复进击发原理为前冲击发原理或软后坐原理。采用前冲击发原理的非自动大口径火炮称为前冲炮。

对自动炮，往往应用复进击发原理，并保证在连发射击时自动机的运动介于后坐到位与复进到位之间，好像整个自动机“浮”在运动行程上，故自动炮中称复进击发原理为浮动原理。采用浮动原理和不采用浮动原理的自动机，其浮动部分位移随时间变化曲线如图 4-92 所示。采用浮动原理的自动炮称为浮动自动炮。如我国某型 35 mm 高炮、某型 25 mm 高炮均为浮动自动炮。

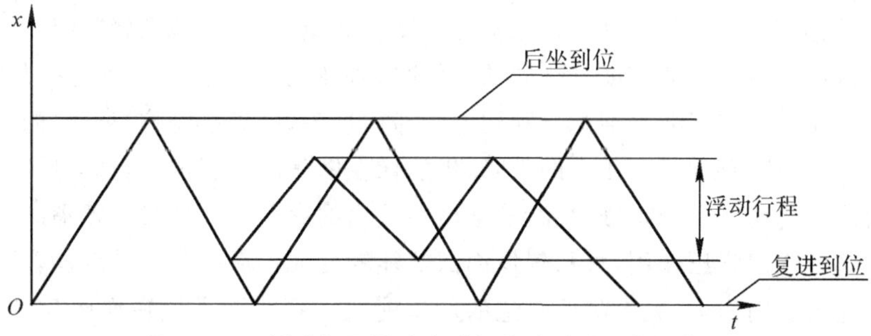

图 4-92　浮动与不浮动自动机位移随时间变化曲线

(一)浮动自动炮的优点

浮动自动炮有明显的优点,新型自动炮大都采用浮动原理。

(1)大幅度减小后坐力。复进中击发,使复进剩余能量抵消很大一部分火药燃气的后坐能量,只有剩余后坐能量用来产生后坐。后坐力一部分为行程函数,一部分为后坐速度函数。在采用了浮动原理后,后坐位移和速度都将大幅度减小,也就大幅度减小了后坐力。理想状态,当后坐时间不变时,平均后坐力将减小 50%,当后坐长不变时,平均后坐力将减小 75%。

(2)减小撞击。采用了浮动原理,机构的运动速度将大幅度减少,可以减小机构间的撞击,并且没有到位撞击,可以减小振动。

(3)保持后坐力方向一致。采用了浮动原理,浮动自动机的后坐力方向始终向后,可提高射击稳定性及射击密集度。

(二)前冲炮的优点及技术问题

前冲炮的优点包括:

(1)大幅度减小后坐力;

(2)极大缩短射击循环时间,提高射击频率(发射速度);

(3)提高弹丸初速。

同时,前冲炮也面临一些技术问题,影响其列装部队。

(1)要适应射角变化;

(2)能适应多种装药变化;

(3)要有专门的卡锁装置;

(4)需要有迟发火及瞎火时的保险装置;

(5)要有操作失误时的安全措施;

(6)要考虑复进制动问题。

解决上述技术问题会导致前冲炮结构复杂,可靠性和安全性问题比较突出。

二、膨胀波火炮

(一)膨胀波火炮原理

当发射药在炮膛内推动弹丸时,如果火炮药室的炮尾突然打开,火药气体就会向后方喷出,药室内的压力会随之下降,这种现象被称为膨胀波或“火药气体稀释”现象。药室内压力下降的扩展速度和声波传播速度是相同的,因此这种压力下降现象传递到弹丸的弹底会有一个时间上的滞后。膨胀波火炮就是利用这一滞后现象,精确控制炮尾开口的时机和速度,使弹丸在炮尾开口时感觉不到压力的下降,仍然像在密闭的炮膛内飞行,以原来的初速飞离炮口。在火炮尾部装有一个扩张喷嘴,从炮尾释放出的火药气体通过该喷嘴高速向后喷出,对火药气体起到降温降压作用,火药气体内部热能转变成了后喷气流的动能,并在喷嘴处形成作用于火炮的反向压力,大大降低火炮的后坐能量。膨胀波火炮在炮尾开口前按照传统火炮原理工作,在炮尾开口后按照无后坐力炮的原理工作。其工作原理如图 4-93 所示。

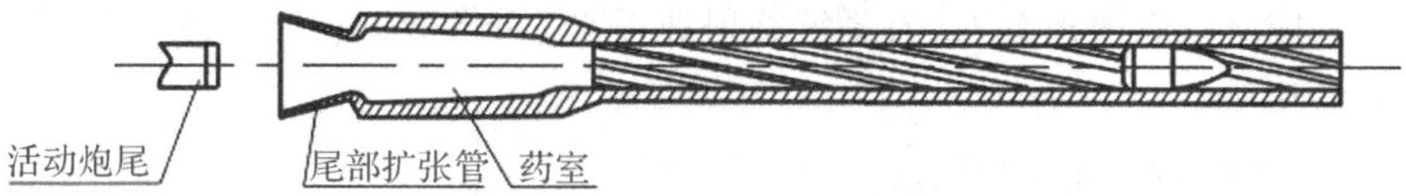

图 4－93　膨胀波火炮原理

(二)膨胀波火炮的优点

(1)减小或消除后坐力。试验标明膨胀波火炮可以降低后坐力 75%～95%。

(2)提高发射速度。膨胀波火炮可以大大降低炮管发热的速度，从而在不使炮管过热情况下实现更大的爆发射速和持续射速。

(3)减小炮口焰。由于火药气体先向后喷出，因此炮口焰将会大大减小。

(4)减轻重量。由于膛压下降很多，因此身管管壁可以很薄。试验标明身管质量可以为普通火炮身管质量的 1/10。

(5)任意控制装药号的变化。通过提早打开炮尾，可以控制弹丸的初速，实现类似不同装药号的变换。

(6)提高持续作战能力。火炮质量变轻，能够携带更多的炮弹，可提高持续作战能力。

(7)清洁药室。能够在药室内形成一种向后的超声速吹洗能量，清除炮膛内的余烬、残渣和碎片。

三、"金属风暴"武器系统

(一)"金属风暴"武器系统原理

从本质上讲，"金属风暴"武器系统已经完全脱离了传统的弹道发射技术，其基本操作系统完全由电路来控制，因而不会像传统武器那样受到机械部分的制约。

"金属风暴"武器系统的核心特征是在单个管子内串连放置多个弹头，通过电子击发连续不断地将弹丸从管子内发射出去。在此基础上，将数个乃至更多的管子汇聚在一起，构成一个紧凑、完整的武器系统。因此，"金属风暴"武器系统在理论上是可以无限扩充的，从而形成惊人的射速。36 管"金属风暴"武器试验系统的射速已经超过了 100 万发/分，而传统武器中射速极快的加特林机关炮，射速也不过 6 000 发/分。

虽然"金属风暴"武器系统使用的仍然是常规发射药，但其结构和原理与传统的机械式武器有着本质的差别，既没有枪炮上的上膛装置和抽筒机构，也不需要驻退机和复进机，唯一的机械部件是能够容纳多发弹的身管。弹丸在前，发射药在后，依次在身管中排列，如图 4－94 所示。

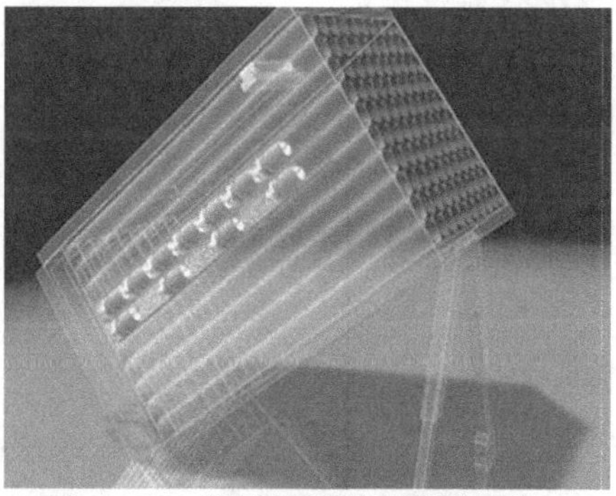

图 4－94　"金属风暴"武器原理图

"金属风暴"武器系统在发射时，依靠电子装置控制设置在身管中的节点来点燃发射药，发射药的燃烧气体膨胀做功，能使弹丸高速飞出身管，后面的弹丸会在燃烧气体的高压作用下膨胀，密封住身管使燃烧气体不向后面泄漏，更不会造成后面的发射药意外点燃。身管既可以单管使用，也可以多管组合使用，为这种武器的速射提供了便利条件。因此,“金属风暴”武器系统的射速极高,杀伤威力极大。发射后,身管还可以重新装弹继续使用。

(二)“金属风暴”武器系统的优点

1. 可更有效地对付快速目标

“金属风暴”的显著优势就是超高射速,即在短时间内能发射大量的射弹,形成密集弹幕。未来导弹发展的总体趋势是超声速,发射同样数目的弹丸,“金属风暴”可以节省大量的时间,从而使系统有更多的时间用于指定目标、射击计算和火炮协调。

2. 有利于提高火炮射击精度

传统火炮在跟踪射击时,由于火炮后坐的影响,发射每发弹丸火炮都产生跳动,影响了火炮的射击精度。采用“金属风暴”这种超高射速的武器,就可以保证在后坐力还没产生影响的条件下,所有的弹丸都已经发射出去,从而大大提高射击精度。

3. 结构简单,可靠性高

由于该武器系统结构简单,没有任何运动机构,故障极少,其平均无故障弹数很高。

4. 实装性强

安装在舰艇上时无须在甲板上开孔便可安装,也可直接装于现有的舰炮武器系统的炮架上,适用于装备各级水面舰艇,也可装在各种机动车辆上,可快速在要保护目标周围布置。

目前,“金属风暴”武器系统技术成熟度已极高,已研制出一系列武器系统,如“赤背蜘蛛”40 mm 多管遥控武器系统、“爆炸风暴”40 mm 机器人武器系统和舰载型 40 mm 武器系统等。

△拓展阅读

也谈减小炮架受力

如前所述,采用反后坐装置缓冲可以减小炮架受力,后坐阻力做功等于炮膛合力做功。炮口制退器、前冲发射以及膨胀波火炮都是减小了炮膛合力做功,当然对减小炮架受力会产生积极的作用。

膨胀波火炮

该技术是2002年美国凯斯博士申请的专利,同年获美国陆军装备司令部十大发明奖。一度成为世界范围内火炮研究热点。其英文缩写为 RAVEN,又称渡鸦火炮。

前冲炮

前冲炮一度研究火热,但是考虑到大口径火炮的一些实际问题,如安全性和结构复杂性问题,一段时间陷于停滞。2017 年,美国开始试验安装在悍马底盘上的 105 mm 的“鹰眼”前冲炮;2022 年,印度开始试验类似鹰眼的“迦楼罗”超轻型 105 mm 车载榴弹炮。

“金属风暴”武器系统

20 世纪 90 年代，澳大利亚工程师奥德怀尔从“乌贼喷墨”获得灵感而设计的武器系统，其最大的特点是电子控制技术和串联装药封装技术取得了武器射速的革命性突破。但是近年来，人们也意识到该武器系统的问题，如发热问题、再装填问题等，其发展陷入缓慢期。

第九节　自动机部分算例

一、构件在弹簧作用下运动

已知 $m=36$ kg，$C=1\ 800$ N/m，$P_1=1\ 930$ N，$x=0.6$ m，$\eta=0.7$，$m_{th}=6$ kg，$f=0.1$，计算构件在弹簧作用下的位移曲线（弹簧伸张），比较考虑弹簧质量和弹簧做功效率后位移曲线的差异。

计算得到构件位移曲线如图 4－95 所示，可看出，考虑弹簧质量和做功效率后，构件伸张到位用了更多的时间，构件运动速度变慢。

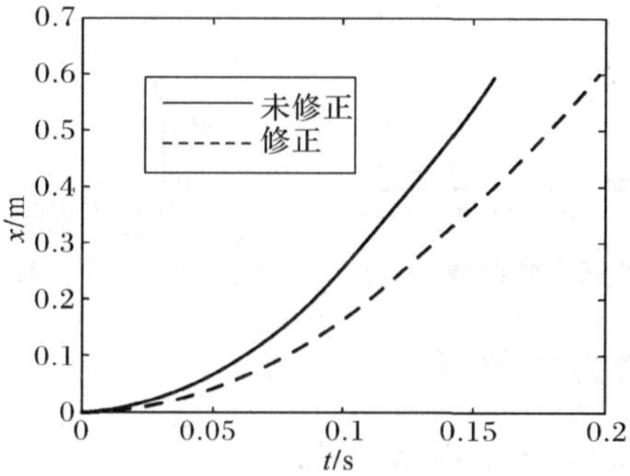

图 4－95　构件位移曲线

二、构件碰撞分析

计算下述几种撞击情况下撞击后构件速度。

（一）正碰撞

$$m_1=5\ \text{kg}, m_2=3\ \text{kg}, v_1=2\ \text{m/s}, v_2=1\ \text{m/s}, b=0.4$$

（二）斜碰撞

$$m_1=5\ \text{kg}, m_2=3\ \text{kg}, v_1=5\ \text{m/s}, v_2=1\ \text{m/s}, b=0.4, K=1/3, \eta=0.5$$

（三）多构件撞击

构件 1、2 撞击构件 3，可得

$$m_1=5\ \text{kg}, m_2=3\ \text{kg}, v_1=2\ \text{m/s}, K_{12}=1/2, \eta_{12}=0.5,$$
$$m_3=2\ \text{kg}, v_3=0\ \text{m/s}, K_{13}=1/4, \eta_{13}=0.25, b=0.4$$

计算结果如下：

（1）$v_1'=1.475$ m/s，$v_2'=1.875$ m/s；

（2）$v_1'=4.670\ 6$ m/s，$v_2'=1.823\ 5$ m/s；

（3）$v_1'=1.8$ m/s，$v_2'=0.9$ m/s，$v_3'=0.65$ m/s。

三、气室压强分析

绘制气室压强变化曲线，并分析各参量对曲线形状的影响。

(一)布拉温法

$$p_{\phi}=1\ 564\ \mathrm{kgf/cm^2}, B=0.001, \alpha=0.59$$

(二)马蒙托夫法

$$p_{qm}=2\ 500\ \mathrm{kgf/cm^2}, t_{qm}=0.001\ \mathrm{s}$$

绘制的两种气室压强曲线分别如图 4－96 和图 4－97 所示。通过改变参数数值，观察曲线变化，可知，布拉温方法中，B 控制峰值位置，p_{ϕ} 控制峰值大小，α 控制流入气室的气体量；马蒙托夫方法中，t_{qm} 控制峰值位置，p_{qm} 控制峰值大小。

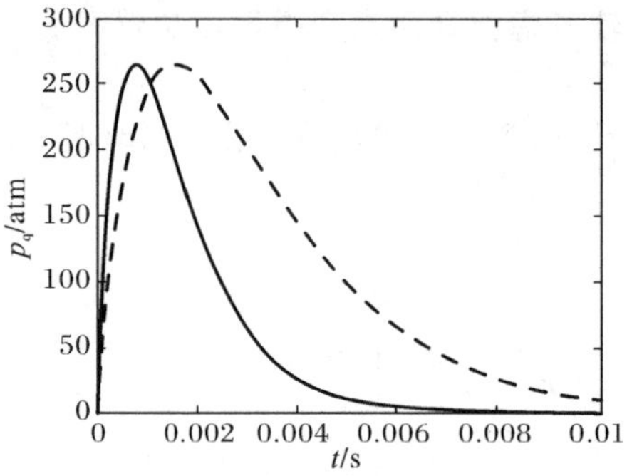

图 4－96　布拉温气室压强曲线

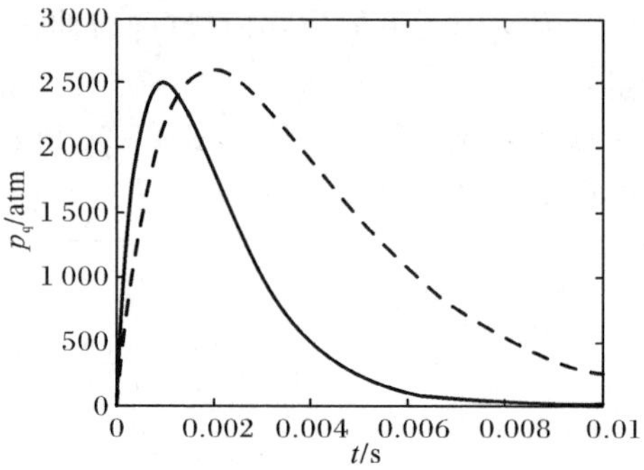

图 4－97　马蒙托夫气室压强曲线

四、典型传动机构动力学分析

传动机构如图 4－98 所示，求取以下参量：

(1)运动诸元；

(2)传速比、传动效率、力换算系数；

(3)构件间约束反力；

(4)两构件上的有效力；

(5)工作构件对基础构件的阻力；

(6)基础构件轨道支撑力。

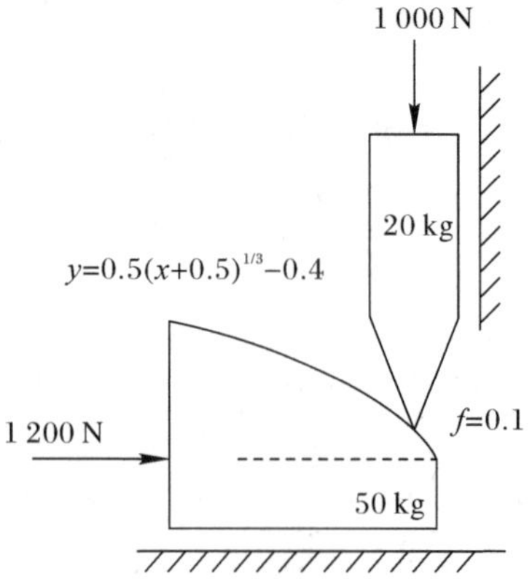

图 4－98　传动机构示意图

该算例有助于理解自动机部分相关概念，求解得到相关曲线如图 4－99～图 4－109 所示。图 4－99～图 4－102 为运动诸元曲线；由图 4－103 和图 4－104 可知，该方程是个变系数微分方程，传动过程中传速比和传动效率一直在发生变化；由图 4－105 和图 4－106 可知构件间约束反力是相等的；由图 4－107 和图 4－108 可知构件间上的有效力是不相等的，而是满足动力学普遍方程；构件间约束反力在垂直方向的分量与轨道支撑力平衡，据此可求得轨道支撑力，如图 4－109 所示。

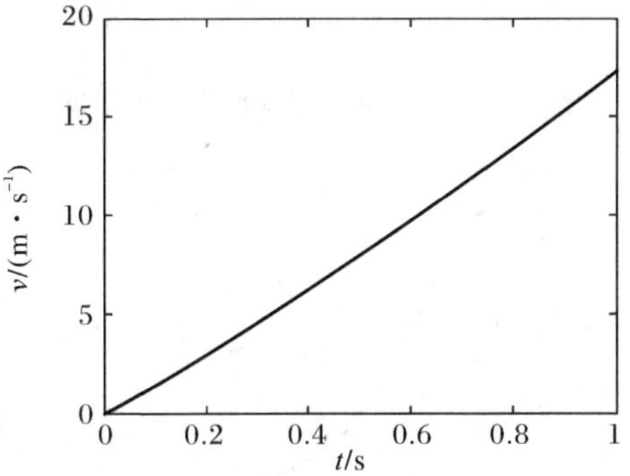

图 4－99　基础构件速度

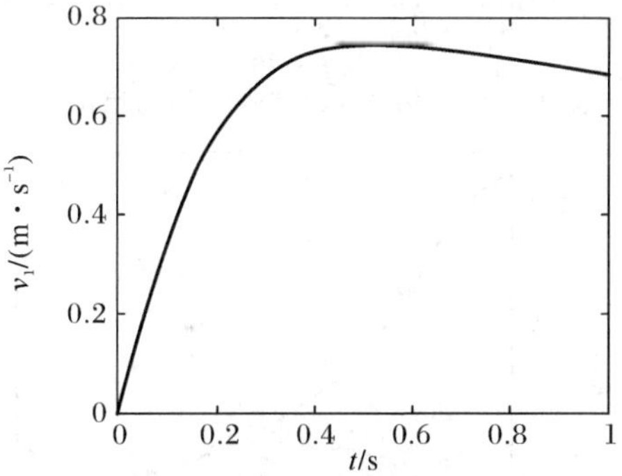

图 4－100　工作构件速度

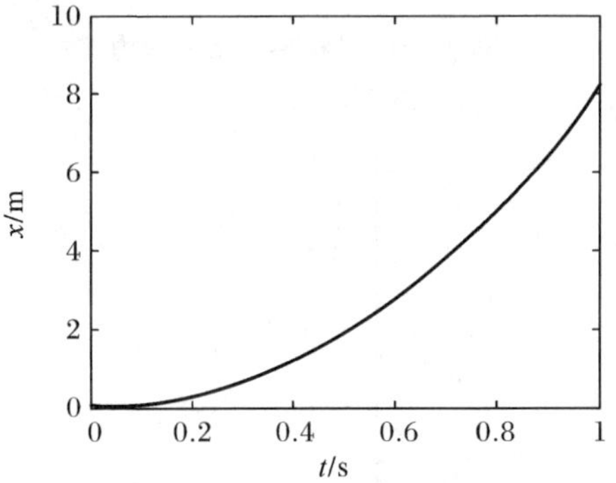

图 4－101　基础构件位移

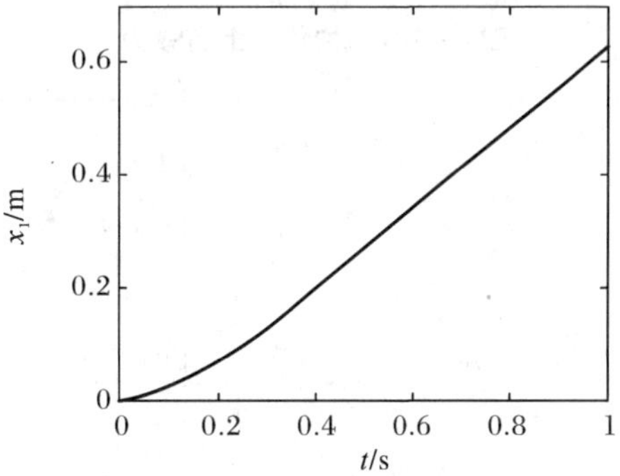

图 4－102　工作构件位移

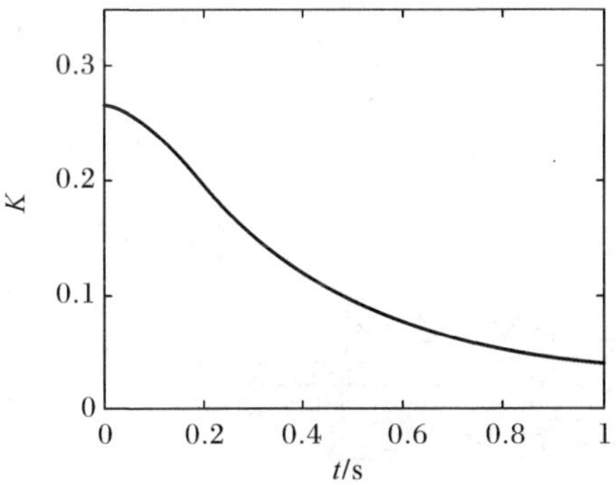

图 4－103　K 曲线

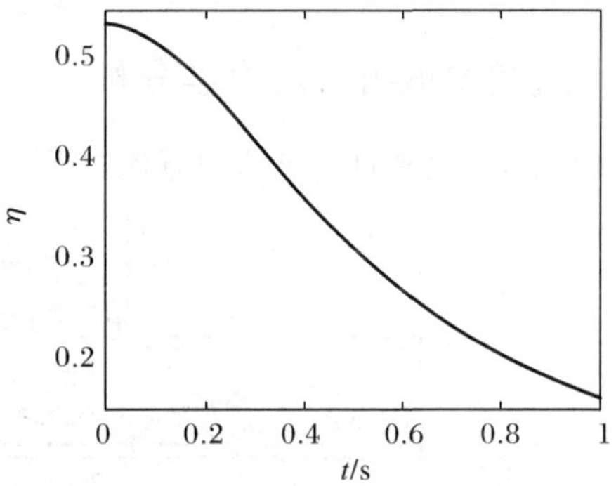

图 4－104　η 曲线

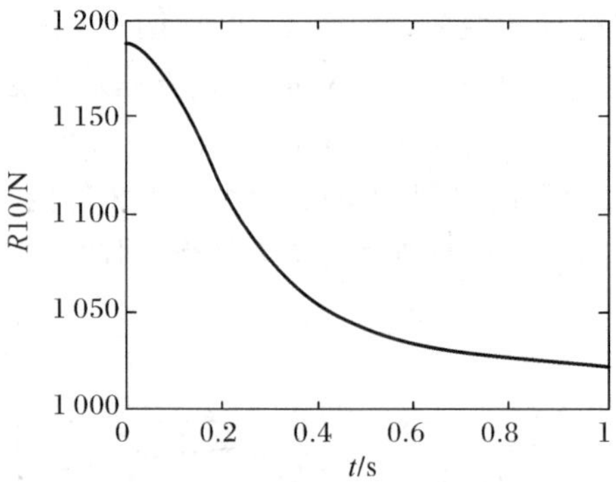

图 4-105 构件 1 对构件 0 的约束反力

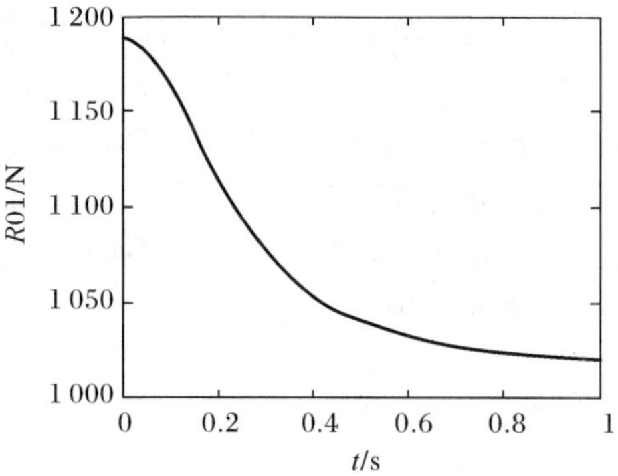

图 4-106 构件 0 对构件 1 的约束反力

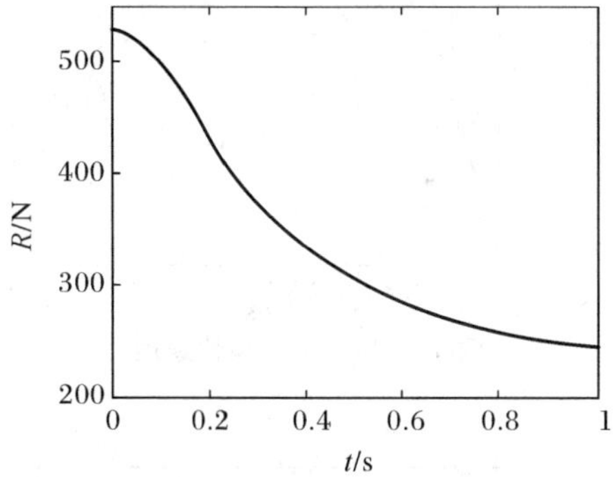

图 4-107 构件 0 上有效力

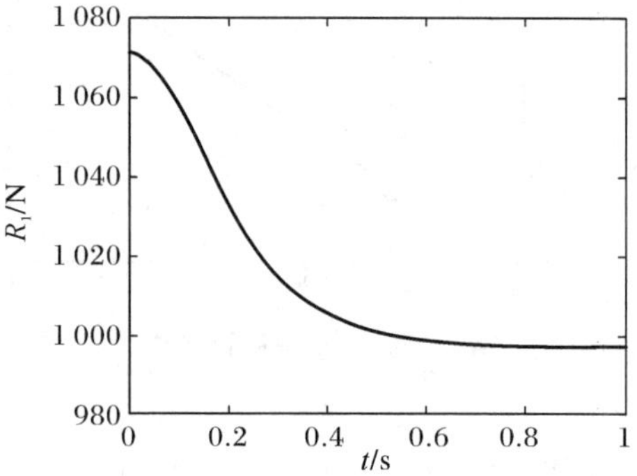

图 4-108 构件 1 上有效力

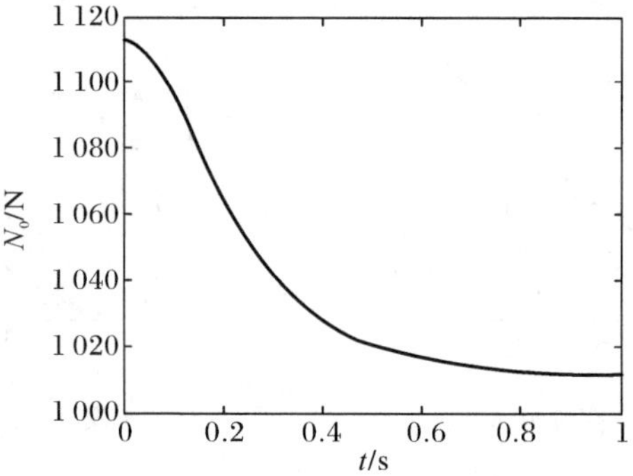

图 4-109 基础构件轨道支撑力

五、某枪械射击动力学分析

已知：某枪械自动机结构原理如图 4-110 所示。

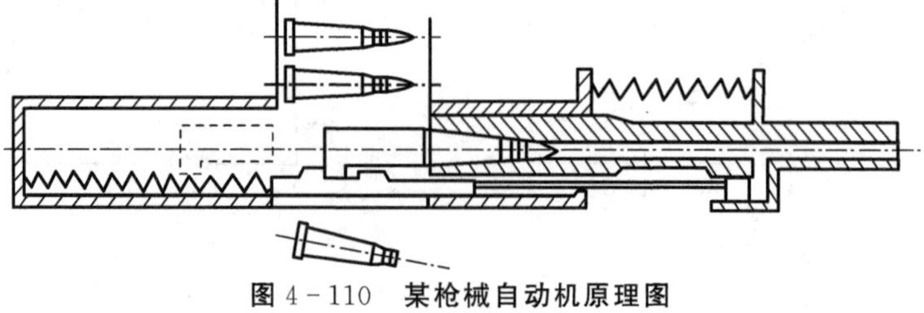

图 4-110 某枪械自动机原理图

枪管质量 $m_g=6.5$ kg，枪机框、枪机和活塞杆质量 $m_j=4$ kg。

枪管弹簧：刚度 $K_g=65$ N/mm，初始力 $F_{g0}=70$ N。

枪机弹簧：刚度 $K_j=5$ N/mm，初始力 $F_{j0}=160$ N。

枪膛合力：

$t=[0\quad 0.25\quad 0.5\quad 0.75\quad 0.9\quad 1.25\quad 1.5\quad 2\quad 3\quad 4\quad 5\quad 6\quad 7\quad 8\quad 9\quad 10]$ ms

$F_{qt}=[5\quad 10\quad 22\quad 40\quad 44\quad 37\quad 28\quad 16\quad 6\quad 2.5\quad 1.2\quad 0.6\quad 0.4\quad 0.2\quad 0.1\quad 0]$ kN

气室压力：

采用布拉温法计算，其中，$p_\phi=1\ 600$ kgf/cm²，$B=0.001$，$\alpha=0.6$，$t=0.001\sim0.004$ s，$S=3$ cm²。

建立该枪械自动机运动微分方程并求解(假定枪管和枪机框独立运动)。

枪管的运动方程为：$m_g\ddot{x}=F_{qt}-K_gx-F_{g0}$。

枪机的运动方程为：$m_j\ddot{x}=F_{qs}-K_jx-F_{j0}$。

求解得到枪管和枪机的运动诸元如图 4-111 和图 4-112 所示，可以看出：枪管首先后坐，1 ms 之后枪机后坐，枪管最大后坐距离 0.11 m，枪机最大后坐距离约 0.1 m，枪管最大后坐速度 10.2 m/s，枪机最大后坐速度 4.1 m/s；枪管经过 0.033 s 复进到位，枪机经过 0.077 s复进到位，枪机复进过程中完成输弹和击发。某种意义上图 4-112 就是自动机循环图。

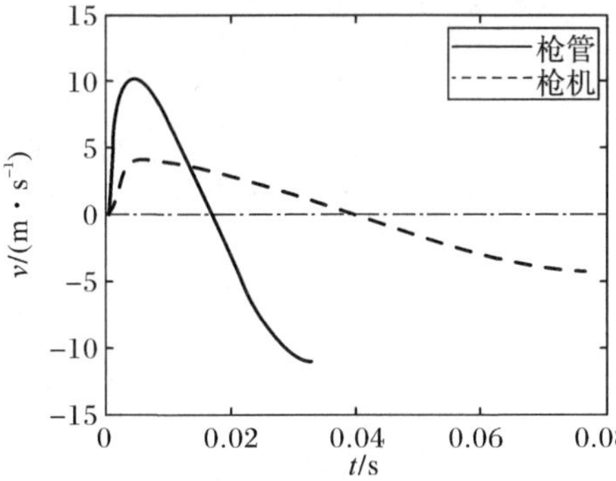

图 4-111　**枪管和枪机的速度**

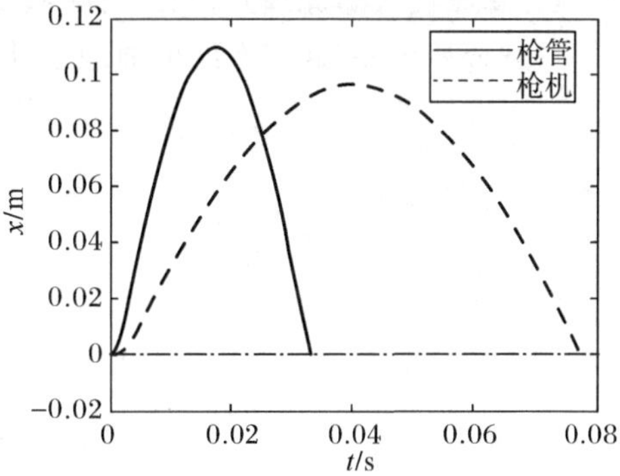

图 4-112　**枪管和枪机的位移**

复　习　题

1. 何谓火炮自动机？按照工作原理不同，火炮自动机可分为哪几种类型？

2. 何谓自动机循环图？以基础构件位移为自变量的循环图的缺点是什么？

3. 何谓有效力？写出火炮自动机动力学普遍方程。

4. 写出自动机基础构件平动工作构件平动的运动微分方程。

5. 写出自动机基础构件平动工作构件平面运动(质心与转轴重合)的运动微分方程。

6. 图 4-113 为某自动机构后坐时的机构简图。其中加速臂 1 的质心与转轴 O 重合。试写出自动机运动微分方程。构件 0 到构件 i 的传速比和传动效率为 K_i 和 η_i。

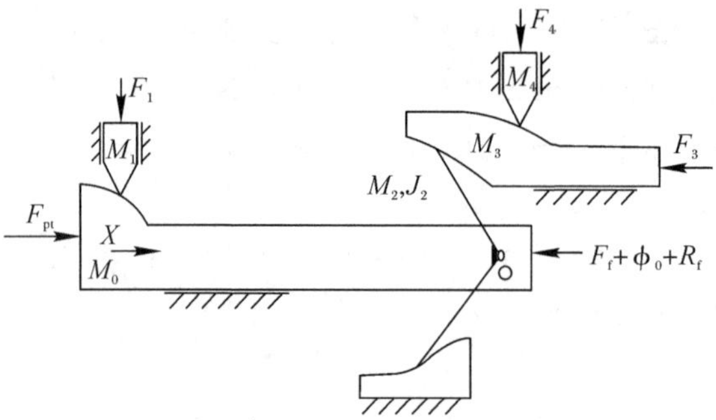

图 4-113 某自动机构后坐时机构简图

7.何谓逆传动？发生逆传动的必要条件和充分条件是什么？

8.何谓正碰撞和斜碰撞？何谓完全弹性碰撞和完全塑性碰撞？

9.导气式自动机气量调节器有何作用？计算气室压力变化的经验公式通常包括哪两个？

10.常见闭锁机构类型包括哪几种？PG99 式 35 mm 高炮的闭锁机构属于哪一种？

11.何谓供弹、输弹？PG99 式和 PGZ09 式 35 mm 高炮的供弹机构有何不同？

12.何谓浮动自动炮？有何优点？列举我军浮动自动炮型号。

13.前冲发射原理用于大口径地面压制火炮有哪些优点？目前未能列装部队的主要问题是什么？

14.膨胀波火炮原理是什么，有哪些优点？

15.“金属风暴”武器系统的原理是什么？

第五章　虚拟样机技术

前面主要介绍的是经典火炮与自动武器动力学理论，其理论基础主要是理论力学、材料力学等。随着科技的不断进步，人们越来越趋向于应用更精细的理论来研究火炮与自动武器中的工程实践问题，如基于多体系统动力学、弹塑性力学来研究火炮与自动武器的动力学问题、强度问题等。随着一些成熟的商用软件的出现和普及，借助商用软件利用更精细的理论来解决工程问题已经成为一种趋势，这种方法通常不需要建立和求解方程，只需要定义好模型，就能得到需要的分析结果，具有极高的效率。由于商用软件使得分析的计算机模型和真实物理模型在外形和响应上几乎完全一致，因此称这种技术为虚拟样机技术。本章主要介绍基于多体系统动力学和有限元技术的虚拟样机技术。

第一节　软件简介

一、多体系统动力学及软件

由于经典刚体动力学难以有效描述工程中大量的多体系统，因此随着计算机技术的迅速发展，借助计算机仿真技术解决此类问题就成为一种必然，对多体系统动力学的研究就应运而生了。多体系统是指有大范围运动的多个物体组成的系统，按照系统中各物体的特性及其连接方式分为多刚体系统和多柔体系统。多刚体系统是指有限个刚体的组合，各个刚体之间以某种形式的关节相连接。多柔体系统则进一步考虑了系统中柔性体的变形。

(一)多体系统动力学基础

1.建模方法

多体系统动力学研究的两个最基本的问题是建模方法和数值求解方法。多刚体系统动力学建模涉及许多矢量力学和分析力学方法。

属于矢量力学方法的有：①牛顿-欧拉方法。它将单个刚体的牛顿-欧拉方程推广到多刚体系统，物理概念清晰，建立方程直接。在分析过程中，若需要增加体的数目，只需续增方程数目，无需重新另建动力学方程组。但它的一个极大的缺点是消除约束力十分困难。②罗伯森-维腾堡(Roberson-Wittenburg)方法。该方法的特点是将图论原理应用于多刚体系统的描述得到适用于不同结构的公式，易处理树形系统。

属于分析力学方法的有：①拉格朗日方法。它将经典的拉格朗日方程用于多刚体系统，这个方法使未知变量的个数减小到最低程度且程式化，但计算动能函数及其导数的工作极其繁琐，而引入计算机符号运算则会方便一些。②凯恩方法。它通过引入了广义速率代替广义坐标描述系统的运动，并将力矢量向特定的基矢量方向投影以消除理想约束力，从而可以直接对系统列写运动微分方程而不必考虑各刚体间理想约束的情况，兼有牛顿-欧拉方法和拉格朗日方法的优点。③变分法。此法不需建立系统的运动微分方程，直接应用优化方法进行动力学分析。

柔性多体系统动力学的数学模型和多刚体系统、结构力学有一定兼容性。当系统中的柔性变形可以不计时，其退化为多刚体系统；当部件间的大范围运动不存在时，其退化为结构动力学问题。对柔性多体系统，通常用一浮动坐标系描述物体的大范围运动，弹性体相对于浮动坐标系的离散将采用有限单元法与现代模态综合分析方法，这就是描述柔性多体系统的混合坐标法。据此再根据力学基本原理进行推导，就可将多刚体系统动力学方程拓展到多柔体系统。

2. 数值求解

由于武器系统机构复杂，拓扑结构变化大，自由度数多，各部件运动一般都是大位移变化，因此所得运动微分方程不但数量多，且还有大量的非线性项，一般无法得到解析解，需借助计算机寻求数值解。

多体力学数值求解的核心通常是对常微分方程初值问题(5－1)的处理。

$$\left.\begin{aligned}\dot{y}&=f(t,y)\\ y(t=t_0)&=y_0\end{aligned}\right\}\qquad(5-1)$$

求解常微分方程的基本途径有以下三种：①化导数为差商的方法，即用差商来近似代替导数，从而得到数值解序列。代表性的是各种欧拉方法。②数值积分法，将方程化成积分形式，利用梯形、龙贝格、高斯等数值积分方法得到解序列。③利用泰勒公式的近似求解。典型的方法是各阶龙格-库塔公式。另外为了充分利用有用的信息，进一步提高计算结果的精度，还提出了线形多步法来代替单步法的思想，典型的如亚当姆斯法和哈明法。

由于在方程求解时经常要遇到系统的特征值在数值上相差若干个数量级的情况，描述这种系统的微分方程，称为刚性(或病态)方程。对这种方程的处理必须采用特殊的方法，现在常用的方法有隐式或半隐式龙格-库塔法、自动变阶变步长的吉尔法、隐式或显式亚当姆斯法等，而且对于线性病态系统，还可用增广矩阵法和蛙跳算法等。

另外方程中还经常涉及非线性方程的求解问题，可采用二分法、迭代法、牛顿法等进行数值求解。

(二)多体系统动力学商用软件

对于复杂的武器系统，如果人们从推导方程、方程数值求解着手来研究其动力学特性，考虑到其较多的自由度，将具有很大的工作量，且要求使用者有较好的的力学和数值求解基础，这实际上成为了一个较高的“门槛”。

商用软件的出现大大降低了对使用者的要求。使用商用软件，只要正确地建立刚体、定义约束，就可以直接通过动画或曲线观察仿真结果，而不必关心建立方程、求解方程这些在过去要耗费大量精力的工作，大大提高了仿真的效率和质量。

目前常用的多体动力学仿真软件主要有美国 MSC 公司的 ADAMS、德国 SIMPICK 公司的 SIMPICK、比利时 LMS 公司的 Virutal. Lab、韩国 FunctionBay 公司的 Recurdyn 等。图 5-1 为 ADAMS 软件界面。

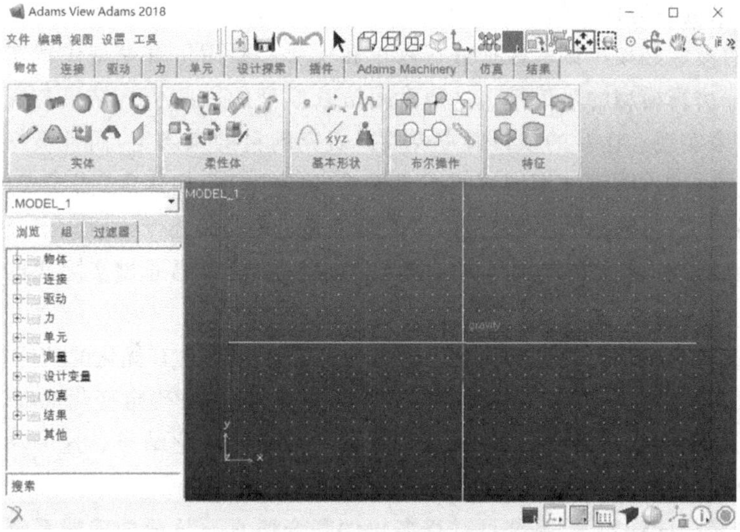

图 5-1　ADAMS 软件界面

运用多体动力学商用软件进行仿真研究的一般步骤如下。

1. 建立物体

物体包括地面、刚体、柔体、质量点等。外形简单的物体可以利用软件本身的简单建模工具进行构建，外形复杂的物体则经常需要借助另外专业的 CAD 软件进行建模然后导入。如果物体外形建立准确，在赋予材料密度后，即可自动获得完全的质量和惯量特性；否则质量和惯量特性需要手工赋值。

2. 建立约束

构建了物体后，需要使用约束将它们连接起来，以定义物体间的相对运动。约束除了常见的平动、转动、球形、平面等约束外，还包括接触约束、方向约束等。

3. 施加载荷

载荷是驱动机构运动的动力，包括一般的力、力矩、弹簧力、场力等。特别复杂的载荷计算可以借助 Fortran 或者 C 语言编制程序，在商用软件中加以调用。

4. 仿真分析

商用软件基于前面建立的刚体、约束和载荷，自动建立方程并进行求解。仿真出错时，可能需要调整数值求解算法及相关参数。

5. 结果分析

商用软件会自动将仿真计算结果以动画和曲线的方式直观地表达出来供使用者分析。

若结果与试验数据不一致，则要进一步到前面调整模型，再次进行仿真。

运用多体动力学商用软件进行仿真研究还应注意以下几个问题：

（1）根据研究需要，尽量简化模型。武器系统上零件众多，没必要把每个零件都作为一个物体来建模。譬如，要研究发射时后坐部分的运动规律，就可以将后坐部分（包括炮闩系统、炮身等）作为一个刚体来进行建模；如果不考虑射击时炮身的变形，就可以将身管作为刚体而不是柔体来进行建模。

（2）建立的模型必须用试验数据进行修正和检验。要用仿真模型代替实际武器来进行研究，必须保证仿真模型的可信性。这通常用仿真模型的一些仿真结果与实际武器的试验结果进行比对来实现。比对的项目通常要根据研究的目的来确定，而且最好是综合性的参数。譬如研究炮口振动，可选用炮口的振动位移（或者速度、加速度）曲线来进行比对；研究发射时炮架稳定性，可选用后坐部分位移（或者速度）曲线来进行比对。未经过试验数据比对的仿真模型是没有说服力的，而且仿真得到的一些结论也要通过实际武器的检验才能用于工程实践。

（3）借助参数化模型可以进行优化。大部分商用软件都具有优化的功能，优化时首先要确定目标函数和待优化的变量。待优化的变量要先参数化，并确定变化范围，而后商用软件会按照一定的优化方案自动进行多次仿真，并给出最终的优化结果。这一功能是许多科研工作者都十分感兴趣的。

（4）对于特别复杂的武器系统可进行多软件联合仿真。目前的武器系统已不单纯是机械系统，而是机电液气控一体的复杂系统，如果涉及复杂的电气、液压和控制模型，就要采用多体动力学仿真软件和控制仿真软件、液压仿真软件等联合的方式来进行建模。譬如某自行火炮供输弹系统由于涉及液压、电气和控制，就可以采用 ADAMS 和 EASY5 联合仿真的方式进行建模。

多体系统动力学商用软件可用于机械机构的静力学、运动学和动力学分析，广泛应用于航空航天、车辆舰船、兵器发射、工程机械等领域，可计算大位移运动下的构件位移、速度、加速度、力等参量。在火炮和自动武器领域，可对发射过程进行仿真，获取构件运动诸元和相关力，对射击稳定性和炮口振动情况进行分析。

二、有限元理论及软件

在兵器科学领域常涉及许多力学问题和物理问题，有些可以建立常微分方程和偏微分方程，在相应的定解条件下，能够求出精确解，但这是少数。大部分方程比较复杂，其特征有非线性性质，或由于求解区域的几何形状比较复杂，不能直接得到解析的答案。随着电子计算机的飞速发展和广泛应用，有限元已成为求解这类工程科学技术问题的主要工具和手段。

有限元法的出现，是数值分析方法研究领域内重大突破性的进展，它对模型进行近似计算。将连续体简化为由有限个单元组成的离散化模型；对离散后的模型求出数值解。与其它方法相比，有限元方法具有如下的优点：①物理概念清晰。对于力学问题，有限元法一开始就从力学角度进行简化，使得使用者易于掌握和使用。②具备灵活性与通用性。有限元法不但可解决具有规则几何特性和均匀材料特性的问题，对干不规则边界非线性的问题同样可以很好地解决，但有限元法对于各种复杂的因素(例如复杂的几何形状、任意的边界条件、不均匀的材料特性、结构中包含杆件、板、壳等不同类型的构件)要灵活地加以考虑，才不会发生处理上的困难。

(一)有限元基本理论

有限元的思路是把一个复杂的结构系统视作若干个离散单元的有限集合，单元通过节点与相邻单元联结，并要求在各个单元所具有的各节点处的位移协调和内力平衡，以使有限单元的组合替代整体一样作用，从而使连续体力学问题变化为一个有限自由度的离散系统的力学问题。从数学上讲，有限元法将借助微分方程组求解的连续体力学问题变为借助线形代数方程组进行求解的问题。

以三维实体为例，有限元处理弹性体动力学问题的基本步骤及理论如下。

1. 结构离散化

将一个受外力作用的连续弹性体离散成一定数量的有限小的单元集合体。单元之间只在结点上互相联系，即有结点才能传递力。在动力分析中，因为引入了时间坐标，所处理的是四维(x,y,z,t)问题。在有限元分析中一般采用部分离散的方法，即只对空间域进行离散，这一步和静力分析相同。

2. 构造插值函数

从广义坐标有限元法出发，首先将场函数表示为多项式的函数形式，然后利用节点关系，将多项式中的待定参数表示成场函数的节点值和单元几何的函数，从而将场函数表示成由其他节点值插值形式的表达式。

一般说来，单元类型和形状的选择依赖于结构或总体求解域的几何特点、方程的类型以及求解所希望的精度等因素，而有限元的插值函数则取决于单元的形状、节点的类型和数目等因素。一般对空间域进行离散，单元内位移可表示为

$$u=N\delta \tag{5-2}$$

式中：N——插值函数；

δ——节点位移。

3. 形成动力学方程

根据弹性力学基本方程的变分原理建立单元结点力和结点位移之间的关系，得到系统动力学方程为

$$M\ddot{\delta}+C\dot{\delta}+K\delta=f \tag{5-3}$$

矩阵表达式为

$$[M]\{\ddot{\delta}\}+[C]\{\dot{\delta}\}+[K]\{\delta\}=\{R\} \tag{5-4}$$

式中：$[M]$、$[C]$、$[K]$——分别为系统整体质量矩阵、阻尼矩阵和刚度矩阵；

$[\ddot{\delta}]$、$[\dot{\delta}]$、$[\delta]$——分别为系统的广义加速度、速度和位移向量矩阵；

$[R]$——载荷矩阵，又称外激励。

若是静力学问题，则$[\delta]$和$[R]$与时间无关，若是动力学问题，则二者是时间的函数。

4. 求解方程

固有频率和固有振型是动力系统的基本特征量，它们决定于系统整体的质量分布、刚度分布和阻尼分布，而与外载荷情况无关，因此称为“固有特性”。系统的动力响应是系统在外载荷的激励下所作出的动态响应，它不仅取决于所加载荷，而且还取决于系统的固有特性。解系统的动力方程式目前有两种方法用得较多。

(1)振型叠加法。当外激励[R]＝0 时，得到系统运动的自由振动方程式。[C]＝0 时，计算固有特性时可忽略阻尼力，这样就得到了无阻尼自由振动的运动方程式为

$$[M]\{\ddot{\delta}\}+[K]\{\delta\}=0$$

上式的特征值和特征矢量就是系统的固有频率和固有振型。根据特征向量的正交性，用特征向量对运动方程进行变换，变换后的运动方程各自由度是不耦合的。对各个自由度的运动方程进行积分，然后叠加，即可得到问题的解答。有了固有频率和振型，就可以通过振型叠加的方法在计及[R]的情况下进行求解，得到系统的响应。

(2)逐步积分法。对于有较复杂激振力或非比例阻尼情况下，可采用逐步积分法求解动力响应问题。其基本思想是把时间离散化，如把时间区间 T 分为 $T/n=\Delta t$ 的 n 个间隔。由初始状态 $t=0$ 开始，逐步求出每个时间间隔 Δt、$2\Delta t$、$3\Delta t$，…，T 上的状态向量(通常由位移、速度和加速度等组成)。最后求出的状态向量就是结构系统的动力响应解。在这种方法中，后次的求解是在前次解已知的条件下进行的。如开始是假定 $t=0$ 时的解(包括位移和速度)为已知，求出 Δt 时的解。接着再以该时刻的已知解计算 $2\Delta t$ 时刻的解，如此继续下去。这样有个问题，即在方程 $M\ddot{\delta}+C\dot{\delta}+K\delta=f$ 中，$[\ddot{\delta}]$、$[\dot{\delta}]$、$[\delta]$是未知量，那么如何由前一状态推知下一状态呢？可以对$[\ddot{\delta}]$、$[\dot{\delta}]$、$[\delta]$的变化规律给予某种假设。对于不同的假设就形成不同方法，如线性加速度法、威尔逊-θ 法等。

5. 计算系统的应力、应变与响应

根据结点力的平衡条件建立有限元方程，在给定边界条件下求解线性方程组，计算单元应力、应变，再通过协调原理推至这个连续体上。系统在静力平衡条件下求得的应力、应变是静应力、应变。系统在外激励作用下、内部产生的应力、应变是动应力、应变，加之其位移都是系统的响应。可见只需求得式中的未知解，即可得到响应。与静力学问题相比，在动力学分析中，由于惯性力和阻尼力出现在平衡方程中，因此引入质量矩阵和阻尼矩阵，最后得到的求解方程不是代数方程组，而是常微分方程组，其他过程与静力学问题完全相同。

(二)有限元商用软件

目前已经出现了许多大型商用有限元分析软件，这使有限元法得到了广泛的应用和发展。有限元软件能够处理线性和非线性结构响应问题、多物理场问题、冲击爆破问题等多种问题，因此商用有限元软件的种类远比多体力学商用软件丰富。典型的如用作前后处理器的 Hypermesh、MSC/PASTRAN；用作线性、非线性结构分析的 MSC/NASTRAN、MSC/MARC、MSC/DYTRAN、ANSYS、ABAQUS、I-DEAS、SAP2000、LS-DYNA 等。图 5－2 为 ABAQUS 软件界面。

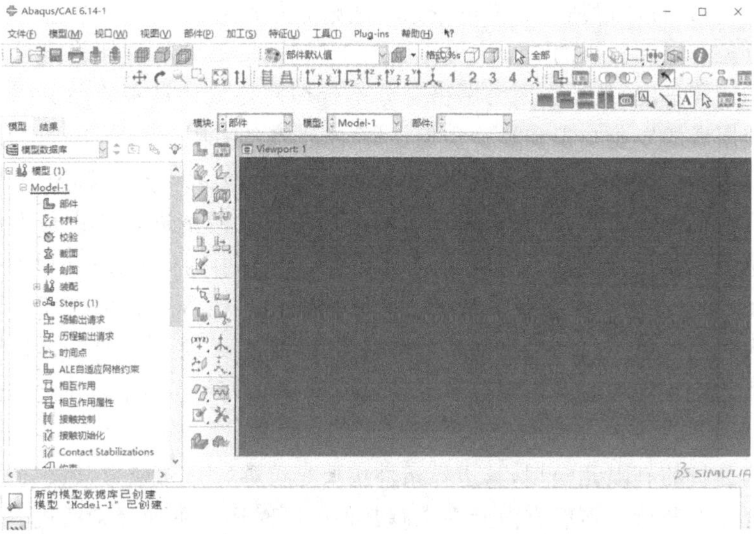

图 5－2　ABAQUS **软件界面**

运用有限元商用软件进行动力学分析的一般步骤如下。

1. 分析对象及简化模型

一般用有限元方法来求解的问题都是较复杂的结构，而且有限元的明显优势就在于求解复杂的结构。对于一个复杂的结构，肯定会存在许多特征，由于计算机条件的限制，不可能把模型做得太大，另外也由于网格划分算法的局限，对于一些小特征，比如小圆孔、小倒角等，不但会影响网格的质量，有时甚至会导致网格的无法生成，使求得结果也不可靠。相反，忽略它，对结果影响不大，有利于生成高质量的网格，最终能得到理想的结果。因此这一步至关重要，直接影响结果的可靠性。但到底怎样去抓住问题的主要矛盾，忽略次要矛盾，这就需要有一定的力学基础，熟悉了解所分析的结构，熟练掌握有限元软件，具有丰富的有限元分析经验。

2. 建立几何模型

几何模型可直接在有限元软件中建立，也可从其他 CAD 软件中或有限元软件中读入。直接在有限元软件中建立时，由于有限元软件的特长在于有限元分析，在几何建模方面一般功能都不是很强，因此适宜建立简单的模型。而 CAD 的特长在于几何建模，故适宜建立复杂的模型。从其他软件中读入会面临数据格式转换的问题，一般读入几何模型可分为三个层次：①标准的数据交换格式，例如 IGFS、STEP；②专用 CAD 软件接口，例如 PRO/E、CATIA；③采用相同的 CAD 软件建模核心，例如 Parasolid、ACIS。

3. 建立有限元分析模型(前处理)

分析模型的建立一般分以下 4 个步骤(次序可变)：网格划分、创建材料、指定单元属性、施加载荷及约束条件。

单元属性一般包括单元类型、常实数、材料特性等。有限元商用软件大都提供多种单元类型(如线单元、面单元、体单元以及一些特殊单元)供用户选择，选择何种单元要根据自己的分析目的来确定；典型的常实数包括厚度、横截面积、高度等。不同单元类型所需要的常实数不同;典型材料特性包括弹性模量、密度、热膨胀系数等。

网格划分是有限元分析的一个十分重要的工序,网格划分的好坏将直接影响到计算结果的准确性和计算进度,甚至会因为网格划分不合理而导致计算不收敛。网格划分的好坏主要取决于使用者的专业知识和经验积累,一个水平高的有限元分析工程师,80%的时间是用在网格划分上的。对于一般的问题,各种有限元软件均能自动进行较为合理的网格划分。在对模型进行网格划分之前,确定采用自由网格还是映射网格进行分析是十分重要的。自由网格对于单元形状没有限制,并且没有特定准则。与自由网格相比,映射网格对包含的单元形状有限制,而且必须满足特定的规则。映射面网格只包含四边形或三角形单元。映射体网格只包含六面体单元。如果想要映射网格类型,那么必须将模型生成具有一系列相当规则的体或面才能接受映射网格划分。自动生成网格时内部节点位置比较随意,用户无法控制。

作为结构分析的有限元模型,其边界条件主要是位移、力、初应力、体载荷、面载荷、惯性载荷以及耦合场的载荷。当然有限元在求解其他问题时还有更加复杂的边界条件。这些主要由求解问题的复杂性决定,如弹性体几何边界形式和节点坐标的改变、材料弹性模量的随机性、流体力学中不同介质的边界条件等。这些一般被称为动边界问题。在自动武器的分析中典型动边界问题是接触土壤的随机性以及自动机在机匣内的变速运动对整个枪械的动力学响应的影响。此外还有弹炮耦合问题、人枪作用等都属于复杂的有限元问题,其本质是由非线性和随机性造成的。施加载荷时还要注意载荷步的使用。载荷步是作用在给定时间间隔内的一组载荷,如在静力或稳态分析中,可以使用不同的载荷步、施加不同的载荷组合。在瞬态分析中,需要使用载荷步来描述载荷随时间变化的情况。

4.递交分析

可直接递交运算或产生计算文件,例如用什么分析类型求解(静力、动力、非线性瞬态等),求解的一些参数设置,要求输出什么结果等。这里计算机依据前面的定义自动建立方程,并对方程进行求解,同样也是把用户从一些繁杂的工作中解放了出来,提高了分析的效率。

5.评价分析结果(后处理)

这一步主要是解算完毕后显示并解释结果。有些软件将解算模块与后处理模块集为一体,可直接调用结果文件来显示。而有些软件的解算模块与后处理模块不成一体,那就需要从一个软件中读入计算结果文件。通过软件提供的后处理工具,结果数据文件以操作性极强的、形象的方式展示给人们,如实时动画、等值线、云纹图等。

许多有限元软件也提供了基于参数模型的优化功能,譬如通过结构参数的优化来减小结构最大应力,提高其强度。

有限元商用软件的用途也十分广泛,最早用于强度分析,后来扩展到模态分析、振动分析、物理场分析。其除了用于工程机械领域外,还用于土木建筑、冶金材料、航空航天、交通舰船等多个领域。在火炮与自动武器领域可分析自动武器的强度、模态、射击振动、驻退机内液体流动、火药气体炮口流动、弹丸弹带挤进、身管自紧加工、弹丸穿透装甲、相关热分析、电磁分析、噪声分析等。

第二节　身管强度分析

一、单筒身管强度

用 ABAQUS 分析某单筒身管承受内压时应力应变情况，取身管一个典型截面：内半径为 51.5 mm，外半径为 125 mm，内压为 301 MPa，外压为 49 MPa，弹性模量为 2×10^5 MPa，泊松比为 1/3。参数与前面算例一致，便于比较。首先分析施加内压的应力情况，而后再施加外压，观察管壁应力的变化。

（一）仅施加内压

采用平面模型，取身管 1/4 截面进行分析，如图 5－3 所示。赋予材料属性，建立静力通用分析步。

施加载荷，在对称边界上设置对称约束，在内壁施加压强 301 MPa，如图 5－4 所示。

划分网格，设置全局种子近似尺寸大小为 5，采用四边形结构网格，单元为二阶以提高计算精度，如图 5－5 所示。

提交分析，进入可视化界面观察结果，可观察各种应力、应变、位移等，如图 5－6～图 5－10 所示。将径向应力、切向应力、径向应变、切向应变与炮身部分算例比较，结果十分接近。

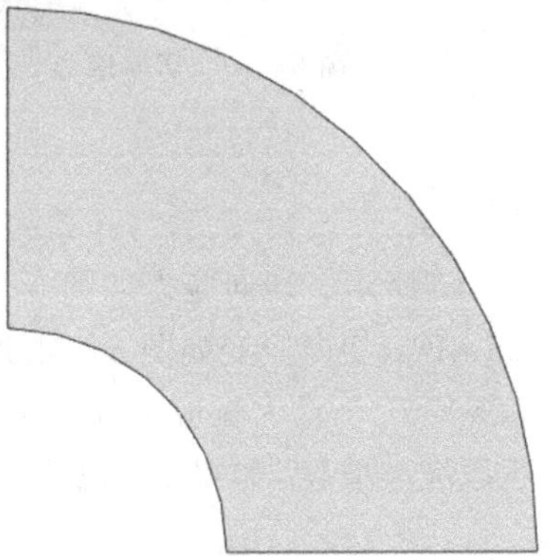

图 5－3　部件

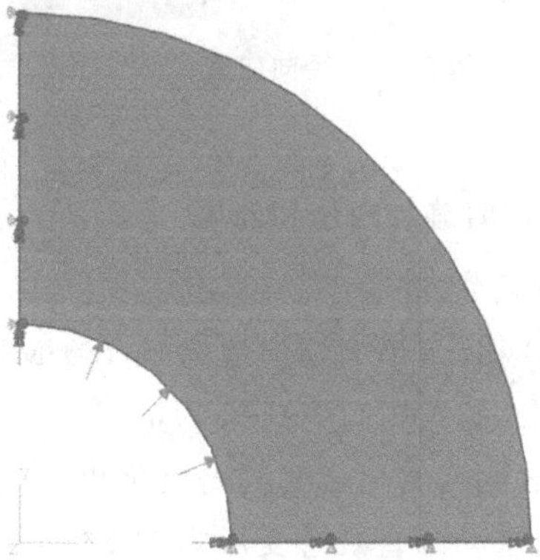

图 5－4　边界和载荷

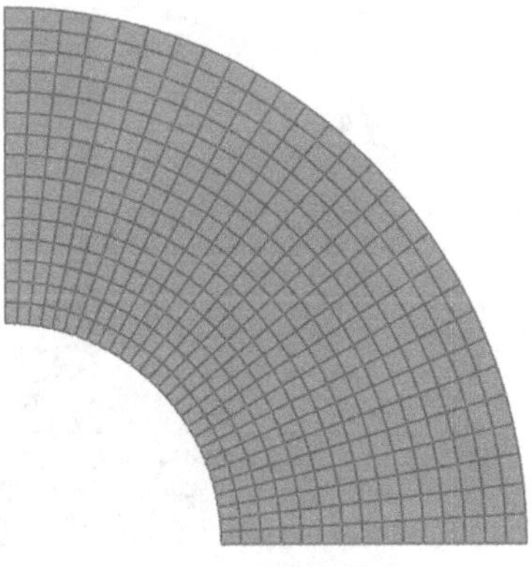

图 5－5　网格划分

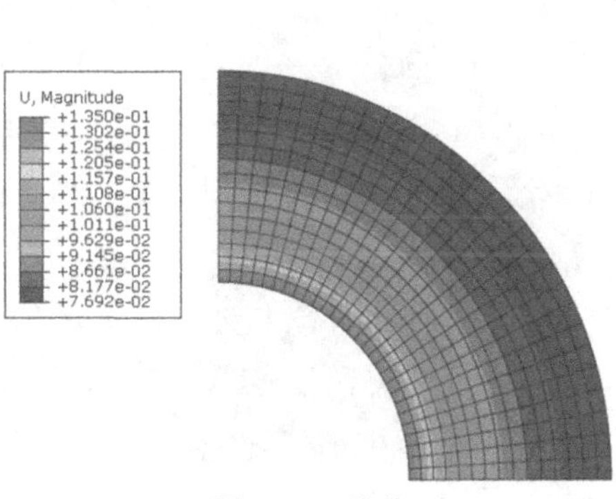

图 5－6　位移

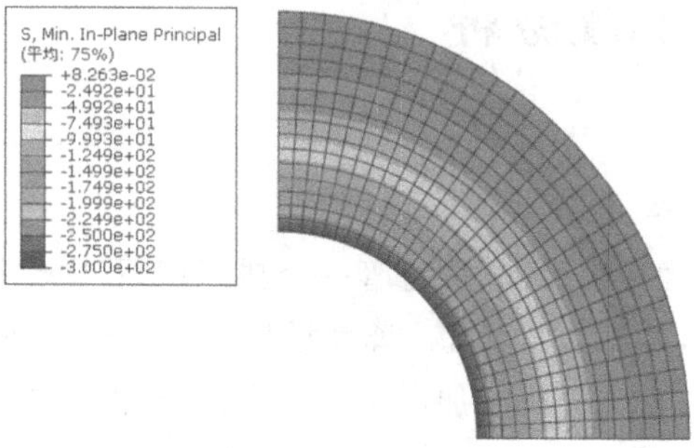

图 5-7　径向应力

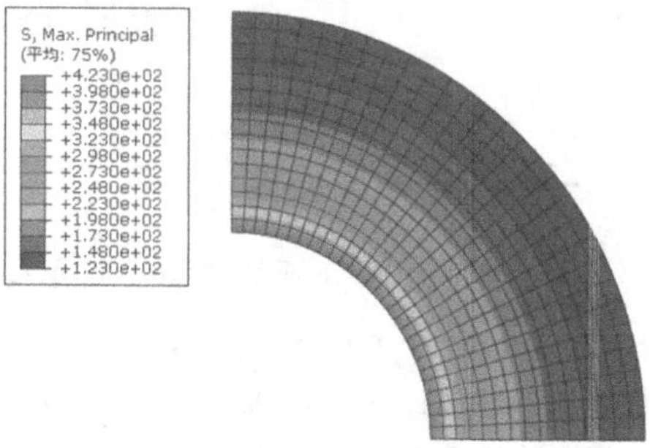

图 5-8　切向应力

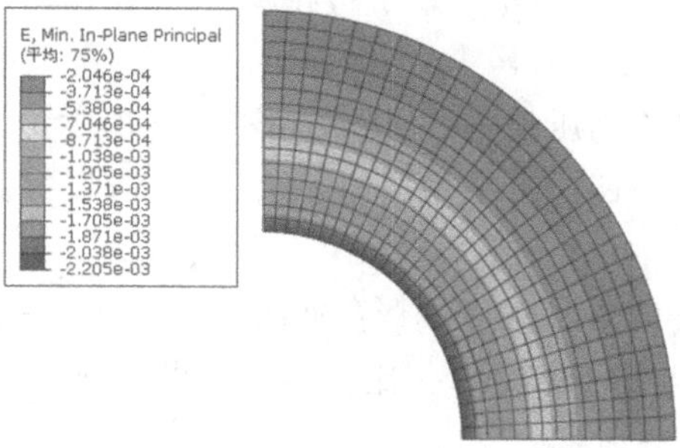

图 5-9　径向应变

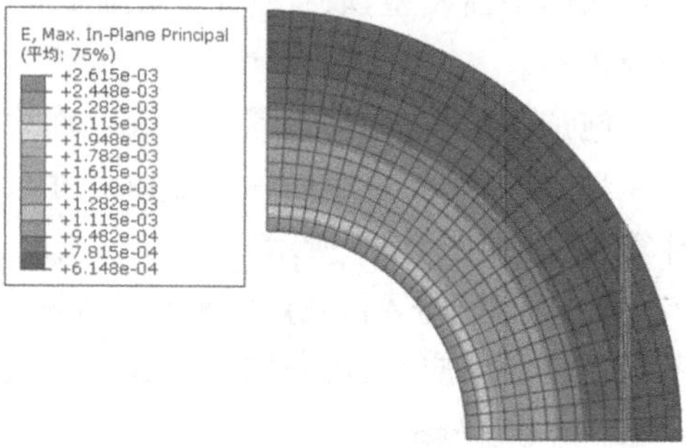

图 5-10　切向应变

(二)同时施加内压和外压

修改载荷,在管壁外部施加外压 49 MPa,如图 5-11 所示。切向应力如图 5-12 所示,与图 5-8 相比,最大切向应力从 423 MPa 减小到 305 MPa;切向应变如图 5-13 所示,与图 5-10相比,最大切向应变从 2.615×10^{-3}减小到 2.026×10^{-3};最大拉应力和最大拉应变减小,说明紧固身管可以提高身管强度。通过镜像可还原完整管壁,如图 5-14 所示。另外,还可以通过动画直观感受应力的变化过程。

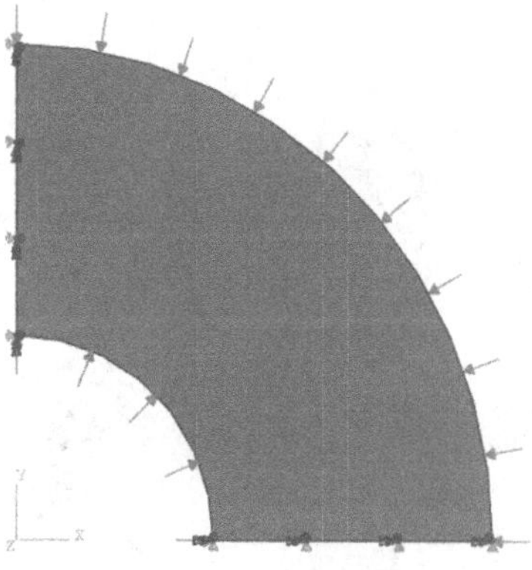

图 5-11　同时施加外压和内压

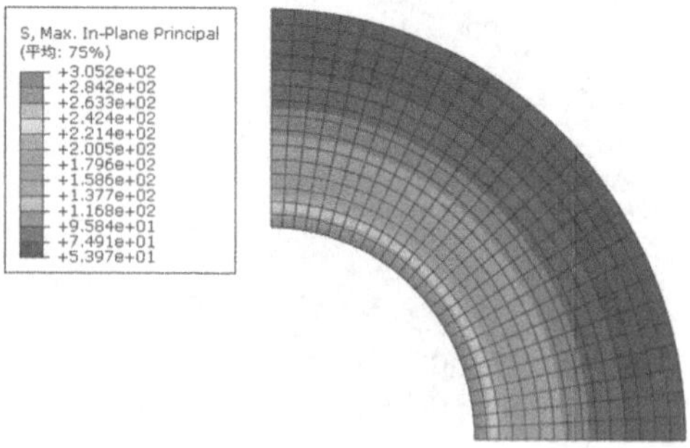

图 5-12　切向应力

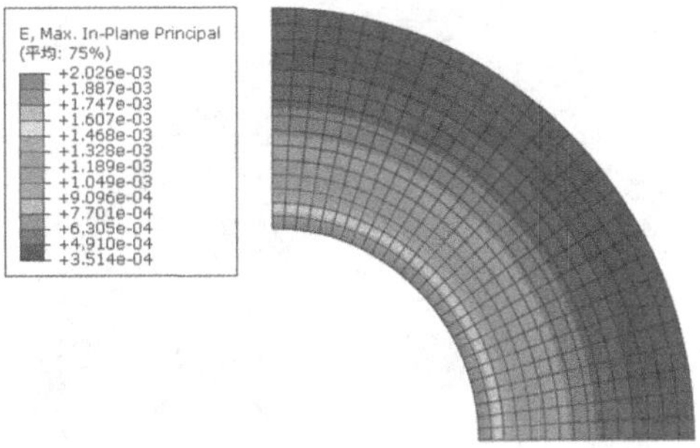

图 5－13　切向应变

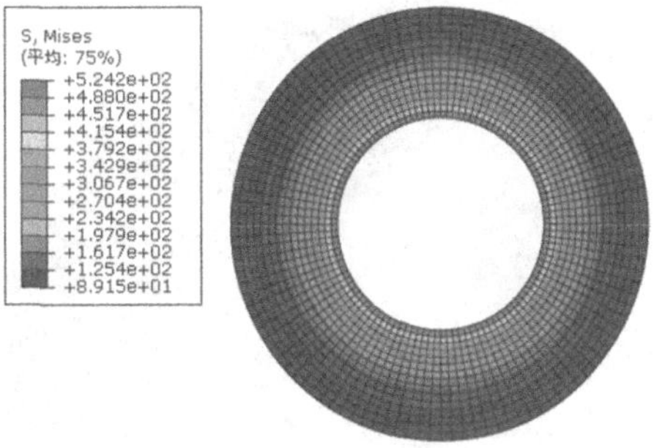

图 5－14　镜像完整管壁

二、自紧身管强度

用 ABAQUS 分析某自紧身管应力分布情况，取身管一个典型截面：内半径为 90 mm，外半径为 160 mm，弹性模量为 2×10^5 MPa，泊松比为 1/3，屈服极限为 1 100 MPa，自紧压力为 591 MPa，射击压力为 420 MPa。参数与前面算例基本一致，便于比较。首先进行塑性分析，而后分析自紧身管应力情况。

(一)塑性分析

同样采用平面模型，取身管 1/4 截面进行分析。材料属性中设置塑性参数；分析步为静力通用，打开非线性开关；全局单元近似尺寸 5，四边形结构网格，二次单元，划分网格；施加载荷，对称边界上设置对称约束，首先在内壁施加内压 300 MPa，提交作业，身管壁 mises 应力分布如图 5－15 所示，由于最大应力小于屈服极限，因此管壁仅发生弹性变形。

将内压修改为 591 MPa，再次提交作业观察 mises 应力分布如图 5－16 所示，可看出管壁内侧区域发生塑性变形，应力均为 1 100 MPa。

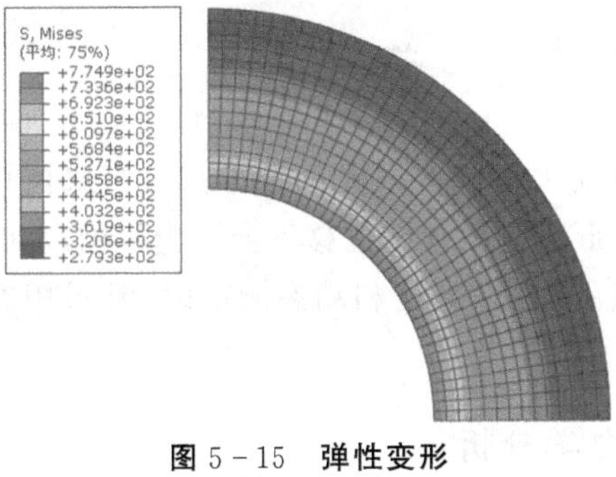

图 5－15　弹性变形

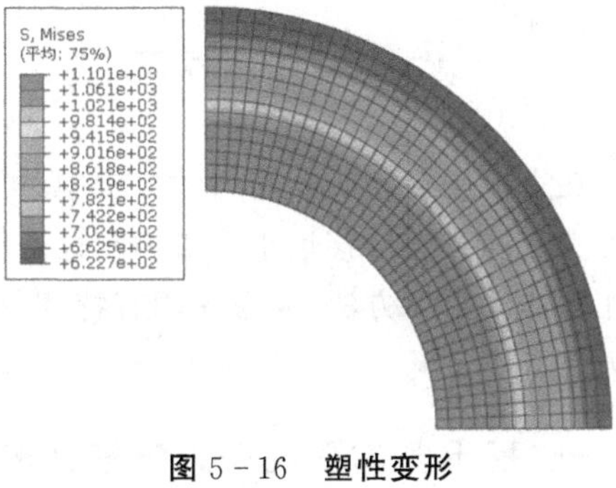

图 5－16　塑性变形

(二)自紧身管应力分析

自紧身管工况包括加工时、加工后和射击时三个，故在塑性分析模型基础上加以修改，建立三个静力通用分析步，非线性开关均打开；在载荷施加步修改三个分析步施加内压分别为 491 MPa、0 MPa 和 420 MPa，提交分析，三个分析步对应 mises 应力分别如图 5－16～图 5－18所示，可以看出，残余应力和射击应力沿着半径呈现起伏变化。

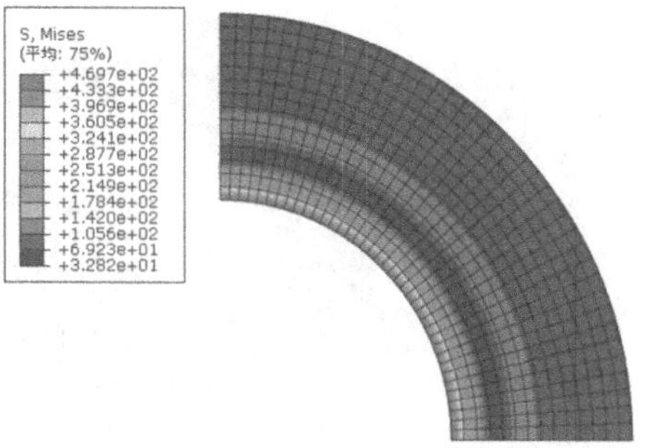

图 5－17　**残余应力**

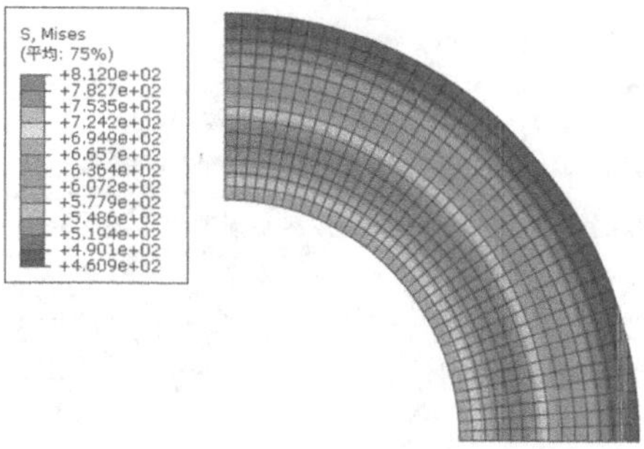

图 5－18　**射击应力**

沿着半径方向创建路径，生成三种条件下的应力曲线如图 5－19 所示。曲线的变化与应力云图是对应的。要注意的是，ABAQUS 中 mises 应力均为正值。

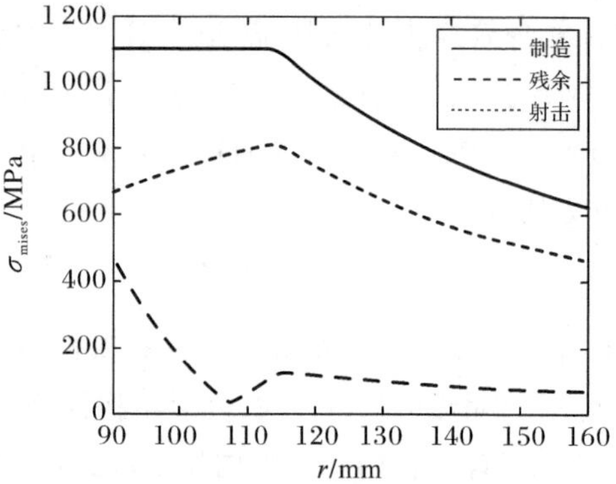

图 5－19　**三种工况下应力曲线**

要注意的是，我国自紧身管强度分析采用第三强度理论，按照 treca 应力屈服，而 ABAQUS 软件默认采用第四强度理论，按照 mises 应力屈服。

第三节　发射动力学分析

在火炮与自动武器动力学分析中，可采用多体动力学和有限元两种方法。当武器构件变形引起的弹性位移远小于机构刚性运动、构件变形引起的弹性位移不会影响机构运动时，采用多体动力学方法；要考虑固有特性及系统各点的应力、应变和动态响应时，常采用有限元方法。

一、基于多体系统动力学软件的发射动力学分析

经典火炮动力学分析建立在发射时火炮处于平衡、静止和稳定假设条件下，将火炮所有的零部件和地面都当成刚体，并且发射时静止不动，只有后坐部分在摇架上沿炮膛轴线方向作一个自由度的直线运动。这里以某牵引式火炮为例，借助多体动力学软件 ADAMS 建立其发射动力学模型来更精细地研究其发射时的动态特性。

1. 模型简化

将火炮系统简化为 6 个刚体，如图 5－20 所示：

(1)下架(B_0)可绕地面(惯性坐标系)进行转动和平移,具有三个移动自由度和三个转动自由度;

(2)两个大架(B_1、B_2)相对于下架各有一个转动自由度;

(3)上架(B_3)相对下架(B_0)进行回转,具有一个转动自由度;

(4)摇架(B_4)相对上架(B_3)进行俯仰,具有一个转动自由度;

(5)后坐部分(B_5)相对摇架(B_4)后坐复进,具有一个移动自由度。

这样,整个火炮系统包括 6 个刚体和 11 个自由度。约束关系如下:

B_0 和 B_1、B_2 间各有一个转动副;

B_0 和 B_3、B_3 和 B_4 间各有一个转动副;

B_4 和 B_5 间有一个移动副。

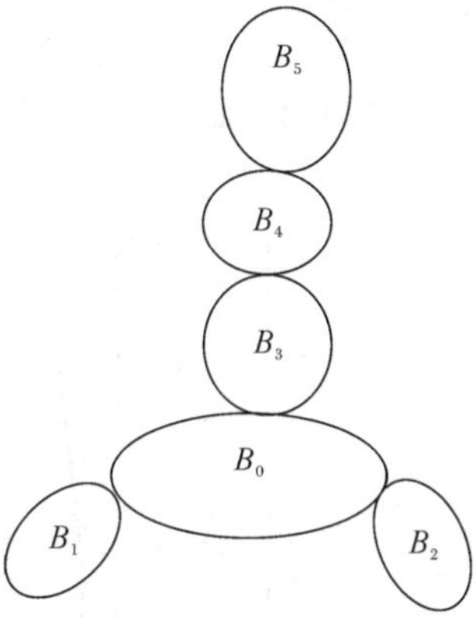

图 5-20　某火炮多体系统结构拓扑图

B_0—下架;B_1,B_2—大架;B_3—上架;B_4—摇架;B_5—后坐部分

2. 仿真模型

涉及的力学模型主要是炮膛合力模型、驻退机力模型、复进机力模型、高低机力模型、复进机力模型、平衡机力模型以及土壤介质作用力模型。由于大部分力学模型前面都已经交代,这里不再赘述。为使仿真更加直观,物体采用 CAD 软件建模后导入,最终建立的仿真模型如图 5-21 所示。可以注意到,驻退机力、复进机力、炮膛合力、驻锄力等已经不再是平面力系,而是更接近实际的空间力系。

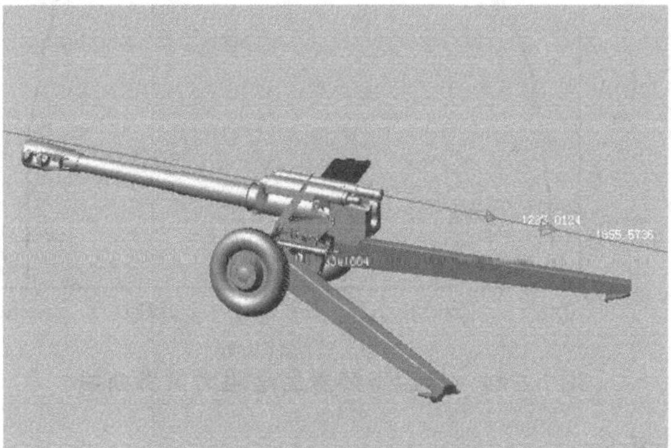

图 5-21　某牵引火炮仿真模型

3. 模型验证

通过仿真获得后坐速度曲线、后坐阻力曲线与实测数据较为吻合；且最大后坐速度 V_{max}、最大后坐阻力 R_{max}、最大后坐长度 λ 和后坐时间 t_λ 仿真值和试验值误差也很小，见表 5-1。

表 5-1 仿真数据与试验数据对比

测试项目	$V_{max}/(m\cdot s^{-1})$	R_{max}/N	λ/mm	t_λ/s
仿真值	12.785	253 702	879.67	0.174
试验值	12.4	250 390	897	0.183
误差	3.1%	1.3%	−1.9%	−4.9%

4. 仿真结果

仿真得到火炮发射时后坐部分的位移曲线、速度曲线以及后坐阻力曲线分别如图 5-22～图 5-24 所示。可以看出：火炮后坐速度远大于复进速度；后坐部分复进到位时有一个复进剩余速度；后坐阻力曲线上部近似水平，这样既能在后坐过程中有效地消耗后坐能量，也保证了炮架受力峰值不至过大。

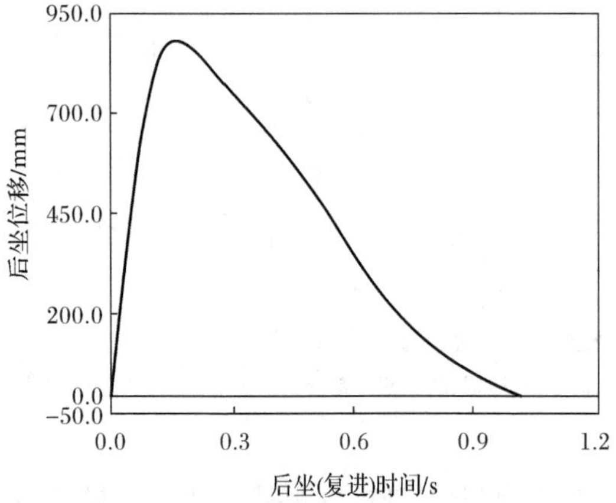

图 5-22 后坐部分后坐位移仿真曲线

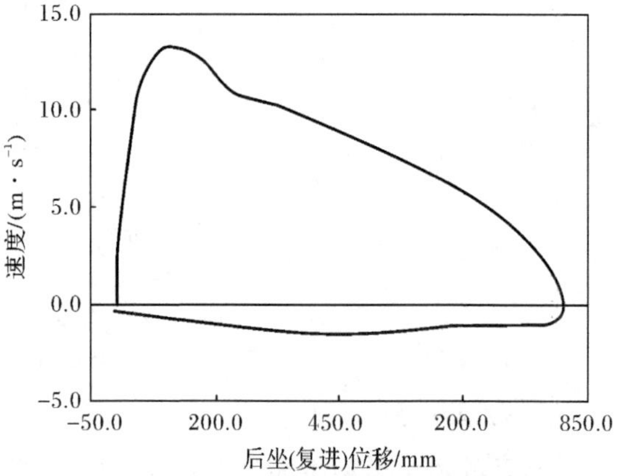

图 5-23 后坐和复进速度仿真曲线

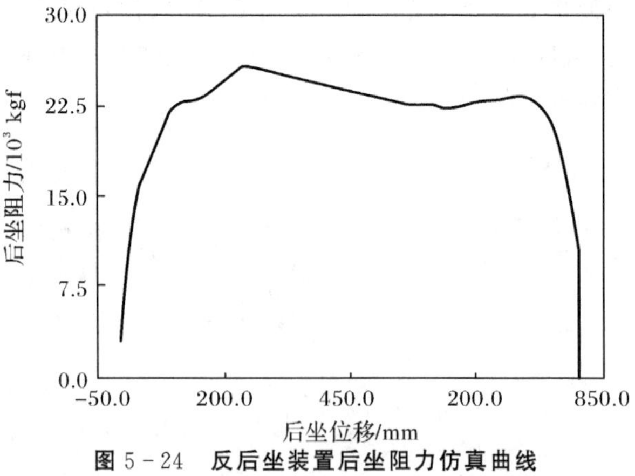

图 5-24 反后坐装置后坐阻力仿真曲线

5. 自行火炮发射仿真

对履带式自行火炮发射仿真来说，最大问题是物体数目过多（履带板和履带销都作为刚体的话，刚体数目就400多个)，构建这么复杂的多刚体系统用常规行动力学仿真方法基本是无法进行的，以前曾有人试着在ADAMS基本模块环境下搭建了一个履带模型，结果，计算机根本无法求解。这一点在ADAMS软件推出专用的ATV模块后才得以改善。ATV模块在建模和解算时针对履带底盘的特点进行了一些优化。采用ATV模块，构建的某自行火炮的履带底盘模型涉及液气悬挂力学模型、履带板间力学模型、履带与地面之间力学模型等，火力部分力学模型与牵引火炮类似，最终建立的某自行火炮发射仿真模型如图5-25所示。

图5-25　某自行火炮发射仿真模型

以某种射击工况下炮塔上某位置的振动位移(上下和前后)作为对仿真模型的验证，仿真数据与实测数据十分接近，最大值误差不超过8%。基于该仿真模型可以对不同工况下射击时自行火炮的动力学特性进行比较分析，如图5-26～图5-28所示。

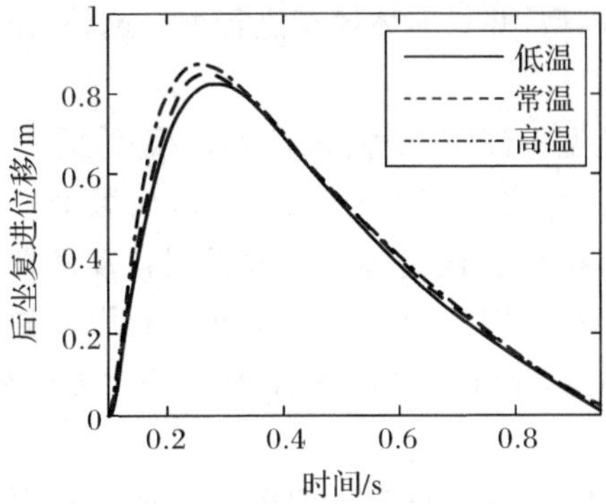

图5-26　不同药温时后坐和复进位移曲线图

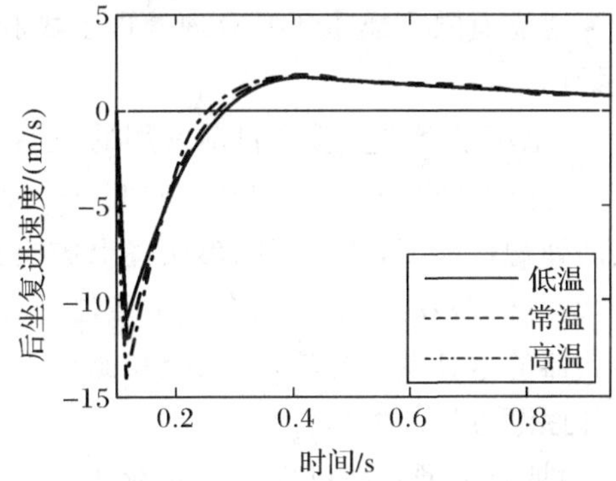

图5-27　不同药温时后坐和复进速度曲线图

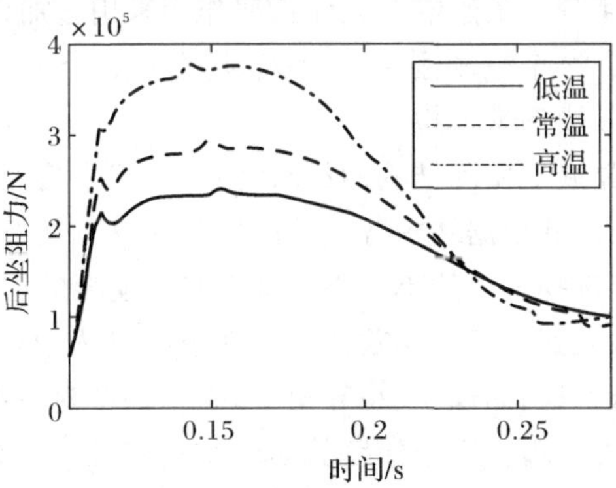

图5-28　不同药温时的后坐阻力曲线

二、基于有限元软件的发射动力学分析

以枪械发射动力学为例，用 ANSYS 软件分析某重机枪动力学特性。

1. 机枪有限元模型

机枪是由枪管、机匣、枪机、机框、复进装置、枪架等若干个零部件按照一定的方式连接而成的机械系统，在 CAD 软件 Solidworks 中建立机枪系统各零部件的三维实体模型，并对各零部件进行组装，形成各级子装配后再最后完成总装配。所建立的某重机枪的实体模型(总装配体)如图 5-29 所示。

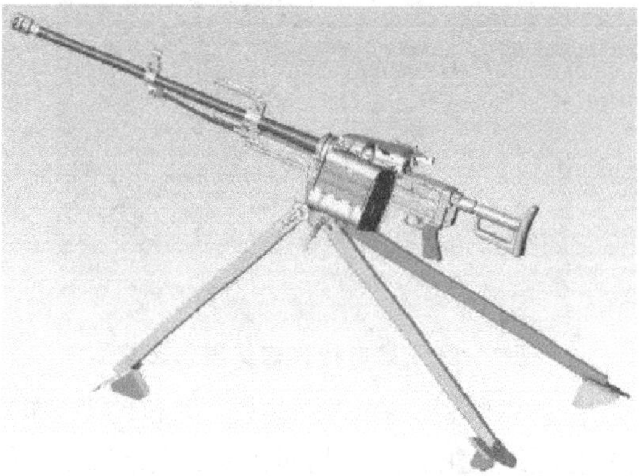

图 5-29 某重机枪三维实体模型

为建立有限元模型还要合理处理土壤和抵肩模型，并对实体模型进行划分网格，添加约束等操作。

(1)土壤模型。工程中目前常用的土壤简化模型有以下几种：线性弹性模型、非线性弹性模型、弹塑性模型、流变模型。这里采用德鲁克-普拉格(Drucker-Prager)屈服准则构建土壤的弹塑性模型，并用间隙单元将土壤模型与机枪模型连接起来。考虑到自动武器在室内进行动态试验时一般架设在一个经过处理的沙箱上，因此建立了一个沙箱有限元模型来模拟武器的这种试验环境，在三个驻锄与土壤作用处，单元划分得较细，靠近边界处较粗，由内向外逐渐过渡。

(2)抵肩模型。在机枪发射系统中，人体的作用相当于在机枪的尾端增加了约束或惯性，从而对系统的性能产生一定的影响。人体抵肩作用采用施加在机枪尾端的 18 个参数(3 个平动惯量、3 个转动惯量、3 个平动刚度、3 个转动刚度、3 个平动黏性阻尼、3 个转动黏性阻尼)的 6 自由度约束等效模型来模拟。

(3)有限元模型。根据武器实际结构的材料特性，指定各零部件的材料特性，包括弹性模量、泊松比和密度等特性，并根据结构各部件的联接关系对各部分零件进行布尔操作，然后依据各部件的结构特点选择不同的单元类型进行实体模型的有限元划分。建好的机枪系统的实体模型可以直接输入到 ANSYS 软件中。在模型导入前，要抑制掉对武器动态特性影响不大的零部件的微小特征，如螺纹、小导角等，并将一些对发射特性影响不大的零部件进行了简化处理，其余大部分零件完全保留其实际结构特征。所建立的某重机枪有限元模型如图 5-30 所示。

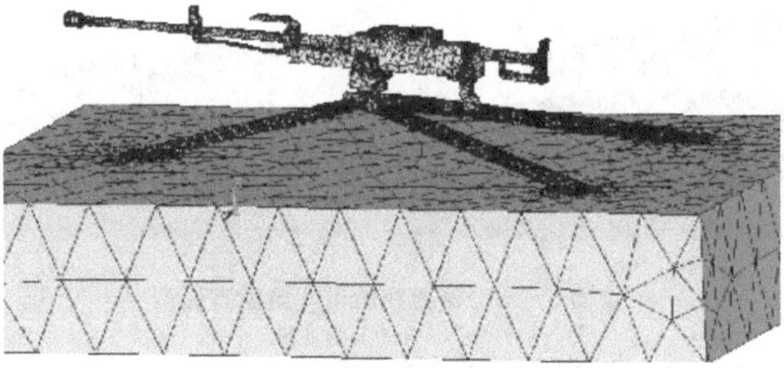

图 5-30　某重机枪有限元模型

2.机枪动态特性与响应计算

有限元模型所计算出的前 6 阶固有频率与试验测试结果对比见表 5-2。可以看出，有限元模型的固有频率在低频段比试验结果丰富得多，这是因为它包括了指定频段内的所有固有频率，若将其与试验结果对比，则需要将代表纵向射面内的主模态识别出来，因为模态试验采用的是垂直激振的方法，只能较好地识别出机枪纵向射面内的主模态及所对应的频率。

表 5-2　某重机枪前固有频率计算值与实测值

阶　数	1	2	3	4	5	6
计算/Hz	14.73	18.52	22.4	46.32	63.70	72.12
试验/Hz	14.56	—	—	43.42	—	68.33
相对误差	1.2%	—	—	6.7%	—	5.7%

有限元模型计算出的前 6 阶固有振型如图 5-31 所示。

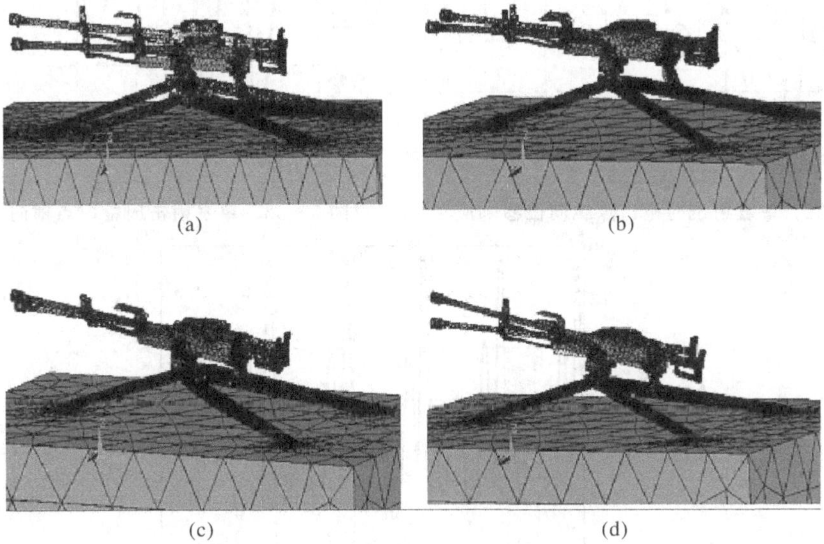

图 5-31　某重机枪前 6 阶固有振型

(a)第 1 阶；(b)第 2 阶；(c)第 3 阶；(d)第 4 阶

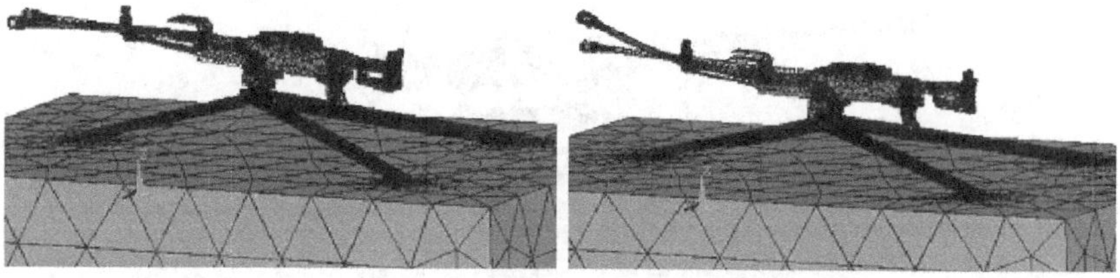

(e)　　　　　　　　　　(f)

续图 5-31　某重机枪前 6 阶固有振型

(e)第 5 阶;(f)第 6 阶

机枪在射击过程中,由于高温高压火药气体的冲击,机枪各运动部件之间的相互撞击以及弹丸在膛内运动时对机枪的作用,使得机枪系统的受力十分复杂,这里根据某重机枪的特点,考虑下述 7 个力的作用:

(1)膛内火药气体对枪膛底部的冲击力;

(2)弹丸在膛内旋转运动对枪身的扭矩;

(3)火药气体进入气室对气室前壁的作用力;

(4)自动机后坐到位对机匣尾部的撞击力;

(5)自动机复进到位对枪管尾端面的撞击力;

(6)枪管后坐到位对机匣的撞击力;

(7)枪管复进到位对机匣的撞击力。

各个作用力按照不同作用点、不同作用时间在机枪射击周期内循环加载,即可得到机枪射击时的动响应。图 5-32～图 5-34 即为单发和连发射击时枪口处的位移响应曲线。

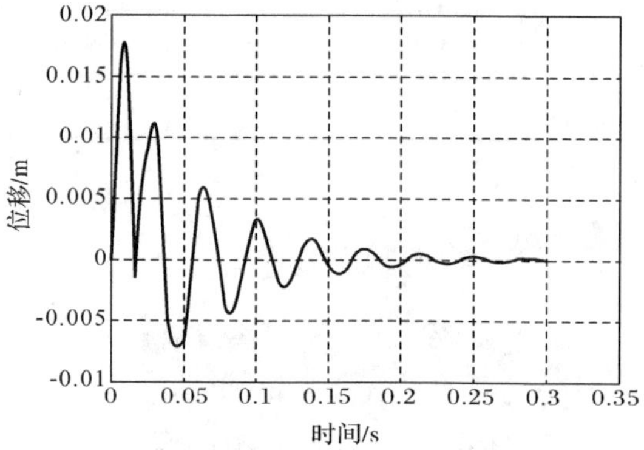

图 5-32　单发射击时枪口点纵向位移响应

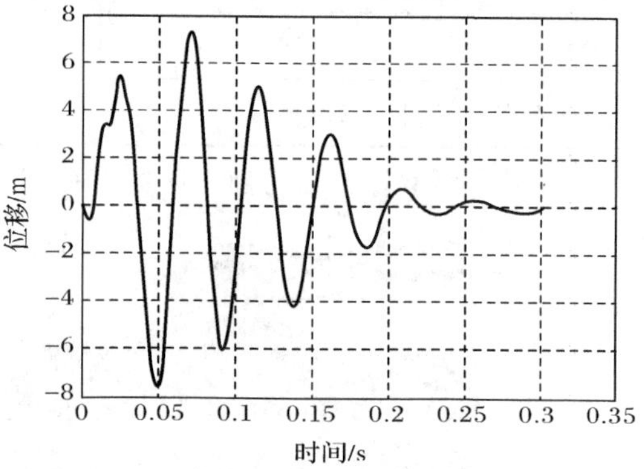

图 5-33　单发射击时枪口点横向位移响应

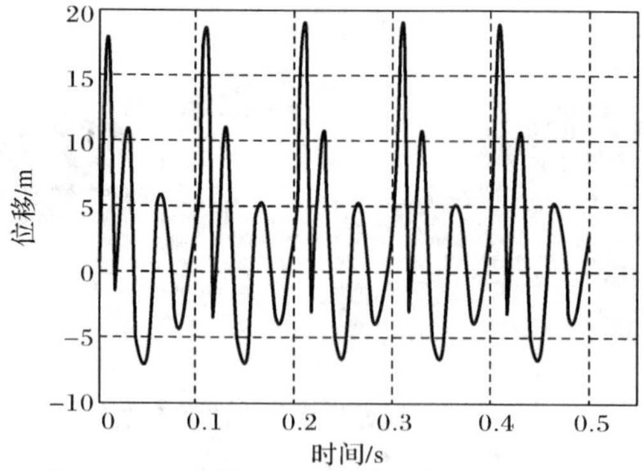

图 5-34　连发射击时枪口点纵向位移响应

复　习　题

1.何谓多体系统动力学？多体系统动力学常用商用软件有哪些？利用多体系统动力学进行仿真的一般步骤包括哪些？

2.阐述有限元法的基本思想。常见的有限元商用软件有哪些？有限元软件进行动力学分析的一般步骤包括哪些？

3.尝试用多体动力学软件分析火炮的射击过程。

4.尝试用有限元软件分析单筒身管和自紧身管的应力分布。

参考文献

[1] 谈乐斌. 火炮概论[M]. 北京:北京理工大学出版社,2014.
[2] 张相炎,郑建国,袁人枢. 火炮设计理论[M]. 北京:北京理工大学出版社,2014.
[3] 高跃飞. 火炮反后坐装置设计[M]. 北京:国防工业出版社,2010.
[4] 王亚平,徐诚,王永娟,等. 火炮与自动武器动力学[M]. 北京:北京理工大学出版社,2014.
[5] 张相炎. 火炮自动机设计[M]. 北京:北京理工大学出版社,2010.
[6] 潘玉田. 炮身设计[M]. 北京:兵器工业出版社,2007.
[7] 曾志银,张军岭,吴兴波. 火炮身管强度设计理论[M]. 北京:国防工业出版社,2004.
[8] 才鸿年,张玉诚,徐秉业,等. 火炮身管自紧技术[M]. 北京:兵器工业出版社,1997.
[9] 高树滋,陈运生,张月林,等. 火炮反后坐装置设计[M]. 北京:兵器工业出版社,1995.
[10] 张相炎. 武器发射系统设计理论[M]. 北京:国防工业出版社,2015.
[11] 易声耀,张竞. 自动武器原理与构造学[M]. 北京:国防工业出版社,2009.
[12] 王永娟,王亚平,徐诚,等. 步兵自动武器现代设计理论与方法[M]. 北京:国防工业出版社,2014.
[13] 田棣华,马宝华,范宁军. 兵器科学技术总论[M]. 北京:北京理工大学出版社,2003.
[14] 马福球,陈运生,朵英贤. 火炮与自动武器[M]. 北京:北京理工大学出版社,2003.
[15] 张喜发,卢兴华. 火炮烧蚀内弹道学[M]. 北京:国防工业出版社,2001.
[16] 钱林方. 火炮弹道学[M]. 北京:北京理工大学出版社,2009.
[17] 金志明. 枪炮内弹道学[M]. 北京:北京理工大学出版社,2004.
[18] 张相炎. 火炮概论[M]. 北京:国防工业出版社,2013.
[19] 高跃飞. 火炮构造与原理[M]. 北京:北京理工大学出版社,2015.
[20] 张培林,王成,张晓东,等. 火炮后坐复进运动仿真技术及应用[M]. 北京:国防工业出版社,2015.
[21] 狄长春,杨玉良. 火炮动力后坐模拟试验的理论与实践[M]. 北京:国防工业出版社,2015.
[22] 张相炎. 武器发射系统设计概论[M]. 北京:国防工业出版社,2014.
[23] 王瑞林,李永建,张军挪. 基于虚拟样机的轻武器建模技术及应用[M]. 北京:国防工业出版社,2014.

[24] 侯保林,樵军谋,刘琮敏. 火炮自动装填[M]. 北京:兵器工业出版社,2010.
[25] 杨国来,葛建立,陈强. 火炮虚拟样机技术[M]. 北京:兵器工业出版社,2010.
[26] 毛保全,张金忠,杨志良,等. 车载武器发射动力学[M]. 北京:国防工业出版社,2010.
[27] 潘玉田,郭保全. 轮式自行火炮总体技术[M]. 北京:北京理工大学出版社,2009.
[28] 刘怡昕,李臣明. 兵器科技与武器装备发展[M]. 北京:兵器工业出版社,2018.
[29] 张相炎. 火炮可靠性设计[M]. 北京:兵器工业出版社,2010.
[30] 陆欣. 新概念武器发射原理[M]. 北京:北京航空航天大学出版社,2014.
[31] 张相炎. 新概念火炮技术[M]. 北京:北京理工大学出版社,2014.
[32] 韩珺礼,王雪松,刘生海. 野战火箭武器概论[M]. 北京:国防工业出版社,2015.
[33] 李鸿志,姜孝海,王杨,等. 中间弹道学[M]. 北京:北京理工大学出版社,2015.